數學(C)工職 完全攻略 4G051122

作為108課綱數學(C)考試準備的書籍,本書不做長篇大論,而是以條列核心概念為主軸,書中提到的每一個公式,都是考試必定會考到的要點,完全站在考生立場,即使對數學一竅不通,也能輕鬆讀懂,縮短準備考試的時間。書中收錄了大量的範例與習題,做為閱讀完課文後的課後練習,題型靈活多變,貼近「生活化、情境化」,試題解析也不是單純的提供答案,而是搭配了大量的圖表作為輔助,一步步地推導過程,說明破題的方向,讓對數學苦惱的人也能夠領悟關鍵秘訣。

電工機械(含實習) 完全攻略 4G231131

108新課綱強調實際應用的理解,這個特點在「電工機械」、「電工機械實習」這兩個科目更顯重要。因此作者結合教學的實務經驗,搭配大量的圖示解說,保證課文清晰易懂,以易於理解的方式仔細說明。各章一定要掌握的核心概念特別以藍色字體標出,加深記憶點,讓學生完整的學習到考試重點的相關知識。本書跳脫制式傳統,貼近實務應用,不只在考試中能拿到高分,日後職場上使用也絕對沒問題!

電機與電子群

共同科目

4G011122	國文完全攻略	李宜藍
4G021122	英文完全攻略	劉似蓉
4G051122	數學(C)工職完全攻略	高偉欽

專業科目

電機類	4G211131	基本電學(含實習)完全攻略	陸冠奇
	4G221122	電子學(含實習)完全攻略	陸冠奇
	4G231131	電工機械(含實習)完全攻略	鄭祥瑞、程昊
資電類	4G211131	基本電學(含實習)完全攻略	陸冠奇
	4G221122	電子學(含實習)完全攻略	陸冠奇
	4G321122	數位邏輯設計完全攻略	李俊毅
	4G331113	程式設計實習完全攻略	劉焱

了解教材

目次

第1章 電工機械基本概念

第2章 直流電機原理、構造、一般性質

第3章 直流發電機之分類、特性及運用

第8章 單相感應電動機

第9章 同步發電機

第10章 同步電動機

第11章 特殊電機

第**12**章 近年試題

解答與解析

改版核心與本書特色

根據108課綱（教育部107年4月16日發布的「十二年國民基本教育課程綱要」）以及技專校院招生策略委員會107年12月公告的「四技二專統一入學測驗命題範圍調整論述說明」，本書改版調整，以期學生們能「結合探究思考、實務操作及運用」，培養核心能力。

我在編寫此書的時候，已將市面上各大版本的書都讀過，綜合優點、改正缺點而完成此書。在這段時間，有不少學生會來問我，為什麼要把書寫這麼厚，精簡一點不好嗎？我的回答是：電工機械是普遍電機組學生最害怕的科目，對老師而言也是最難教的科目，因為大家都覺得電工機械無法理解，需要花時間背，而我希望能解決這樣的問題，所以盡可能把每種觀念解釋清楚，可以藉由推導而比較容易熟記的公式我都一定會在書中呈現。希望我所投入的心血能對讀者們有實質的幫助。

本書每章節最後收錄了過去十年的歷屆試題，並配合了我個人的解題技巧與風格，目的是要讀者可以真的理解題目；所有的理論題（非計算題），我都會以課文內容的解釋作為答題方式，就是要讓讀者對本書更有信心，相信自己所讀和所學。

本書的特色在於：
1. 將繁瑣的定義及抽象的機械構造，盡可能地利用圖示來搭配說明。
2. 雜亂的動作流程和工作原理，以表格分項敘述，將觀念組織系統化。
3. 解題掌握SOP，強化因果關係，擺脫無章法的解題方式。
4. 在我多年教學經驗下所自創的獨家記憶口訣。

凡事都要自助而後天助，購買本書就是最好的自助，至於天助呢，我時時刻刻都會戒慎虔誠地祈願，祝福有緣的你我，都能福慧增長、所求皆滿、平安吉祥！

最後，感謝千華數位文化給予我機會，讓我可以站上各大書局的書櫃，跟全國考生結此師生緣。

當然，我的父母賜予我聰敏的腦袋、靈敏的雙手，我還是不得不說，今日出版的成就要歸於我的雙親，而用功的你倘若金榜題名，那就是我對社會最大的回饋！

鄭祥瑞

112年命題分析與未來考試趨勢

電樞反應、磁動勢、安匝數的計算在過去一直都是學生容易混淆且公式易忘的單元，也一直都是考試重點，建議要掌握其要訣。

整體而言，考生準備方向仍以教科書內範圍為主，在平常做好整理並將常用的公式作好標注，考前再做好總復習，尤其是考古題及模擬試題，增強應變能力，應該是不難準備的科目。

此外，再提醒考生變壓器、三相感應電動機、同步發電機所佔的題數一定都會是最高的，務必要花比較多的時間好好鑽研。

往後的統測考試要注意的依然是基本觀念，熟記每項公式，基本的觀念題及計算題一定要把握，通常高難度題型不會太多。考試範圍如有包括實習部分，各種電機的曲線圖及各種效應應特別注意，因考試經常以各電機的曲線圖及效應反考基本概念。

第1章 電工機械基本概念

1-1 電工機械之分類與應用

1. 電工機械定義：利用電磁感應或電磁效應原理，可令電能和機械能互相轉換，進行發電、用電、變電的裝置或機械設備。

   (1)依機能分類：

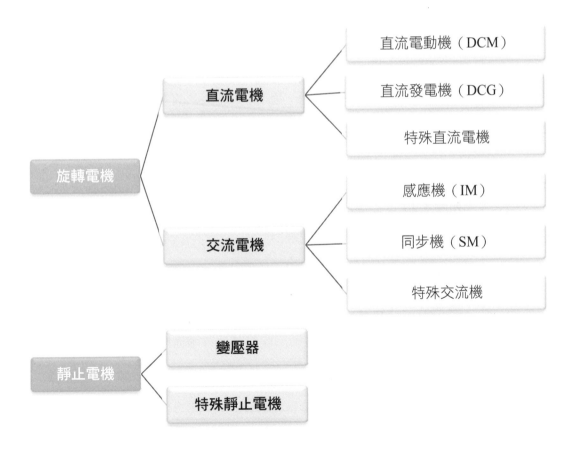

(2)另有以下分類：

分類	名稱	功能說明	應用
轉能方式	發電機（G）	Input 機械能→Output 電能	
	電動機（M）	Input 電能→Output 機械能	
	變壓器（Tr.）	Input 電能↔Output 電能（電能與電能互換）	
電源性質	直流電機		
	交流電機		
電源相數	單相		適於交流電機
	多相	大多為三相。	
轉子功用	旋轉磁場式（如圖 1-1）	又稱「轉磁式」。 轉子（轉部）：放置磁場繞組（磁極）。 定子（定部）：放置電樞繞組（電樞）被磁場切割後，產生交流應電勢之電樞繞組。	①電樞繞組易絕緣 ②匝數多 ③高壓、大容量交流發電機
	旋轉電樞式（如圖 1-2）	又稱「轉電式」。 定子（定部）：放置磁場繞組（磁極）。 轉子（轉部）：放置電樞繞組（電樞）去切割磁場後，經電刷由滑環引出交流應電勢之電樞繞組。	①電樞繞組不易絕緣 ②匝數少 ③低壓、小容量交流發電機 ④直流電機
	感應式	定子（定部）：放置磁場繞組及電樞繞組。 轉子（轉部）：為感應子。 註 轉子由導磁的齒輪狀感應部構成。	適於高頻交流電機 (400~10000Hz)
氣隙分佈	凸極式電機（如圖 1-3）	定子與轉子間氣隙大小不同。	適於低速運轉電機
	隱極式電機（如圖 1-4）	定子與轉子間氣隙大小相同。	適於高速運轉電機

分類	名稱	功能說明	應用
轉速、頻率及極數關係	同步機	以同步速度旋轉之交流機。	交流發電機
	非同步機	以非同步速度旋轉之交流機。	感應電動機

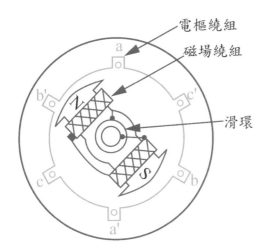

圖 1-1　旋轉磁場式

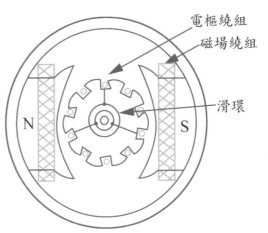

圖 1-2　旋轉電樞式

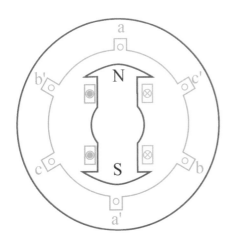

圖 1-3　凸極式電機

圖 1-4　隱極式電機

(3) 變壓器分類

分類	名稱	說明	應用
鐵心構造	積鐵心型		
	捲鐵心型		
繞組與鐵心之組合	內鐵式	繞組包鐵心，絕緣容易，散熱良好。	適於高壓、小電流
	外鐵式	鐵心包繞組，可抑制機械應力，但繞組空間小。	適於中低壓、大電流
電力用途	電力變壓器		
	配電變壓器		
	儀器用變壓器		

2. 額定（規格）定義：指電機滿載（安全運轉）時，在輸入（input）、輸出（output）時的限度及條件之規定。一般均標示於電機之銘牌上。

(1) 直流機之重要規格：

名稱	符號	分類說明	對象
額定電壓	V_L		發電機
	V_t		電動機
額定容量	P_o	在額定電壓及額定轉速下，發電機輸出電功率以 W 或 kW 表示。電動機輸出機械功率以 W、kW 或 HP（馬力）表示。	
額定轉速	N	以每分鐘之轉速表示（rpm）。	
額定電流	I_L	$$\dfrac{P_o}{V_L}$$	發電機
		$$\dfrac{P_o}{V_t \times \eta} \quad (\eta：效率)$$	電動機

名稱	符號	分類說明							對象
激磁方式		有外激、分激、串激、複激之分							
絕緣等級		依可容許最高溫度（T_{max}）級別區分：							
		Y	A	E	B	F	H	C	
		90℃↓	105℃↓	120℃↓	130℃↓	155℃↓	180℃↓	180℃↑	

(2) 交流機之重要規格：

名稱	符號	說明	對象
額定電壓	V		
額定頻率	f	台灣採用 60Hz。	
額定容量	S	輸出電氣容量以視在功率（S），單位為伏安（VA）或仟伏安（kVA）。	發電機
	P_o	輸出機械容量以有效（實）功率（P），單位為瓦（W）或仟瓦（kW）。	電動機
額定電流	I	$\dfrac{S}{V}$	單相發電機
		$\dfrac{S}{\sqrt{3}V}$	三相發電機
		$\dfrac{P_o}{V \times \cos\theta \times \eta}$ （η：效率）	單相電動機
		$\dfrac{P_o}{\sqrt{3}V \times \cos\theta \times \eta}$	三相電動機
額定轉速	n_s	以每分鐘之轉速表示（rpm），與極數（P）、頻率（f）有關。	發電機
	n_r		電動機

(3)變壓器之重要規格：

名稱	符號	說明
相數		單相、三相、多相之分。
額定頻率	f	有 50Hz 及 60Hz 兩種。台灣採用 60Hz。
額定電壓及標準分接頭電壓	V	分接頭點數以 5 點為標準，分接頭電壓變動範圍有 ±5% 及 ±2.5% 兩種方式。
額定容量	S	以額定二次電壓及額定二次電流時之二次側視在功率（S）表示。 單位為伏安（VA）或仟伏安（kVA）。

> 註 除上述外，尚有絕緣等級、接線方式、冷卻方式、使用特性等，視需要訂定規格。

3.電工機械常用各國規格代號：

CNS 中國國家標準	B.S. 英國國家標準	IEC 國際電工標準
ANSI 美國國家標準	JIS 日本工業標準	VDE 德國電機協會
NEMA 美國電機製造協會	JEC 日本電氣工程學會	JEM 日本電機工業協會

4.電工機械與產業之關係：

直流電與交流電的使用是經常被討論的，交流電具有容易改變電壓的特性，且交流電機通常較易維護，因此過去大眾以使用交流電為主，在電力系統中適用於發電系統和配電系統。

直流電具有電路簡單、可靠性高、效率高、體積小、成本低、傳輸距離較遠等優點，且相較於交流系統，直流系統的效率至少可提升 10%，且建置成本可減少 15%。但是過去因為直流電不易變壓，且大功率設備上的技術限制，因此落後交流電很長一段時間。隨著大功率設備的技術提升，直流電近幾年漸漸受到大眾注目，在電力系統中適用於輸電系統。

5. 電工機械於產業之應用實例

　生活中隨處可見電工機械的應用產品，有的是使用電動機，例如電腦、馬達、冰箱……等，有的是使用發電機，例如太陽能板、發電廠、手搖式手電筒……等，有的則會使用到變壓器，或是使用到一些特殊電機。以下以一些生活中的設備做說明。

(1) 電池式電蚊拍：按下開關後，先將電池的直流電變成高頻的交流電，再利用變壓器升壓，最後將電壓加到電蚊拍的金屬網上。電蚊拍通常會有兩層以上的金屬網，每層均有高電壓且互相絕緣，當蚊蟲接觸到金屬網時，會造成電網間的短路而遭電擊。

(2) 風力發電機：利用風力的動能帶動發電機轉動，利用電磁感應原理將動能轉變為電能，產生的電能經過電力系統後供應全民用電。

(3) 壓縮機：壓縮機是家中冰箱、冷氣機等冷凍設備的心臟，利用電能供應壓縮機動作，達到壓縮冷媒的功用。

牛刀小試

1. 有 2kW，100V 之直流發電機，求：滿載電流。

2. 某三相交流發電機，容量為 100kVA，60Hz，額定電壓為 550V，求：額定電流。

1-2　基礎電磁理論

1. 電磁效應定義：導體通以電流後，其周圍將產生磁場，且其磁力線與導體之平面垂直，此現象稱為「電流磁效應」，簡稱電磁效應。

　(1) 安培右手定則

　　① 定義：右手握住導線，大姆指方向為電流方向，彎曲四指方向為磁力線方向。

　　② 目的：判斷載流直導線四周所產生的磁場方向。

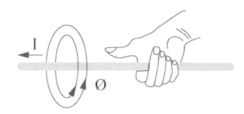

圖 1-5　安培右手定理

　(2) 螺旋定則

　　① 定義：右手握住線圈，大姆指方向為磁力線 N 方向，彎曲四指方向為線圈電流方向。

　　② 目的：判斷載流線圈中的磁場方向。

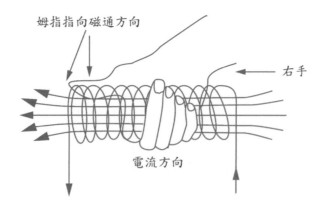

圖 1-6　螺旋定理

(3) 佛來銘左手定則

① 定義：用以決定磁場中載流導體受力方向，應用於電動機，又稱「電動機定則」。

② 目的：判斷載流直導線在磁場中的受力方向（大姆指）。

③ 公式：$F = B \cdot \ell \cdot I \cdot \sin\theta$ (NT)

④ 公式說明：

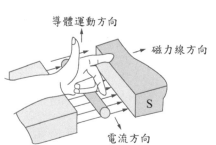

圖 1-7 佛來銘左手定則

F： 導體所受之力（NT）。

B： 磁通密度（韋伯/平方公尺）（wb/m²）。

ℓ： 導體有效長度（m）。

I： 通過導體之電流（A）。

θ：電流方向與磁力線方向之夾角。

　　◉ 電流方向與磁力線方向平行（θ=0°），F=0（NT）。

　　◉ 電流方向與磁力線方向垂直（θ=90°），F=B·ℓ·I=最大值（NT）。

　　◉ 電流方向與磁力線方向夾任意θ角，F=B·ℓ·I·sinθ（NT）。

⑤ 在利用佛來銘左手定則時，分為「已知條件」和「所求變數」兩種。

已知條件：食指、中指方向；所求變數：大姆指方向（導體受力方向）。

注意 解題時，若是應用佛來銘左手定則，即求「大姆指方向」。

牛刀小試

3. 如圖所示，長度為 1m 之導線，載有 5A 之電流，磁通密度為 0.5 wb/m²，磁通密度方向與導線垂直，求：

(1)作用力之大小

(2)導體受力方向。

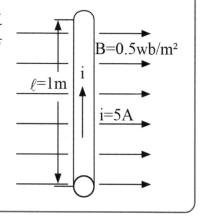

2. 電磁感應定義：當通過或交鏈於線圈之磁通量發生變動時，該線圈產生感應電勢。

  (1) 感應電勢的發生原因有二：

    ① 導體運動切割磁力線。

    ② 穿過線圈的磁力線產生變化。

  (2) 感應電勢的產生方法根據機械的不同而有分別：

    ① 直流電機：線圈在固定磁場中旋轉，線圈切割磁場。

    ② 交流電機：線圈固定，受大小一定且會旋轉的磁場切割。

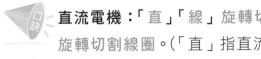

    直流電機：「直」「線」旋轉切割磁場。**交流電機：**「交」「磁」旋轉切割線圈。(「直」指直流、「線」指線圈、「交」指交流、「磁」指磁場)

    ③ 變壓器：兩線圈固定，但變動其中一線圈中磁場大小及方向，則另一線圈產生感應電勢。

  (3) 法拉第電磁感應定律

    ① 定義：線圈內之磁場，若發生變動時，則該線圈將會感應電勢。

    ② 目的：計算線圈在交變磁場中感應電勢平均值的大小。

    ③ 公式：$E_{av} = N\dfrac{\Delta\phi}{\Delta t}$ (V)

    ④ 公式說明：單位時間內的磁通量之變化乘以線圈匝數，即能感應電勢。

    E_{av}：線圈感應平均電勢（V）。

    N：線圈匝數（T；匝）。

    $\dfrac{\Delta\phi}{\Delta t}$：單位時間磁通變化率（韋伯/秒）（wb/s）。

    $E_{av} \propto N \propto \Delta\phi$

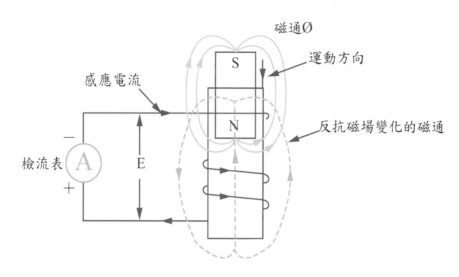

圖 1-8　法拉第電磁感應定律

(4)法拉第楞次定律

　①定義：因磁通變化而產生之感應電勢，其極性為反抗線圈原磁交鏈之變化。

　②目的：判斷一個線圈在交變磁場中感應電勢的極性。判斷原則如下：
　　◉ 若穿過線圈內部之磁通量逐漸增加，則線圈應電流建立反方向磁場。
　　◉ 若穿過線圈內部之磁通量逐漸減少，則線圈應電流建立同方向磁場。

　③公式：$E_{av} = -N\dfrac{\Delta\phi}{\Delta t}$　　(V)

　④公式說明：公式符號說明如法拉第電磁感應定律。
　　公式中的「負號」，表示反抗線圈內磁通（電流）之變化，故極性相反。

　⑤判斷感應電勢的極性的步驟方法如下：
　　1 利用螺旋定則，依電流 I 判斷原來∅的方向。
　　2 再利用楞次定律及螺旋定則判斷感應∅′及感應 I′的方向。
　　3 將線圈視為電壓源（電流負入正出），即可判斷出感應電壓的極性。

　⑥圖示說明：如圖 1-8 虛線部分。

(5) 佛來銘右手定則

　①定義：用以決定感應電勢方向，應用於發電機，又稱「發電機定則」。

　②目的：判斷一根在磁場中運動的導體，其應電勢的極性（中指）。

> 注意 佛來銘右手是在求應電勢的極性，但是，中指是指應電流（I）的方向，此並不是矛盾，因為當我們得知電流方向後，一定可以知道電流從導體的哪端流入，哪端流出，所以，我們就利用「法拉第楞次定律」的「判斷感應電勢的極性」的步驟方法 3 來判斷，流入端為負，流出端為正。如此一來，就得知應電勢的極性了。

　③公式： $E_{av} = B \cdot \ell \cdot v \cdot \sin \theta$ 　　(V)

　④公式說明：

　　E_{av}：線圈感應平均電勢（V）。

　　B：磁通密度（韋伯/平方公尺）（wb/m²）。

　　ℓ：導體有效長度（m）。

　　v：導體移動速率（公尺/秒）（m/s）。

　　θ：導體運動方向與磁力線方向之夾角。

　⑤在利用佛來銘右手定則時，分為「已知條件」和「所求變數」兩種。

　　已知條件：大拇指、食指方向；所求變數：中指方向（導體應電勢極性）。

> 注意 解題時，若是應用佛來銘右手定則，即是求「中指方向」。

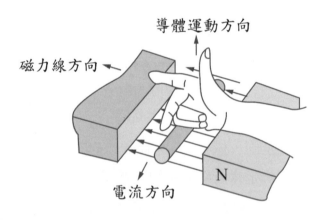

圖 1-9　佛來銘右手定則

 右手發電機，左手電動機，簡記為「右發左電」。

牛刀小試

4. 如圖所示，長度為 1.0m 之導體，在磁通密度為 0.5 wb/m² 之磁場中，並以 10m/s 的速率移動，求：

(1)應電勢之大小。

(2)導體 a、b 兩端之極性。

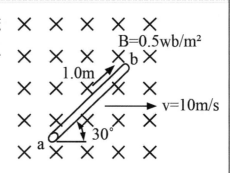

<table>
<tr><td>1-3</td><td>**實習工場設施的認識**</td></tr>
</table>

1. 額定：電機在滿載輸出的限度內，能安全運轉到最佳效率的各項數值，一般標示於銘牌上。

2. 電機絕緣等級：直流電機採用 A 和 B 級，一般交流電機採用 E 級。

絕緣等級	Y	A	E	B	F	H	C
最高耐溫	90°C	105°C	120°C	130°C	155°C	180°C	180°C以上

3. 實驗設備：

電工機械實習包含了變壓器、直流電動機、直流發電機、交流電動機、交流發電機及特殊電機的試驗實習。

(1) 三用電表：可量測電壓、電流及電阻

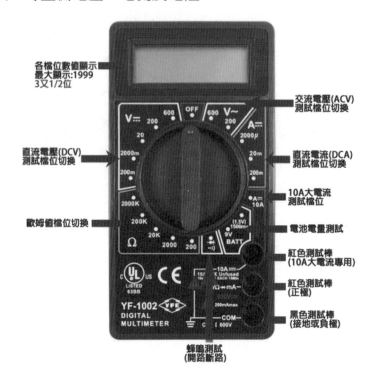

(2) 三（單）相交流電源供應器：提供交流電源

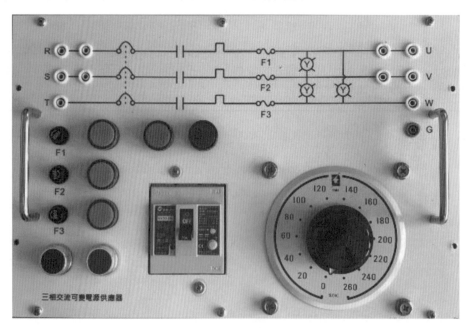

(3) 直流電源供應器：提供直流電源

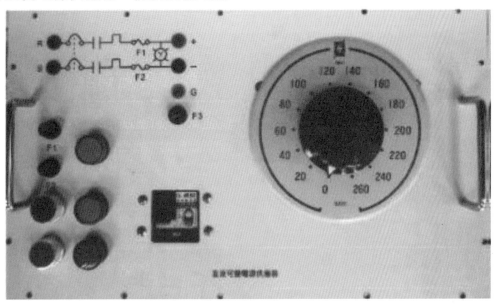

(4) 永磁式電機繞組接線實驗

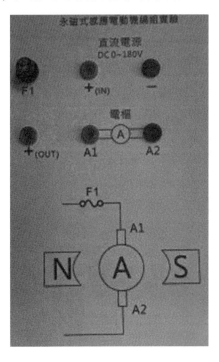

(5) 單相感應電動機繞組接線實驗

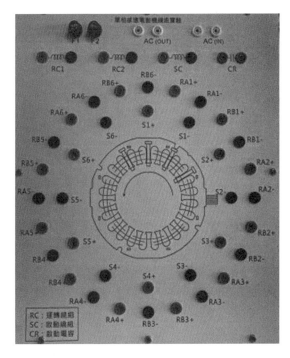

(6)三相感應電動機繞組接線實驗

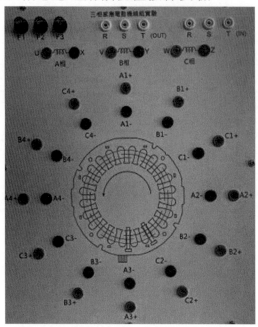

(7)永磁式直流電機

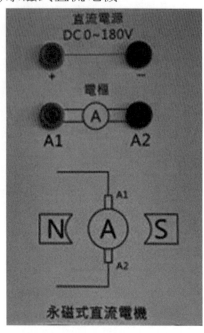

(8)多用途可做串激式、分激式、複激式
　　直流電機

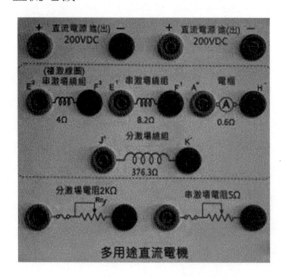

(9)單相變壓器

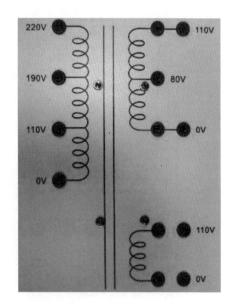

(10) 單相自耦變壓器

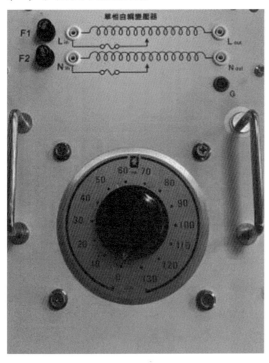

(11) 三相自耦變壓器

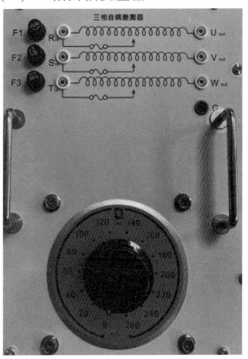

(12) 110V/220V 雙壓單相感應電動機

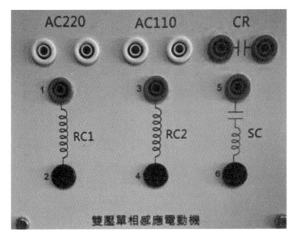

(13) 三相鼠籠式感應電動機

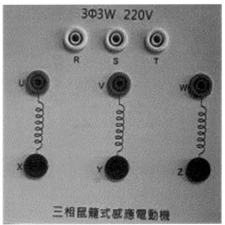

(14)三相凸級式同步機

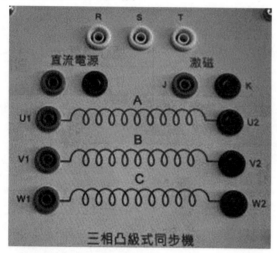

三相凸級式同步機

牛刀小試

(　) **5.** 絕緣等級 F 的最高耐溫為
　　　　(A)90°C　　　　　　　　　(B)120°C
　　　　(C)155°C　　　　　　　　(D)180°C以上。

(　) **6.** 電機絕緣材料等級中，H 級絕緣材料之最高容許溫度為多少？
　　　　(A)90°C　　　　　　　　　(B)130°C
　　　　(C)180°C　　　　　　　　(D)200°C。

(　) **7.** 三用電表不能用來量測何種數據？
　　　　(A)電阻　　　　　　　　　(B)電流
　　　　(C)電壓　　　　　　　　　(D)電感。

(　) **8.** 台灣地區，電力公司供應的交流電源，頻率是
　　　　(A)25Hz　　　　　　　　　(B)50Hz
　　　　(C)60Hz　　　　　　　　　(D)80Hz。

(　) **9.** 電工機械的原理是
　　　　(A)電磁效應　　　　　　　(B)西貝克效應
　　　　(C)光合作用　　　　　　　(D)附壁效應。

1-4　工業安全及衛生、消防安全的認識

1.感電危害

　(1)人體電阻平常約 0.5k~5kΩ，身體潮濕時電阻約 400Ω。

　(2)感電程度對身體之危害：

電流	對身體之危害程度。
5mA	觸電反應。
10 mA	身體肌肉纖維性抽搐，可能無法自行鬆脫電線。
100 mA	接觸幾秒便死亡。
1A	身體組織因過熱而嚴重燒傷。

　(3)感電類型

　　A.直接觸電：直接碰觸 110V/220V 的交流電源。

　　B.間接觸電：因電器故障而於碰觸非帶電金屬部分時感電，又可區分成單相觸電、多相觸電、跨步電壓觸電三種。

　　　a.單相觸電：因碰觸單相電源而感電。

　　　b.多相觸電：因碰觸多相電源而感電。多相設備的線電壓會比單相電壓高，故危險性更高。

　　　c.跨步電壓觸電：當高壓電（雷擊或高壓電纜）碰觸到地面，在地面的接觸點周圍會形成電場，並以其為圓心，在不同距離形成電位差，當人體經過這區域時，因兩腳的電位差不同而感電，稱為跨步電壓觸電。

2.電弧灼傷：當高壓電路或電氣設備發生短路、接地故障、閃絡時，會產生電弧，容易造成傷害，稱為電弧灼傷。工地電焊設備產生的高溫與強光就是典型的電弧。

3. 感電事故的預防：

(1) 加裝漏電斷路器。

(2) 有電設備非帶電體的金屬外殼接地。

(3) 做好絕緣措施，用絕緣材料將帶電體包覆起來。

(4) 穿戴工作安全帽及適當的防護器具。工作安全帽可分為 A、B、C、D
四類，其中 B 類適用於電氣類工作，具高絕緣特性，可承受 20kV
之交流電及撞擊。

(5) 通電測試時，讓身體不要碰觸到帶電設備。

(6) 穿戴有絕緣效果之安全鞋，不可在打赤腳或手腳潮濕時做帶電操作。

(7) 工作前後隨手切斷電源。

(8) 發現有人感電，應立即切斷電源。

(9) 電氣災害時，應優先切斷電源再進行滅火，並注意使用適當滅火器。

4. 設備安全：

(1) 不同電器應使用適合的工作電源。

(2) 工場所有插座應標示 110V、220V 並有接地插孔，以避免使用到錯誤電源。

(3) 選用適當之導線及保護開關。

(4) 保持適當距離。

(5) 使用砂輪機或高速旋轉機器，應配戴安全眼鏡或加裝防護罩，避免物體
噴飛受傷。

(6) 同一插座勿使用過多負載，以避免插座的線路過載。

(7) 使用電銲或氣焊應穿戴防護衣及護目鏡。

(8) 高壓電附近要標示「高壓危險請勿靠近」的警示牌。

(9) 安裝適當數量之緊急照明燈。

(10) 所有門上方應有緊急逃生口標示，並配合照明設備。

5. 急救處理

(1) 外傷處理

A. 直接壓迫傷口止血法：直接使用紗布覆蓋在傷口，不適用於大出血
及動脈出血。

B. 止血點止血法：以手加壓於傷口近心端之表淺動脈搏動點上，以減少傷口流血量，同時在傷口處使用直接壓迫法。

C. 止血帶止血法：通常在其他止血法無效或生命危險時使用，如大量出血，使用方法如下：

　a. 以三角巾、寬布條等繞於出血部位之近心端處，距離傷口約 10-15 公分後，先打一半之平結。

　b. 以木棒或筆等物作為止血棒置於平結上，並再打一半平結。

　c. 轉動止血棒，絞緊止血帶至出血停止。

　d. 固定止血棒。

注意事項如下：

　a. 於明顯部位記錄綁上止血帶之時間。

　b. 使用止血帶部位必須露出。

　c. 不可貿然解開止血帶，否則會使血液衝向傷口，造成內臟迅速失血而休克。

　d. 使用時間不宜過久，每隔 15～20 分鐘緩慢鬆開 15 秒左右，避免傷肢缺氧壞死，並於 2 個小時內盡速送醫。

(2) 心肺復甦術（叫叫 CABD）：

A. 叫：呼叫患者，確認患者是否有意識、呼吸。

B. 叫：叫人打 119，找人幫忙。

C. C（Circulation）：胸部按壓，每分鐘 100～120 下，每次下壓 5～6cm，放鬆時不可用力，掌根不可離開胸骨。

D. A（Airway）：維持呼吸道通暢。

E. B（Breathing）：進行人工呼吸，口對口平穩吹氣約 1 秒鐘，吹 2 次。每 30 下胸部按壓做 2 次人工呼吸。

F. D（Defibrillation）：使用自動體外心臟除顫器（俗稱 AED）。

(3) 觸電急救

　　觸電急救時，最優先應將電源斷電或使用長形木棒將患者與帶電體斷開，若患者呼吸或心跳停止，則使用心肺復甦術急救。

(4) 燒燙傷急救

　　步驟：沖、脫、泡、蓋、送

6.　滅火原理及方法：

燃燒條件	方法名稱	原理	方法
可燃物	隔離法	將可燃物移除	將可燃物移除或除去
助燃物(氧氣)	窒息法	將助燃物移除	將氧氣隔絕
熱能	冷卻法	減少熱能	使可燃物溫度降到燃點以下
連鎖反應	抑制法	破壞連鎖反應	加入能與游離基結合的物質，破壞或阻礙連鎖反應

7. 火災類型：

火災類型	火災種類	原因	滅火方法	滅火器類型
A 類	普通火災	由普通可燃物（如木頭、棉被）引起	冷卻法	水 泡沫滅火器 乾粉滅火器
B 類	油類火災	由可燃性液體或可燃性氣體（如石油、乙炔）等引起	窒息法	泡沫滅火器 乾粉滅火器 CO_2 滅火器
C 類	電氣火災	由通電設備（如馬達、變壓器）引起	抑制法	乾粉滅火器 CO_2 滅火器
D 類	金屬火災	由活性金屬（如鎂、鉀、鋰、鋯、鈦）引起	抑制法	D 類乾粉滅火器

歷屆試題

( )　**1.** 有一條帶有直流電的導線置於均勻磁場中，若以右手大拇指代表電流方向，右手四指代表磁場方向，則掌心所指方向代表下列何者？
(A)導線受力的正方向　　　　　(B)導線受力的反方向
(C)感應電勢的正方向　　　　　(D)感應電勢的反方向。

( )　**2.** 導體在磁場中運動，其導體的感應電壓極性（或電流方向）、導體的運動方向及磁場方向，三者關係可依何原理決定？
(A)佛萊明定則　　　　　　　　(B)克希荷夫電壓定理
(C)法拉第定理　　　　　　　　(D)歐姆定理。

( )　**3.** 固定長度的導體在磁場中運動，當導體運動的方向與磁場方向互為垂直時，導體感應電壓的大小可依何原理決定？
(A)法拉第定理　　　　　　　　(B)克希荷夫電流定理
(C)佛萊明左手定則　　　　　　(D)佛萊明右手定則。

( )　**4.** 一根帶有 30A 的導線，其中有 80cm 置於磁通密度為 $0.5wb/m^2$ 之磁場中，若導體放置的位置與磁場夾角為 30°則導體所受電磁力為何？
(A)50NT　　　　　　　　　　(B)20NT
(C)10NT　　　　　　　　　　(D)6NT。

( )　**5.** 能將電能轉換為機械能之電工機械為：
(A)變壓器　　　　　　　　　　(B)電動機
(C)發電機　　　　　　　　　　(D)變頻器。

2-1 直流發電機之原理

1. 如圖 2-1 所示，旋轉導體產生應電勢：

(1) $\theta = 0°$（360°），導體 A 端運動方向→、B 端←與磁力線方向（N→S）平行，$E_{av} = 0$（最小）。

(2) $\theta = 90°$，導體 A 端運動方向↓、B 端↑與磁力線方向（N→S）垂直，$E_{av} = B \cdot \ell \cdot v$（正半週波峰最大）。

(3) $\theta = 180°$，導體 A 端運動方向←、B 端→與磁力線方向（N→S）平行，$E_{av} = 0$（最小）。

(4) $\theta = 270°$，導體 A 端運動方向↑、B 端↓與磁力線方向（N→S）垂直，$E_{av} = -B \cdot \ell \cdot v$（負半週波谷最大）。

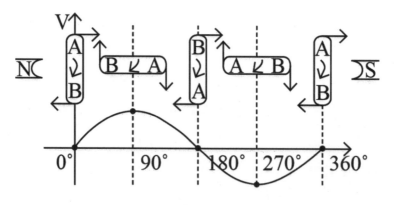

圖 2-1

2. 電樞（N 匝線圈或 Z 根導體）在磁場中旋轉時的應電勢：

　(1) 電機角 θ_e 與機械角 θ_m 的關係：

　　①感應電勢波形的電機角度，為線圈旋轉機械角度乘上磁極對數（$\dfrac{P}{2}$）。

　　②公式：$\theta_e = \dfrac{P}{2}\theta_m$

　　③公式說明：P 為磁極數

　　📍1. 磁極數一般為偶數，且兩兩組對，所以兩個磁極（P=2），表示磁極
　　　　對數1對（$\dfrac{2}{2}=1$）；若有四個磁極（P=4），表示磁極對數2對（$\dfrac{4}{2}=2$）。

　　　2. 導體旋轉⇒機械角 θ_m；感應電勢旋轉⇒電機角 θ_e。

　　記法：看得見的是機械角（導體是實體看得見），看不見的是電機角（感應
　　電勢看不見）。

　(2) 極距 Y_P：

　　①如圖 2-2 所示。兩相鄰異性磁極間的距離以電機角或槽數表示。

　　②公式：以電機角表示：$Y_p = \theta_e = 180°$

　　　　　　以槽數表示：$Y_p = \dfrac{S}{P}$

　　③公式說明：

　　◯ $\theta_m = 180° \times \dfrac{2}{P}$　　　◯ S：電樞總槽數

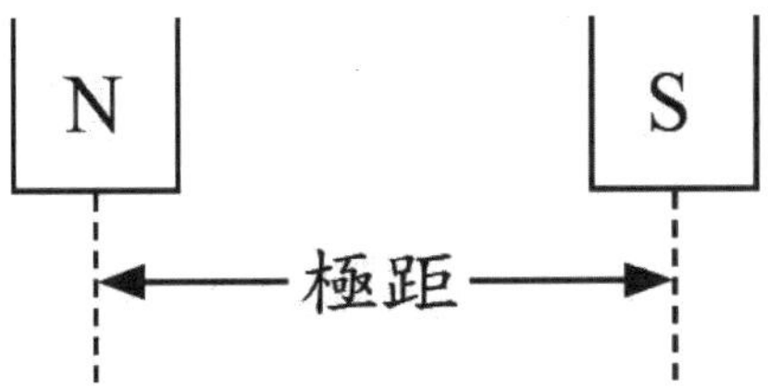

圖 2-2

(3) 旋轉一個極距所需的時間：

 ① 旋轉一轉（轉數=1）所需的時間 $t(s)$：

$$\because S(每秒鐘轉速；rps) = \frac{1(轉數；轉)}{t(所需的時間；秒)} = \frac{n(每分鐘轉速；rpm)}{60(秒；s)}$$

$$\therefore t = \frac{1}{S}(s)；又\ t = \frac{1}{\frac{n}{60}} = \frac{60}{n}(s)$$

 ② 設磁極為 P 極（必為偶數）旋轉一轉必經過 P 個極距，所以，旋轉一個極距所需的時間 t_p：

$$t_p = \frac{旋轉一轉所需的時間 t(s)}{旋轉一轉所經的極距數(個)} = \frac{\frac{1}{S}}{P} = \frac{1}{S} \times \frac{1}{P} = \frac{1}{SP}(s)$$

(4) 經電刷由滑環引出的交流應電勢：

 ① 應電勢波形：正弦波。

 ② 應電勢大小：應用法拉第定律。

  公式：

$$E_{av} = \left| N\frac{\Delta\phi}{\Delta t} \right| = N \cdot \frac{\phi-(-\phi)}{t_p} = N \cdot \frac{2\phi}{t_p} = N \cdot \frac{2\phi}{\frac{1}{SP}} = 2N\phi SP = Z\phi SP(V)$$

  N：匝數(T)
  Z：電樞總導體數（根） 1 匝(T)有 2 根有效線圈邊，$\therefore Z=2N$

 ③ 不論旋轉多少轉，其感應電勢平均值大小均相等。

 ④ 感應電勢最大值：$\because E_{av} = \frac{2E_m}{\pi}$ $\therefore E_m = \frac{\pi}{2}E_{av}$ 。

⑤感應電勢有效值：$\because E_{eff} = \dfrac{E_m}{\sqrt{2}}$，$\dfrac{E_{eff}}{E_{av}} = \dfrac{\dfrac{E_m}{\sqrt{2}}}{\dfrac{2E_m}{\pi}} = 1.11$　$\therefore E_{eff} = 1.11E_{av}$。

設：單根導體經過二個極距所產生的應電勢：

　　$\because$ 極距 P=2

　　$\therefore E_{av} = Z \cdot \phi \cdot S \cdot P = Z \cdot \phi \cdot S \cdot 2 = 2Z\phi S$，

　　　又 $E_{av} = 2 \cdot (2N) \cdot \phi \cdot S = 4N\phi S$ (V)

　　　$E_{eff} = 1.11 E_{av} = 1.11 \times 4N\phi S = 4.44N\phi S$ (V)

⑥如圖 2-3 所示，直流發電機藉由換向片及電刷，將電樞線圈內之交流應電勢轉換成脈動直流電輸出。而磁極面採圓弧狀設計，致電樞線圈旋轉時，電刷輸出應電勢為「非線性方波」。

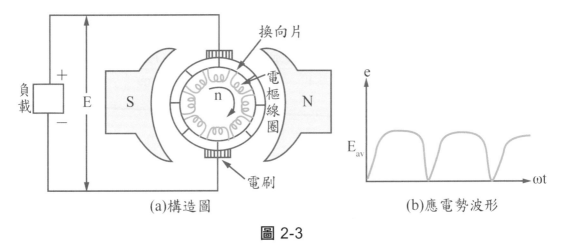

(a)構造圖　　　　　　　(b)應電勢波形

圖 2-3

(5)電樞線圈感應電勢波形改善之方法：如圖 2-4 所示。

　①增加電樞線圈組數、換向片數，可減少輸出電勢波形脈動程度。

　②若只增加每組線圈匝數，則僅使輸出電勢波形振幅增大，並不能減低脈動程度。

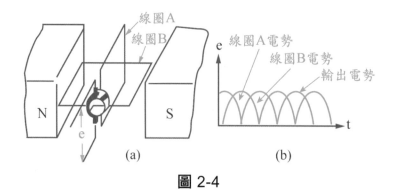

圖 2-4

(6)兩電刷間的電樞總應電勢：

①若電樞共有 Z 根導體，且形成 a 條並聯路徑，則電樞應電勢 E_{av}：

公式：

> 較常用，請牢記

$$\begin{cases} E_{av} = \dfrac{Z}{a} \cdot \phi SP = \dfrac{Z\phi P}{a} \cdot S = \dfrac{Z\phi P}{a} \cdot \dfrac{n}{60} = \dfrac{PZ}{60a} \cdot \phi \cdot N = K\phi n \ (V) \\[4mm] E_{av} = \dfrac{Z}{a} \cdot \phi SP = \dfrac{Z\phi P}{a} \cdot S = \dfrac{Z\phi P}{a} \cdot \dfrac{1}{t} = \dfrac{Z\phi P}{a} \cdot f = \dfrac{Z\phi P}{a} \cdot \dfrac{w}{2\pi} = \dfrac{PZ}{2\pi a} \cdot \phi \cdot \omega \ (V) \end{cases}$$

②符號說明：

n：每分鐘轉速（rpm）

f：頻率(赫芝；Hz)。頻率 f 與時間週期 t 互為倒數，即 $f = \dfrac{1}{t}$ 或 $t = \dfrac{1}{f}$。

ω ：每秒內旋轉的弧度，稱為「角速度」，單位：弧度/秒（rad/s）。
更明白地說，若一旋轉向量之頻率為 f，旋轉一週為 2π 弧度：

$$\therefore \omega = 2\pi \cdot f \ ; \ \text{又} \because f = \frac{1}{t} \quad \therefore \omega = 2\pi \cdot \frac{1}{t} = 2\pi \cdot S = 2\pi \cdot \frac{n}{60} \, \text{。}$$

換句話說，$S = \dfrac{1}{t} = f = \dfrac{\omega}{2\pi}$。

a：電樞並聯路徑數或電流路徑數（條）。

🔦 a 表示從電刷觀之（圖 2-3），接於換向片之電樞繞組，形成的並聯路徑數。電樞繞組採疊繞時（a=mp，m 為繞組重複數）；電樞繞組採波繞時（a=2m）；單組線圈時（a=1）。

③公式說明：

$E_{av} = K \phi n$，其中 $K = \dfrac{PZ}{60a}$ 為一定值，表發電機內部固定構造，而欲調

整發電機之感應電勢，可調整磁通量（ϕ）及轉速(n)兩變數。

④應電勢 E_{av} 可視以下條件而定：

$E_{av} \propto P \propto Z \propto \phi \propto n \propto \dfrac{1}{a}$，僅與電樞並聯路徑數(a)成反比。

⑤比值公式：$\dfrac{E_2}{E_1} = \dfrac{K \phi_2 n_2}{K \phi_1 n_1}$

牛刀小試

1. 有二極直流發電機一部，每極磁通 0.5 韋伯，該機電樞上有 10 根導體
   採單疊繞，求：
   (1)若該機轉速為 1500rpm，此電樞之應電勢。
   (2)如欲使其感應電勢 200V，而其它因素不變，則轉速為多少。

2. 將直流發電機的轉速增為原來的 2.2 倍，每極磁通降為原來的 0.5 倍，
   求：發電機的感應電勢變為原來的多少倍。

2-2　直流電動機之原理

1. 載流導體（根）在磁場所受力之大小：

   電流（延導體流動）方向須與磁通密度方向垂直，否則須求取垂直有效量。

   公式：作用力(F)=載流導體根數(Z)×磁通密度(B)×電流(I)×垂直有效長度(ℓ)。

   (1)如圖 2-5 所示，電流方向與磁場方向垂直，垂直有效長度=ℓ：

   $F = Z \cdot B \cdot \ell \cdot I (NT)$。

(2)如圖 2-6 所示，電流方向與磁場方向成 θ 角，垂直有效長度$= \ell \sin \theta$：

$F = Z \cdot B \cdot \ell \cdot I \cdot \sin \theta (NT)$。

(3)如圖 2-7 所示，電流方向與磁場方向相同時，垂直有效長度=0：

$F = Z \cdot B \cdot \ell \cdot I \cdot \sin \theta = Z \cdot B \cdot \ell \cdot I \cdot \sin 0° = 0(NT)$。

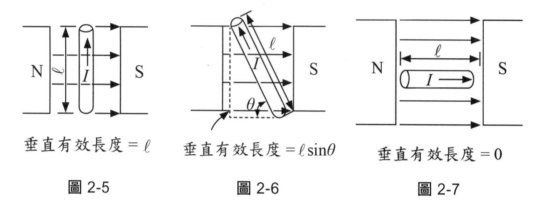

垂直有效長度$= \ell$　　　垂直有效長度$= \ell \sin\theta$　　　垂直有效長度$= 0$

圖 2-5　　　　　　　圖 2-6　　　　　　　圖 2-7

2.載流線圈的轉矩：

(1)轉矩：驅使物體作圓周運動所需的扭力，如圖 2-8 所示。

T（轉矩）=F（作用力）×r（力臂）

單位說明：$\begin{cases} 轉矩：牛頓-公尺（NT-m） \\ 作用力：牛頓（NT） \\ 力臂：公尺（m） \end{cases}$

(2)力偶：兩平行力大小相同，方向相反，且兩者相距 d。由於兩力的合力為零，故力偶對物體的影響僅為旋轉。例如，當車輪轉向時，作用在方向盤上的力偶，如圖 2-9 所示。

T（力偶矩）=F（作用力）×d（力與力之間的垂直距力）

(3)線圈所產生之轉矩：為一力偶矩，如圖 2-10 所示。

T（轉矩）=F（兩線圈邊作用力）×2r（兩線圈邊分別至中心點的距離 r+r）

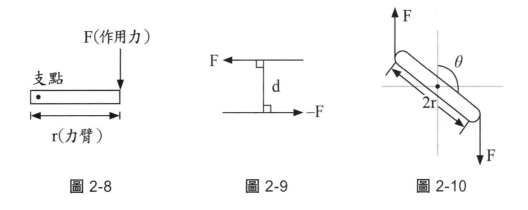

圖 2-8　　　　　　圖 2-9　　　　　　圖 2-10

(4) 載流 N 匝線圈在磁場中的轉矩 T：

　① 公式：如圖 2-11 所示。

　　$T = F \cdot (2r) = F \cdot D = B\ell I \cdot D = BI \cdot \ell D = BIA \ (NT \cdot m) \cdots$（一匝，N=1）

　　$T = NBIA(NT \cdot m)$ ……………………………………………（N 匝）

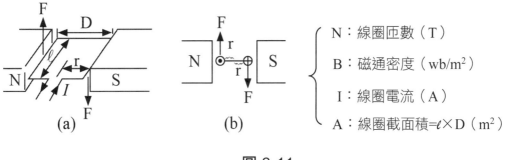

N：線圈匝數（T）

B：磁通密度（wb/m²）

I：線圈電流（A）

A：線圈截面積$=\ell \times D$（m²）

圖 2-11

　② 線圈平面與磁場法線垂直（$\theta = 90°$）時的轉矩，此時為一最大轉矩，
　　如圖 2-12 所示：

　　📍線圈平面與磁場法線垂直 90°，即線圈平面與磁力線方向（N→S）平行。
　　　$T_{max} = NBIA = T(NT \cdot m)$

③線圈平面與磁場法線夾θ角時的轉矩，此時為一瞬時轉矩，如圖 2-13 所示：

$$T_{(t)max} = NBIA \cdot \sin\theta = T \cdot \sin\theta(NT \cdot m)$$

④線圈平面與磁場法線平行（θ=0°）角時的轉矩，此時為一最小轉矩，如圖 2-14 所示：

📍線圈平面與磁場法線平行 0°，即線圈平面與磁力線方向（N→S）垂直。

$$T_{(t)max} = NBIA \cdot \sin 0° = T \cdot 0 = 0(NT \cdot m)$$

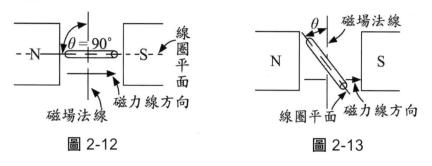

圖 2-12　　　　　　　　　　圖 2-13

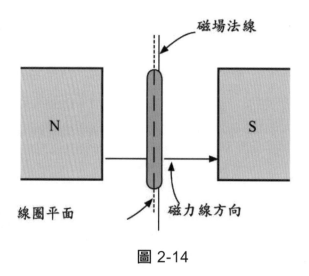

圖 2-14

3. 直流電動機的轉矩：

(1)直流電動機與直流發電機在構造上完全相同，如圖 2-15 所示。

①直流電動機須藉由換向片及電刷將外加直流電（DCV），轉換成交流電（ACV）輸入電樞線圈以維持同方向轉矩。

②直流發電機須藉由換向片及電刷將外加交流電（ACV），轉換成直流電（DCV）輸入電樞線圈以維持同方向轉矩。

(2)電樞所有導體，除正在換向的線圈不產生轉矩外，其餘皆可產生，故電動機總轉矩為各導體轉矩之和。

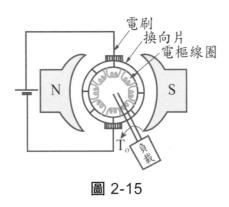

圖 2-15

(3)直流電動機輸出轉矩（T_o）：

①由電動機的轉速（n）及輸出功率（P_o），得輸出轉矩。按力學公式得知：

$$T_o = \frac{P_o(輸出功率；W)}{\omega(轉子角速度；rad / s)} = \frac{P_o}{2\pi \cdot \dfrac{n}{60}} = \frac{60P_o}{2\pi n}(NT \cdot m)，或$$

$$T_o = 9.54 \times \frac{P_o}{n}(NT \cdot m)。$$

② $T_o \propto P_o \propto \dfrac{1}{n}$。

(4)直流電動機電磁轉矩（T_m）：

內部結構按電磁作用原理，得到此轉矩。設電樞有 Z 根導體，形成並聯路徑為 a。

①應電勢：$E_m = \dfrac{PZ}{60a} \cdot \phi \cdot n(V)$

②內部機械功率：$P_m = E_m \cdot I_a(W)$

③電磁轉矩：$T_m = \dfrac{P_m}{\omega} = \dfrac{E_m \cdot I_a}{2\pi \cdot \dfrac{n}{60}} = \dfrac{\dfrac{PZ}{60a} \cdot \phi \cdot n \cdot I_a}{2\pi \cdot \dfrac{n}{60}} = \dfrac{PZ}{2\pi a} \cdot \phi \cdot I_a = K\phi I_a(NT \cdot m)$

④符號說明：

I_a：電樞電流(A)

📍電樞：armature，提供給讀者，幫助記憶。故「電樞電流」代號為「I」下側標為「a」。

⑤公式說明：

$T_m = K\phi I_a$，其中 $K = \dfrac{PZ}{2\pi a}$ 為一定值，表電動機內部固定構造，而欲調整電動機之轉矩，可調整磁通量（ϕ）及電樞電流（I_a）兩變數。

⑥電磁轉矩 T_m 可視以下條件而定：

$T_m \propto P \propto Z \propto \phi \propto I_a \propto \dfrac{1}{a}$，僅與電樞並聯路徑數（a）成反比。

⑦比值公式：$\dfrac{T_2}{T_1} = \dfrac{K\phi_2 I_{a2}}{K\phi_1 I_{a1}}$

(5)因電動機有旋轉損失，故電磁轉矩（T_m）略大於輸出轉矩（T_o）。若旋轉損失不計，則 $T_m=T_o$。

💡注意 **公式整理與比較：**（讀者請牢記）

發電機應電勢：$E_{av} = B \cdot \ell \cdot v \cdot \sin\theta\,(V)$	發電機電樞應電勢：$E_{av} = \dfrac{PZ}{60a} \cdot \phi \cdot n\,(V)$
電動機作用力：$F = B \cdot \ell \cdot I \cdot \sin\theta\,(NT)$	電動機電磁轉矩：$T_m = \dfrac{PZ}{2\pi a} \cdot \phi \cdot I_a\,(NT \cdot m)$
電動機轉矩：$T = N \cdot B \cdot I \cdot A\,(NT \cdot m)$	電動機輸出轉矩：$T_o = \dfrac{60P_o}{2\pi n}\,(NT \cdot m)$

牛刀小試

3. 某四極的直流電動機，電樞繞組總導體數為 360 根，電樞電流 50A，若每極磁通量為 0.04wb，而電樞繞組並聯路徑數為 4 條，求：該電動機之電磁轉矩。

2-3　直流電機之構造

直流發電機（Input 機械能→Output 電能），與直流電動機（Input 電能→Output 機械能）之功用係相對的，但二者構造完全相同。

依構造分類：

分類方式	構造	功能說明	結構元件
靜止	定子（stator）	直流電機運作時，固定不動，以產生磁場。	場軛（機殼）、托架、主磁極、中間極（換向磁極）、電刷、軸承
旋轉	轉子（potor）	直流電機運作時，會旋轉，以產生應電勢與轉矩，又稱「電樞」，代號：A（armature）。	電樞鐵心、電樞繞組、換向器（整流子）、轉軸

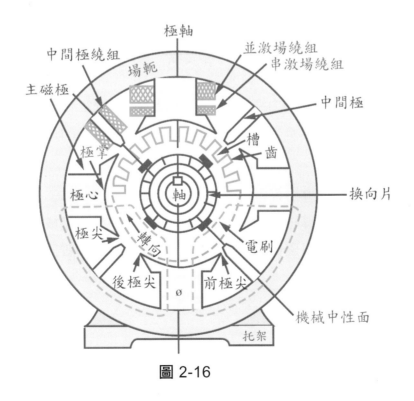

圖 2-16

上述之結構元件依功能可分為四大部份：1.磁場部份、2.電樞部份、3.換向器與電刷部份、4.軸與軸承部份。以下依此四大部份說明：

1.磁場部份：

(1)場軛（機殼）：

①功能：

A.如圖 2-16 所示，固定與保護電機內部所有結構元件。

B.作為磁路的一部分。

> 磁路
>
> 🔵 如圖 2-17 所示，磁通自主磁極 N 出發，經過空氣隙，再分成兩部份進入電樞鐵心，然後再穿越過另一空氣隙至另一主磁極 S，然後再由場軛（機殼）返回原主磁極，形成一封閉路徑。
>
> ∴主磁極→空氣隙→電樞鐵心→場軛（機殼）
>
> 🔵 空氣隙介於主磁極（定子）與電樞（轉子）之間。
>
> 🔵 通過場軛的磁力線為通過磁極的一半。
>
> ∵場軛獲得的磁力線，是由主磁極出發後，經空氣隙分成兩部份。

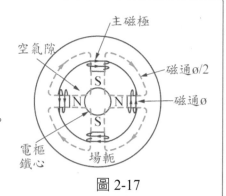

圖 2-17

②材料：

A.小型機：低導磁係數之鑄鐵一次鑄成。

B.中型機：高導磁係數之鋼板，以曲捲將鋼板捲壓成型。

C.大型機：高導磁係數之鋼板分成上下兩環拼裝維護。

③附屬元件：

A.托架：以鋼板製成，鍛接於場軛。

B.吊耳：便於搬運。

(2) 主磁極：

① 功能：

如圖 2-17 所示，在空氣隙產生所需要的磁通密度，使旋轉的導體割切磁力線產生應電勢，或使通有電流的電樞導體產生磁力線，產生驅動轉矩。

② 材料：

A. 鐵心須有高導磁係數及適當的磁通密度。

B. 鐵心採用疊片式：減少渦流損。每片厚度：0.8mm~1.6mm。

註 渦流損 $P_e = K_e B_m^2 f^2 t^2$；（t：矽鋼片的厚度）。

C. 鐵心採用矽鋼：減少磁滯損。含量約：5% 以下，含量太多會使材質脆弱，機械強度不足。

註 磁滯損 $P_h = K_n B_m^2 f^2$。

③ 結構：

A. 如圖 2-17 所示，主磁極必須相鄰異極，且必為偶數（有 N 必有 S，兩兩一組）。主磁極 N 端相鄰的左右主磁極都為 S，異於本身主磁極 N。

B. 如圖 2-16 所示，主磁極分為：極心、極尖、極掌。

C. 極掌面積大於極心：改善定子與轉子間空氣隙內的磁通分佈，減低磁通密度，使磁阻下降（$\because \downarrow B = \dfrac{\phi}{A\uparrow}$，$\downarrow R = \dfrac{\ell}{\mu A\uparrow}$）。

D. 極尖的面積僅為極心的一半：

● 一般使用缺左極尖或缺右極尖者交互疊成，使極尖面積減半。

● 使極尖易飽和，降低電樞反應，且幫助換向。

註 電樞反應：當電樞線圈通上電流後在某線圈周圍必產生磁場，此磁場稱為電樞磁場，若此磁場會使主磁場產生畸變之現象，稱為電樞反應（Armature Reaction）。

④附屬元件：

如圖 2-18 所示，在主磁極極心上繞有線圈，並通以直流電，用以產生電機所需要的磁通，稱此線圈為「磁場線圈」或「激磁繞組」。

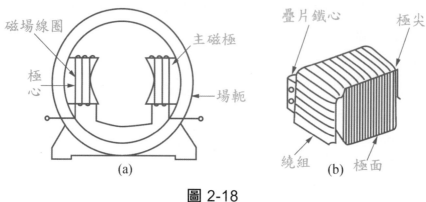

圖 2-18

(3)激磁繞組（磁場繞組或場繞組）

①串激場繞組：如圖 2-16 所示，匝數少、線徑粗、電阻小、電流大，與電樞繞組串聯。

②分激場繞組：如圖 2-16 所示，匝數多、線徑細、電阻大、電流小，與電樞繞組並聯。

③複激場繞組：由串激場繞組和分激場繞組合成，但磁通由分激場繞組決定。

(4)中間極（換向磁極）

①功能：

A.抵消換向區內的電樞反應磁通，幫助換向，減少火花。

B.抵消換向線圈的自感與互感應電勢。

②配置方式：

A.作用於換向區內。

B.如圖 2-16 所示，位於兩主磁極中間，中間極繞組採用匝數少、線徑粗之導線，與電樞繞組串聯，流過電樞電流。

C.無極心、極掌之分。

③極性：

　A. 發電機(G)：順旋轉方向與主磁極同極性。

　B. 電動機(M)：逆旋轉方向與主磁極同極性。

　C. 判斷方式：以中間極看主磁極，如下舉例說明：

　　【說明一】N、S 指主磁極；n、s 指中間極。

$$
\begin{array}{lcl}
NnSs & \to & 逆、電動機（M）\\
nNsS & \to & 順、發電機（G）\\
SsNn & \to & 逆、電動機（M）\\
sNnS & \to & 逆、電動機（M）\\
NnnS & \to & \times\\
nSNn & \to & \times\\
SsNn & \to & 逆、電動機（M）\\
nSsN & \to & 逆、電動機（M）\\
SsnN & \to & \times
\end{array}
$$

　　【說明二】(G)旋轉方向相同、(M)旋轉方向相反

(5) 補償繞組：

　①功能：

　　A. 產生與電樞反應磁通相反的磁通，以抵消電樞反應。

　　B. 補償繞組電流方向與電樞電流方向相反。

　②配置方式：

　　位於主磁極極面（圖 2-18(b)）之槽內，與電樞繞組串聯。

牛刀小試

4. 有一複激式直流發電機的接線如圖所
示，經測試後其電阻得 $R_{34}<R_{56}<R_{12}$，求：

(1)串激場繞組。

(2)分激場繞組。

(3)電樞繞組。

```
1       3       5
○       ○       ○

2       4       6
○       ○       ○
```

---

2. 電樞部分：

電樞為電機之旋轉部分，其表面之槽內裝有電樞導體，割切磁極磁通以產
生應電勢。構造為電樞鐵心及電樞繞組兩大部分組成。

(1)電樞鐵心：

①功能：

A.作為磁路的一部分。

B.支持線圈，使線圈固定於一個位置。

C 可產生轉動，使線圈割切磁力線。

②材料：

A.高導磁係數、低磁滯損失、高電阻及較強的機械強度。

B.如圖 2-19 所示，矽鋼疊片而成，疊片平面要和轉軸垂直。矽含量
約 1.0~2.0%，每片厚度約 0.5mm。由圖 2-19 可知，採疊片模式，
可減少渦流損。

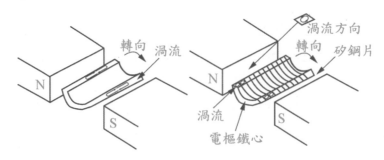

圖 2-19

③附屬設計：附有電樞槽，以放置電樞繞組。

> 電樞槽
>
> (1) 電樞槽口依容量大小及
> 　　轉速快慢分類：（如圖
> 　　2-21(a)、(b)所示）
> 　　① 開口槽：槽口及槽底寬
> 　　　　度相同，成型線圈易裝
> 　　　　入。適用於中型以上、
> 　　　　低轉速之直流電機。
> 　　② 半開口槽：或稱半閉口
> 　　　　槽。適用於小型、高轉
> 　　　　速之直流電機。因槽口
> 　　　　較窄，所以高轉速時，
> 　　　　線圈不易飛出槽外；但
> 　　　　成型繞組無法納入，需
> 　　　　單根導體放入槽內，再
> 　　　　將其末端紮束固定，是
> 　　　　為「散繞」。
> (2) 依槽口方向分類：
> 　　① 平行槽：電樞槽與電樞
> 　　　　軸中心平行。
> 　　② 斜口槽：如圖 2-22 所
> 　　　　示。電樞槽不與電樞軸
> 　　　　中心平行，歪斜相差一
> 　　　　槽距，一般均採此槽。
> 　　　　目的：減少主磁極極面
> 　　　　與電樞間，因轉動時槽
> 　　　　齒之磁阻變化所引起
> 　　　　的震動及電磁噪音。

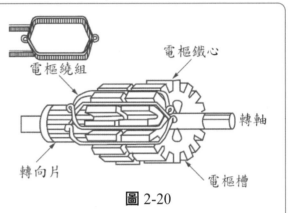

圖 2-20

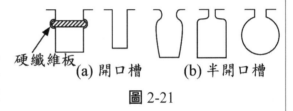

(a) 開口槽　　(b) 半開口槽

圖 2-21

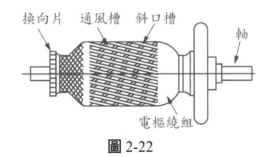

圖 2-22

(2)電樞繞組：

　①功能：

　　A.電樞繞組旋轉經一對磁極，產生一個週期正弦波應電勢，旋轉兩對磁極，產生兩個週期正弦波應電勢，以此類推。

　　B.直流發電機（DCG）：以動能帶動電樞繞組，割切磁力線產生應電勢。（動能→電能）

　　C.直流電動機（DCM）：通入電能至電樞繞組，與主磁極磁力線經電磁作用，產生電磁轉矩。（電能→動能）

　②繞線方法：

　　電樞鐵心上需有足夠的線圈導體經旋轉切割磁力線，而電樞繞組乃是如何將多數的線圈導體與換向器依序連接，提高材料之利用率，以產生所需之應電勢及電磁轉矩，且使總應電勢及瞬間轉矩的變動率降低。

區分	種類	說明	現況
依電樞繞組連接	閉路繞組	所有繞組經換向器形成一封閉路徑。	直流機
	開路繞組	若干開路的獨立繞組。須在外部加以連接即構成迴路。	交流機
依電樞繞組裝置	環型繞組	◯不受磁極數限制，電樞電流路徑數與極數相同。 ◯手工繞製，浪費材料。	不符經濟效益
	盤型繞組	將電樞鐵心改為空心圓盤。	
	鼓型繞組	如圖 2-23 所示，將電樞繞組全部移到電樞鐵心表面之槽內（如圖 2-20 所示），繞組兩線圈邊跨距約為一個極距（180°電機角）。可使用成型繞組。 圖 2-23	目前電機所採用

區分	種類	說明	現況
依線圈引線與換向器連接	疊繞	又稱「複路繞組」或「並聯繞組」。	鼓型繞組之種類
	波繞	又稱「雙路繞組」或「串聯繞組」。	
	蛙腿式繞	由「單分疊繞」與「複分波繞」合成。	
依電樞槽內放置線圈邊數	單層繞組	每槽僅置一線圈邊（$C_s=1$）。 【C_s：每槽線圈邊數】	
	雙層繞組	每槽置有上、下兩個線圈邊（$C_s=2$）。	一般電樞繞組採用
	多層繞組	每槽置有兩個以上線圈邊（$C_s>2$）。	

牛刀小試

(　　) **5.** 電樞薄矽鋼片的擺置，應與轉軸？　(A)平行　(B)垂直　(C)相交 $45°$　(D)以上皆非。

(　　) **6.** 理論上，為使電樞磁通密度被分佈均勻，最好使用　(A)閉口槽　(B)開口槽　(C)半閉口槽　(D)以上皆非　，但無法用於之實際作業。

(　　) **7.** 於電樞上，利用斜槽結構，目的為減少？　(A)渦流損　(B)起動電流　(C)火花　(D)雜音。

(　　) **8.** 下列何者不是鼓型繞組的特徵？　(A)可使用成型繞組，工作容易且絕緣完善　(B)電刷部份之線圈電感較環型繞組小　(C)有效利用所有導體　(D)可以採同一形狀之繞組而運用於極數不同。

3.換向器與電刷部分：

(1)換向器（整流子）：

①功能：

A.直流發電機（DCG）：將電樞內交流應電勢轉換成脈動直流電勢取
出。（AC→DC）

B.直流電動機（DCM）：將外電路直流電壓轉換成交流電勢輸入電
樞繞組，而產生同方向之轉矩。（DC→AC）

C.由 A.、B.可知，DCG 和 DCM 的電樞均為交流應電勢。

②材料：硬抽銅或錘銅的楔型截片，換向器之間夾一雲母片絕緣。

③配置方式：

A.如圖 2-16 所示。

B.換向器表面會固定電刷，所以，雲母片的高度會略低於換向器約
1~1.5mm，否則會導致電刷與換向器接觸不良妨礙整流，但也不
可太低，否則易積碳，如圖 2-24 所示。

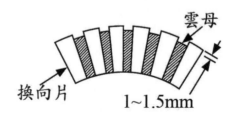

圖 2-24

(2)電刷：

①功能：

A.直流發電機（DCG）：將電樞繞組之電流經換向器導出至外部電路。

B.直流電動機（DCM）：將外部電路之電流經換向器導入至電樞繞組。

C.由 A.、B.可知，電刷是轉子（電樞）與定子間的「橋梁」。

② 條件：

A. 高接觸電阻：抑制換向時短路電流產生的火花。

B. 高載流容量：減少電刷截面積及換向器長度。

C. 潤滑作用：減低電刷與換向器間的摩擦。

D. 高機械強度：耐震不易破裂。

E. 質地均勻：減少運轉時的噪音，延長使用壽命。

③ 材料：

A. 碳：接觸電阻大，整流能力強。（一般直流電機均採碳質）

B. 石墨：摩擦係數小，具潤滑作用。

C. 銅：導電性好，電流密度大。

④ 配置方式：

A. 如圖 2-16 所示，電刷經由刷握固定在換向器上保持一定位置。

B. 有一彈簧使電刷與換向間保持一定的壓力，避免接觸壓力過大摩擦產生高溫；壓力過小又會接觸不良產生火花。

C. 避免因承載電機之滿載電流而過熱，所以電刷必須有適當大小，電流密度約 $5{\sim}15\text{A/cm}^2$。

D. 電刷寬度一般約在 1~3 換向器節距內。

⑤ 與換向器表面接觸角度：

如圖 2-25 所示。

A. 反動型：又稱「逆動型」。接觸角度約 30~35 度之間。適於單向旋轉電機，一般用於逆轉電機。

B. 追隨型：接觸角度約 10~20 度之間。適於單向旋轉電機，一般用於正轉電機。

C. 垂直型：適於正逆轉電機。

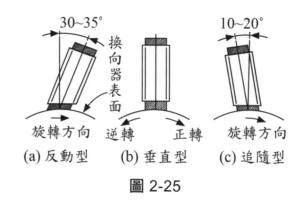

圖 2-25

⑥ 種類及特性：

種類	特性	接觸電阻	載流容量	摩擦係數	用途
碳質（硬電刷）	質密且堅硬	高	小	大	高壓、小容量、低速
石墨（軟電刷）	質軟而潤滑	低	大	小	中低壓、大容量、高速
電氣石墨質（電化石墨質）	碳加熱壓製	適宜	大	小	一般直流機
金屬石墨質	含金屬50~90%	小	最大	小	低壓、大電流

牛刀小試

(　　) **9.** 直流發電機之電樞感應電勢為交流電壓，所以需要 (A)滑環 (B)換向器 (C)電壓調整器 (D)電壓器 來整流。

(　　) **10.** 直流機電樞繞組的電流為？ (A)脈波 (B)直流 (C)交流 (D)三角波。

(　　) **11.** 換向器雲母片的切除，其主要原因是？ (A)避免突出的雲母片使電刷跳動妨礙整流 (B)避免電刷振動 (C)避免電樞震動 (D)減少阻力。

4. 軸與軸承部分：

(1)軸（轉軸）：

　①功能：

　　A.支持轉子在磁場內旋轉。

　　B.傳導機械功率。

　②材料：

　　A.採用鍛鋼製成，以具有充分之強度傳達轉矩。

　　B.直徑：$D = 20 \cdot \sqrt[3]{\dfrac{P_o（kW）}{n（rpm）}}$（cm）

(2)軸承：

　①功能：支持轉軸，使轉軸得以順利旋轉。

　②特性：

　　A.軸與軸承之間必須使用潤滑油。

　　B.由軸承直徑、轉速的快慢、使用時之溫度選用潤滑油。

　　C.電機轉速愈快，潤滑油黏度愈低，反之愈大。

　③分類：

　　A.滑動軸承：

　　　◯又稱「套筒」軸承。

　　　◯適用於低速直流電機。

　　　◯小型電機材料：青銅。

　　　◯中大型電機材料：巴氏合金。

　　B.滾動軸承：

　　　◯適用於高速直流電機。

　　　◯又可分為球珠（鋼珠）軸承，適用於中小型電機；以及滾柱軸承，適用於重負載電機。

2-4 電樞繞組

1. 電樞繞組之基本概念及重要名詞:

(1)基本概念:

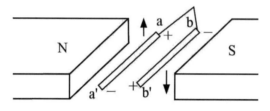

(a) 導體在 N、S 極下運動感應電勢

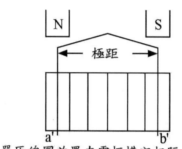

(b) 單匝線圈放置在電樞槽內相隔一極距

圖 2-26

① 如圖 2-26(a)所示:

A. 一根導體 aa'在 N 極向上運動產生應電勢,a 為+、a'為—。

B. 另一根導體 bb'在 S 極向下運動產生應電勢,b 為—、b'為+。

C. 將 a、b 兩端接起來,a'和 b'兩端電壓必相加。

② 如圖 2-26(b)所示:

A. a'b'組成一個單匝線圈(N=1)。

🔖 對照圖 2-26(a)則為 a'abb'。

B. 此單匝線圈放在相距一極距的兩個電樞槽中即形成電樞繞組。

C. 此單匝線圈的一邊導線稱為一個感應體或一根有效導體(Z)。

D. 此有效導體主要為產生應電勢和電磁轉矩。

③以上概念得知：一匝線圈會有兩邊導線，即兩根有效導體；換句話說，一匝兩根：Z=2N。

(2)重要名詞

名詞	解釋
導體	①電樞槽內的銅條或金屬線。 ②電樞總導體數（Z_A）＝每極電樞總導體數（Z_p）×極數(P)＝電樞總線圈的導體數（Z_N）×線圈匝數(N)
繞組元件	一個繞組是由若干匝線圈(N)組成，即線圈組數 N_A。
線圈元件	每匝線圈之線圈邊，即有效導體（Z_N）。
極距	請參考 2-1 節說明。
層數	每槽放置的線圈元件數，以 C_S 表示。
槽數	①如圖 2-16 所示，電樞鐵心上可放置線圈元件的空槽，以 S 表示。 ② $S \times C_S = 2N$
槽距	如圖 2-27 所示，在電樞面上，一槽中心到相鄰槽中心的距離，即一槽及一齒的寬度。 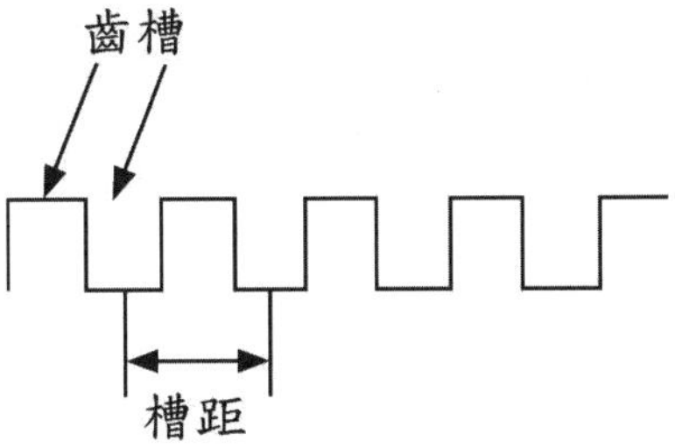 齒槽 槽距 圖 2-27
線圈節距	①線圈的一邊到另一邊置於電樞槽內位置號碼之差，又稱「後節距」，以 Y_S 表示。 ② A.$Y_S = \dfrac{S}{P}$ 　B.若 Y_S 為非整數時，取最大整數值，即 $Y_S = \dfrac{S}{P} - k$（k 修正數 $= \dfrac{S \div P \text{ 的餘數}}{\text{極數}}$）。

名詞	解釋
全節距繞組	①線圈一邊在 N 極，另一邊在 S 極，此時線圈節距等於一極距，如圖 2-28 所示。 ②$Y_S = \dfrac{S}{P} = 180°$電機角。 圖 2-28
短節距繞組	①亦稱「分數節距繞組」或「弦接線圈」。 ②線圈節距小於一極距，如圖 2-29 所示。 ③線圈末端連接線較短、節省材料（因為小於一極距，所以兩線圈邊相距較全節距近，因此將兩線圈邊連接的連接線也較短）；自感及互感較小、幫助換向。但感應電勢較全節距小。因此，一般多用短節距繞組。 ④$Y_S = \dfrac{S}{P} - k < \dfrac{S}{P}$（180°電機角）。 圖 2-29
長節距繞組	①線圈節距大於一極距。 ②$Y_S = \dfrac{S}{P} + k > \dfrac{S}{P}$（180°電機角）。
後節距	如圖 2-30 所示，同一線圈的兩線圈元件所相隔的跨距或槽數（號碼差），亦即不同換向片間的繞組節距，又稱「線圈節距」，以 Y_b 表示。
前節距	如圖 2-30 所示，第一線圈如何連接至第二線圈，亦即同一換向片上連接的兩線圈元件相隔的跨距或槽數（號碼差），以 Y_f 表示。
平均節距	①前節距與後節距之平均數，以 Y_{av} 表示。 ②$Y_{av} = \dfrac{Y_b + Y_f}{2}$。

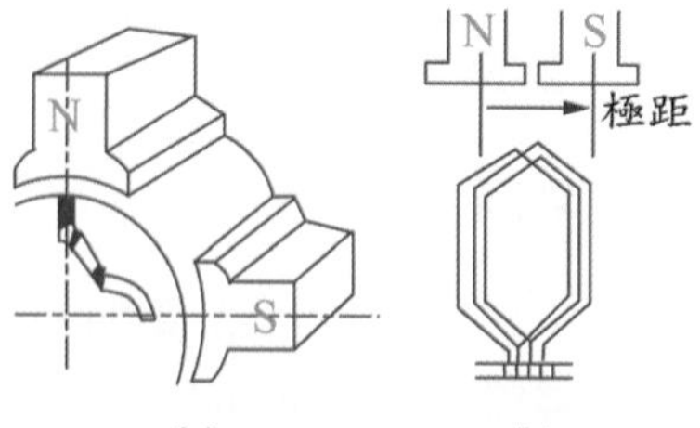

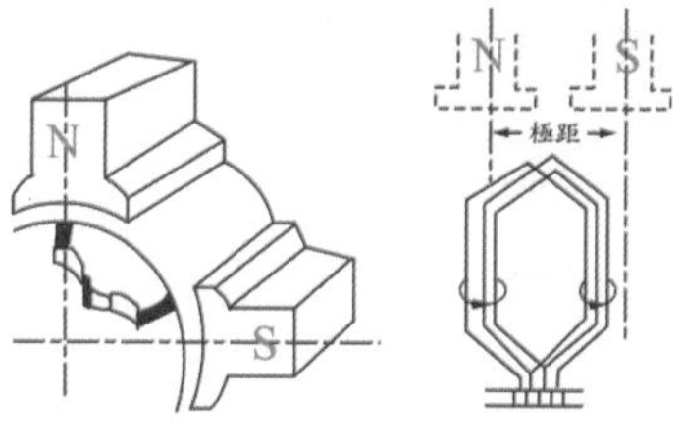

名詞	解釋
換向片節距	如圖 2-30 所示，同一線圈的兩線圈元件所接換向片的跨距或槽數（號碼差），以 Y_C 表示。
複分繞數	即「換向片節距」，以 m 表示。若 $Y_C=\pm1$，為「單分，m=1」；$Y_C=\pm2$，為「雙分，m=2」。
單層繞組	電樞槽內只放置一個線圈元件，即 $C_S=1$。
雙層繞組	電樞槽內放置兩線圈元件，一在上層、一在下層，即 $C_S=2$。目前多採雙層繞組。
電流路徑數	電樞繞組經換向片形成一封閉路徑，再由電刷分成 a 條電流路徑，又稱「並聯路徑數」，以 a 表示。
重入數	①電樞繞組具有的封閉迴路數，以 D 表示。 ② D=（C,m）=換向片數 C 與複分繞數 m 的最大公因數。

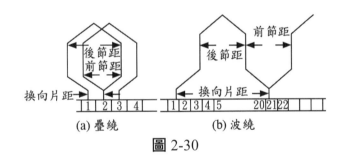

圖 2-30

(3) 結論

採雙層繞組時，槽數 S、線圈邊數 N、換向片數 C 之關係：

①1 匝有 2 根有效導體，Z=2N。

②1 組線圈（匝）有 2 個線圈邊。

③1 個換向片接 2 個線圈邊（如圖 2-30）。

④1 個槽放置 2 個線圈邊（∵雙層繞）。

∴槽數(S)=線圈組數（N_A）=換向片數(C)

$$=\frac{電樞總線圈的邊數（Z_N）}{2}=\frac{電樞總導體數 Z_A}{2\times線圈匝數 N}=\frac{電樞總導體數 Z_A}{每槽線圈元件數}$$

牛刀小試

12. 4 極,極距 36 槽之電機,每槽有 2 線圈元件,求:換向片數。

2.塔疊繞組與波形繞組特性說明:

	疊繞(LW)【並聯式繞組】	波繞(WW)【串聯式繞組】
圖示說明	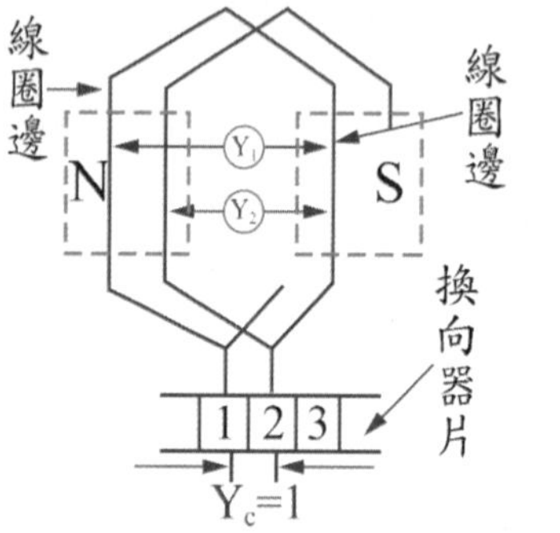 圖 2-31	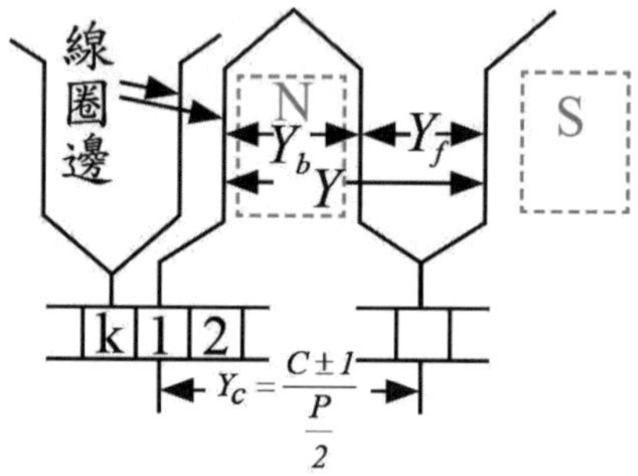 圖 2-32
繞製條件	(1)每一線圈必須在相鄰異極。 (2)第一線圈的尾與第二線圈的頭接在同一換向片上;最後一線圈的尾接至第一線圈的頭。 (3)Y_b 與 Y_f 必須為奇數,且不能相等。 (4)只能 $Y_b<Y_f$、$Y_b>Y_f$。	(1)同一線圈的兩線圈邊連接在相隔兩極距(360°電機角)的換向片上。 (2)繞組成波浪狀。 (3)Y_b 與 Y_f 必須為奇數。 (4)$Y_b=Y_f$、$Y_b<Y_f$、$Y_b>Y_f$ 均可。
電流路徑數	$a=mp$(與主磁極 P 成正比)	$a=2m$(與主磁極 P 無關)
適用電機	低電壓、大電流	高電壓、小電流
前進式	較佳,節省銅線 $Y_b>Y_f$(線圈繞法採順時針)	繞組經電樞一週後,回到出發點換向片的前面換向片。
後退式	$Y_b<Y_f$(線圈繞法採逆時針)	較佳,節省銅線 繞組經電樞一週後,回到出發點換向片的後面換向片。

		疊繞（LW）【並聯式繞組】		波繞（WW）【串聯式繞組】
換向片節距		$Y_C=\pm m$（片）		(1)接近但不恰等於 $360°$ 電機角（2 個極距。） (2)$Y_C = \dfrac{C\pm m}{\frac{P}{2}}$（片）；＋為前進波繞、－為後退波繞。
以槽為單位	換向片節距	$Y_C=\pm m$（片）	換向片節距	$Y_C = \dfrac{C\pm m}{\frac{P}{2}}=Y_b+Y_f$（片）
	後節距	$Y_b=Y_S = \dfrac{S}{P} - k$	後節距	$Y_b=Y_S = \dfrac{S}{P} - k$
	前節距	$Y_f=Y_b\mp m$	前節距	$Y_f=Y_C - Y_b$
		Y_b 與 Y_f 須為奇數		
以線圈元件為單位	線圈節距	$Y_S = \dfrac{S}{P} - k$（槽）	線圈節距	$Y_S = \dfrac{S}{P} - k$（槽）
	換向片節距	$Y_C=\pm m$（片）	換向片節距	$Y_C = \dfrac{C\pm m}{\frac{P}{2}}$（片）
	後節距	(1)$Y_b = Y_S C_S + 1$ (2)雙層繞組 　　$Y_b = 2Y_S + 1$	後節距	(1)$Y_b = Y_S C_S + 1$ (2)雙層繞組 　　$Y_b = 2Y_S + 1$
	前節距	(1)$Y_f = Y_b\mp C_s m$ (2)雙層繞組 　　$Y_f = Y_b \pm 2m$	前節距	(1)$Y_f = Y_C C_S - Y_b$ (2)雙層繞組 　　$Y_f = 2Y_C - Y_b$
電刷寬度與電刷數		(1)電刷寬度(b)=換向片寬度（δ）時，則電刷數(B)=電流路徑數(a)。 (2)於 m 分疊繞時，b=mδ，則電刷數 B=主磁極數 P。		(1)為降低成本、機械平衡、電刷電流密度均勻，故電刷寬度(b)=換向片寬度（δ）時，電刷數 B=主磁極數 P。 (2)於 m 分波繞時，b=mδ，則 B=2。

	疊繞（LW）【並聯式繞組】	波繞（WW）【串聯式繞組】
疊繞均壓線與波繞虛設線圈	(1)原因：每條電流路徑之應電勢不同，造成環流流過電刷，換向不良，如圖 2-33 所示。 🔔 環流未流經換向器為交流。 (2)結果：換向易產生火花，環流使繞組消耗功率，使溫度升高。 (3)克服：用低電阻之導線，連接相隔兩極距（360°電機角）的繞組，使各點電位相同，稱之「均壓線」，以 N_{eq} 表示。如圖 2-34(a)(b)所示。 (4)均壓線 $= \dfrac{線圈組數}{\frac{P}{2}} \times$ 均壓線%連接數 🔔 均壓線的%連接數： ①每一線圈都使用均壓線稱為 100%均壓連接。 ②每隔 2 或 4 個線圈才接一次均壓線，為 50%、25%均壓連接。 ③$\dfrac{P}{2}$ 為磁極對數。	(1)原因：槽數與換向片數不能滿足 $Y_C = \dfrac{C \pm m}{\frac{P}{2}}$。 (2)結果：多出的線圈不能接換向片，若略去多出的線圈不製成，卻造成機械不平衡。 (3)克服：將多出之線圈放置槽內，而不與換向器連接，僅作填充但無作用，稱之「虛設線圈」或「強制繞組」。

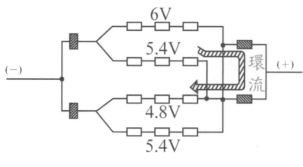

圖 2-33

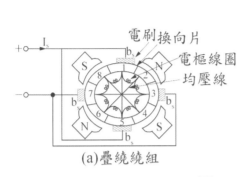
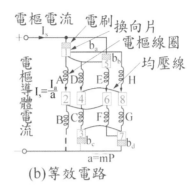

(a)疊繞繞組　　　(b)等效電路

圖 2-34

3. 蛙腿式繞組（FW）：

(1)同一槽內放置有兩種繞組的線圈各一個，疊繞之線圈引線與相鄰之兩換向片連接，波繞之線圈引線與相隔兩極距之換向片連接。

(2)疊繞與波繞使用同一換向片及電刷，故 $a_{LW}=a_{WW}$。

(3)由單分疊繞與 $\frac{P}{2}$ 分波繞組成，故 $a_{FW}=2P$，即「蛙腿式繞組之電流路徑數為主磁極的 2 倍」。

【證】$a_{FW}=a_{LW}+a_{WW}=mp+2m=（1\times P）+（2\times\frac{P}{2}）=P+P=2P$

(4)優點：

①因有波繞，換向片跨距約 2 極距。

②本身具有均壓作用，不需另裝設均壓線。

(5)缺點：因有波繞，故電樞電路電壓較高，繞組間需設計全電壓絕緣，導致體積較大。

牛刀小試

13. 一部雙分雙層前進式疊繞的四極直流發電機，每條路徑中串聯 60 根導體，若每組繞組有 4 匝，求：(1)電流路徑數；(2)電樞總導體數；(3)線圈元件數；(4)線圈組數；(5)槽數；(6)換向片數；(7)重入數；(8)電刷數；(9)後節距；(10)前節距；(11)換向片節距；(12)50%均壓線數。

2-5 直流機之一般性質

1.電樞反應（Armature Reaction）：

當電樞線圈通上電流後，因電流磁效應在某周圍必產生一電樞磁場，若此磁場干擾主磁場使主磁場產生畸變之現象，稱為電樞反應。

(1) 發生原因：

圖 2-35(a)無電樞電流，僅有主磁場磁通分佈之情形；圖 2-35(b)無主磁場電流，僅有電樞磁場磁通分佈情形；圖 2-35(c)直流發電機輸出時，主磁場與電樞磁場之合成磁通的分佈情形。由圖 2-35(c)可以得知，當發電機順時針轉，或電動機逆時針轉，且電樞導體內有電樞電流流過時，電樞電流所產生的電樞磁場對主磁極之磁場作用後，使主磁極的磁通分佈被扭曲，使磁中性面移動 α 角。

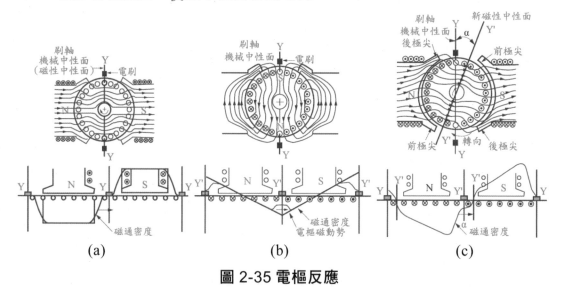

(a)   (b)   (c)

圖 2-35 電樞反應

(2) 反效果

① 如圖 2-35(c)所示，電樞磁場和主磁場在前極尖處的磁通反方向減少，在後極尖處的磁通同方向增加，但基於鐵心飽和作用，增加不及減少，所以使總磁通量減少，每極總有效磁通量減少 2%~5%。

🔖 電動機則前極尖增加、後極尖減少。

②主磁場受到干擾且發生扭曲，使磁中性面發生偏移α角，造成刷軸不在新的磁中性面上，而換向困難，易產生火花。

③電樞反應的大小和電樞電流成正比。

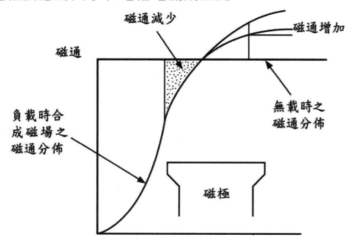

圖 2-36 電樞反應使磁通量減少

(3) 名詞解釋

名詞	說明
極軸	主磁極的軸心。
刷軸	正、負極性電刷，經轉軸中心點的連線。
機械中性面	主磁極極軸的垂直平面（或稱幾何中性面）。
電刷中性面	電刷放置平面。
磁中性面	主磁通ψ_f與電樞磁通ψ_a的合成磁通，稱為ψ_T，在綜合磁通的垂直平面上。又因此時線圈運動方向和磁場平行，不感應電勢為中性，故稱「中性」。
前、後極尖	電機之前後極尖無一定規則，必須依旋轉方向而定，先遇到的是前極尖，如圖 2-37 所示。

當電樞導體無電流時，刷軸、機械中性面、磁中性面在同一軸上；有電流時，磁中性面偏移。

(4) 各磁通之向量圖

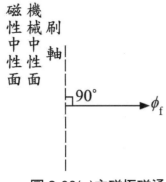

圖 2-38(a)主磁極磁通
（對應圖 2-35(a)）

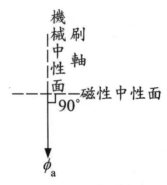

圖 2-38(b)電樞電流磁通
（對應圖 2-35(b)）

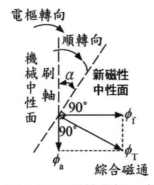

圖 2-39 發電機電樞反應磁通
電樞「轉向」順時針旋轉，
磁中性面順電樞轉向，向前移動 α 角。

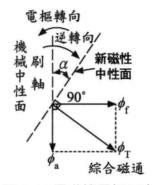

圖 2-40 電動機電樞反應磁通
電樞「轉向」逆時針旋轉，
磁中性面逆電樞轉向，向後移動 α 角。

(5) 結論

①電樞磁通與主磁極磁通正交。

②電樞反應導致綜合有效主磁極磁通 ϕ_f 減少。

③發電機應電勢下降（ $E_{av} = K\phi_f N$ ）。

④電動機轉矩減少（ $T_m = K\phi_f I_a$ ）。

⑤電動機轉速增加（ $N = \dfrac{E_{av}}{K \cdot \phi_f}$ ）。

2. 改善換向，電刷軸移位對發電機、電動機之影響：

(1) 電刷移至新磁中性面

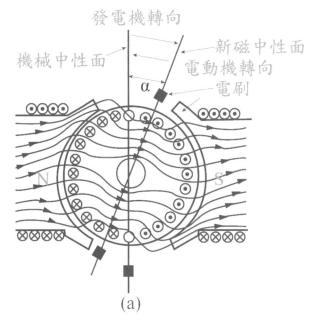
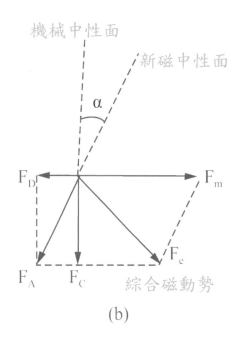

(a)　　　　　　　　　　(b)

圖 2-41

① D.C.G：電刷軸順旋轉方向移動 α 角。

② D.C.M：電刷軸逆旋轉方向移動 α 角。

③ 如圖 2-41 所示，使電刷移至新磁中性面，電樞磁動勢（F_A）為偏左向下而非垂直向下。

④ 電樞磁動勢（F_A）：由去磁磁動勢（F_D）與正交磁磁動勢（F_C）合成。

⑤ 去磁磁動勢（F_D）：與極軸平行、主磁場方向相反，減弱主磁場。

⑥ 正交磁磁動勢（F_C）：與主磁場方向垂直，使主磁場扭曲。

(2)電刷移位不當，反向遠離新磁中性面

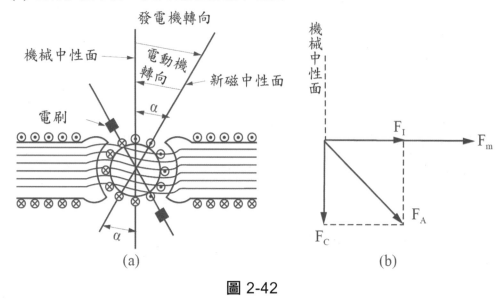

圖 2-42

①電樞磁動勢（F_A）：由加磁磁動勢（F_I）與正交磁磁動勢（F_C）合成。

②加磁磁動勢（F_I）：與極軸平行、主磁場方向相同，增強主磁場。

③加磁亦稱助磁、增磁。

(3)結論

電刷位置	電樞反應	影響
不移位，機械中性面	正交磁效應	電刷與換向片間有火花，換向不良。
順轉向移位	D.C.G：去磁效應、正交磁效應	應電勢減小、火花減弱。（扭曲主磁場）
	D.C.M：加磁效應、正交磁效應	轉矩加大、轉速減慢、火花增強。（增強主磁場，所以與電樞反應的結論敘述相反）
逆轉向移位	D.C.G：加磁效應、正交磁效應	應電勢增加、火花增強。（增強主磁場，所以與電樞反應的結論敘述相反）
	D.C.M：去磁效應、正交磁效應	轉矩減小、轉速增加、火花減弱（扭曲主磁場）。

3. 電樞反應磁動勢安匝數（A.T）的計算：

情況	公式	說明
刷軸位於機械中性面，未移位	(1)電樞總磁動勢皆為正交磁動勢。 (2)電樞總磁動勢 $$F_A = N \times I_C = N \times \frac{I_a}{a} = \frac{Z}{2} \times \frac{I_a}{a}$$ (3)每極電樞磁動勢 $$F_{A/P} = \frac{F_A}{P} = \frac{Z}{2P} \times \frac{I_a}{a}$$	N：電樞導體總匝數 Z：電樞導體總根數 P：磁極數 I_a：電樞電流 a：電流路徑數 I_C：電樞導體電流
刷軸移至新磁中性面	(1)每主磁極下電樞安匝數，包括： 　① 2α 機械角導體產生去磁磁動勢 　（$F_{D/P}$） 　② β 機械角導體產生正交磁動勢 　（$F_{C/P}$） (2)每極去磁磁動勢：$F_{D/P} =$ 　$\frac{Z}{360°} \times 2\alpha \times \frac{1}{2} \times \frac{I_a}{a} = \frac{P\alpha}{180°} \times F_{A/P}$ (3)總去磁磁動勢：$F_D = F_{D/P} \times P$ (4)每極正交磁磁動勢：$F_{C/P} =$ 　$\frac{Z}{360°} \times \beta \times \frac{1}{2} \times \frac{I_a}{a} = F_{A/P} - F_{D/P}$ (5)總正交磁磁動勢：$F_C = F_{C/P} \times P$ (6)電樞總磁動勢：$F_A = F_D + F_C$； 　$F_C = F_A - F_D$；$\frac{F_D}{F_A} = \frac{\alpha \times P}{180}$	(1)每極所佔機械角 　$= \frac{360°}{P} = 2\alpha + \beta$ (2)機械角 $\beta = 180° - 2\alpha$ (3)θ_e電機角 $= \frac{P}{2}\theta_m$機械角 圖 2-43

$$\frac{N_D總去磁匝數}{N_C總交磁匝數} = \frac{N_{D/P}每極去磁匝數}{N_{C/P}每極交磁匝數} = \frac{Z_D總去磁導體數}{Z_C總交磁導體數}$$

$$= \frac{Z_{D/P}每極去磁導體數}{Z_{C/P}每極交磁導體數} = \frac{2\alpha}{180° - 2\alpha}$$

牛刀小試

14. 有一台四極單分波繞的直流發電機,其電樞總導體數為 360 根,其電樞電流為 100A,電刷移前 15°機械角,求:(1)每極電樞安匝數;(2)每極去磁安匝數;(3)每極交磁安匝數。

4. 消除電樞反應的方法:

(1)全面或局部抵消電樞反應:如圖 2-44 所示,加裝補償繞組將全部電樞磁動勢抵銷,或加裝中間極以抵銷換向器附近的局部電樞磁動勢。

① 補償繞組法:(湯姆生雷恩法)

A. 如圖 2-45 所示,裝設在主磁極之極面上,必須與電樞串聯,與電樞電流大小相同、方向相反,使其在各種不同的負載下,皆能抵消電樞反應,此為最佳方法。

B. 補償線圈之安匝數必與正交安匝數相等而方向相反。

C. 一般僅裝置在電樞反應較嚴重的負載變動大且頻繁之大容量、高速直流機。

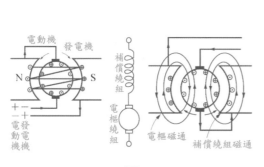

圖 2-44

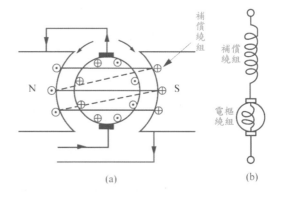

圖 2-45

② 中間極法：（換向磁極法）

　A. 消除換向區內的電樞反應。

　B. 加裝中間極前後的磁場分布情形，如圖 2-46 所示。在任何負載下，消除換向線圈所產生之自感或互感應電勢，以獲得理想換向。

　C. 抵消電樞反應所需之中間極磁勢應與電樞電流成正比。

　D. 如圖 2-47 所示，中間極之線圈以較粗之導線繞成，與電樞導體、電刷串聯，具有充份之鐵量，以便在滿載時不致達到飽和程度。

　E. 如圖 2-47 所示，極性：發電機(G)→NsSn；電動機(M)→sNnS。（2-3 直流機的構造已介紹過）

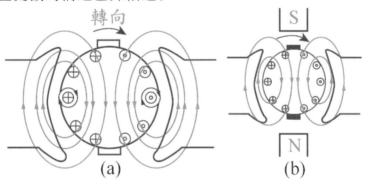

(a)　(b)

圖 2-46

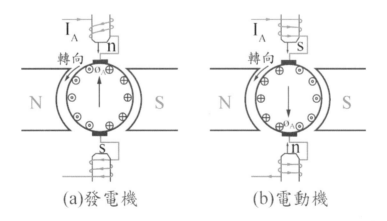

(a)發電機　(b)電動機

圖 2-47

③中間極與補償繞組法：為完全抵消電樞反應及改良換向，而同時使用中間極與補償繞組。

(2)極尖高飽和法：

①如圖 2-48 所示，削尖極尖，使該處之空氣隙增大。

②以缺右極尖或缺左極尖之矽鋼片交疊製成主磁極鐵心，使極尖部分易飽和($\uparrow B = \frac{\phi}{A\downarrow}$)、磁阻增大，以減少電樞反應。

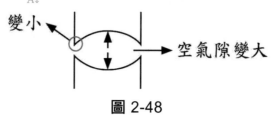

圖 2-48

(3)愣德爾磁極法：在主磁極上刻有很多槽，如此對電樞產生甚大的磁阻（$\uparrow R = \frac{\ell}{\mu A\downarrow}$，$\downarrow \phi = \frac{\mathcal{F}}{R\uparrow}$），但對主磁通無多大影響，但因電樞磁通仍可經槽後之鐵新繞道而行，故其作用並非極為有效。

牛刀小試

15. 如圖所示，中間極 C 的極性應為何？

5. 換向

(1)定義：電樞旋轉時，電樞上的每一線圈，在通過電刷的過程中，其電流均從$+I_C$改變為$-I_C$。

(2)理想換向：

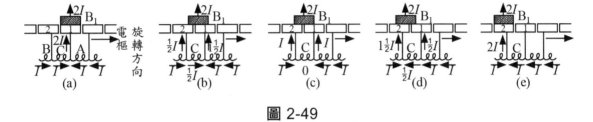

圖 2-49

① 電刷 B_1 位於 1 號換向片，電流由線圈 A、C 各提供 I，電刷 B_1 輸出 2I，如圖 2-49(a)所示。

② 電刷 B_1 開始離開 1 號換向片，有一小部分與 2 號換向片接觸，線圈 B 有一部分電流$\frac{1}{2}$I經 2 號換向片流入電刷 B_1，有另一部分電流$\frac{1}{2}$I經線圈 C 與線圈 A 提供的 I 合成為$1\frac{1}{2}$I，再經 1 號換向片流入電刷 B_1，電刷 B_1 輸出 2I，如圖 2-49(b)所示。

③ 電刷 B_1 位於 1 號換向片和 2 號換向片，電刷 B_1 將線圈 C 短路，故線圈 C 無電流，電流由線圈 A、B 各提供 I，電刷 B_1 輸出 2I，如圖 2-49(c)所示。

④ 電刷 B_1 大部分已離開 1 號換向片，線圈 C 的電流大小與圖 2-49(b) 相同，但方向相反，如圖 2-49(d)所示。

⑤ 電刷 B_1 完全離開 1 號換向片到 2 號換向片，線圈 C 的電流大小與圖 2-49(a)相同，但方向相反，如圖 2-49(e)所示。

綜合上述①~⑤，可得知線圈 C 的換向過程如圖 2-50 所示。電樞線圈自接近電刷至離開電刷時，自換向片流出之電流，均勻分布在電刷上，而每一線圈之電流亦均勻地從正的最大值變換至負的最大值，稱此為「直線換向」或「理想換向」。

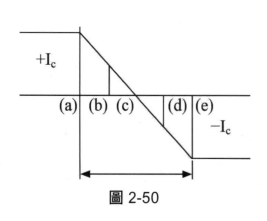

圖 2-50

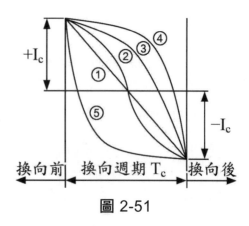

圖 2-51

(3)換向曲線：換向期間，換向線圈電流隨時間變化的情形，如圖 2-51 所示。

①直線換向：沒有火花，又稱理想換向。

②正弦換向：換向開始及接近結束時線圈電流變化較緩和，僅在換向中電流變化率較大，能防止電刷之前後刷邊因電弧而燒毀。

③低速換向：電刷在磁中性面太後面，電感的效應。

④低速換向：電刷在磁中性面太後面，磁通的效應。

⑤過速換向：電刷在磁中性面太前面，中間極的換向電勢。

💡註 電刷太寬：前、後換向期間換向線圈電流變化較大，容易在前刷邊及後刷邊產生火花。

(4)綜合說明：

種類	定義	換向曲線	原因		影響
理想換向	$\dfrac{\Delta i}{\Delta t} = $ 定值	$+I_c$ ⟶ t $-I_c$	電刷位於磁中性面		換向時無火花
低速換向（欠換向）	換向初期$\dfrac{\Delta i}{\Delta t}$過慢 換向末期$\dfrac{\Delta i}{\Delta t}$較大	$+I_c$ ⟶ t $-I_c$	DCG	電刷移位不足 負載增加	①電刷跟部過熱後刷邊易燒毀 ②電抗電壓 e_r＞換向電壓 e_c。 ③最不理想換向。
			DCM	電刷移位過度 負載減少	

種類	定義	換向曲線	原因		影響
過速換向（過換向）	換向初期$\frac{\Delta i}{\Delta t}$過快　換向末期$\frac{\Delta i}{\Delta t}$較小	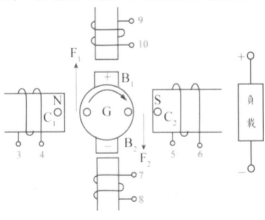	DCG	電刷移位過度負載減少	①電刷趾部過熱前刷邊易燒毀　②換向電壓 e_c ＞電抗電壓 e_r。
			DCM	電刷移位不足負載增加	

(5)改良換向的方法與條件：

方法	條件
①電阻換向：提高接觸電阻，e_r＜2V 時採用。 ②電壓換向：裝設換向磁極（如：補償繞組消除電樞反應降低 e_r、中間極產生 e_c 抵消 e_r），e_r＞2V 時採用。為最佳方法。 ③移位換向：使換向線圈呈現過速換向，抵消 e_r。	①增長整流週期（換向週期）： 　A.減慢電樞轉速。B.增加電刷寬度。 ②減少電樞繞組的自感(L)與互感(M)： 　A.線徑粗、匝數少以降低自感(L)。 　　$\because \uparrow L = \downarrow N \frac{\Delta\phi}{\Delta i}$。 　B.採短節距繞可減低互感(M)。 　C.增加換向片數及線圈組數，而使電樞線圈的匝數減少。 ③提高電刷接觸電阻。

牛刀小試

16. 如圖所示，為一分激發電機，其接線方式應如何？

歷屆試題

( ) **1.** 直流電機換向片的功能與下列哪一種元件相類似？　(A)突波吸
收器　(B)整流二極體　(C)消弧線圈　(D)正反器。

( ) **2.** 下列何者為直流電機均壓線的功用？　(A)抵銷電樞反應　(B)提
高絕緣水準　(C)提高溫升限度　(D)改善換向作用。

( ) **3.** 直流發電機之額定容量，一般指在無不良影響條件下之：　(A)
輸入功率　(B)輸出功率　(C)熱功率　(D)損耗功率。

( ) **4.** 關於直流電機之補償繞組，下列敘述何者錯誤？　(A)可抵消電
樞反應　(B)裝在主磁極之極面槽內　(C)必須與電樞繞組並聯
(D)與相鄰的電樞繞組內電流方向相反。

( ) **5.** 直流發電機轉速增大為 2.5 倍，磁通密度減小為原來的 0.8 倍，
則感應的電動勢為原來的幾倍？　(A)0.8 倍　(B)1.7 倍　(C)2 倍
(D)2.5 倍。

( ) **6.** 下列何者不是減少電樞反應的方法？　(A)裝設換向磁極　(B)裝
設補償繞組　(C)增加主磁極數目　(D)減少電樞磁路磁阻。

( ) **7.** 直流電機繞組中使用虛設線圈，其主要目的為何？　(A)改善功
率因數　(B)幫助電路平衡　(C)幫助機械平衡　(D)節省成本。

( ) **8.** 有一直流分激電動機，產生 50NT-m 之轉矩，若將其磁通減少至
原來的 50%，且電樞電流由原來的 50A 提高至 100A，則其產生
的新轉矩為多少？　(A)25NT-m　(B)50NT-m　(C)75NT-m
(D)100NT-m。

( ) **9.** 碳質電刷，最適合應用於下列何種特性之直流電動機？　(A)小
容量、低轉速　(B)小容量、高轉速　(C)大容量、低轉速　(D)
大容量、高轉速。

( ) **10.** 有關電樞反應的影響，下列敘述何者錯誤？　(A)造成磁中性面偏移
(B)總磁通方向發生畸斜　(C)換向困難　(D)總磁通量增加。

第3章

直流發電機之分類、特性及運用

3-1 直流發電機之分類

1. 依激磁方式分類：

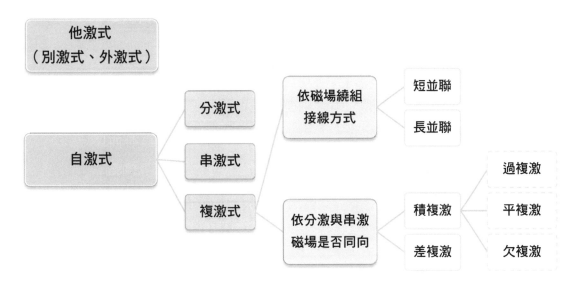

2. 外激式電機：本身磁場所需要的激磁由他機供給，與本身無關，如圖 3-1 所示。

3. 自激式電機：本身磁場所需要的激磁電流由本身電樞繞組供應。

   (1) 串激式電機：激磁線圈(R_s)與電樞串聯，採用線徑粗、匝數少、電阻低之導線，如圖 3-2 所示。（R_s 串激場電阻、R_a 電樞電阻）

   (2) 分激式電機：激磁線圈(R_f)與電樞並聯，採用線徑細、匝數多、電阻大之導線，如圖 3-3 所示。（R_f 分激場電阻、I_f 分激場電流）

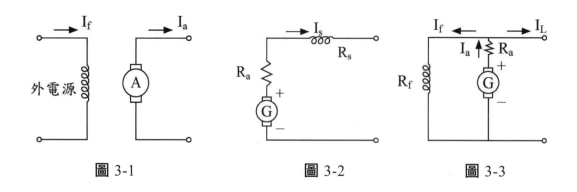

圖 3-1　　　　　　　　圖 3-2　　　　　　　　圖 3-3

(3) 複激式電機：同時具有串激場繞組(R_s)與分激場繞組(R_f)，按其接線方式分類：

①短並複激式電機：分激場繞組先與電樞並聯後，再與串激場繞組串聯，如圖 3-4 所示。

②長並複激式電機：串激場繞組先與電樞串聯後，再與分激場繞組並聯，如圖 3-5 所示。

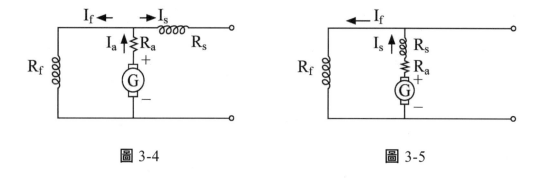

圖 3-4　　　　　　　　　　　　圖 3-5

依分激場繞組與串激場繞組產生之磁通作用方向又可分為：

①差複激式電機：分激場繞組與串激場繞組磁通方向相反，如圖 3-6 所示。

②積複激式電機：分激場繞組與串激場繞組磁通方向相同，如圖 3-7 所示。

💡 積複激發電機的磁通大部份由分激場繞組(R_f)提供，而串激場繞組(R_s)設計用來補償電樞反應去磁效應，以及電樞電路之壓降。一般分激場磁通大於串激場磁通，故主磁極極性依分激場磁通判定。

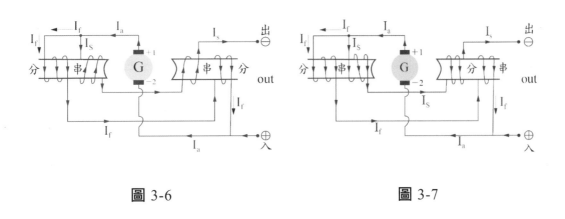

圖 3-6　　　　　　　　　　　　　　　　圖 3-7

3-2　直流電動機的電樞繞組模組接線

電樞繞組是直流電機的主要結構，繞置於轉子上，主要是用來切割磁通以產生感應電勢。直流電機的電樞繞組屬於閉路式，即所有線圈構成封閉迴路，另外有一種開路式繞組，僅出現在交流電機中，如三相電機的 Y 接。

1. 線圈邊：電樞繞組的每個線圈套入電樞鐵心線槽內，一個線圈有左右兩個線圈邊。

2. 疊繞、波繞：疊繞的線圈引線與鄰近線圈相接，適合低電壓、大電流之電機；波繞的線圈引線與相隔 2 極的線相接（即連接下一對同極性的線圈），適合高電壓、低電流之電機

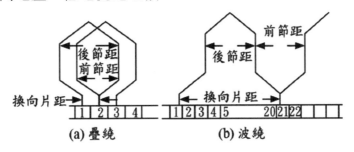

3. 單層繞、雙層繞：電樞鐵心的每一個線槽放置一個線圈邊，就是單層繞；每一個線槽放置兩個線圈邊，一個放底層，一個放頂層，就是雙層繞。

4. 極距、線圈節距：
   (1) 極距：每個磁極所占的電樞線槽數。例如一台 8 極的直流發電機，若電樞線槽數共有 24 槽，則每一個磁極占有 3 槽，即極距為 3 槽。
   (2) 線圈節距：同一個線圈的兩個線圈邊相隔的距離。通常以相距多少個線槽為單位。例如某一個線圈放置於第 2 槽和第 7 槽，線圈節距即為 6 槽（7－2＝5）；若線圈放置於第 1 槽和第 5 槽，線圈節距即為 4 槽（5－1＝4）。

5. 全節距繞與短節距繞：全節距繞：線圈節距等於極距；短節距繞：線圈節距小於極距。

6. 複分數：每一個線圈的兩個線頭所連接換向片的片距，有單式繞、雙分繞、三分繞……等。例如以疊繞來說，若線圈兩個線頭所連接的兩個換向片是相鄰的，稱為單式繞；若線圈兩個線頭所連接的兩個換向片之間尚隔有一個換向片，稱為雙分繞。

7. 重入數：電樞繞組形成封閉迴路的迴路數，如果整個電樞繞組形成一個封閉迴路，稱為一次重入；如果整個電樞繞組形成兩個封閉迴路，稱為二次重入。

8. 並聯路徑數：疊繞並聯路徑數 $a = mP$；波繞並聯路徑數 $a = 2m$

9. 換向片節距：同一線圈的兩端引線連接到換向片的距離，以換向片的編號差表示。

10. 前進繞與後退繞：將線圈的兩端引線區分成頭端和尾端，以疊繞為例，1 接 2、2 接 3、3 接 4……的繞法，就是前進繞；20 接 19、19 接 18、18 接 17……的繞法，就是後退繞。疊繞通常採用前進繞，可以節省導線長度。波繞通常採用後退繞，可以節省導線長度。

11. 均壓線：採用疊繞的電樞繞組，各路徑的感應電勢有些差異，會造成路徑間產生環流。環流會使得線圈產生功率損失，而且環流經過換向片與

電刷會造成換向片與電刷的接觸面發生電弧，對換向有不良影響，為了避免環流經過換向片與電刷，將電樞繞組相距 2 個極距的各點（也就是應該感應相同電勢的各點），使用一條低電阻導線連接起來，這一條導線就稱為均壓線。因此，大部分的環流流過均壓線，而不經過換向片與電刷，如此可以改善換向。

12. 虛設線圈：採用波繞的電樞繞組，有可能線槽數與線圈數目不配合，造成多餘空槽，為了達到機械平衡，需要再加線圈置入空槽中，這種線圈稱為虛設線圈。虛設線圈不會與其他線圈連接成電樞繞組，線圈上沒有電流流通。

3-3　直流發電機之特性及用途

1. 直流發電機之各種特性曲線

特性曲線	相對關係 Y 軸-X 軸	試驗時，應保持定值者	說明	特性曲線圖
無載特性	Y 軸：電樞感應電勢(E) X 軸：激磁電流(I_f)	轉速(N)及負載電流 (I_L)=0(無負載)	(1)飽和特性、磁化特性。 (2)使用他激式測試法。 (3)因鐵心飽和現象，鐵心磁阻增加，應電勢無法建立至無限高。 (4)因有磁滯及剩磁，故磁化曲線的下降曲線在上升曲線之上。	

特性曲線	相對關係 Y 軸-X 軸	試驗時， 應保持定值者	說明	特性曲線圖
外部特性	Y 軸：負載端電壓(V_t) X 軸：負載電流(I_L)	轉速(N)及激磁電流(I_f)	(1)電壓調整、負載特性。 (2)在額定速率下，改變輸出負載電流，記錄負載端電壓的變化，即電壓調整率。	
內部特性	Y 軸：電樞感應電勢(E) X 軸：電樞電流(I_a)	轉速(N)及激磁電流(I_f)	又稱總特性曲線	
電樞特性	Y 軸：激磁電流(I_f) X 軸：電樞電流(I_a)	轉速(N)及端電壓(V_t)	(1)磁場調整特性曲線。 (2)在額定速率下，保持輸出端電壓。	

2.飽和曲線的測定

　　(1)發電機磁極上之激磁線圈兩端電壓(E_f)，與某場電流(I_f)之關係曲線稱之為「場電阻線」。

　　(2)由 $E_f = I_f \times R_f$ 得知場電阻線為一直線（R_f 為場電阻），如圖 3-8 所示。

　　(3)場電阻愈大、斜率愈大、θ 角愈大，如圖 3-9 所示。

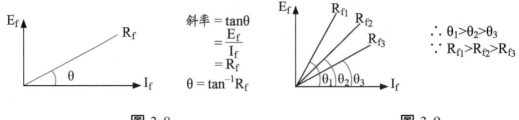

圖 3-8　　　　　　　　　　　　　　　圖 3-9

3. 自激式發電機電壓建立的過程

  (1) 發電機的電壓因鐵心飽和所限，只能建立至磁化曲線與場電阻線交點為止。

  (2) 臨界場電阻線：凡與磁化曲線相切之場電阻線，稱為「臨界場電阻線」，其所代表之電阻稱為「臨界場電阻」，如圖 3-10 所示；該磁化曲線係為調整原動機之轉速，使磁化曲線直線部份與場電阻線相切，故該磁化曲線又稱為「臨界速率線」，如圖 3-11 所示。

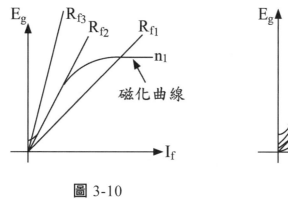
圖 3-10

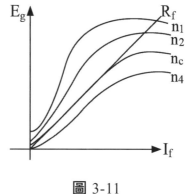
圖 3-11

  ① 由圖 3-10 可得知，R_{f2} 右邊任何位置皆可建立電壓，左邊則不能建立電壓。

  ② 由圖 3-10 可得知，R_{f3} 不可建立電壓、R_{f1} 與磁化曲線的交點所建立的電壓大於 R_{f2}，故，分激場電阻愈大，建立電壓愈低。

  ③ 由圖 3-10 可得知，在某固定轉速 n_1，能建立應電勢的場電阻為最大場電阻 R_{f2}（臨界場電阻）；即 $R > R_{f2}$ 不能建立電壓。

  ④ 由圖 3-11 可得知，在某固定場電阻 R_f，能建立應電勢的轉速為最低轉速 n_c（臨界速率）。即 $n < n_c$ 不能建立電壓。

  結論：場電阻愈大，則建立電壓愈低；轉速愈快，建立電壓愈大。

(3) 自激式發電機建立電壓的條件：

　① 發電機的磁極中，須有足夠的剩磁。

　② 在一定的轉速下，場電阻＜臨界場電阻。

　③ 在一定的場電阻下，速率＞臨界速率。

　④ 發電機轉動時，由剩磁產生之應電勢，必須與繞組兩端應電勢同向。

　⑤ 電刷位置須正確，且與換向片接觸良好。

(4) 發電機繞組的連接與剩磁方向對電壓建立的影響：

　① 如圖 3-12 所示，為一正常狀況。

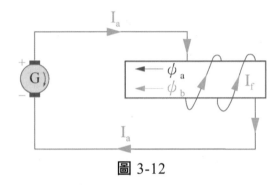

ϕ_a：剩磁方向

ϕ_b：場繞組所產生磁通方向

圖 3-12

② 可能狀況：

	電樞轉向	場繞組接線	剩磁方向	結果
1	×	反	×	ϕ_a 與 ϕ_b 反向互相抵消，無法建立電壓
2	反	×	×	ϕ_a 與 ϕ_b 反向互相抵消，無法建立電壓
3	反	×	反	ϕ_a 與 ϕ_b 反向互相抵消，無法建立電壓
4	×	反	反	ϕ_a 與 ϕ_b 反向互相抵消，無法建立電壓
5	×	×	反	電壓可建立，但極性相反
6	反	反	×	電壓可建立且增大，但極性相反
7	反	反	反	電壓可建立，且極性相同

🔍 結論

A. 電樞反轉、場繞組反接，任一出現，電壓即無法建立，若兩者同時出現，電壓可建立，但極性相反。

B. 剩磁方向與電壓建立成敗無關，但會影響極性。

C. 剩磁方向與電樞轉向係影響極性。

D. 三者同時反向，則建立極性相同之電壓。

牛刀小試

1. 如圖所示為一部分激式直流發電機在
轉速為 1800rpm 時的無載特性曲線，試
求：

   (1)臨界場電阻 R_{fc}。

   (2)當 $R_f < R_{fc}$，而 $I_f = 6A$ 時，該發電機
   電樞繞組可感應電勢 E_a 為若干。

   (3)該電機實際的場電阻 R_f 為多少。

   (4)剩磁應電勢 E_r 為多少。

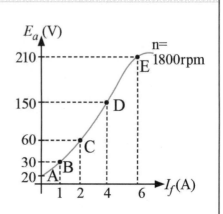

4.發電機之特性及用途說明：

	外部特性曲線	說明
外激式發電機	V_b：電刷壓降 V_t E_g $\left\{I_a R_a$ 之壓降 $\left\{E_{ARD}$ 之壓降 $I_L = I_a$ E_{ARD}：電樞反應壓降	(1)當負載增加時，I_a 增大，則 $I_a R_a$ 變大，故端電壓變小($\downarrow V_t = E - I_a R_a \uparrow$)。 (2)端電壓($V_t$)下降之原因為 $I_a R_a$ 壓降，外部特性曲線為一下垂特性。 (3)負載增加時，端電壓下降之原因有二： 　①電樞電阻的壓降 $I_a R_a$。 　②電樞反應去磁部份使總有效磁通減 　　少，端電壓下降。 (4)用途：因具有恆定電壓之特性，一般使用於電化工業場所，或需要較寬廣微小調整電壓之處。

外部特性曲線	說明
分激式發電機 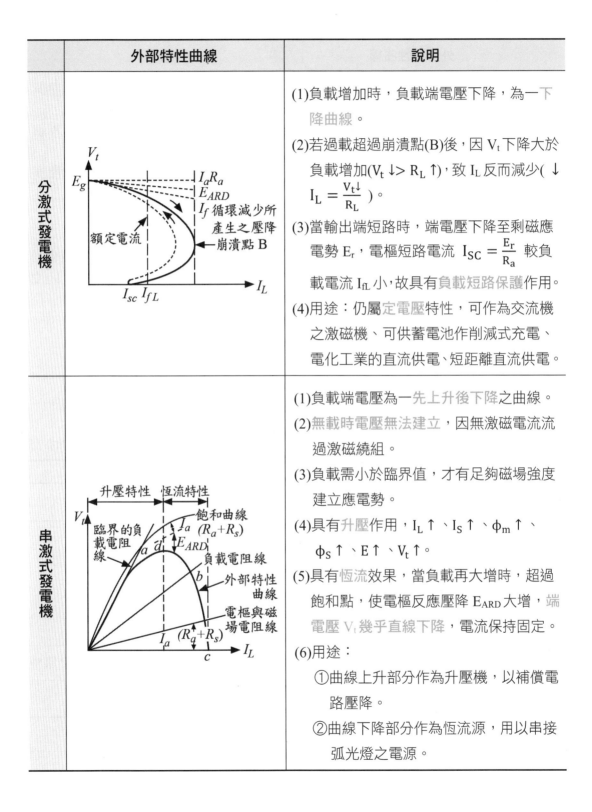	(1)負載增加時，負載端電壓下降，為一下降曲線。 (2)若過載超過崩潰點(B)後，因 V_t 下降大於負載增加($V_t\downarrow > R_L\uparrow$)，致 I_L 反而減少($I_L = \frac{V_t\downarrow}{R_L}$)。 (3)當輸出端短路時，端電壓下降至剩磁應電勢 E_r，電樞短路電流 $I_{SC} = \frac{E_r}{R_a}$ 較負載電流 I_{fL} 小，故具有負載短路保護作用。 (4)用途：仍屬定電壓特性，可作為交流機之激磁機、可供蓄電池作削減式充電、電化工業的直流供電、短距離直流供電。
串激式發電機	(1)負載端電壓為一先上升後下降之曲線。 (2)無載時電壓無法建立，因無激磁電流流過激磁繞組。 (3)負載需小於臨界值，才有足夠磁場強度建立應電勢。 (4)具有升壓作用，$I_L\uparrow$、$I_S\uparrow$、$\phi_m\uparrow$、$\phi_S\uparrow$、$E\uparrow$、$V_t\uparrow$。 (5)具有恆流效果，當負載再大增時，超過飽和點，使電樞反應壓降 E_{ARD} 大增，端電壓 V_t 幾乎直線下降，電流保持固定。 (6)用途： 　①曲線上升部分作為升壓機，以補償電路壓降。 　②曲線下降部分作為恆流源，用以串接弧光燈之電源。

外部特性曲線	說明
  複 激 式 發 電 機 V_t 曲線圖 ①過複激 ②平複激 ③欠複激 ④差複激 I_{fL}(額定)　I_L	(1)過複激：滿載電壓＞無載電壓，電壓調整率ε＜0。 (2)平複激：滿載電壓＝無載電壓，電壓調整率ε＝0。 (3)欠複激：滿載電壓＜無載電壓，電壓調整率ε＞0。 (4)差複激： 　①為一下降曲線。 　②總磁通：$\phi=\phi_f$(定值)$-\phi_f$(隨負載變動) 　　負載電流I_L↑、ϕ_S↑、ϕ↓、E↓，故負載端電壓 V_t 急速下降。 　③電壓調整率大，電壓調整範圍窄，VR％＞0。 (5)用途： 　①過複激：遠距離供電（礦坑、電車）。 　②平複激：短距離直流電源或直流激磁機。 　③欠複激：可代替分激式發電機。 　④差複激：直流電焊用發電機、蓄電池充電用發電機。

5.發電機的電壓調整率：

定義	(1)電壓變動率：$\sigma = \dfrac{V_{NL}-V_{FL}}{V_{NL}} \times 100\%$ (2)電壓調整率：$\varepsilon = VR\% = \dfrac{V_{NL}-V_{FL}}{V_{FL}} \times 100\%$ 　🔋 V_{NL}：無載電壓（No Load），V_{FL}：滿載電壓（Full Load）。 (3)愈小愈好。
D.C.G 依電壓調整率分類	$\varepsilon>0(V_{NL}>V_{FL})$　他激式、分激式、欠複激式、差激式直流發電機
	$\varepsilon=0(V_{NL}=V_{FL})$　平複激式直流發電機
	$\varepsilon<0(V_{NL}<V_{FL})$　串激式、過複激式直流發電機
	$\varepsilon=-1(V_{NL}=0V)$　串激式直流發電機

綜合外部特性曲線圖	發電機無載電壓固定時之外部特性曲線	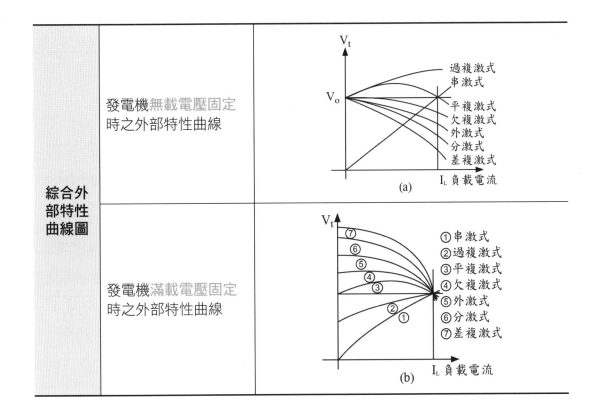
	發電機滿載電壓固定時之外部特性曲線	

牛刀小試

( )　**2.** 可以做為直流電路系統的升壓機使用者為：　(A)分激發電機　(B)串激發電機　(C)積複激發電機　(D)差複激發電機。

( )　**3.** 下列何種發電機的端電壓會隨負載增加而增加？　(A)分激發電機　(B)差複激發電機　(C)他激發電機　(D)串激發電機。

( )　**4.** 直流他激發電機之端電壓，在負載增加時會下降，其原因下列何者錯誤？　(A)電刷引起的壓降　(B)電樞電阻引起的壓降　(C)電樞反應之去磁效應引起的壓降　(D)激磁電流減少所引起的壓降。

( )　**5.** 電壓調整率最小的直流發電機是：　(A)過複激式　(B)分激式　(C)串激式　(D)平複激式。

6.各型發電機的計算公式：

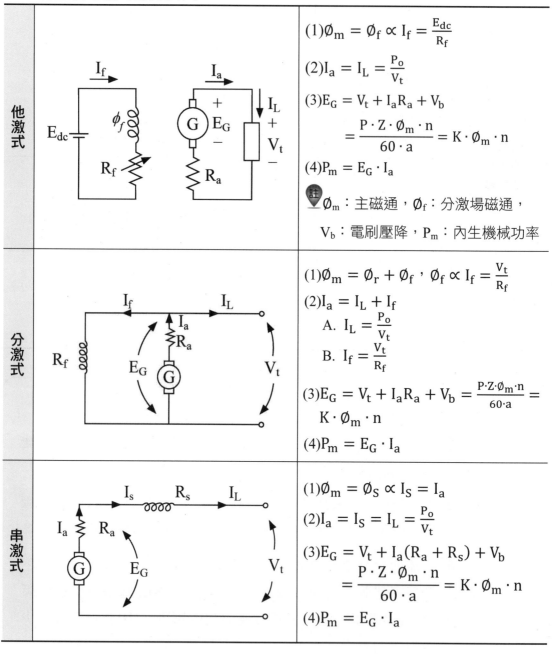

他激式	$(1)\emptyset_m = \emptyset_f \propto I_f = \dfrac{E_{dc}}{R_f}$ $(2)I_a = I_L = \dfrac{P_o}{V_t}$ $(3)E_G = V_t + I_a R_a + V_b$ $\qquad = \dfrac{P \cdot Z \cdot \emptyset_m \cdot n}{60 \cdot a} = K \cdot \emptyset_m \cdot n$ $(4)P_m = E_G \cdot I_a$ 📍$\emptyset_m$：主磁通，$\emptyset_f$：分激場磁通， $\qquad V_b$：電刷壓降，P_m：內生機械功率
分激式	$(1)\emptyset_m = \emptyset_r + \emptyset_f$ ，$\emptyset_f \propto I_f = \dfrac{V_t}{R_f}$ $(2)I_a = I_L + I_f$ $\qquad$ A. $I_L = \dfrac{P_o}{V_t}$ $\qquad$ B. $I_f = \dfrac{V_t}{R_f}$ $(3)E_G = V_t + I_a R_a + V_b = \dfrac{P \cdot Z \cdot \emptyset_m \cdot n}{60 \cdot a} =$ $\qquad K \cdot \emptyset_m \cdot n$ $(4)P_m = E_G \cdot I_a$
串激式	$(1)\emptyset_m = \emptyset_S \propto I_S = I_a$ $(2)I_a = I_S = I_L = \dfrac{P_o}{V_t}$ $(3)E_G = V_t + I_a(R_a + R_s) + V_b$ $\qquad = \dfrac{P \cdot Z \cdot \emptyset_m \cdot n}{60 \cdot a} = K \cdot \emptyset_m \cdot n$ $(4)P_m = E_G \cdot I_a$

長並複激式	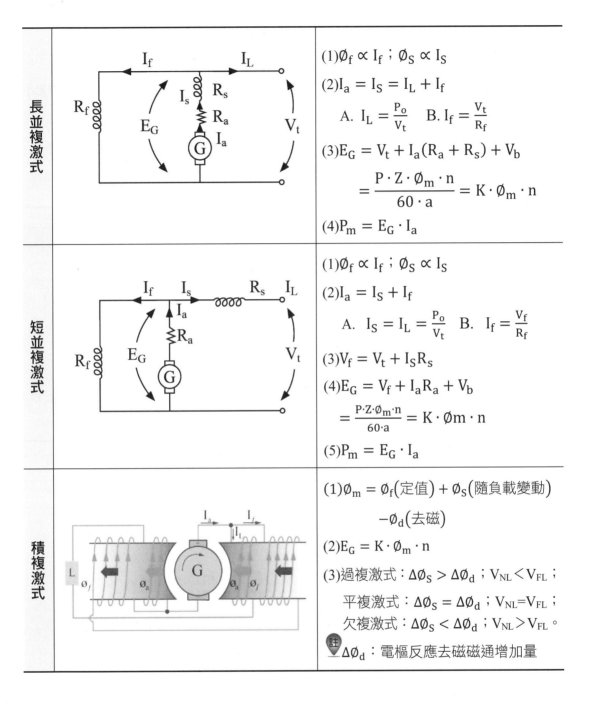	(1)$\varnothing_f \propto I_f$；$\varnothing_S \propto I_S$ (2)$I_a = I_S = I_L + I_f$ 　A. $I_L = \dfrac{P_o}{V_t}$　B. $I_f = \dfrac{V_t}{R_f}$ (3)$E_G = V_t + I_a(R_a + R_s) + V_b$ 　$= \dfrac{P \cdot Z \cdot \varnothing_m \cdot n}{60 \cdot a} = K \cdot \varnothing_m \cdot n$ (4)$P_m = E_G \cdot I_a$
短並複激式		(1)$\varnothing_f \propto I_f$；$\varnothing_S \propto I_S$ (2)$I_a = I_S + I_f$ 　A. $I_S = I_L = \dfrac{P_o}{V_t}$　B. $I_f = \dfrac{V_f}{R_f}$ (3)$V_f = V_t + I_S R_s$ (4)$E_G = V_f + I_a R_a + V_b$ 　$= \dfrac{P \cdot Z \cdot \varnothing_m \cdot n}{60 \cdot a} = K \cdot \varnothing m \cdot n$ (5)$P_m = E_G \cdot I_a$
積複激式		(1)$\varnothing_m = \varnothing_f(定值) + \varnothing_S(隨負載變動)$ 　　　$- \varnothing_d(去磁)$ (2)$E_G = K \cdot \varnothing_m \cdot n$ (3)過複激式：$\Delta\varnothing_S > \Delta\varnothing_d$；$V_{NL} < V_{FL}$； 　平複激式：$\Delta\varnothing_S = \Delta\varnothing_d$；$V_{NL} = V_{FL}$； 　欠複激式：$\Delta\varnothing_S < \Delta\varnothing_d$；$V_{NL} > V_{FL}$。 註 $\Delta\varnothing_d$：電樞反應去磁磁通增加量

差複激式	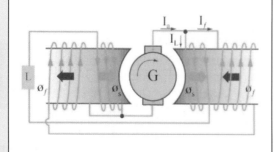	$(1)\emptyset_m = \emptyset_f(定值) - \emptyset_S(隨負載變動)$ 　　　　$-\emptyset_d(去磁)$ $(2)E_G = K \cdot \emptyset_m \cdot n$

牛刀小試

6. 有台直流他激發電機其電壓調整率 5%而供給之負載於額定電壓 100V
　時，當電樞電阻為 0.05Ω，求：　(1)電樞應電勢。　(2)電樞電流。

3-4　直流發電機之並聯運用

1. 分激式發電機並聯運用之條件：
   (1)並聯額定端電壓必須相等。
   (2)電壓的極性要一致。
   (3)各原動機轉速特性一致。
   (4)負載分配要適當，即負載和容量成正比，和電樞電阻成反比。
   (5)具有相同且下垂特性的外部特性曲線。
   (6)激複機式發電機需要均壓線，將串激場繞組靠近電樞端並聯，目的在
   　使串激場電流作適當的分配，避免分配負載的不穩定（掠奪負載）。

2. 優點：
   (1)高效率運轉、可靠性高。　　　(2)可彌補單機容量限制。
   (3)可減少預備機容量。　　　　　(4)便於檢修、延長壽命。

3. 各發電機額定電壓、額定電流相等時，外部特性曲線須重疊，使於任載時各發電機均作相等之負擔，如圖 3-13 所示。

4. 當各發電機額定電壓相等，額定電流不等時，則其外部特性曲線的斜率須相同，以平均分配負載，如圖 3-14 所示。

　(1) 負載分配與容量成正比(I_{L1}：I_{L2}=P_1：P_2)。

　(2) 額定端電壓相等。

　(3) 負載增加（重負載）時，負載電流增加，端電壓下降（如圖 3-13 中之 V_2）。

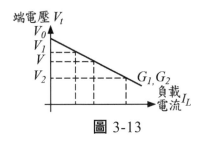

圖 3-13

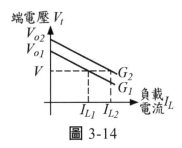

圖 3-14

5. 調整兩台分激發電機之無載端電壓相同時，則負載增加時，具有較下垂特性之發電機分擔較輕之負載，如圖 3-15 所示。

6. 調整兩台分激發電機之滿載端電壓相同時，則負載減輕時，具有較下垂特性之發電機分擔較重之負載，如圖 3-16 所示。

7. 調整兩台分激發電機之額定電壓、額定電流均不同時，欲作良好之並聯運轉，則其所對應之供給電流以額定電流百分率表示之值相同時，即可作良好之並聯運用，如圖 3-17 所示。由圖 3-17 得知：

　(1) 負載減少，端電壓增加時，具有較下垂特性之發電機分擔較重之負載。

　(2) 負載增加，端電壓下降時，具有較下垂特性之發電機分擔較輕之負載。

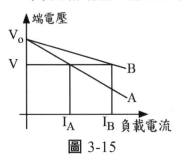

圖 3-15

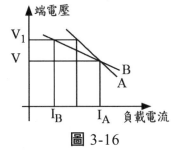

圖 3-16

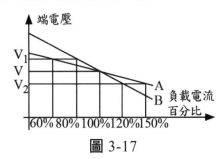

圖 3-17

8.分激發電機並聯負載分擔：

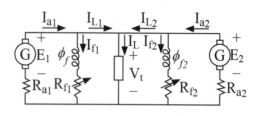

I_{f1} 及 I_{f2} 忽略，則 $I_{L1}=I_{a1}$、$I_{L2}=I_{a2}$。

(1)應電勢不等時：（不考慮分激場）

　①$I_{L1}+I_{L2}=I_L$

　　$E_1-I_{L1}R_{a1}=E_2-I_{L2}R_{a2}$

　②$P_1=V_tI_{L1}$；$P_2=V_tI_{L2}$

(2)並聯電壓相等時：（考慮分激場）

　①$V_t=I_{f1}R_{f1}=I_{f2}R_{f2}$

　②$I_L=I_{L1}+I_{L2}=(I_{a1}-I_{f1})+(I_{a2}-I_{f2})=(I_{a1}+I_{a2})-(I_{f1}+I_{f2})$

　③$P_o=I_LV_t$

(3)應電勢相等時：

　①負載電流與電樞電阻成反比。

　②$\dfrac{P_1}{P_2}=\dfrac{I_{L1}}{I_{L2}}=\dfrac{R_{a2}}{R_{a1}}$。

牛刀小試

7. A、B 兩部分激式發電機並聯供電，其電樞電阻均為 $0.02\,\Omega$，A 機感應電勢為 600V，B 機感應電勢為 610V，負載電流為 5000A，求：(1) 負載端電壓。(2)各機輸出功率。

9.積複激發電機並聯負載分擔：

(1)設有均壓線及忽略分激場電流時，負載電流(I_{L1}、I_{L2})分擔與其串激場電阻(R_{s1}、R_{s2})成反比，與發電機容量(P_1、P_2)成正比。

　🔋 均壓線為一條電阻極低的銅導線將兩台發電機的串激場繞組並聯。

(2)串激場必須在匯流排的同一側。

(3)兩機的外部特性曲線須一致。

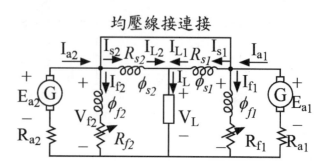

(4)不考慮分激場：$I_{L1} + I_{L2} = I_L$、$I_{L1}R_{S1} = I_{L2}R_{S2}$

(5)$\dfrac{P_1}{P_2} = \dfrac{I_{L1}}{I_{L2}} = \dfrac{R_{S2}}{R_{S1}}$　註 P：負擔功率

牛刀小試

8. 兩部積複激發電機並聯運轉，A 機為 150kW，B 機為 100kW，若 A 機之串激場電阻為 0.005Ω，求：(1)B 機之串激場電阻。(2)若 A、B 兩部積複激發電機之端電壓由無載 240V 均勻變至滿載 250V，當負載電流為 400A 時，各機之分擔。

| **3-5** | **直流發電機特性** |

1.他激式：

(1)速度：

　①感應電勢 $E = k\phi n$，若磁通 ϕ 固定，則感應電勢 E 與轉速 n 成正比。

　②特性曲線圖如下：

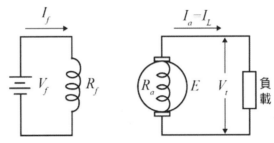

(2)負載：

　①等效電路圖如下。

　②無載時，電樞電流為零，端電壓等於電樞感應電勢。

③負載增加後，負載端電壓 $V = E - I_a R_a - V_B$ 逐漸下降。

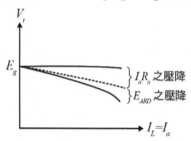

(3)特性：

①電壓變動小，激磁電流 I_a 不變時，V 隨負載變動範圍少。

②電壓調整範圍大，改變激磁電流 I_a，則 V 變動大。

③改變場電流 I_f 方向，則端電壓極性隨之改變。

(4)用途：常用於大型同步機的激磁機、定電壓電源。

2. 自激式：

(1)電壓建立過程與方法：

①原動機帶動分激發電機之電樞旋轉，並保持轉速不變。

②電樞繞組切割磁場中的剩磁，產生剩磁電壓。

③剩磁電壓跨接於分激繞組上，產生場電流及磁通。

④磁通與剩磁同方向，所以場磁通增加，使剩磁更多，再重複上述過程，直至電壓建立完成。

⑤場電阻越大，建立電壓越低；轉速越快，建立電壓越大。

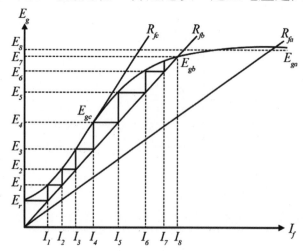

(2)電壓建立的條件：

①有剩磁。

②剩磁方向和場磁通方向相同。

③場電阻小於臨界場電阻。

④轉速大於臨界轉速。

⑤電刷位置正確，且與換向片接觸良好。

(3)分激式：

①等效電路圖如下：

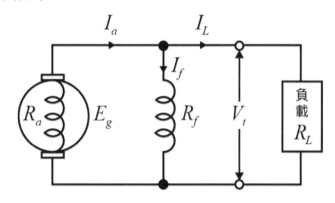

②負載增加時，端電壓會緩慢下降，但若負載超過一崩潰點後，會使端電壓大幅下降，負載電流反而減少，故本身具有短路保護作用。

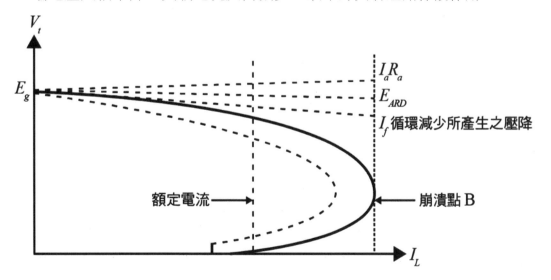

(4)串激式：

①等效電路圖如下：

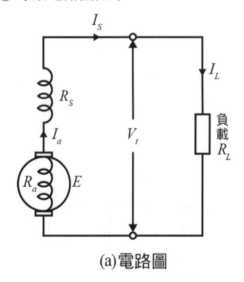

(a)電路圖

②負載增加時，負載電流增加，端電壓以近直線增加，具有升壓性質。

③負載增加到一飽和點時，端電壓會以近直線減少，但負載電流保持
不變，可作為恆流電源。

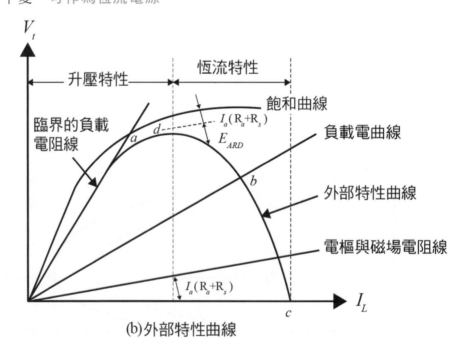

(b)外部特性曲線

(5)長分複激式：串激場繞組先和電樞繞組串聯後，再與分激場繞組並聯（先串後並）。

(6)短分複激式：分激場繞組先和電樞繞組並聯後，再與串激場繞組串聯（先並後串）。

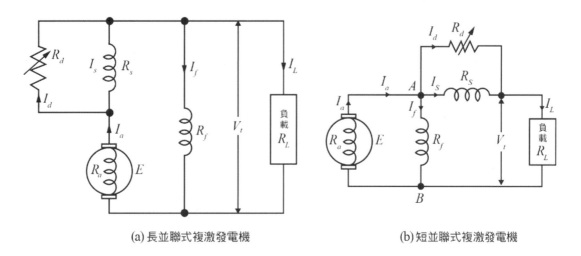

(a)長並聯式複激發電機　　　　　　(b)短並聯式複激發電機

(7)積複激式：

① 分激場和串激場磁通方向相同。

②過複激式：滿載電壓＞無載電壓，電壓調整率<0。

③平複激式：滿載電壓＝無載電壓，電壓調整率=0。

④欠複激式：滿載電壓＜無載電壓，電壓調整率>0。

(8)差複激式：

① 分激場和串激場磁通方向相反。

②負載增加時，總磁通變弱，使負載端電壓急速下降。

③電壓調整率大且>0、電壓調整範圍小。

牛刀小試

(　　) **9.** 欲將欠複激式發電機調整為過複激式發電機,應該 (A)提高轉速 (B)降低轉速 (C)提高分流器電阻值 (D)降低分流器電阻值。

(　　) **10.** 端電壓最能保持恆定的直流發電機為 (A)分激發電機 (B)串激發電機 (C)積複激發電機 (D)差複激發電。

(　　) **11.** 下列何種直流發電機較為適合做為蓄電池充電及電焊機? (A)分激發電機 (B)串激發電機 (C)積複激發電機 (D)差複激發電機。

(　　) **12.** 下圖為複激式發電機之外部特性曲線,下列何者正確?

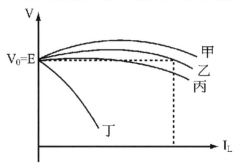

(A)甲:過複激,乙:平複激,丙:欠複激,丁:差複激
(B)甲:過複激,乙:欠複激,丙:平複激,丁:差複激
(C)甲:過複激,乙:平複激,丙:差複激,丁:欠複激
(D)甲:過複激,乙:欠複激,丙:差複激,丁:平複激。

(　　) **13.** 直流發電機端電壓不變下,場電流與電樞電流之間的關係曲線,稱為 (A)外部特性曲線 (B)無載特性曲線 (C)電樞特性曲線 (D)內部特性曲線。

(　　) **14.** 直流發電機感應電勢與電樞電流的關係曲線,稱為 (A)外部特性曲線 (B)無載特性曲線 (C)電樞特性曲線 (D)內部特性曲線。

(　) **15.** 某直流發電機無載端電壓為 120 伏特，滿載端電壓為 100 伏特，此發電機之電壓調整率為　(A)5%　(B)10%　(C)15%　(D)20%。

(　) **16.** 15kVA，240V 的分激式發電機接一負載，在額定電壓下產生額定電流。將負載完全除去後，其端電壓升高為 300V，則其電壓調整率為　(A)－20%　(B)20%　(C)－25%　(D)25%。

(　) **17.** 下列直流發電機，何者之電壓調整率的絕對值最小？　(A)過複激式發電機　(B)分激式發電機　(C)串激式發電機　(D)平複激式發電機。

(　) **18.** 測直流發電機無載特性曲線時，若無剩磁存在，場電流為 0 時，感應電勢應為　(A)0　(B)甚小　(C)甚大　(D)不一定。

(　) **19.** 直流他激式發電機可用於　(A)高電壓小電流的場合　(B)需要恆定電壓的場合　(C)需要恆定電流的場合　(D)串聯式負載。

(　) **20.** 一直流他激發電機，若激磁不變，在轉速為 1200rpm 時，感應電勢為 110 伏特，若轉速變為 2400rpm 時，感應電勢為　(A)220 伏特　(B)160 伏特　(C)110 伏特　(D)55 伏特。

(　) **21.** 磁場電路與電樞電路各自獨立的直流電機，稱為　(A)他激式　(B)分激式　(C)積複激式　(D)差複激式。

(　) **22.** 直流電機的電樞鐵心採用斜形槽的目的為了　(A)增強轉矩　(B)幫助起動　(C)減小空氣隙　(D)減少噪音。

(　) **23.** 下列何者可能是分激發電機電壓不能建立的原因？　(A)場繞組之電阻小於臨界值　(B)場繞組產生之磁通抵消剩磁　(C)未加負載　(D)剩磁太大。

(　　) **24.** 分激式直流發電機，其電壓無法建立的原因，下列敘述何者錯誤？　(A)缺乏剩磁　(B)磁場線圈與電樞線圈之連接相反　(C)臨界場電阻值高於場電阻值　(D)轉速太低。

(　　) **25.** 直流分激發電機的電壓極性是由　(A)運轉方向決定　(B)磁場繞組繞線方向決定　(C)剩磁方向決定　(D)由運轉方向，磁場繞組繞線方向、剩磁方向決定。

(　　) **26.** 某直流分激發電機額定為 2.2KW、110V、1800rpm，磁場額定為 110V、1.4A，欲做負載實驗，則其電樞迴路中之電流表應如何選用為最佳？　(A)0~0.2A　(B)0~2A　(C)0~20A　(D)0~200A。

(　　) **27.** 可以建立電壓之直流分激發電機，若將其電樞反向運轉，則此發電機的電壓　(A)無法建立　(B)可以建立，但極性改變　(C)可以建立，且極性不變　(D)不一定。

(　　) **28.** 下列何種發電機的端電壓會隨負載增加而增加？　(A)分激發電機　(B)差複激發電機　(C)他激發電機　(D)串激發電機。

歷屆試題

( )　**1.** 直流他激式發電機之無載飽和特性曲線與下列何者特性曲線相似？
(A)直流他激式發電機之外部特性曲線
(B)鐵心的磁化特性曲線
(C)直流他激式發電機之電樞特性曲線
(D)直流他激式發電機之內部特性曲線。

( )　**2.** 有一台他激式直流發電機，電樞電阻為 0.2Ω，已知在某轉速時，供應負載之端電壓為 200V，且負載電流為 2A，現在將轉速增加為原來的 1.2 倍，場電流不變，且省略電刷壓降，則負載之端電壓為何？　(A)180V　(B)200V　(C)220V　(D)240V。

( )　**3.** 下列何者不是直流分激式發電機自激建立電壓必須具備的條件？
(A)剩磁要夠大　(B)場電阻要夠低　(C)剩磁方向要適當　(D)負載特性要適當。

( )　**4.** 直流串激式發電機供給 200V、4kW 負載，其串激場電阻為 0.2Ω，電樞電阻為 0.4Ω，則此發電機的感應電勢為多少？　(A)212V　(B)204V　(C)192V　(D)188V。

( )　**5.** 有關直流發電機在額定轉速下的無載飽和特性曲線之敘述，下列何者正確？　(A)電樞電流與電樞感應電勢的關係　(B)激磁電流與電樞電流的關係　(C)激磁電流與電樞感應電勢的關係　(D)電樞電流與轉速的關係。

( )　**6.** 有關他激式（外激式）直流發電機的負載特性（外部特性）曲線之敘述，下列何者正確？　(A)描述發電機轉速與電樞電流的關係　(B)描述發電機轉速與端電壓的關係　(C)描述發電機磁場電流與端電壓的關係　(D)描述發電機電樞電流與端電壓的關係。

（　　）　**7.** 直流分激式（並激式）發電機運轉於額定電壓，如果發電機的轉速突然升高，若要維持發電機的輸出電壓為額定電壓，其調整方式為何？　(A)增加磁通　(B)減少負載　(C)減少磁通　(D)調整換向片的角度。

（　　）　**8.** 一直流發電機，滿載時端電壓為 250V，電壓調整率為 5%。則無載端電壓為多少？

(A)262.5V   (B)264.5V

(C)266.5V   (D)268.5V。

（　　）　**9.** 額定為 55kW、110V、3500rpm 之複激式直流發電機，其滿載時電流為何？　(A)500A　(B)300A　(C)250A　(D)100A。

（　　）　**10.** 有一分激式直流發電機，感應電動勢為 100V，電樞電阻為 0.1Ω，電樞電流為 40A，磁場電阻為 48Ω，若忽略電刷壓降，則輸出功率為何？

(A)3648W   (B)3800W

(C)3964W   (D)4000W。

（　　）　**11.** 甲、乙兩台分激發電機並聯供給 100A 負載，甲發電機無載電壓為 100V，電樞電阻為 0.04Ω。乙發電機無載電壓為 98V，電樞電阻為 0.05Ω。若不計激磁電流及電樞反應，則負載端電壓為何？

(A)100V　(B)98V　(C)96.89V　(D)94.2V。

（　　）　**12.** 複激式電機，若分激場繞組所產生之磁通與串激場繞組所產生之磁通方向相同，則此電機稱為：

(A)積複激式電機   (B)串激式電機

(C)差複激式電機   (D)分激式電機。

（　）**13.** 一直流串激式發電機，無載感應電動勢為 120V，電樞電阻為 0.1
Ω，串激場電阻為 0.02Ω，當電樞電流為 100A 時，若忽略電刷
壓降，則此發電機輸出功率為何？
(A)10800W　　　　　　　　　(B)9600W
(C)8000W　　　　　　　　　(D)6000W。

（　）**14.** 有一 5kW、100V 直流分激式發電機，場電阻為 100Ω，當供給
額定負載時，應電勢為 120V，若電刷壓降忽略不計，則電樞電
阻約為多少？
(A)0.68Ω　　　　　　　　　(B)0.53Ω
(C)0.47Ω　　　　　　　　　(D)0.39Ω。

（　）**15.** 一串激式發電機提供 220V、2.2kW 之負載，其電樞電阻為 0.3Ω，
串激場繞組電阻 0.5Ω，則關於此發電機之敘述下列何者正確？
(A)此發電機電樞電流為 100A
(B)此發電機產生之感應電勢為 228V
(C)此發電機激磁電流為 50A
(D)此發電機產生之感應電勢為 220V。

（　）**16.** 兩部分激發電機 A、B 作並聯運轉，A 的無載感應電勢為 220V，
電樞電阻為 0.1Ω，激磁場電阻 50Ω；B 的無載感應電勢為 220V，
電樞電阻為 0.2Ω，激磁場電阻為 40Ω，負載端電壓為 200V，則
下列何者正確？
(A)A 發電機激磁電流為 50A
(B)A 發電機之電樞電流為 100A
(C)B 發電機之電樞電流為 100A
(D)負載端總輸出功率為 30kW。

第 4 章

直流電動機之分類、特性及運用

4-1 直流電動機之分類

1. 依激磁方式分類：

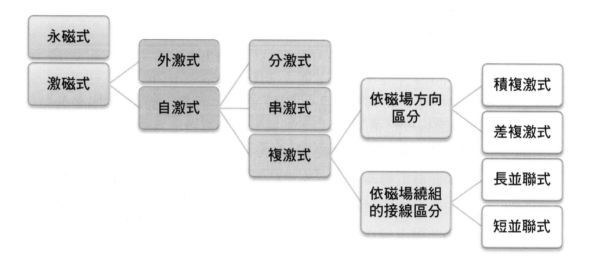

2. 發電機與電動機互換使用
   (1) 構造相同可直接轉換，中間極接線不需改接。
   (2) 轉向及特性：

項目	說明
特性、轉向不變	①他激式 G→他激式 M ②分激式 G→分激式 M
特性不變、轉向改變	串激式 G→串激式 M
特性改變、轉向不變	①積複激式 G→差複激式 M ②差複激式 G→積複激式 M

(3)差複激式 M 不能直接啟動，啟動時先將串激場繞組兩端短接，等啟動後再將短路線取下，否則差複激式 M 會先反轉後再正轉，產生很大的I_a使電機燒毀。

3. 直流電動機的重要公式及相互關係

$$電能 \xrightarrow{\text{輸入電壓V、電樞電流}I_a} 電動機 \xrightarrow{\text{輸出轉矩T=K}\emptyset I_a} 機械能 \xrightarrow{\text{轉速n}} 感應反電動勢(E_m = K\emptyset n)$$

(1)轉矩$T = \dfrac{PZ}{2\pi a}\emptyset I_a = K\emptyset I_a$(NT-m)，與磁通量$\emptyset$、電樞電流 I_a 成正比。

(2)反電勢$E_m = \dfrac{PZ}{60a}\emptyset n = K\emptyset n$(V)，與磁通量$\emptyset$、轉速 n 成正比；

$$E_m = V_t - I_a R_a(V) \Rightarrow I_a = \dfrac{V_t - E_m}{R_a}(A)$$

註①Vt：電源端電壓。

②電動機啟動瞬間 I_a 很大，使過載保護(O.L.)動作，若無過載保護，則將使電樞繞組燒毀；故直流電動機不可直接啟動，應使用啟動器。

(3)轉速$n = \dfrac{E_m}{K\emptyset} = \dfrac{V_t - I_a R_a}{K\emptyset}$(rpm)；影響直流電動機轉速之因素如下所述：

① 外加電壓(V_t)成正比：複壓法、華德黎翁那德法。

② 電樞電流(I_a)成反比：通常不採用此法。

③ 電樞電阻(R_a)成反比：串並聯控速法（避免使用）。

④ 場磁通($\emptyset$)成反比：分激式串聯可調電阻；串激式並聯可調電阻。

註①一般直流電機控速法採用場磁通控速法，因其設備費用低、構造簡單、操作容易。

②複壓法與華德黎翁那德法，其設備費用高、構造複雜、控速精準。

(4)內生機械功率$P_m = \omega T = E_m I_a = (V_t - I_a R_a)I_a = V_t I_a - I_a^2 R_a$，與反電勢

E_m、轉速 n 成正比。

　　① $E_m I_a$：電磁功率。

　　② $V_t I_a$：輸入電功率。

　　③ $I_a^2 R_a$：電樞銅損。

4.速率調整率（SR%）

(1)定義：速率調整率：$SR\% = \frac{n_{NL} - n_{FL}}{n_{FL}} \times 100\%$

　　n_{NL}：無載轉速，n_{FL}：滿載轉速。

(2)D.C.M 依速率調整率分類：

　　① SR% > 0(n_{NL} > n_{FL})：他激式、分激式、串激式、積複激式

　　② SR% < 0(n_{NL} < n_{FL})：差複激式

5.直流電動機的自律性（負載變動時對轉矩及轉速的影響，V_t、ø保持不變）

(1)負載加重時：n↓、E_m↓ ⇒ I_a↑ ⇒ T↑⇒以應付負載的增加，直到轉矩足以負擔新的負擔為止，維持穩定運轉。

(2)負載減輕時：n↑、E_m↑ ⇒ I_a↓⇒ T↓⇒以應付負載的減輕，直到產生新的轉矩為止，n、T、I_a維持定值穩定運轉。

6.直流電機轉向控制的因素：

(1)反接電樞繞組的接線：分激式、串激式、複激式。

(2)反接場繞組的接線：分激式、串激式亦可採用此法。

牛刀小試

1. 設直流機之極數為 4，導體數為 664 根，疊繞電樞電阻為 0.2Ω，每極磁通為 0.02wb，端電壓為 115V，電樞電流為 50A，求：當作發電機及電動機之轉速各為若干。

4-2 直流電動機之特性及用途

1. 轉矩特性曲線

X 軸-Y 軸	定值	
I_a-T	(1)額定電壓 V_t (2)磁場電流 I_f (3)額定轉速 n 下調整負載	

(1) 串激式電動機：

　　$T=K\phi I_a$

　　① $\phi=\phi_s$

　　② 小負載（鐵心未飽和）：

　　　　$\because \phi_s \propto I_a \therefore T \propto K \cdot I_a^2$
　　　　$\Rightarrow T \propto I_a^2$

　　　　⇒軌跡：拋物線，啟動轉矩大，可重載啟動。

　　③ 大負載（鐵心已飽和）：

　　　　$\because \phi_s$為飽和定值，ϕ_s與I_a無關 $\therefore T = K \cdot I_a$

　　　　$\Rightarrow T \propto I_a$

　　　　⇒軌跡：上升直線。

(2) 分激式電動機：

　　$T=K\phi I_a$

　　① $\phi=\phi_f$

　　②$\because \phi_f$為定值 $\therefore T \propto K \cdot I_a$

　　　　$\Rightarrow T \propto I_a$

　　　　⇒軌跡：上升直線。

　　③ 若考慮電樞反應之去磁效應，ϕ會微降，則轉矩 T 會微降，特性曲線微降。

(3)積複激式電動機：

　　$T=K\phi I_a$

　　① $\phi=\phi_f+\phi_s$

　　②小負載：I_a很小，ϕ_s很小⇒$T=K\phi_fI_a$⇒與分激式相似⇒軌跡：上升直線。

　　③大負載：I_a很大，ϕ_s很大⇒T較分激式大。

(4)差複激式電動機：

　　$T=K\phi I_a$

　　① $\phi=\phi_f-\phi_s$

　　②小負載：I_a很小，ϕ_s很小⇒$T=K\phi_fI_a$⇒與分激式相似⇒軌跡：上升直線。

　　③負載增加：I_a增加，ϕ_s增加⇒ϕ_s愈來愈趨近於ϕ_f⇒$\phi=\phi_f-\phi_s$愈來愈趨近於 0

　　　　⇒軌跡：下降直線。

　　　　⇒$\phi_s=\phi_f$，$T=0$⇒轉速極高、不穩定狀態、速率不變（定速）⇒少用。

　　④大負載：$\phi_s>\phi_f$，$T<0$（負轉矩）。

　　⑤由②~④得知：差複激式電動機之軌跡：先上升後下降之曲線。

　　⑥啟動時：防止I_a過大，$\phi_s>\phi_f$產生負轉矩，會反向啟動，通常須將串激場繞組短接。

(5)他激式電動機：

　　$T=K\phi I_a$

　　①∵ϕ為定值　∴$T\propto I_a$⇒軌跡：上升直線。

　　②若考慮電樞反應之去磁效應，ϕ會微降，則轉矩 T 會微降，特性曲線微降。

2.轉速特性曲線

X 軸-Y 軸	定值	
I_a-n	①額定電壓 V_t ②磁場電流 I_f ③額定轉矩 T 下調整負載	

(1)串激式電動機（普用式）：

$$n = \frac{V_t - I_a(R_a + R_s) - V_b}{K\varnothing_s}$$

① 無載時：$I_a \downarrow$，$\varnothing_s \to 0$，$n \uparrow$，離心力很大使電樞有飛脫之虞

　⇒ 絕不可在無載下運轉

　⇒ 須與負載直接耦合，及裝設離心開關。

② 小負載（鐵心未飽和）：

　$\because \phi_s \propto I_a \therefore I_a(R_a + R_s) - V_b$很小 $\Rightarrow n \doteqdot \frac{V_t}{K\varnothing_s} \doteqdot \frac{V_t}{KI_a}$

　$\Rightarrow n \propto \frac{1}{I_a}$

　⇒軌跡：雙曲線一部份。

③ 大負載（鐵心已飽和）：$\because \phi_s$為飽和定值 $\therefore$ 和電樞電流I_a無關

　$\Rightarrow n = K'[V_t - I_a(R_a + R_s) - V_b]$。

　⇒軌跡：下降直線。

④ 負載變動時：電樞電流I_a隨之改變，轉速亦有很大的變動

　⇒ 變速電動機，故速率調整率 SR%為正值且很大。

⑤ 定馬力電動機：高轉速、低轉矩；低轉速、高轉矩；向電源取恆定功率之定馬力。

⑥綜合串激式電動機之**轉矩及轉速特性曲線**：

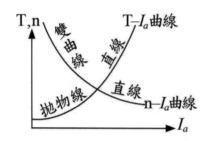

(2)**分激式電動機**：

$$n = \frac{V_t - I_a R_a - V_b}{K\emptyset_f}$$

①無載時：$I_a = 0 \Rightarrow n = \frac{V_t - V_b}{K\emptyset_f}$。

②負載增加時：$\emptyset_f$不隨負載變動，$(V_t - I_a R_a - V_b)$微降$\Rightarrow$轉速約不變

$\Rightarrow$**定速**電動機，故速率**調整率 SR%為正值且很小**。

$\Rightarrow$**軌跡：下降直線**。

③若考慮**電樞反應之去磁效應**，ϕ會微降，則轉速 n 會**微升**。

④運轉中，若磁場電路突然斷路$\Rightarrow\emptyset_f=0$，E=0

$\Rightarrow$**重載時**，I_a很大，電樞繞組有燒毀之虞

$\Rightarrow$**輕載時**，I_a很小，n 加速變很快，甚大的離心力導致有飛脫之虞

$\Rightarrow$應裝設**過載保護**設備。

(3)**積複激式電動機**：$n = \frac{V_t - I_a R_a - I_s R_s - V_b}{K(\emptyset_f + \emptyset_s)}$

①無載時：$I_a \downarrow$，$\emptyset_s \to 0$，$(I_a R_a - I_s R_s - V_b) \downarrow \Rightarrow n \doteq \frac{V_t}{K\emptyset_f}$

$\Rightarrow$ 與**分激式相似** $\Rightarrow$**軌跡：下降直線**。

②負載增加時：$I_a \uparrow$，$\emptyset_s \uparrow$，$n \downarrow \Rightarrow$**介於定速與變速之間**。

(4)差複激式電動機：$n = \dfrac{V_t - I_a R_a - I_s R_s - V_b}{K(\emptyset_f - \emptyset_s)}$

①無載時：$I_a \downarrow$，$\emptyset_s \to 0$，$(I_a R_a - I_s R_s - V_b) \downarrow \Rightarrow n \doteqdot \dfrac{V_t}{K\emptyset_f}$

　⇒與分激式相似⇒軌跡：下降直線。

②負載增加時：$I_a \uparrow$，$\emptyset_s \uparrow$，分母減少比分子大，n↑⇒軌跡：上升直線。

③速率調整率 SR%為負值⇒具定速特性。

④由①~③得知：差複激式電動機之軌跡為一先下降後上升之曲線。

(5)他激式電動機：$n = \dfrac{V_t - I_a R_a - V_b}{K\emptyset_f}$

①無載時：$I_a = 0 \Rightarrow n = \dfrac{V_t - V_b}{K\emptyset_f}$。

②負載增加時：$n = \dfrac{V_t - I_a R_a - V_b}{K\emptyset_f}$，轉速微降

　⇒軌跡：下降直線⇒具調速特性。

③若考慮電樞反應之去磁效應，ϕ 會微降，則轉速 n 會微升，特性曲線微升。

3.直流電動機依速率特性分類

分類	定義	SR%	D.C.M.
定速	n 定值	≦0.1	分激式、差複激式
變速	n 受負載變化影響	≧0.1	(1)串激式(T↑、n↓；T↓、n↑) (2)積複激式介於定速與變速之間
調速	n 不受負載變化影響	一定速率範圍內，可調整控制	串激式外，其它皆可視之

4.各種直流電動機的特性比較

激磁方式	特性
串激式	(1)啟動轉矩最大。　　　　　(2)無載時易脫速有危險。 (3)速率隨負載增加而降低，變速。　(4)轉矩特性為一拋物線。 (5)低速時有高轉矩，高速時有低轉矩。
分激式	(1)啟動轉矩尚可。　　　　　(2)能自行調節。 (3)介於定速與調速之間。　　(4)磁場斷路時易脫速有危險。 (5)轉速控制易。　　　　　　(6)轉矩特性為一上升直線。
積複激式	(1)啟動轉矩優良。　　　　　(2)定速特性良好。 (3)介於定速與變速之間。　　(4)無載時無脫速危險。
差複激式	(1)啟動轉矩很差。　　　　　(2)負載在小範圍內變動，具定速。 (3)負載增加時，轉速增大。

5.直流電動機之用途比較

D.C.M.	用途
外激式	適用於調速範圍廣，又易於精密定速： (1)華德黎翁納德控速系統之電動機。 (2)大型壓縮機、升降機、工具機。
分激式	(1)定速特性的場合：車床、印刷機、鼓風機、刨床。 (2)調變速率的場合：多速鼓風機。
串激式	需高啟動轉矩、高速之負載：電動車、起重機、吸塵器、果汁機。
積複激式	(1)大啟動轉矩又不宜過於變速之負載：升降機、電梯。 (2)大啟動轉矩又不會在輕載時有飛脫危險之負載： 　　工作母機、汽車雨刷機。 (3)突然施以重載之場合：滾壓機、鑿孔機、沖床。
差複激式	使用於速率不變之處，除實驗室外很少應用。

6. 各型電動機的計算公式：

$$\frac{P_o}{P_i} = \eta \Rightarrow ① P_i = \frac{P_o}{\eta} \quad ② \frac{P_i}{V} = I \quad ③ \frac{\frac{P_o}{\eta}}{V} = \frac{P_o}{\eta V} = I$$

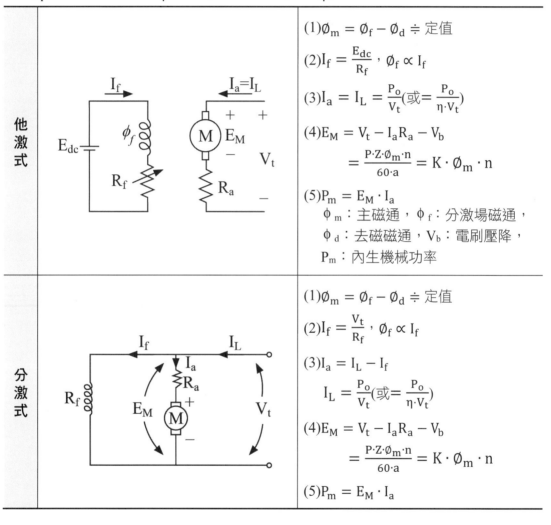

他激式	(1)$\emptyset_m = \emptyset_f - \emptyset_d \doteqdot$ 定值
	(2)$I_f = \dfrac{E_{dc}}{R_f}$ ，$\emptyset_f \propto I_f$
	(3)$I_a = I_L = \dfrac{P_o}{V_t}$(或$= \dfrac{P_o}{\eta \cdot V_t}$)
	(4)$E_M = V_t - I_a R_a - V_b$
	$\quad = \dfrac{P \cdot Z \cdot \emptyset_m \cdot n}{60 \cdot a} = K \cdot \emptyset_m \cdot n$
	(5)$P_m = E_M \cdot I_a$
	ϕ_m：主磁通，ϕ_f：分激場磁通，
	ϕ_d：去磁磁通，V_b：電刷壓降，
	P_m：內生機械功率
分激式	(1)$\emptyset_m = \emptyset_f - \emptyset_d \doteqdot$ 定值
	(2)$I_f = \dfrac{V_t}{R_f}$ ，$\emptyset_f \propto I_f$
	(3)$I_a = I_L - I_f$
	$\quad I_L = \dfrac{P_o}{V_t}$(或$= \dfrac{P_o}{\eta \cdot V_t}$)
	(4)$E_M = V_t - I_a R_a - V_b$
	$\quad = \dfrac{P \cdot Z \cdot \emptyset_m \cdot n}{60 \cdot a} = K \cdot \emptyset_m \cdot n$
	(5)$P_m = E_M \cdot I_a$

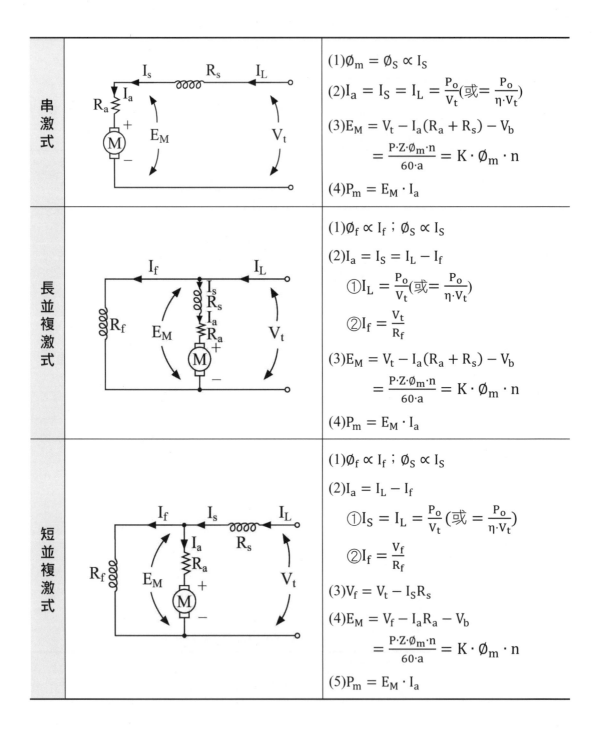

串激式		$(1)\emptyset_m = \emptyset_S \propto I_S$ $(2)I_a = I_S = I_L = \dfrac{P_o}{V_t}(或 = \dfrac{P_o}{\eta \cdot V_t})$ $(3)E_M = V_t - I_a(R_a + R_s) - V_b$ $\qquad = \dfrac{P \cdot Z \cdot \emptyset_m \cdot n}{60 \cdot a} = K \cdot \emptyset_m \cdot n$ $(4)P_m = E_M \cdot I_a$
長並複激式		$(1)\emptyset_f \propto I_f ; \emptyset_S \propto I_S$ $(2)I_a = I_S = I_L - I_f$ $\quad \text{①}I_L = \dfrac{P_o}{V_t}(或 = \dfrac{P_o}{\eta \cdot V_t})$ $\quad \text{②}I_f = \dfrac{V_t}{R_f}$ $(3)E_M = V_t - I_a(R_a + R_s) - V_b$ $\qquad = \dfrac{P \cdot Z \cdot \emptyset_m \cdot n}{60 \cdot a} = K \cdot \emptyset_m \cdot n$ $(4)P_m = E_M \cdot I_a$
短並複激式		$(1)\emptyset_f \propto I_f ; \emptyset_S \propto I_S$ $(2)I_a = I_L - I_f$ $\quad \text{①}I_S = I_L = \dfrac{P_o}{V_t}(或 = \dfrac{P_o}{\eta \cdot V_t})$ $\quad \text{②}I_f = \dfrac{V_f}{R_f}$ $(3)V_f = V_t - I_S R_s$ $(4)E_M = V_f - I_a R_a - V_b$ $\qquad = \dfrac{P \cdot Z \cdot \emptyset_m \cdot n}{60 \cdot a} = K \cdot \emptyset_m \cdot n$ $(5)P_m = E_M \cdot I_a$

積複激式	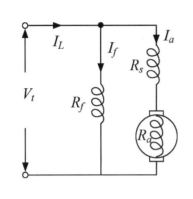	(1)$\emptyset_m = \emptyset_f + \emptyset_s$ (2)$\emptyset_f$與$\emptyset_s$同向。 (3)$\emptyset_f$為定值；$\emptyset_s$隨負載變動。
差複激式		(1)$\emptyset_m = \emptyset_f - \emptyset_s$ (2)$\emptyset_f$與$\emptyset_s$反向。 (3)$\emptyset_f$為定值；$\emptyset_s$隨負載變動。

牛刀小試

2. 有一部 100V 的他激式電動機的電樞電阻 0.06Ω，滿載時電樞電流為 50A，轉速為 1780rpm，求：(1)無載轉速n_{NL}；(2)速率調整率 SR%。

3. 直流他激電動機之電磁轉矩為 20Nt-m，電樞電流 10A，轉速為 1200rpm，求：其電樞反電勢。

4-3 直流電動機之起動法

1. 直流電動機的啟動

 (1)電動機外加電壓時，使電動機從靜止狀態加速旋轉至正常轉速為止，此過程稱為「啟動」。

 (2)電動機啟動時，加於電樞繞組兩端的電壓不可太高。

 (3)端電壓可隨轉速的增加而提高，直到轉速達額定值，才可將全部電壓加於電樞上，如此可避免過大啟動電流。

(4)因電源電壓為一定值,故唯有將電樞與一可變電阻串聯,以調整可變電阻器來改變加於電動機之電樞上的端電壓,使之隨速度上升而逐次增加至額定值。

(5)串激式電動機啟動時,必須加上負載啟動,以降低啟動轉速,避免電動機飛脫。

(6)差複激式電動機啟動時,須先將串激場繞組短路,以增大啟動轉矩,且避免反向啟動。

2. 啟動要求

(1)啟動電流 I_{as}:小,約 1.5~2.5 倍的額定電流(滿載電流)I_L。

　①利用啟動電阻降低啟動電流。

　②啟動時,啟動電流要小,故將啟動電阻調至最大,再分段減小。

(2)啟動轉矩 T_S:大,增加磁通以增大啟動轉矩。

　①串激式電動機啟動時場電阻(分流器)調至最大,啟動完成再調整。

　②分激式電動機啟動時場電阻調至最小,啟動完成再調整。

(3)啟動時間 t_S:短,小型電動機約 30 秒,大型電動機約 1 分鐘。

3. 啟動電阻(R_x)

(1)原因:

　①啟動瞬間,電動機轉速 n=0,反電勢 $E_M=K\phi n=0$。

　②電樞電流 $I_a = \dfrac{V_t-E_M}{R_a} \div \dfrac{V_t}{R_a} \Rightarrow R_a$很小,使電樞電流$I_a$很大

　　$\Rightarrow$ 電動機有燒毀之虞。

(2)解決:電樞電路串聯啟動電阻 R_x,以限制啟動電流 I_S,約 1.5~2.5 倍的額定電流(滿載電流)I_L。

(3)過程

　①啟動瞬間:n=0、$E_M=K\phi n=0$。

　　A. 分激式電動機:$E_M = V_t - I_aR_a - V_b = 0 \Rightarrow V_t = I_{as}(R_a + R_x) + V_b$

　　　$\therefore R_x = \dfrac{V_t - V_b}{I_{as}} - R_a$

B. 串激式電動機：$E_M = V_t - I_a(R_a + R_s) - V_b = 0$

$\Rightarrow V_t = I_{as}(R_a + R_s + R_x) + V_b$

$\therefore R_x = \dfrac{V_t - V_b}{I_{as}} - R_a - R_s$

② 啟動過程：如圖 4-1 所示，啟動電阻必須逐步移開：

A. 啟動時間 t_s 從 $t_0 \to t_6$ 增加，轉速亦從 $n_0 \to n_6$ 逐步加快；

B. 轉速每增加一段，將啟動電阻減少一段，而電樞電流就上升至最大值（約 1.5~2.5 倍的額定電流）。

C. 但轉速每增加一段，反電勢 E_M 會逐次增大，而電樞電流又降至最低值（約 0.8~1.25 倍的額定電流）。

D. 加速時間 t 亦愈來愈短，直到最後電樞電流達額定值、電機達額定轉速（停止加速），但最後一段所需時間較中段時間長，因速度增加，增加了負荷轉矩。

$$E_{Mi} = V_t - I_{as}\left(R_a + R_{x(i-1)}\right) - V_b \Rightarrow R_{x(i-1)} = \dfrac{V_t - V_b - E_{Mi}}{I_{as}} - R_a$$

📍 一般啟動電阻約分 5~7 段降低，不一次降低之原因在於維持適當啟動轉矩。否則 n↑、E_M↑、I_a↓、T↓，所以若分段降低電阻，可以使 I_a 逐漸變小而不致於瞬間過小而降低啟動轉矩。

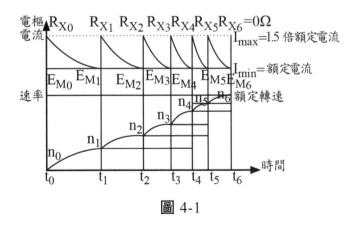

圖 4-1

③ 啟動完成：為了減少銅損，提高效率，故啟動電阻最後應趨於 0Ω。

4. 啟動器

(1) 特性：

①在$\frac{1}{3}$HP以下之小型電動機，因有較大電樞電阻，可限制啟動電流及轉動慣量較小，加速快、所需啟動時間短，故可直接啟動。

②直流電動機啟動時，為減少啟動慣性，需將 R_f 置於最小處，使 I_f 最大，ϕ_f 最大，則啟動轉矩 T_s 愈大，加速快，縮短啟動時間。

(2) 分類：

①人工啟動器：

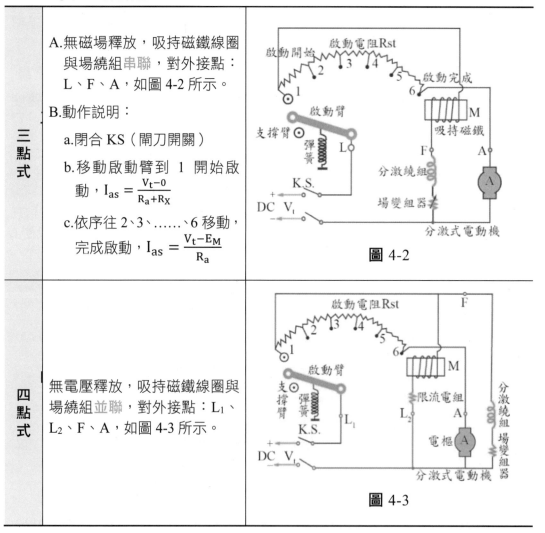

三點式	A. 無磁場釋放，吸持磁鐵線圈與場繞組串聯，對外接點：L、F、A，如圖 4-2 所示。 B. 動作說明： 　a. 閉合 KS（閘刀開關） 　b. 移動啟動臂到 1 開始啟動，$I_{as} = \dfrac{V_t-0}{R_a+R_X}$ 　c. 依序往 2、3、……、6 移動，完成啟動，$I_{as} = \dfrac{V_t-E_M}{R_a}$

圖 4-2

四點式	無電壓釋放，吸持磁鐵線圈與場繞組並聯，對外接點：L_1、L_2、F、A，如圖 4-3 所示。

圖 4-3

② 自動啟動器：

　能適時將與電樞串聯之啟動電阻器自動去掉，使電動機加速而啟動，此自動啟動是以電磁接觸器作為電機之主要控制元件，並配合啟動電阻器按鈕開關，及電驛或延時電驛等所組成。

種類	敘述	偵測	圖示
反電勢型	利用電壓電驛控制 R_x	電樞反電勢 E_M	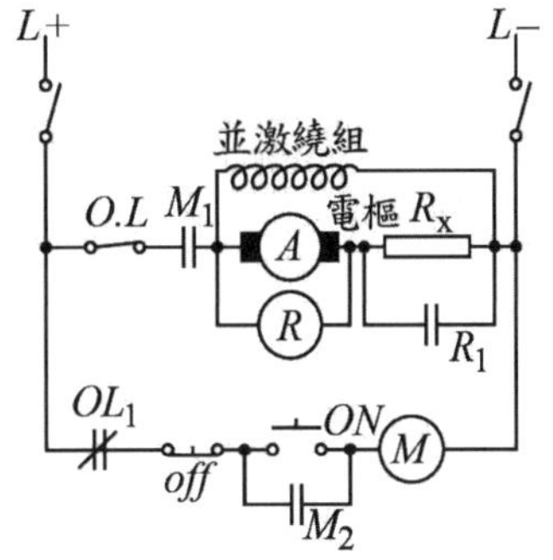 圖 4-4
限流型	利用限流電驛控制 R_x	電樞啟動電流 I_{as}	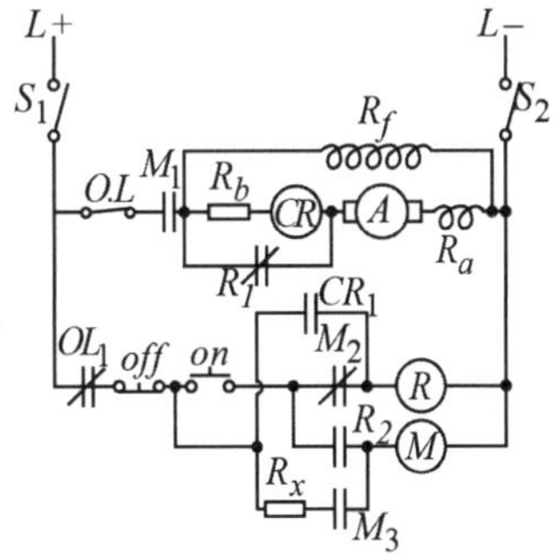 圖 4-5
限時型	利用限時電驛控制 R_x	啟動時間 t_S	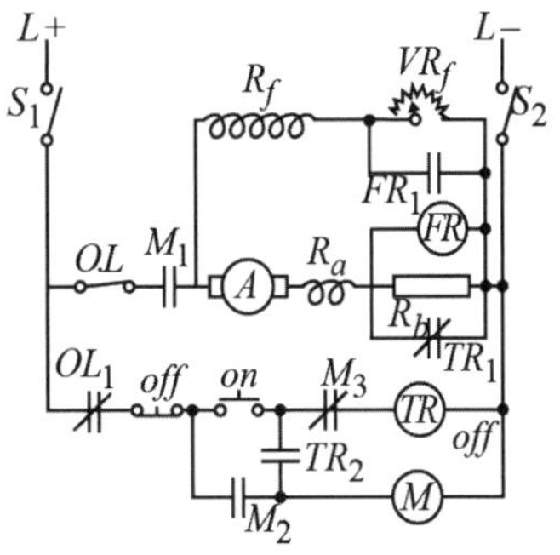 圖 4-6

牛刀小試

4. 若已知某直流分激電動機直跨電源啟動時的電流為滿載電流的 20 倍，今欲使啟動電流限制在 2 倍以下，求：外加啟動電阻應為電樞電阻的多少倍。

4-4　直流電動機之速率控制法

1. 直流電動機轉速控制

(1) 公式：$n = \dfrac{E_M}{K\phi} = \dfrac{V_t - I_a R_a - V_b}{K\phi}$

(2) 影響因素：外加端電壓V_t、電樞電阻R_a、電樞電流I_a、場磁通ϕ。

(3) 控制三變量：I_a由負載決定，不能用來控速。

　① 場磁通控速法：V_t、R_a固定，改變ϕ。

　　● 優點：效率高、簡單便宜、速率調整佳。

　　● 缺點：高速時電樞反應增強，有換向困難。

　② 電樞電阻控速法：V_t、ϕ固定，於電樞電路串聯電阻 R_x，於一定負載下，將減少加於電樞兩端之電壓，而使轉速降低。

　　● 優點：大範圍速率變動、成本低。

　　● 缺點：速率調整率差、損失大、效率低。

　③ 電樞電壓控速法：ϕ、R_a固定，改變加於電樞兩端電壓而改變轉速之方法。

　　● 優點：大範圍速率控制、無換向與啟動問題。

　　● 缺點：複雜、價格昂貴。

(4)調速變化

　①情況一：定馬力控速

　　A. $P = \omega T = \dfrac{2\pi \cdot n}{60} \cdot T \Rightarrow$ P 為定值，$\dfrac{2\pi}{60}$ 為常數。

　　B. 速率變化時，$T \propto \dfrac{1}{n}$（反比）。

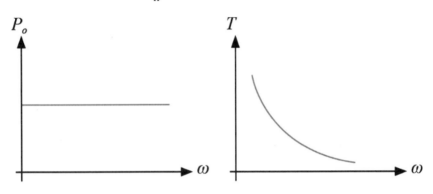

　②情況二：定轉矩控速

　　A. $T = \dfrac{P}{\omega} = \dfrac{P}{\frac{2\pi \cdot n}{60}} \Rightarrow$ T 為定值，$\dfrac{2\pi}{60}$ 為常數。

　　B. 速率變化時，$P \propto n$（正比）。

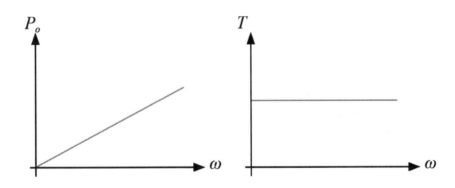

2.場磁通控速法

	分激場串聯可調電阻 R_{fh}	串激場並聯可調電阻 R_{sh}
原理	$R_{fh} \uparrow$、$I_f \downarrow$、$\phi_f \downarrow$、 $n \uparrow = \dfrac{E_M}{K\phi_f \downarrow} \Rightarrow n \propto R_{fh}$ （正比）	$R_{sh} \uparrow$、$I_s \uparrow$、$\phi_s \uparrow$、 $n \downarrow = \dfrac{E_M}{K\phi_s \uparrow} \Rightarrow n \propto \dfrac{1}{R_{sh}}$ （反比）
情況	(1)$T = K \cdot \phi \cdot I_a \Rightarrow T \propto \phi$ (2)$n \uparrow = \dfrac{E_M}{K\phi_f \downarrow} \Rightarrow n \propto \dfrac{1}{\phi}$ (3)$P = \omega T \Rightarrow P$ 為定值 $\Rightarrow$定馬力控速法	(1)$T = K \cdot \phi \cdot I_a \Rightarrow T \propto \phi$ (2)$n \downarrow = \dfrac{E_M}{K\phi_f \uparrow} \Rightarrow n \propto \dfrac{1}{\phi}$ (3)$P = \omega T \Rightarrow P$ 為定值 $\Rightarrow$定馬力控速法
特點	(1)操作簡單、成本低。 (2)可變電阻損耗小，故瓦特數小，效率高。 　　$\because R_{fh}$和R_f分壓，$V \downarrow \Rightarrow P \downarrow = \dfrac{V^2 \downarrow}{R_{fh}}$。 (3)僅作基準轉速以上的調速（往上調速）。 　　$\because$多串聯R_{fh}使分激場繞組電阻$\uparrow \Rightarrow I_f \downarrow \Rightarrow \phi_f \downarrow \Rightarrow n \uparrow$。 (4)速率調整率 SR%小，定速效果佳。	(1)操作簡單、成本高。 (2)可變電阻損耗大，故瓦特數大，效率低。 　　$\because R_{sh}$和R_s並聯電壓相等， 　　$V \uparrow \Rightarrow P \uparrow = \dfrac{V^2 \uparrow}{R_{fh}}$ (3)僅作基準轉速以上的調速（往上調速）。 　　$\because$多並聯R_{sh}使 I_L 經分流後至 $R_s \Rightarrow I_s \downarrow \Rightarrow \phi_s \downarrow \Rightarrow n \uparrow$。
適用	分激式、複激式	串激式、積複激式
圖示		

3. 電樞電阻控速法

  (1) 原理：電樞迴路中串聯可調電阻 R_{ah}，如圖 4-7 所示。

$$R_{ah} \uparrow \text{、} E_M \downarrow = V_t - I_a(R_a + R_{ah} \uparrow) \Rightarrow n \downarrow = \frac{E_M \downarrow}{K\phi_f} = n \propto \frac{1}{R_{ah}}$$

  (2) 情況：

    ① $P_m = E_M \cdot I_a \Rightarrow P_m \propto E_M$

    ② $n \downarrow = \frac{E_M \downarrow}{K\phi_f} \Rightarrow n \propto E_M$

    ③ $T = \frac{P}{\omega} \Rightarrow T$ 為定值 $\Rightarrow$ 定轉矩控速法

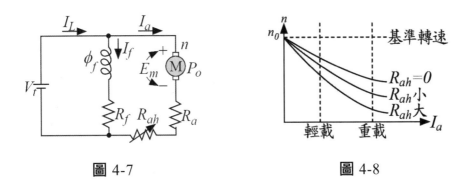

圖 4-7　　　　　　　　　　圖 4-8

  (3) 特點：

    ① 操作簡單、成本高。

    ② 可變電阻損耗大，故瓦特數大，效率低。

    ∵ 電樞電阻$R_a \downarrow$，R_{ah}分壓得到之電壓$\uparrow$，$V \uparrow \Rightarrow P \uparrow = \frac{V^2 \uparrow}{R_{ah}}$。

    ③ 僅作基準轉速以下的調速（往下調速），如圖 4-8 所示。

    ∵ 多串聯R_{ah}使電樞繞組電阻$\uparrow \Rightarrow E_M \downarrow \Rightarrow n \downarrow$。

    ④ 速率調整率 SR%大，定速效果不佳，分激由定速電動機變為變速電動機。

  (4) 適用：所有直流電動機。

4.電樞電壓控速法

	複壓法	華德黎翁納德法
原理	利用可變電壓的直流電源	利用可變電壓,目前採用 SCR 電子來控制,$V_t \propto n$。
情況	定轉矩控速法	定轉矩控速法
特點	(1)控速範圍廣、不需可變電阻、功率損耗小、轉速可調至低於或高於額定轉速。 (2)需要可變電壓的直流電源,但無法連續性調速。	(1)可精確且連續性控速,調速範圍寬廣,為無段式控制,不需啟動電阻。 (2)可圓滑啟動,操作靈敏,易正逆轉控制。 (3)整體效率低、費用高、構造複雜。 $\eta_T = \eta_M \times \eta_G \times \eta_M$ $\Rightarrow$ 效率愈乘愈小 (4)可電能再生制動。 (5)控速範圍寬廣,速率調整率 SR% 佳。 ①定轉矩控速法: 　A.在額定轉速之下$(n < n_o)$。 　B.由控制他激發電機之場激改變電動機外加電壓 $\Rightarrow$ 電壓控制(改變 V_t)。 ②定馬力控速法: 　A.在額定轉速之上$(n > n_o)$。 　B.由調整電動機之場電阻改變磁通量 　$\Rightarrow$ 場磁通控制(改變ϕ)。
適用	所有直流電動機	他激式(因磁通需維持不變)
圖示	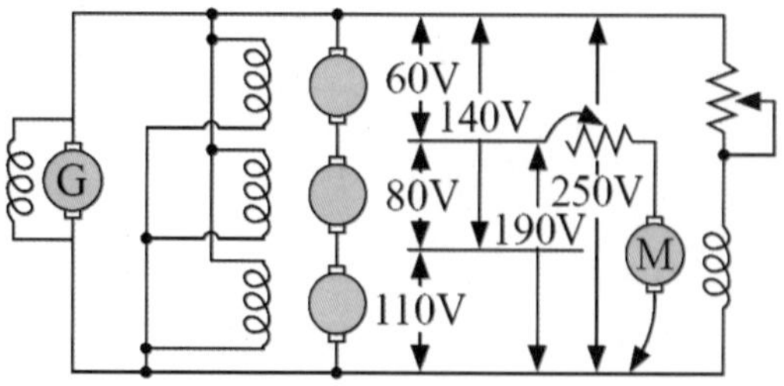	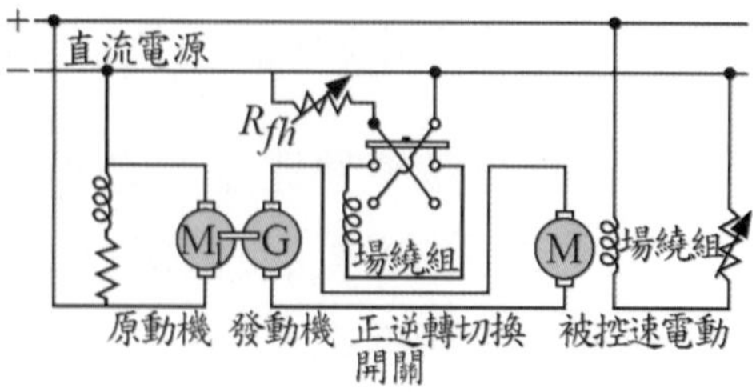

5.串並聯控速法

(1)適用：串激式電動機。

(2)啟動時（n=0、$E_M=K\phi n=0$）：如圖 4-9 所示，兩部串激式電動機，在相同啟動電流 I_s 下

$$\Rightarrow T_{串} = K \cdot I^2 ; T_{並} = K \cdot (\frac{I}{2})^2 \Rightarrow T_{串} = 4T_{並}$$

因啟動電阻值(R_x)遠大於電樞電阻與場電阻之和，故 $I_{s1}=I_{s2}$，說明如下列三點：

① $R_{x1}+(R_{sA}+R_{sB})\doteqdot R_{x1}$

② $R_{x2}+(R_{sA}//R_{sB}) \doteqdot R_{x2}$

③ $R_{x1}=R_{x2}\Rightarrow I_{s1}=I_{s2}$

(3)運轉時（啟動電阻 $R_x=0$ 不存在）：如圖 4-10 所示，兩部串激式電動機，在相同電源電壓 V_t（機械負載相同）下

$$\Rightarrow n_{串} = \frac{E_M}{K\phi} = \frac{\frac{V_t}{2}-I_aR_a-V_b}{K\phi} = \frac{V_t}{2K\phi} ; n_{並} = \frac{E_M}{K\phi} = \frac{V_t-I_aR_a-V_b}{K\phi} = \frac{V_t}{K\phi}$$

$$\Rightarrow n_{並} = 2n_{串}$$

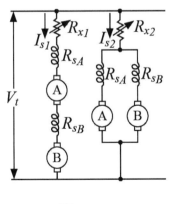

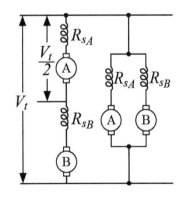

圖 4-9　　　　　　　　　　　　圖 4-10

6. 歸納整理

(1) 直流分激式、複激式電動機控速的方法：

① 電樞電壓控速法。

② 電樞電阻控速法。

③ 場磁通控速法。

(2) 直流串激式電動機控速的方法：

① 場磁通控速法⇒定馬力控速法。

② 電樞串聯電阻控速法⇒定轉矩控速法。

③ 串並聯控速法⇒電動車、電氣列車等控制。

牛刀小試

5. 一串激式電動機，電樞電阻 0.2Ω，場電阻 0.3Ω，外接電源 100V，忽略電刷壓降，當電樞電流 40A 時，轉速為 640rpm。若轉矩不變，轉速變成 400rpm 時，求：場電阻值。

6. 額定電壓 200V，額定電流 60A，額定速率 700rpm，電樞電阻為 0.2Ω，磁場電阻為 100Ω 之分激電動機保持負載轉矩於一定，而速率減半時，求：應加入多大電阻於電樞迴路。

4-5　直流電動機之轉向控制及制動

1. 轉向控制

(1) 原理：佛來銘左手定則得知電動機轉向，決定磁場(ϕ)方向以及電樞電流(I_a)方向。

(2) 改變轉向因素：

① 反接電樞繞組：改變磁場(ϕ)方向⇒分激、串激、複激。

② 反接場繞組：改變電樞電流(I_a)方向⇒分激、串激。

③反接電樞繞組、場繞組：轉向不變，因磁場(ϕ)和電樞電流(I_a)均反向。

④改變電源電壓極性：

　A.自激式因磁場(ϕ)和電樞電流(I_a)均反向，故轉向不變。

　B.他激式僅改變電樞電流(I_a)方向，故轉向改變。

(3)改變轉向方法：

①利用閘刀開關。

②利用電磁開關。

③利用鼓型開關：如圖 4-11 所示，水平方向第二組接點③及④，可改變電流方向⇒反接用；兩接點一定要重疊，否則會開路。

　A.兩銅片式：如圖 4-11 所示，適用分激式電動機。

　B.三銅片式：如圖 4-12 所示，適用所有直流電動機。

2.兩銅片式鼓型開關

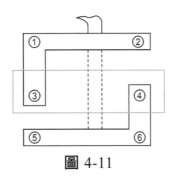

圖 4-11

(1)反接電樞繞組

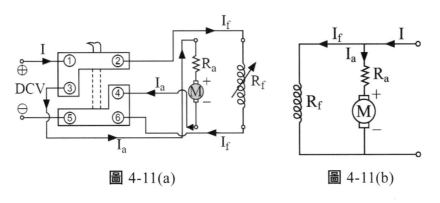

圖 4-11(a)　　　　　圖 4-11(b)

(2)反接場繞組

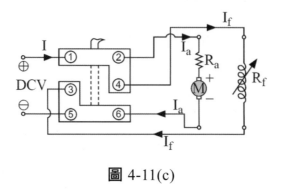

圖 4-11(c)

3.三銅片式鼓型開關

(1)構造

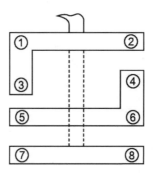

圖 4-12

(2)控制電路

①改變電樞電流（電樞接③及④）

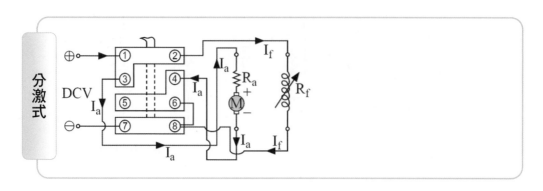

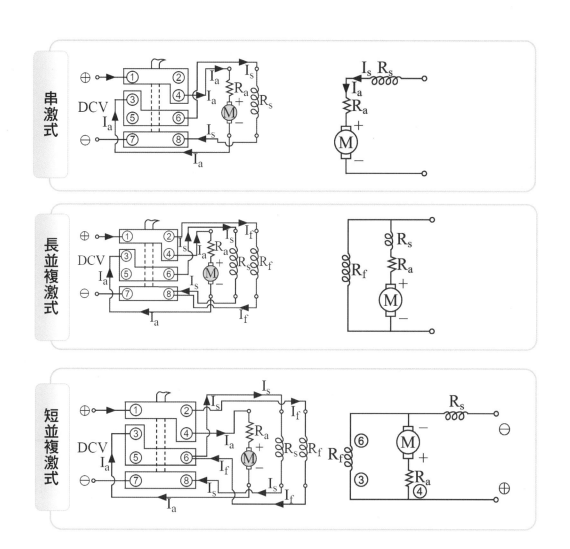

② 改變場電流（電樞接③及④）

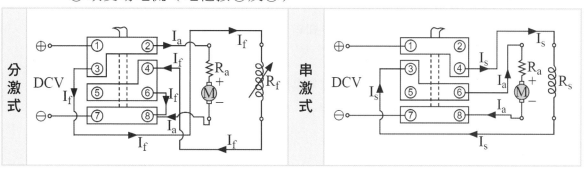

牛刀小試

7. 如圖所示，係利用一鼓型開關來使
直流短並聯複激式電動機反轉。圖
中 A、B、C、D 點應接於？

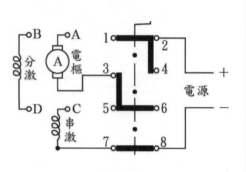

8. 如圖所示，分激式電動機利用兩銅
片式鼓型開關，改變其場電流方向
來作正逆轉控制，繪出其正確接線。

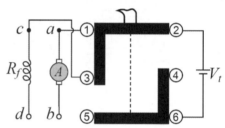

---

4. 直流電動機的制動

   (1) 定義：當直流電動機的電源切斷後，由於慣性作用轉子無法立即停止，
       為使電動機克服其轉動慣性而立即停止轉動，則必須加以制動；其所需
       的裝置為制動器（Break）。

   (2) 方法：

       ① 空、油壓制動：以壓縮空氣或油來驅動剎車裝置，一般用於電氣鐵
           路用電動機。

       ② 電磁制動：以電磁鐵操作剎車，一般用於起重機、升降機。

       ③ 機械制動：

           A. 空、油壓制動以及電磁制動皆屬於機械制動的方式。

           B. 以剎車壓住旋轉軸的方式，及摩擦剎車，可分為手動及腳踩兩種。

           C. 一般電動機制動為電器制動為主，機械制動為輔。

④電器制動：

A.動力制動（發電制動）

	分、複激式	串激式
方法	運轉中之電動機在被切離電源時,使其磁場繼續維持激磁狀態,並將其電樞兩端外接可變電阻器(R)。	運轉中串激電動機在被切離電源時,須先將串激場繞組,或電樞兩端,任一接線對調,才可外加可變電阻,否則會因串激場電流反向,或剩磁被抵消,無法發電。
原理	電動機因慣性動能繼續旋轉割切磁場,產生發電作用並將電能消耗在電阻器(R),並形成反轉矩,克制慣性。若調整電阻器值可改變制動力大小。	
圖示	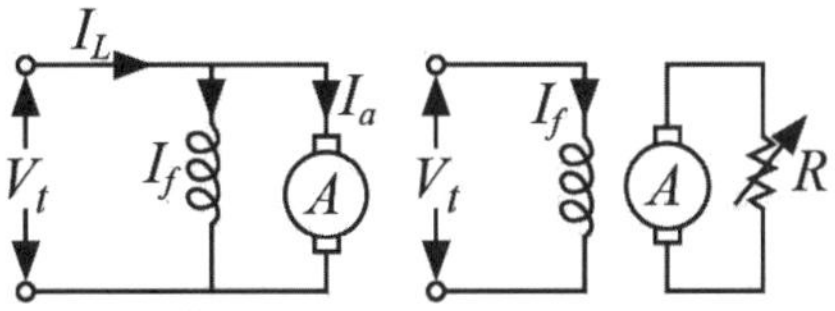 (a) 正常運轉　(b) 制動	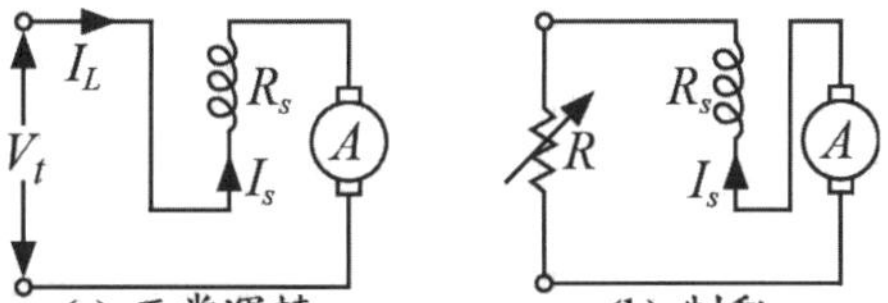 (a) 正常運轉　(b) 制動

B. 逆轉制動（插塞制動）：將電動機與電源間的接線立即改接,使電樞中的電源反向,電動機便產生反轉矩,以制動原來的旋轉能量,使電動機很快停止,但要避免反轉。

C. 再生制動：升降機、起重機常用此方法來制動,當升降機下降時,由於速度增加,電樞知反電勢超過端電壓而變成發電機,於是一方面能將位能或機械能變換為電能向蓄電池充電,可產生制動轉矩,減緩電動機轉速,若要完全停止轉動,需配合其它制動方法。

5.場電路開路之效應：分激電動機,場電路開路,電機磁通急速下降至剩磁,使得電樞電壓反電勢下降,造成電樞電流大量增加,轉矩上升,使電動機轉速上升,直到電動機脫速（runaway）或燒毀。

4-6　直流電動機特性

1.分激式電動機：

(1)啟動：

①啟動瞬間電樞電流 $I_{as} = \dfrac{V_t - E_a}{R_a} = \dfrac{V_t}{R_a}$ 比額定電流高數十倍，可能會將

電動機燒損。

②在電樞電路上串聯啟動電阻 R_x 或降低電源電壓 V_t，以限制啟動電流
I_{as} 至額定電流的 1.25〜2.5 倍。

③接線圖如下：

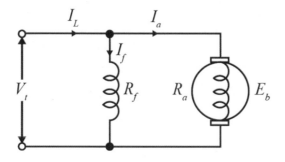

(2)轉速及轉矩：

①無載時，電樞電流 I_a 很小，轉速 $n = \dfrac{V_t - I_a R_a}{k\phi} \cong \dfrac{V_t}{k\phi}$ 變化很小。

②負載提高($I_a\uparrow$)，轉速會微降，故分激式電動機屬於定速電動機，其
速度調整率為正且甚小。

(3)用途：需定速特性之負載，如車床、印刷機。

2.串激式：

(1)轉速：

①無載時電樞電流 I_a 很小，使磁通 $\phi \cong 0$ ，轉速 $n = \dfrac{V_t - I_a(R_a + R_s)}{k\phi}$ 會極

大，所以不能在無載下運轉，必須搭配電力制動器，在輕載下運轉

②輕載時，磁通 ϕ 和電樞電流 I_a 成正比，轉速 $n = \dfrac{V_t - I_a(R_a + R_s)}{k\phi} \cong \dfrac{V}{kI_a}$

③重載時，磁通 ϕ 已飽和，和電樞電流 I_a 無關。

(2)轉矩：

①磁場未飽和時（輕載），磁通 $\phi \propto I_a$ ，轉矩 $T = k\phi I_a \propto I_a{}^2$ 。

②重載時，電樞電流 I_a 持續增加，磁場飽和，磁通 ϕ 變為定值。

(3)用途：須高啟動轉矩及高轉速之負載，如電鑽、起重機、捲揚機。

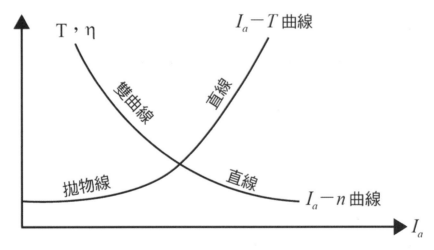

串激電動機轉矩及轉速特性曲線

3. 複激式：

(1) 特性：

① 包含分激場繞組及串激場繞組。

② 依接線方式分為長分路式（先串後並）、短分路式（先並後串）。

③ 依分激場繞組及串激場繞組的磁通方向，分為積複激式（磁通方向相同）、差複激式（磁通方向相反）。

(2) 積複激式：

① 轉速：

A. 無載時，電樞電流 I_a 很小，串激場磁通 ϕ_s 很小，轉速 n 與分激式相似。

B. 負載逐漸加入後，電樞電流 I_a 增加，串激場磁通 ϕ_s 增加，轉速 $n = \dfrac{V_t - I_a R_a + I_s R_s}{k(\phi_f + \phi_s)}$ 介於定速與變速之間。

② 轉矩：

A. 輕載時，電樞電流 I_a 很小，串激場磁通 ϕ_s 很小，轉矩 $T = k(\phi_f + \phi_s)I_a \cong k\phi_f I_a$，與分激式相似。

B. 負載逐漸加入後，電樞電流 I_a 增加，串激場磁通 ϕ_s 增加，轉矩較分激式大。

③ 用途：需大啟動轉矩又不會過度變速的負載，如升降機、電梯

(3) 差複激式：

① 轉速：

A. 無載時，電樞電流 I_a 很小，串激場磁通 ϕ_s 很小，轉速 n 與分激式相似。

B. 負載逐漸加入後，轉速 $n = \dfrac{V_t - I_a R_a + I_s R_s}{k(\phi_f - \phi_s)}$ 上升，速度調整率為負值。

② 轉矩：

A. 輕載時，電樞電流 I_a 很小，串激場磁通 ϕ_s 很小，轉矩 $T = k(\phi_f - \phi_s)I_a \cong k\phi_f I_a$，與分激式相似。

B. 負載逐漸加入後，電樞電流 I_a 增加，串激場磁通 ϕ_s 增加，轉矩呈先升後降特性。

C. 串激場磁通 ϕ_s = 分激場磁通 ϕ_f 時，轉矩 T = 0，轉速極高，為不穩定狀態，幾乎不使用。

D. 啟動時，為防止電樞電流 I_a 過大，若串激場磁通 ϕ_s > 分激場磁通 ϕ_f 時，轉矩 T 為負值，會產生反向啟動，通常須將串激繞組短接才行。

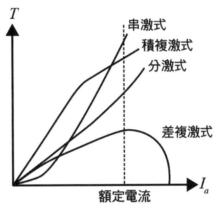

直流電動機轉矩特性曲線

牛刀小試

(　　) **9.** 一台電動機若接固定電壓源，當線路電流減少時，其機械負載　(A)減少　(B)不變　(C)增加　(D)不一定。

(　　) **10.** 如圖為直流電動機之速率特性曲線，下列敘述何者正確？
(A)甲：串激乙：分激丙：差複激丁：積複激
(B)甲：分激乙：積複激丙：差複激丁：串激
(C)甲：積複激乙：差複激丙：串激丁：分激
(D)甲：差複激乙：分激丙：積複激丁：串激。

(　　) **11.** 就負載對轉速的影響而言，他激式電動機可以算是何種電動機？　(A)變速電動機　(B)定速電動機　(C)調速電動機 (D)無法判別。

(　　) **12.** 電源電壓不變，直流分激電動機之場變阻器電阻值增加時，其轉速將　(A)加快　(B)減慢　(C)不變　(D)降至零。

(　　) **13.** 電源電壓不變，當直流分激電動機之場電流增加時，其轉速將　(A)加快　(B)減慢　(C)不變　(D)降至零。

(　　) **14.** 電樞反應對直流電動機轉速之影響為　(A)轉速加快　(B)轉速減慢　(C)轉速不變　(D)有影響，但不一定加快或減慢。

(　　) **15.** 有關直流分激電動機的敘述，下列何者錯誤？　(A)可視為定速電動機　(B)可應用在工具機上　(C)不能加交流電源　(D)不能調速。

(　　) **16.** 一般大型直流分激式電動機均加裝失磁保護設備，主要為防止激磁線圈斷路時造成何種影響？　(A)電動機停轉　(B)電樞電壓突昇　(C)轉速飛脫　(D)激磁線圈燒毀。

(　　) **17.** 直流電動機轉速控制方法中，具有定馬力運轉特性者為　(A)磁場電阻控制法　(B)電樞電阻控制法　(C)電樞電壓控制法 (D)改變起動電阻法。

(　　) **18.** 下列直流電動機之轉速控制方法，何種方法效率最差，較少使用？　(A)磁通轉速控制法　(B)電樞電壓控制法　(C)電樞電阻轉速控制法　(D)閘流體控制系統法。

(　　) **19.** 串激式電動機於空載時不可起動，其原因是空載時　(A)轉矩太小　(B)電流太大　(C)激磁電流太小而引起超速　(D)電壓太大。

(　) **20.** 正在運轉中的直流串激式電動機，若是將電源的極性調換，則該電動機　(A)轉速減慢　(B)轉速加快　(C)轉向改變　(D)仍然向同一方向旋轉。

(　) **21.** 下列哪一種直流電動機可使用於交流電源？　(A)分激式　(B)積複激式　(C)他激式　(D)串激式。

(　) **22.** 運轉中之分激直流電動機，若將兩電源端極性對調，則　(A)馬達停轉　(B)馬達反轉　(C)馬達轉向不變　(D)會燒斷保險絲。

(　) **23.** 將一台直流分激發電機作電動機使用，若外加電源使電樞繞組的極性與當發電機時相同，則其電動機作用時的轉向為　(A)與發電機作用時的轉向相同　(B)與發電機作用時的轉向相反　(C)不一定　(D)發電機不。

(　) **24.** 直流積複激電動機的特性　(A)與分激電動機相似　(B)與串激電動機相似　(C)介於分激電動機與串激電動機之間　(D)不能空載運轉。

(　) **25.** 要讓直流分激式電動機之轉向改變，應如何做？　(A)改變外加電源極性　(B)改變電樞繞組極性　(C)調換電源插座　(D)同時改變電樞繞組與場繞組極性。

(　) **26.** 不考慮電樞反應，下列何種直流電動機的轉速會隨著負載增加而加快？　(A)串激式　(B)分激式　(C)積複激式　(D)差複激式。

(　) **27.** 直流串激電動機起動時，應該把　(A)分流器電阻調到最大　(B)分流器電阻調到最小　(C)串激場電阻調到最大　(D)串激場電阻調到最小。

(　) **28.** 下列哪一種直流電動機，因無載空轉時轉速極高，有飛崩之虞，因此不可使用皮帶與負載連接？　(A)串激式　(B)積複激式　(C)他激式　(D)分激式。

歷屆試題

（　　）　**1.** 一部直流分激式電動機，由相關實驗測得電樞電阻 0.5Ω，磁場線圈電阻 180Ω，轉軸的角速度為 170rad/s（徑/秒）。當供給電動機的直流電源電壓、電流分別為 180V 與 21A 時，則此電動機產生的電磁轉矩為多少？

　　(A)8N-m　　　　　　　　　　　(B)12N-m

　　(C)16N-m　　　　　　　　　　(D)20N-m。

（　　）　**2.** 直流電動機之轉速控制方法，具有定馬力運轉特性者為？

　　(A)磁場電阻控制法　　　　　　(B)電樞電阻控制法

　　(C)電樞電壓控制法　　　　　　(D)改變啟動電阻法。

（　　）　**3.** 有一台串激式直流電動機，電樞電阻為 0.2Ω，串激場電阻為 0.3Ω，外接電源電壓為 200V，且省略電刷壓降，已知電樞電流為 80A 時，轉速為 640rpm；若轉矩不變，且希望電動機之穩態轉速改變為 400rpm 時，則串激場電阻應該變為若干？

　　(A)1.05Ω　　　　　　　　　　(B)1.95Ω

　　(C)0.05Ω　　　　　　　　　　(D)0.95Ω。

（　　）　**4.** 有一台分激式直流電動機，電樞電阻為 0.2Ω，分激場電阻 200Ω，外接電源電壓為 200V。已知電動機之反電勢（單位為伏特）大小是場電流（單位為安培）大小的 179.2 倍，假設電刷壓降為 1V，則電源電流應為何？

　　(A)70A　　　　　　　　　　　(B)85A

　　(C)100A　　　　　　　　　　(D)115A。

（　　）　**5.** 下列何者是直流分激式電動機之轉速(n)與電樞電流(I_a)的特性曲線？

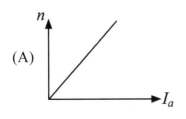

(A)

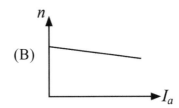

(B)

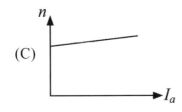

(C)

(D)

（　　）　**6.** 欲打一杯均勻細緻(需高速攪拌)的木瓜牛奶，下列何種直流電機較恰當？

(A)直流分激式電動機　　　　(B)直流他激式電動機

(C)直流串激式電動機　　　　(D)直流積複激式電動機。

（　　）　**7.** 有一 1HP、100V 之分激式電動機，$R_a=1\,\Omega$，啟動時欲限制啟動電流為滿載之 200%，若忽略磁場電流與損耗，則所需串聯之電阻約為多少？

(A)$2.7\,\Omega$　　　　　　　　(B)$5.7\,\Omega$

(C)$8.7\,\Omega$　　　　　　　　(D)$11.7\,\Omega$。

（　　）　**8.** 直流串激式電動機在運轉時，若鐵心無磁飽和，且 k_T 為常數，則此電動機之電磁轉矩 T_e 與電樞電流 I_a 的關係，下列何者正確？

(A)$T_e = \dfrac{k_T}{I_a^2}$　　　　　　　　(B)$T_e = \dfrac{k_T}{I_a}$

(C)$T_e = k_T I_a$　　　　　　　(D)$T_e = k_T I_a^2$。

( ) **9.** 直流分激式電動機之端電壓 V_t、電樞電流 I_a、電樞電阻 R_a 及激磁場之磁通量 ϕ_f，若鐵心無磁飽和，且其 k_f 為常數，則此電動機轉軸之轉速 N_r 與上述的關係，下列何者正確？

(A)$N_r = \dfrac{k_f\phi_f}{V_t - R_a I_a}$ (B)$N_r = \dfrac{V_t}{k_f\phi_f + R_a I_a}$

(C)$N_r = \dfrac{V_t - R_a I_a}{k_f\phi_f}$ (D)$N_r = \dfrac{k_f\phi_f}{V_t + R_a I_a}$。

( ) **10.** 欲改變他激式直流電動機之轉速方向，下列敘述何者正確？
(A)改變電樞電流方向或改變激磁電流方向
(B)同時改變電樞電流方向及激磁電流方向
(C)改變電樞繞組之串聯繞組
(D)改變激磁繞組之串聯繞組。

( ) **11.** 直流串激式電動機的輸出轉矩 T 與電樞電流 I_a 的關係，可表示為何？

(A)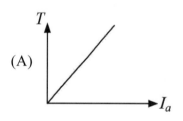

(B)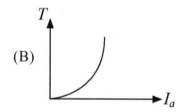

(C)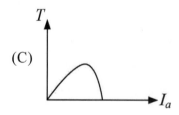

(D)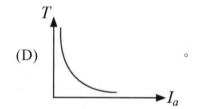

(　　) **12.** 一磁場的組成分類，直流複激式電動機可歸納為哪二種類型？

(A)他激式（外激式）電動機與自激式電動機

(B)積複激式電動機與差複激式電動機

(C)單相電動機與三相電動機

(D)分激式（並激式）電動機與串激式電動機。

(　　) **13.** 有關分激式（並激式）直流電動機之速率控制方法，下列何者正確？

(A)增大電樞串聯電阻，可使轉速升高

(B)減低磁場的磁通量，可使轉速升高

(C)減低磁場的磁通量，可降低轉速

(D)增大電樞電壓，可降低轉速。

(　　) **14.** 一 110V，1 馬力，900rpm 的直流分激式電動機，電樞電阻 0.08Ω，滿載時之電樞電流為 7.5A，則此電動機滿載時之反電勢為多少？

(A)108.2V　　　　　　　　　(B)109.4V

(C)110.0V　　　　　　　　　(D)116.8V。

(　　) **15.** 直流串激式電動機，若外加電壓不變，當負載變小時，下列關於轉速與轉矩變化的敘述，何者正確？

(A)轉速變小，轉矩變大　　　(B)轉速與轉矩都變大

(C)轉速變大，轉矩變小　　　(D)轉速與轉矩都變小。

(　　) **16.** 直流分激式電動機啟動時，增加啟動電阻器的目的為何？

(A)增加電樞轉速　　　　　　(B)降低磁場電流

(C)增加啟動轉矩　　　　　　(D)降低電樞電流。

（　　）**17.** 一直流分激式電動機，額定電壓 100V，額定容量 5kW，電樞電
阻為 0.08Ω，若欲降低啟動電流為滿載電流的 2.5 倍時，則電樞
繞組應串聯多少歐姆的啟動電阻器？
(A)0.09Ω　　　　　　　　　　　(B)0.18Ω
(C)0.36Ω　　　　　　　　　　　(D)0.72Ω。

（　　）**18.** 一串激式直流電動機，電樞電阻為 0.2Ω，場電阻為 0.3Ω，外接
電源為 100V，忽略電刷壓降，當電樞電流 40A 時，轉速為
640rpm。若轉矩不變，轉速變成 400rpm 時，則場電阻值應為何？
(A)0.2Ω　　　　　　　　　　　(B)0.5Ω
(C)1Ω　　　　　　　　　　　　(D)1.05Ω。

（　　）**19.** 當額定容量與電壓相同時，下列直流電動機中，何者啟動轉矩
最大？
(A)差複激式　　　　　　　　　(B)串激式
(C)分激式　　　　　　　　　　(D)外（他）激式。

（　　）**20.** 額定電壓為 200V 的分激式直流電動機，電樞電阻為 0.3Ω，場電阻
為 100Ω，當該電動機以額定電壓供電，電動機之反電動勢大小是場
電流的 85 倍。假設電刷壓降忽略不計，則電源電流為多少？
(A)102A　　　　　　　　　　　(B)92A
(C)82A　　　　　　　　　　　 (D)72A。

第 **5** 章　直流電機之耗損與效率

5-1　直流電機的損耗

1. 直流發電機的功率轉換：機械能⇒電能
   - (1) 機械輸入功率 $P_{in} = P_m + P_s$
   - (2) 電磁功率 $P_m = E_G I_a = P_a + P_{R_a}$
   - (3) 電樞功率 $P_a = V_t I_a = P_o + P_{R_f}$
   - (4) 輸出功率 $P_o = V_t I_L$

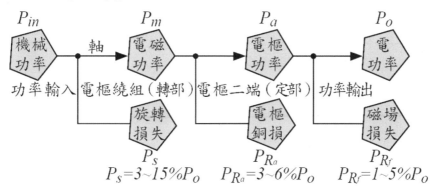

2. 直流電動機的功率轉換：電能⇒機械能
   - (1) 輸入功率 $P_{in} = V_t I_L = P_a + P_{R_f}$
   - (2) 電樞功率 $P_a = V_t I_a = P_m + P_{R_a}$
   - (3) 電磁功率 $P_m = E_m I_a = P_o + P_s$
   - (4) 輸出功率 $P_o = P_m - P_s$

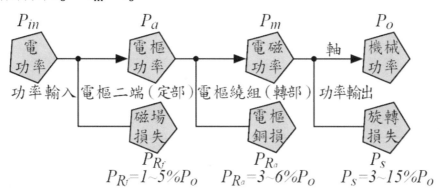

3. 直流電機損失的種類

(1)電氣損失（P_c）：又稱銅損或電阻損，屬變值（變動）損失，隨負載電流平方成正比。

電氣損失種類	定義	影響因素	計算公式
電樞繞組 P_a	電樞繞組本身電阻所產生之損失	負載（電樞電流 I_a）	$P_a = I_a^2 R_a$
補償繞組 P_{cc}	補償繞組本身電阻所產生之損失	負載（電樞電流 I_a）	$P_{cc} = I_a^2 R_{cc}$
中間極繞組 P_{ci}	中間極繞組本身電阻所產生之損失	負載（電樞電流 I_a）	$P_{ci} = I_a^2 R_{ci}$
串激場繞組 P_s	串激場繞組及分流器之損失	負載（電樞電流 I_a）	$P_s = I_a^2 R_s$
電刷接觸電阻 P_b	電刷接觸電阻之壓降約為定值，一般通以每一電刷約 $1V$，正負電刷約為 $2V$；因電刷的材質(K_v)不同，造成的損失亦會不同	負載（電樞電流 I_a）	① $P_b = K_v V_b I_a$ $= K_v \cdot 2 \cdot I_a$ ②若 $K_v=1$，則$P_b = 2I_a$
分激場繞組 P_f	分激場繞組及場變阻器之損失（歸類為電氣損失，但不為變動損）	分激繞組兩端電壓 V_t（非因負載）	$P_f = V_t I_f = I_f^2 R_f$

(2)雜散負載損失(P_{ss})：由負載電流所引起。

　①影響因素：

　　A.電樞反應引起磁場扭曲損失（即負載電流使磁場變形，$B_m \uparrow$、鐵損 $P_s \uparrow$）

B. 槽齒磁阻不同之頻率損失（即極面損失）

C. 換向環流所引起的損失（即整流時線圈中之短路所致之損失）

②計算公式：基本上無法計算，依照美國電機工程師學會建議，此損失為輸出的 1%；日本、德國則依是否有裝設補償繞組而定，有者，以輸出的 0.5%計算，若無，則以輸出的 1%計算。

(3) 旋轉損失(P_s)：指電機內部各部份的鐵質，因切割磁通造成磁通發生變動所產生的功率損失；包括鐵損及機械損，屬定值（固定）損失，與負載大小無關。

①機械損失 P_M：機械損失為轉速之函數，只要電機旋轉，無論有否負載，損失皆存在。

旋轉損失種類	定義	影響因素	計算公式
軸承摩擦	轉軸與軸承之摩擦力所造成之損失，可添加潤滑劑改善。	轉速	由實驗來決定各項損失
電刷摩擦	A.電刷與換向器之摩擦力所造成之損失。 B.與電刷摩擦係數、電刷壓力、電刷面積以及換向器週邊速率有關。	轉速	
風阻損	電樞旋轉時,因空氣阻力所引起損耗。	轉速	

②鐵心損失 P_i：

A. 鐵心損失 P_i 為轉速與磁通密度的函數，受電樞電流影響很小；若轉速及磁通密度為定值，則鐵損為定值，與負載大小無關。

B. 鐵心損失P_i =渦流損 P_e+磁滯損 P_h。

C. 由計算公式得知：矽鋼片⇒ 減少磁滯損（鐵心材料決定 K_h）；薄片疊製⇒ 減少渦流損（電樞疊片厚度 t）。

旋轉損失種類	定義	影響因素	計算公式
渦流損 P_e	電樞於磁場內旋轉,其鐵心必割切磁力線而產生應電勢,而鐵心本身亦為導體,故鐵心內有交流電流環流於其內部。	A.轉速 B.磁通密度	$P_e = K_e n^2 t^2 B_m^2 G$ 或 $P_e = K_e f^2 t^2 B_m^2 G$ K_e：渦流常數,鐵心材料決定 B_m：最大磁通密度(Wb/m^2) t：電樞疊片厚度(m) n：電動機轉速(rpm) G：鐵心重量(Kg)
磁滯損 P_h	A.電樞於磁場內旋轉,其鐵心每經一週之磁化循環,即有相當之損失。 B.與磁滯迴線內所含面面積成正比。	A.轉速 B.磁通密度	$P_h = K_h n B_m^x G$ 或 $P_h = K_h f B_m^x G$ K_h：磁滯常數,鐵心材料決定 B_m：最大磁通密度(Wb/m^2) 　①x：司坦麥茲指數(1.6~2) 　②$B_m < 1 \Rightarrow x = 1.6$ 　③$B_m > 1 \Rightarrow x = 2$ n：電動機轉速(rpm) G：鐵心重量(Kg)

(4) 結論：

　　①定值損(與負載大小無關)：鐵損、機械損、分激場繞組或外激場繞組銅損(因受 V_t 影響)；以鐵損為主。

　　🔖 串激電動機無定值損失。

　　②變動損(與負載大小有關,$I_a^2 R_a$)：除分激場繞組損失外之所有電氣損失,以及雜散負載損失；以電氣銅損為主。

牛刀小試

1. 某直流電機在 500rpm 時之鐵損失為 180W,而在 750rpm 之鐵損失為 300W(磁通密度保持不變),求：在 500rpm 時之渦流損失及磁滯損失。

5-2 直流電機的效率

1. 輸出與效率之關係：

(1) 容量愈大，效率愈高。

(2) 同一容量時，速度愈高，型態愈小者效率較高。

(3) 小電流高電壓效率較大（大電流低電壓效率較小）。

(4) 滿載時效率較高；輕載或過載時，效率較低；無載時效率為 0。

2. 實測效率

$$\eta = \frac{P_o}{P_{in}} \times 100\% \leq 1$$

3. 公定效率

(1) 發電機：$\eta = \frac{P_o}{P_o + P_{loss}} \times 100\% = \frac{P_o}{P_o + P_s + P_c} \times 100\%$

$\Rightarrow$ 以輸出功率P_o為基準

(2) 電動機：$\eta = \frac{P_{in} - P_{loss}}{P_{in}} \times 100\% = \frac{P_{in} - P_s - P_c}{P_{in}} \times 100\%$

$\Rightarrow$ 以輸入功率P_{in}為基準

🔖 註　P_s =定值損，即鐵損；P_c = 變動損$(I_a^2 R)$，即銅損，$R = R_a + R_s$(串激電機)。

4. 任意負載 m_L 的效率

$$\eta_L = \frac{m_L P_o}{m_L P_o + P_s + m_L^2 P_c} \times 100\%$$

🔖 註　① 滿載$m_L = 1$；半載$m_L = \frac{1}{2}$。

② P_s =定值損，不隨負載變動，故與 m_L 無關。

③ P_c = 變動損$(I_a^2 R_a) \Rightarrow$ 負載 ↑，I_a ↑$\Rightarrow$ 負載量$m_L \propto I_a^2$。

5. 全日效率

$$\eta_d = \frac{m_L P_o \times t}{(m_L P_o \times t) + (P_s \times 24) + (m_L^2 P_c \times t)} \times 100\%$$

📍 ① t：工作時間。
　② P_s ＝定值損，故全日無論多少負載量都會消耗⇒× 24。
　③ P_o 及 P_c 為變動損，故與負載量的所運作的時間 t 有關⇒× t。

6. 最大效率

$$\eta_{max} = \frac{m_L P_o}{m_L P_o + 2P_s} \times 100\%$$

(1) 定值損＝變動損⇒ $P_s = P_c (= I_a^2 R) \Rightarrow P_{loss} = P_s + P_c = 2P_s$。

(2) 負載電流 $I_L \doteqdot$ 電樞電流 I_a。

$$\therefore I_L = I_a = \sqrt{\frac{P_s}{R}}$$

(3) ∵ 負載量 $m_L \propto I_a^2$ ∴ $P_s = m_L^2 P_c$

$$\Rightarrow$$ 發生最大效率時的負載率 $m_L = \sqrt{\frac{P_s}{P_c}}$

牛刀小試

2. 有一部額定 15kW、120V 的直流分激發電機，其磁場電阻為 40Ω，電樞電阻為 0.08Ω，鐵損和機械損總和為 870W，求：滿載效率。

---

7. 直流電機的溫升與絕緣等級

(1) 熱點：電機使用中溫度最高的部份，其溫度稱為熱點溫度 T_j。

① 電機周圍溫度一般以 40℃ 為基準，以計算安全電流及容量等。

② 溫度每上升 10℃ 時，其絕緣電阻約降低為原來的一半。

$$R_2 = R_1 \times \left(\frac{1}{2}\right)^{\frac{\Delta T}{10}}$$

③ T_{max}（最高容許溫度）＝ΔT_{max}（最高容許溫升）＋ 40℃ ＋Δt_s（修正值）

(2) 測量溫升的方法

　　① 溫度計法：測定值加上 15℃ 才可得到真正溫度。

　　② 電阻變化法：測定值加上 10℃ 才可得到真正溫度，$\dfrac{R_2}{R_1} = \dfrac{234.5+t_2}{234.5+t_1}$。

　　③ 埋入熱電偶法：測定值加上 5~10℃ 才可得到真正溫度。

(3) 抑制溫升的方法

　　① 減少損失($P_{loss}=P_{鐵}+P_{銅}$)。

　　② 有效排除產生的熱量（外加風扇或散熱器）。

(4) 絕緣材料可容許最高溫度，依 CNS（中國國家標準）分為七個等級：

Y	A	E	B	F	H	C
90℃↓	105℃↓	120℃↓	130℃↓	155℃↓	180℃↓	180℃↑

牛刀小試

3. 某直流電機在 20℃ 時的絕緣電阻為 400MΩ，當運轉 3 小時後，溫度上升為 60℃，求：溫升後的絕緣電阻。

144 第 **5** 章 直流電機之耗損與效率

歷屆試題

( ) **1.** 有一台 2000W 的直流發電機,滿載時,固定損失為 200W。已知此發電機之半載效率為 80%,則其滿載時之可變損失應為何?
(A)250W　　　(B)200W　　　(C)100W　　　(D)50W。

( ) **2.** 若直流電動機之輸出功率P_o、輸入功率P_i及總損失功率P_ℓ,則其效率 η 的計算,下列何者正確?

(A)$\eta = \dfrac{P_o}{P_o - P_i}$ 　　　　　　(B)$\eta = \dfrac{P_o - P_i}{P_i}$

(C)$\eta = \dfrac{P_i - P_\ell}{P_o - P_\ell}$ 　　　　　　(D)$\eta = \dfrac{P_i - P_\ell}{P_o + P_\ell}$。

( ) **3.** 有關直流發電機的鐵損(鐵心損失)的敘述,下列何者正確?
(A)包含銅損　　　　　　　(B)包含雜散負載損失
(C)包含機械損失　　　　　(D)包含磁滯損失。

( ) **4.** 直流電機鐵心通常採用薄矽鋼疊製而成,其主要目的為何?
(A)減低銅損　　　　　　　(B)減低磁滯損
(C)減低渦流損　　　　　　(D)避免磁飽和。

( ) **5.** 一直流電機在轉速 500rpm 時之鐵損為 200W,在 1000rpm 時之鐵損為 500W,在磁通密度保持不變時,則下列敘述何者正確?
(A)渦流損與轉速成正比
(B)磁滯損與轉速平方成正比
(C)在 1000rpm 時之磁滯損為 100W
(D)在 500rpm 時之渦流損為 50W。

( ) **6.** 一 3kW 之直流發電機,於滿載運轉時,總損失為 1000W,則此時運轉效率為?
(A)90%　　　(B)85%　　　(C)75%　　　(D)70%。

第6章 變壓器

6-1 變壓器之原理及等效電路

1. 變壓器的原理

   (1) 定義：

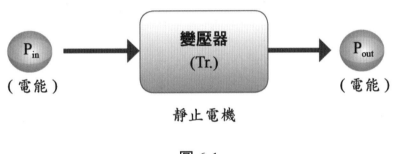

圖 6-1

   (2) 原理：

   ① 依據法拉第電磁感應定律，利用互感變化將一次側之電能變換至二次側，如圖 6-2 所示。

   ② 繞組：利用繞組通以交流電產生磁通來轉移移能量。

   A. N_1：一次側匝數（原線圈接交流電）。

   B. N_2：二次側匝數（副線圈接負載）。

   ③ 鐵心：

   A. 用以支撐繞組及提供磁路。

   B. 採用高導磁係數的矽鋼疊片⇒減少渦流損和磁滯損。

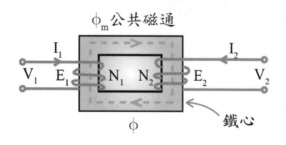

圖 6-2

V_1：一次側電源電壓；V_2：二次側電源電壓；

E_1：一次側應電勢；V_2：二次側應電勢；

I_1：一次側電流；I_2：二次側電流。

(3)功能：

　　① 交流電壓及電流的升降。　　② 阻抗匹配。

　　③ 相位變換。　　　　　　　　④ 電路隔離。

(4)電壓、電流、阻抗轉換：

　　① 電壓轉換

　　　　A.$V_1 \doteqdot E_1$，$V_2 \doteqdot E_2$　　　　B.$\dfrac{V_1}{V_2} = \dfrac{E_1}{E_2} = \dfrac{N_1}{N_2} = a$（匝數比）

　　　　📍 a>1($N_1 > N_2$) ⇒降壓
　　　　　 a=1($N_1 = N_2$) ⇒等壓
　　　　　 a<1($N_1 < N_2$) ⇒升壓

　　② 電流轉換

　　　　A.$S_1 = S_2 \Rightarrow E_1 I_1 = E_2 I_2$　　　B.$\dfrac{E_1}{E_2} = \dfrac{I_2}{I_1} = a$（匝數比）

　　③ 阻抗轉換

　　　　$\because \dfrac{E_1}{E_2} = \dfrac{I_2}{I_1} = a$

　　　　$\therefore Z_1 = \dfrac{E_1}{I_1} = \dfrac{aE_2}{\frac{I_2}{a}} = a^2 \dfrac{E_2}{I_2} = a^2 Z_2 \Rightarrow a = \sqrt{\dfrac{Z_1}{Z_2}}$

(5) 感應電勢：

① $\phi = \phi_m \sin \omega t$，如圖 6-3 所示。

A. 磁通量完成一週$(-\phi_m \sim + \phi_m)$需時$\frac{T}{2}$。

B. 平均應電勢$E_{av} = \left| N \cdot \frac{\Delta \phi}{\Delta t} \right| = \left| N \cdot \frac{\phi_m - (-\phi_m)}{\frac{T}{2}} \right|$

$$= \left| N \cdot (2\phi_m) \cdot \frac{2}{T} \right| = 4fN\phi_m。$$

② $E_{(1)av} = E_{(2)av} \Rightarrow 4fN_1\phi_m = 4fN_2\phi_m$。

③ 有效值：感應電勢為正弦波時，$E_{eff} = 1.11 E_{av}$

④ 感應電勢 E 較交變互磁通ϕ滯後 90°電機角。

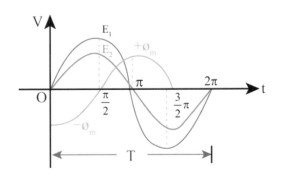

圖 6-3

🔖 磁通密度最大值$B_m = \frac{\phi_m}{A}$；A 為鐵心截面積

(6) 理想變壓器：

① 銅損=0、鐵損=0

② 效率 η=1

③ 電壓調整率 ε=0

④ 耦合係數 K=1、漏電抗 x=0

⑤ 導磁係數 μ=∞、磁阻$R = \frac{\ell}{\mu A} = 0$、激磁電流=0

⑥若變壓器損失=0⇒輸入電能＝輸出電能。

⑦$\dfrac{V_1}{V_2} = \dfrac{I_2}{I_1} \div \dfrac{E_1}{E_2} = \dfrac{N_1}{N_2} = a(\because P_{loss} = 0，V = E)$

⑧$\dfrac{V_1}{V_2} = \dfrac{E_1}{E_2}$ ⇒理想變壓器

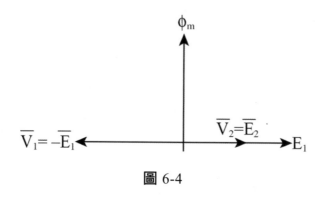

圖 6-4

(7)實際變壓器：

$$E_2 = V_2\angle\theta + I_2R_2 \pm jI_2X_2$$
$$= \sqrt{(V_2\cos\theta + I_2R_2)^2 + (V_2\sin\theta \pm I_2X_2)^2}$$

註 ①+：滯後、－：領前。
②R_2：二次側總電阻(Ω)。
③X_2：二次側總阻抗(Ω)。
④$a = \dfrac{E_1}{E_2}$即可求出E_1。

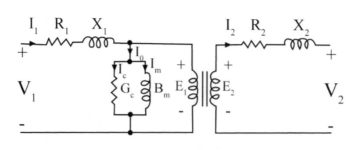

圖 6-5

(8)無載變壓器：

　①如圖 6-2 所示。無載時，流過 N_1 的電流 I_1 稱為無載電流 I_0，其值約為 N_1 額定電流的 3~5%。

　②鐵損電流 I_w：

　　A.供應鐵心的損失，與外加電壓 V_1 同相。

　　B.I_0 的有功成份，亦稱「有效電流」。

　　C.$I_w = I_0 \cos \theta$

　③磁化電流 I_m：

　　A.與外加電壓 V_1 相較落後 90°，使磁路產生公共磁通 ϕ_m，並不消耗功率，與 ϕ_m 同相。

　　B.I_0 的無功成份，亦稱「無效電流」。

　　C.$I_m = I_0 \sin \theta = I_0 \sqrt{1 - \cos^2\theta}$。

　④無載電流 I_0：

　　A.產生公共磁通 ϕ_m 及供應鐵心的損失。

　　B.亦稱「激磁電流」。

　　C.$\overline{I_0} = \overline{I_w} + \overline{I_m} = -I_w + jI_m = \sqrt{I_w^2 + I_m^2}$

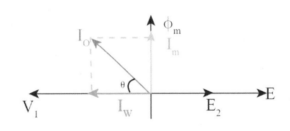

圖 6-6

📍 ①θ：無載功因角。

　②一次漏磁通 ϕ_1：I_0 產生 ϕ 通過 N_1、N_2 產生 E_1、E_2，但有一小部分離開鐵心，只和 N_1、空氣隙、油箱完成迴路，稱之為「一次漏磁通 ϕ_1」。在電路上以一次漏磁電感抗 jX_1 表示。

　③E_1 為一次繞組之應電勢，與外加電壓 V_1 相差 180°。

　④二次應電勢 E_2 係由 E_1 相同之磁通造成，故 E_1 與 E_2 同相僅有數值之差。

(9)鐵心的飽和與磁滯現象：

①由於變壓器鐵心有磁飽和及磁滯現象，故當所加之電源 V_1 為正弦波時，產生交變互磁通ϕ亦為正弦波時，則激磁電流必無法為正弦波。

②I_o 超前ϕ有 α 角度，此角度稱為「磁滯角」。

③I_o 波形除基本波外另含有奇次諧波，而以第三諧波為主，飽和度愈高，諧波之含量愈大。

④在三相時，激磁電流中所含第三諧波皆為同相。

⑤由①~④得知，欲得正弦波之磁通，激磁電流必為非正弦波形；反之，激磁電流為正弦波，則磁通必為非正弦波。

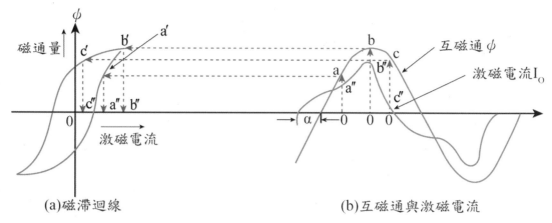

(a)磁滯迴線　　　　　　　　　(b)互磁通與激磁電流

(10)有載變壓器

①一次側反射電流：$\overline{I_1} = \overline{I_o} + \overline{I'_1} = \overline{I_o} + (-\frac{\overline{I_2}}{a})$ ；

　I'_1：二次側負載電流換算至一次側的電流

②二次側應電勢：$\overline{E_2} = \overline{V_2} + \overline{I_2}\overline{Z_2} = \overline{V_2} + \overline{I_2}(R_2 + jX_2)$

③一次側電源電壓：$V_1 = -\overline{E_1} + \overline{I_1}\overline{Z_1} = -\overline{E_1} + \overline{I_1}(R_1 + jX_1)$

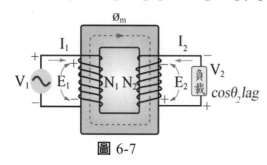

圖 6-7

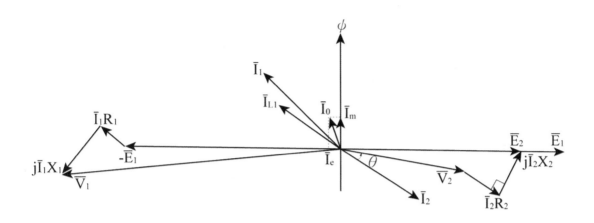

圖 6-8

牛刀小試

1. 單相變壓器的高壓側線圈有 800 匝，低壓側線圈有 40 匝，若高壓側
額定電壓為 220V，低壓側額定電流為 4A，求：此變壓器的額定容量。

2. 變壓器的等效電路

(1)折算至一次側的等效電路（二次側換一次側）

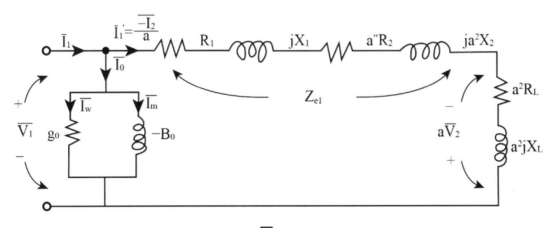

圖 6-9

① 折算至一次側的等效電阻 $R_{e1} = R_1 + a^2R_2$

② 折算至一次側的等效電抗 $X_{e1} = X_1 + a^2X_2$

③ 折算至一次側的等效阻抗 $\overline{Z_{e1}} = \overline{Z_1} + a^2\overline{Z_2} = (R_1 + jX_1) + a^2(R_2 + jX_2)$

$$= (R_1 + a^2R_2) + j(X_1 + a^2X_2) = R_{e1} + jX_{e1} = \sqrt{R_{e1}^2 + X_{e1}^2}$$

④ 折算至一次側的負載電流

$$I'_1 = \frac{I_2}{a} = \frac{V_1}{Z_{e1} + a^2Z_L} = \frac{V_1}{\sqrt{(R_{e1} + a^2R_L)^2 + (X_{e1} + a^2X_L)^2}}$$

⑤ 折算至一次側的短路電流（二次側負載短路，$Z_L = 0$）

$$I'_{s1} = \frac{I_{s2}}{a} = \frac{V_1}{Z_{e1}} = \frac{V_1}{\sqrt{R_{e1}{}^2 + X_{e1}{}^2}}$$

二次側折算至一次側	倍數
電阻、電抗、阻抗	$\times a^2$
電壓	$\times a$
電流	$\times \dfrac{1}{a}$
電導、電納、導納	$\times \dfrac{1}{a^2}$

(2) 折算至二次側的等效電路(一次側換二次側)

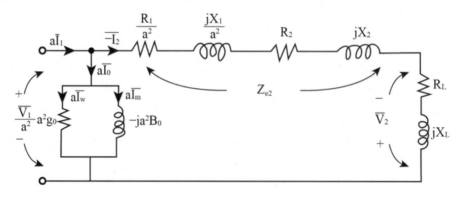

圖 6-10

①折算至二次側的等效電阻 $R_{e2} = R_2 + (\frac{1}{a^2} \cdot R_1)$

②折算至二次側的等效電抗 $X_{e2} = X_2 + (\frac{1}{a^2} \cdot X_1)$

③折算至二次側的等效阻抗

$$\overline{Z_{e2}} = \overline{Z_2} + (\frac{1}{a^2} \cdot \overline{Z_1}) = (R_2 + jX_2) + \frac{1}{a^2}(R_1 + jX_1)$$

$$= \left(R_2 + \frac{1}{a^2}R_1\right) + j\left(X_2 + \frac{1}{a^2}X_1\right) = R_{e2} + jX_{e2} = \sqrt{R_{e2}^2 + X_{e2}^2}$$

④折算至二次側的負載電流

$$I_2 = \frac{V_2}{Z_{e2} + Z_L} = \frac{\frac{V_1}{a}}{Z_{e2} + Z_L} = \frac{\frac{V_1}{a}}{\sqrt{(R_{e2} + R_L)^2 + (X_{e2} + X_L)^2}}$$

⑤折算至二次側的短路電流（二次側負載短路，$Z_L = 0$）

$$I_{s2} = \frac{V_2}{Z_{e2}} = \frac{\frac{V_1}{a}}{\sqrt{R_{e2}^2 + X_{e2}^2}}$$

一次側折算至二次側	倍數
電導、電納、導納	$\times a^2$
電流	$\times a$
電壓	$\times \frac{1}{a}$
電阻、電抗、阻抗	$\times \frac{1}{a^2}$

牛刀小試

2. 某 50kVA，4400V/220V 變壓器，其一次繞組之電阻及電抗各為 3Ω 及 5Ω，其二次繞組之電阻及電抗各為 0.01Ω 及 0.025Ω，求：換算至一次側之等值電阻、電抗及阻抗。

3. 標么值（Per Unit，PU 值）

(1) 定義：$\dfrac{實際值}{基準值}$

(2) 基準值的選定：

① 銘牌之額定容量為 VA_{base}。

② 額定電壓為 V_{base}。

③ 額定電流為 I_{base}。

(3) 標么值目的：

① 可消除一次、二次、三次繁重的轉換，其值皆相等。

② 不必考慮三相連接是 Y 接或 Δ 接，其值皆相等。

(4) 公式：

① $Z_{pu} = \dfrac{Z_e}{Z_{base}}$

② $\begin{cases} VA_{base} = V_{base} \times I_{base} \\ Z_{base} = \dfrac{V_{base}}{I_{base}} \\ Z_{base} = \dfrac{V_{base}^2}{VA_{base}} \end{cases}$

③ $\begin{cases} X_{pu} = \dfrac{X_e}{Z_{base}} \\ R_{pu} = \dfrac{R_e}{Z_{base}} \end{cases}$

④ $Z_{pu(new)} = Z_{pu(old)} \times \dfrac{S_{(new)}}{S_{(old)}} \times \left(\dfrac{V_{(old)}}{V_{(new)}}\right)^2$

⑤ $\begin{cases} Z_{pu(old)} = \sqrt{R_{pu(old)}^2 + X_{pu(old)}^2} \\ Z_{pu(new)} = Z_{pu(old)} \times \dfrac{S_{(new)}}{S_{(old)}} \end{cases}$

牛刀小試

3. 有一 10MVA 單相變壓器，其初級額定電壓為 79.7kV，標么電抗為 0.2pu，求：其歐姆值。

6-2　變壓器之構造及特性

1. 變壓器的構造

　(1) 變壓器的鐵心

　　① 材料：

　　　A. 含矽目的：減少磁滯損。

　　　B. 疊片目的：減少渦流損。

　　　C. 交互疊製目的：減少磁路磁阻。

　　② 功能：支撐繞組及提供磁路，減少磁通在磁路中流通的阻力，減少激磁所需的電流 I_0。

　　③ 具備條件：

　　　A. 高導磁係數：減少磁路中的磁阻 $\mathcal{R} = \dfrac{\ell}{\mu A}$。

　　　B. 高飽和磁通密度：減少磁路中所需鐵心的截面積。

　　　C. 低鐵損：提高效率、降低絕緣等級。

　　　D. 高機械強度：耐用。

　　　E. 加工容易：降低成本。

　　　F. 電阻高：減少渦流損。

　　④ 形式：

　　　A. 內鐵式，如圖 6-11 所示。

　　　B. 外鐵式，如圖 6-12 所示。

　　　C. 分布外鐵式：無載損失小。

　　　D. 捲鐵式：高導磁係數、損失小、效率高，如圖 6-13 所示。

圖 6-11　　　　　　圖 6-12　　　　　　圖 6-13

⑤內鐵式與外鐵式的比較：

	內鐵式	外鐵式
用鐵量	少	多
用銅量	多	少
線圈	多	小
鐵心	小	大
感應電勢	一樣好	一樣好
磁路長度	長	短
壓制應力	差	好（應力和電流平方成正比）
絕緣散熱	好	差
繞組位置	鐵心外	鐵心包圍
繞組每匝平均長	短	長
適用範圍	高電壓、低電流	低電壓、高電流、

(2)變壓器的繞組（線圈）

　①材料：銅線或鋁線，利用紙包線、紗包線、漆包線、PVC 線、矽質玻璃包線。採用 A 級絕緣，壓接法連接。

　②功能：產生應電勢。

(3)變壓器的冷卻

　①溫度每上升 10℃，變壓器壽命減半。

　②熱量與體積的尺寸之立方成正比。

　③冷卻與面積的尺寸之平方成正比。

④冷卻方式

　　A.乾式：風冷式、氣冷式。

　　B. 油浸式：自然循環式（油浸自冷式、油浸風冷式、油浸水冷式）；

　　　　強迫循環式（送油水冷式、送油風冷式）。

　　🔋註 油浸自冷式應用最普遍。

(4)變壓器的絕緣

　①使用絕緣油的目的：

　　A.絕緣。　　　　　　　　　　B.冷卻、散熱。

　②具備條件：

　　A.高絕緣耐壓。　　　　　　　B.高電阻係數。

　　C.引火點高、凝固點低。　　　D.導熱度大、黏度低。

　③變壓器的呼吸作用：因負載或氣候變化，使變壓器吸入水蒸氣呼出

　　絕緣油，使絕緣劣化且阻凝冷卻作用。

　④避免絕緣油裂化的方法：

　　A. 裝設呼吸器：內附吸濕劑（矽膠），原為藍色，當吸收水分後變成

　　　淺粉紅色。

　　B. 設置儲油箱。

　　C. 充氮氣密封。

(5)變壓器的容量以 VA 表示。

(6)變壓器的額定輸出，是指額定二次側電壓、額定二次側電流，且在額定

　頻率及功率因數下，其二次側兩端所得到的是視在功率。

2.變壓器的電壓調整率

(1)定義：一次側電壓固定，因繞組的等值阻抗壓降之變動，使二次側端電

　壓亦因而變動，此變動率即為電壓調整率。請參照圖 6-10。

$$\varepsilon\% = V.R\% = \frac{\text{自無載至滿載的電壓變動}}{\text{滿載電壓}} \times 100\%$$

$$= \frac{E_2 - V_2}{V_2} \times 100\% = \frac{\frac{V_1}{a} - V_2}{V_2} \times 100\%$$

註 E_2：二次側無載端電壓
　V_2：二次側滿載端電壓
　V_1：一次側滿載端電壓

(2) 無載電壓與滿載端電壓

① 請參照 6-1 節第 1 點的「實際變壓器」與「有載變壓器」的公式與相量圖，將相量圖 6-8 的 E_2 部份，放大顯示如圖 6-14 所示。

$$E_2 = \frac{V_1}{a} = \overline{V_2} + \overline{I_2}\overline{Z_2} = \overline{V_2} + \overline{I_2}(R_2 + jX_2) = V_2\angle\theta + I_2R_2 \pm jI_2X_2$$
$$= \sqrt{(V_2\cos\theta + I_2R_2)^2 + (V_2\sin\theta \pm I_2X_2)^2}$$

② $E_2 \doteq V_2 + a \pm b = V_2 + I_2R_2\cos\theta \pm I_2X_2\sin\theta$

註 ＋：滯後功因電感性負載；－：超前功因電容性負載

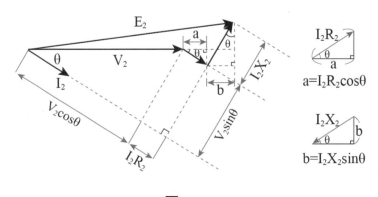

圖 6-14

(3) 變壓器電壓變動的原因（電壓降的原因）

① 電阻壓降 I_2R_2。

② 電抗壓降 I_2X_2。

③ 負載性質 $\cos\theta$。

(4) 電壓調整率以壓降百分比表示

① $\varepsilon\% = \dfrac{E_2 - V_2}{V_2}\times100\% = \dfrac{(V_2 + I_2R_2\cos\theta \pm I_2X_2\sin\theta) - V_2}{V_2}$

　$= \dfrac{I_2R_2}{V_2}\cos\theta \pm \dfrac{I_2X_2}{V_2}\sin\theta$

② 令：$p = \dfrac{I_2 R_2}{V_2} \times 100\% = \dfrac{I_1 R_1}{V_1} \times 100\% \Rightarrow$ 電阻壓降百分比

$\quad q = \dfrac{I_2 X_2}{V_2} \times 100\% = \dfrac{I_1 X_1}{V_1} \times 100\% \Rightarrow$ 電抗壓降百分比

$\quad \therefore \varepsilon\% = p\cos\theta \pm q\sin\theta$

⚪ $\cos\theta = 1 \Rightarrow \varepsilon\% = p\%$

⚪ $\cos\theta = 0 \Rightarrow \varepsilon\% = q\%$

③ $\varepsilon\% = p\cos\theta + q\sin\theta = \sqrt{p^2 + q^2} \times \left(\dfrac{p}{\sqrt{p^2+q^2}}\cos\theta + \dfrac{q}{\sqrt{p^2+q^2}}\sin\theta \right)$

$\quad = \sqrt{p^2 + q^2}(\cos\alpha\cos\theta + \sin\alpha\sin\theta) = \sqrt{p^2 + q^2}\cos(\alpha - \theta)$

📍由功率三角形得知：$\cos\alpha = \dfrac{p}{\sqrt{p^2+q^2}} = \dfrac{R}{Z}$; $\sin\alpha = \dfrac{q}{\sqrt{p^2+q^2}} = \dfrac{X}{Z}$

⚪ 最大電壓調整率：$\alpha - \theta = 0 \Rightarrow \varepsilon\%\text{max} = \sqrt{p^2 + q^2} = Z\%$（阻抗百分比）

⚪ 最小電壓調整率：$\alpha - \theta = 90° \Rightarrow \varepsilon\%\text{min} = 0$

⚪ 最大功率因數：$\alpha = \theta \Rightarrow \cos\alpha = \cos\theta = \dfrac{p}{\sqrt{p^2+q^2}} \Rightarrow \varepsilon\%_{\text{max}}$ 的條件

⚪ 最小功率因數：$\theta = \alpha - 90°$

$\qquad\qquad \Rightarrow \cos\theta = \cos(\alpha - 90) = \sin\alpha = \dfrac{q}{\sqrt{p^2+q^2}}$

$\qquad\qquad \Rightarrow \varepsilon\%_{\text{min}}$ 的條件

(5) 電壓調整率與銅損

　① 設負載功率因數 $\cos\theta = 1(\sin\theta = 0)$

　② $\varepsilon\% = p\cos\theta \pm q\sin\theta = p = \dfrac{I_2 R_2}{V_2} = \dfrac{I_2^2 R_2}{V_2 I_2} = \dfrac{P_c}{S} = \dfrac{\text{滿載銅損}}{\text{額定容量}}$

(6) 短路電流與百分比阻抗

　① 阻抗百分比 $Z\% = \dfrac{I \times Z_e}{V}$

　② 短路電流 $I_s = \dfrac{V}{Z_e} = \dfrac{V}{\frac{Z\% \times V}{I}} = \dfrac{I}{Z\%}$

(7)變壓比之電壓調整率

設：無載變壓比$A_o = \dfrac{V_1}{V_o}$，滿載變壓比$A = \dfrac{V_1}{V_2}$

$$\varepsilon\% = \frac{V_o - V_2}{V_2} = \frac{\dfrac{V_o}{V_1} - \dfrac{V_2}{V_1}}{\dfrac{V_2}{V_1}} = \frac{\dfrac{1}{A_o} - \dfrac{1}{A}}{\dfrac{1}{A}} = \frac{\dfrac{A - A_o}{A_o A}}{\dfrac{1}{A}} = \frac{A - A_o}{A_o} \times 100\%$$

牛刀小試

4. 有一 6kVA，3000V/200V，60Hz 之變壓器，二次換算為一次的電阻為 75Ω，二次換算為一次的電抗為 45Ω，此變壓器之負載越前功率因數 0.8Ω，求：(1)電壓調整率；(2)最大電壓調整率；(3)發生最大電壓調整率的條件。

3.改善變壓器電壓變動的方法

(1)原因：變壓器二次側電壓因隨著電源電壓及負載之變化而變化，為保持二次側電壓恆定，必須變換匝數比。

(2)解決方法：

①利用分接頭改變匝數比。

②線圈分接頭的切換裝設於電流較低的一側，因銅線較細，分接頭抽出較為容易，分接頭切換亦較小。

③基於②之原因，升壓變壓器裝設於二次側；降壓變壓器裝設於一次側。

(3)圖示說明與公式介紹：

升壓變壓器	$\dfrac{V_1}{V_2} = \dfrac{N_1}{N_2} \Rightarrow V_2 = \dfrac{N_2}{N_1} \times V_1$ $\because V_1 \cdot N_1$ 不變 $\therefore V_2 \propto N_2$	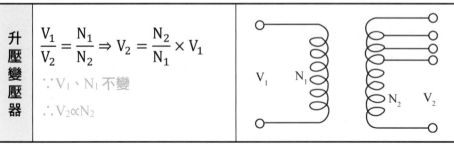

| 降壓變壓器 | $\dfrac{V_1}{V_2} = \dfrac{N_1}{N_2} \Rightarrow V_2 = \dfrac{N_2}{N_1} \times V_1$
 $\because V_1 \cdot N_2$ 不變
 $\therefore V_2 \propto \dfrac{1}{N_1}$
 $\dfrac{N_1}{N'_1} = \dfrac{V'_2}{V_2}$ | |

牛刀小試

5. 有台 1kVA 之變壓器，其匝數比 a=2=200/100，當把一次繞組減少 10%，而加上 200V 之電壓時，求：(1)二次側電壓；(2)若把二次繞組減少 10%，一次繞組不變，且加上 200V 之電壓時，二次電壓。

4. 變壓器之損失及效率

　(1) 變壓器的損失

　　① 無載損失

　　　A. 定義

　　　　　主要損失為鐵損，另有少量的介質損失，又可稱為「固定損失」。

　　　　　鐵損P_i ＝磁滯損 P_h＋渦流損 P_e

　　　B. 定磁通密度時

　　　　　磁滯損$P_h = K_h f B_m^{(1.6\sim2)}$，變壓器採用高磁通密度$P_h = K_h f B_m^2$。

　　　　　渦流損$P_e = K_e f^2 t^2 B_m^2$。

　　　C. 定電壓時

$$\because E = 4.44 f N \phi_m = 4.44 f N B_m A \therefore B_m = \frac{E}{4.44 f N A} = \frac{E}{K f} = \frac{V}{K f} \propto \frac{V}{f}$$

　　　　　磁滯損$P_h = K_h f B_m^2 = K_h f \times (\frac{V}{Kf})^2 = K' \frac{V^2}{f} \Rightarrow P_h \propto V^2 \propto \frac{1}{f}$。

◯渦流損

$$P_e = K_e f^2 t^2 B_m^2 = K_e f^2 t^2 \times (\frac{V}{Kf})^2 = K'V^2$$

⇒ $P_e \propto V^2$，與頻率無關。

◯矽鋼片中的鐵損，$P_e : P_h = 1 : 4$，故 $P_i \doteqdot P_h \Rightarrow P_i \propto V^2 \propto \frac{1}{f}$，與負

載變化無關。

② 有載損失

A. 定義：主要損失為銅損，為電流通過繞組所造成的損失，又可稱
為「變動損失」。

B. 公式說明

◯P_{c1}：一次側繞組的銅損，P_{c2}：二次側繞組的銅損。

◯$P_c = P_{c1} + P_{c2} = I_1^2 R_1 + I_2^2 R_2 = I_1^2 R_{e1} = I_2^2 R_{e2}$

◯銅損與電流（負載）大小成平方正比。

③ 雜散負載損失：繞組導體內及絕緣油箱壁內的渦流損失。

牛刀小試

6. 額定二次電壓 200V 之單相變壓器，在二次額定電壓下，二次電流為
500A 時，總損失為 1640W，二次電流為 300A 時，總損失為 1000W，
求：此變壓器之鐵損。

---

(2) 變壓器的效率

① 滿載效率：

$$\eta = \frac{S\cos\theta}{S\cos\theta + P_i + P_c} \times 100\%$$

A. S：變壓器之額定容量(kVA)，P_i：鐵損(kW)，P_c：滿載銅損(kW)，
$\cos\theta$：負載功率因數。

B. 變壓器滿載時之輸出＝$S\cos\theta$；輸入＝輸出＋損失＝$S\cos\theta + P_i + P_c$。

② 任意負載 m_L 的效率：

$$\eta_L = \frac{m_L S \cos\theta}{m_L S \cos\theta + P_i + m_L^2 P_c} \times 100\%$$

📌 ○ 滿載$m_L = 1$；半載$m_L = \frac{1}{2}$。
　　○ P_i =定值損，不隨負載變動，故與 m_L 無關。
　　○ P_c = 變動損$(I_a^2 R_a) \Rightarrow$ 負載 $\uparrow$，$I_a \uparrow \Rightarrow$ 負載量$m_L \propto I_a^2$。

③ 全日效率：

$$\eta_d = \frac{m_L S_d \cos\theta \times t}{(m_L S_d \cos\theta \times t) + (P_i \times 24) + (m_L^2 P_c \times t)} \times 100\%$$

📌 ○ t：工作時間。
　　○ P_i =定值損，故全日無論多少負載量都會消耗$\Rightarrow \times 24$。
　　○ S_d 及P_c 為隨負載變動，故與負載量的所運作的時間 t 有關$\Rightarrow \times t$。

④ 最大效率：

$$\eta_{max} = \frac{m_L S \cos\theta}{m_L S \cos\theta + 2P_i} \times 100\%$$

A. 定值損=變動損$\Rightarrow P_i = P_c (= I_a^2 R) \Rightarrow P_{loss} = P_i + P_c = 2P_i$。

　∵ 負載量$m_L \propto I_a^2 \therefore P_i = m_L^2 P_c$

　$\Rightarrow$ 發生最大效率時的負載率$m_L = \sqrt{\dfrac{P_i}{P_c}}$

B. 一般電力變壓器：重載者，最大效率設計在滿載附近。

C. 一般配電變壓器：最大效率設計在 $\dfrac{3}{4}$ 或 $\dfrac{1}{2}$ 額定負載者。

牛刀小試

7. 某配電用變壓器容量為 10kVA，鐵損為 120W，滿載銅損為 320W，負載功因為 0.8，求：其在$\frac{1}{2}$負載時之效率。

6-3 變壓器之連接法

1.變壓器的極性

  (1)極性分類

    ① 加極性：在某一瞬間變壓器
    的一、二次側相對 ϕ 的位置
    應電勢極性不同者。

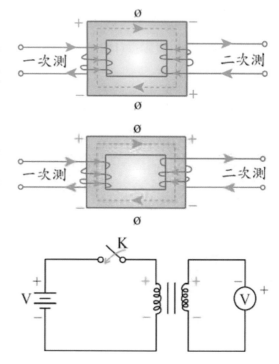

    ② 減極性：在某一瞬間變壓器
    的一、二次側相對 ϕ 的位置
    應電勢極性相同者。

  (2)極性測試

    ① 直流法

      A. K 閉合瞬間：

        Ⓥ正轉：減極性。

        Ⓥ反轉：加極性。

      B. K 閉合一段時間打開：

        V 正轉：加極性。

        V 反轉：減極性。

    ② 交流法

      A. $V_1 > V_2$：減極性。

      B. $V_1 < V_2$：加極性。

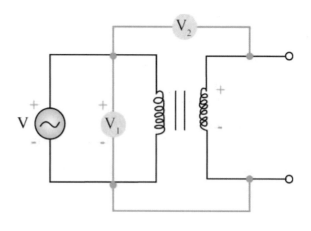

③比較法（保險絲法）

　　A. 保險絲（Fuse）斷：A 與 B 極性相同。

　　B. 保險絲（Fuse）未斷：A 與 B 極性不同。

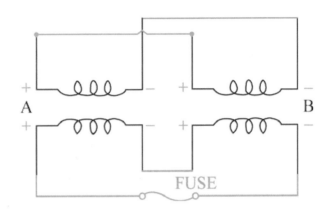

2.三相變壓器之基本連接（平衡三相負載時）

接線方式	線(L)與相(P)之關係	相位關係	三次諧波關係					圖示說明
			中性點	線電壓	相電壓	線電流	相電流	
Y 接	(1)$V_L = \sqrt{3}V_P$ (2)$I_L = I_P$	(1) V_L 超前 $V_P 30°$ (2)I_L 與 I_P 同相位	不接地	無	有	無	無	
			接地	無	無	有	有	
△接	(1)$I_L = \sqrt{3}I_P$ (2)$V_L = V_P$	(1) I_L 落後 $I_P 30°$ (2) V_L 與 V_P 同相位	無中性點	無	無	無	有	

3.三具單相變壓器的三相連接

(1) Y-Y 接線

①接線、電壓、電流方向：

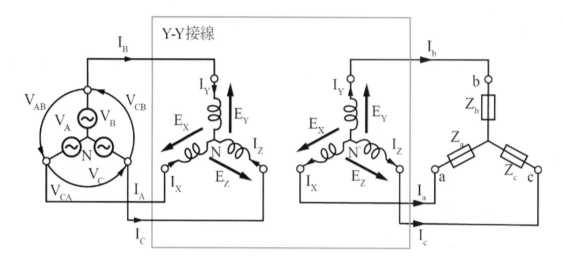

②實際接線圖：

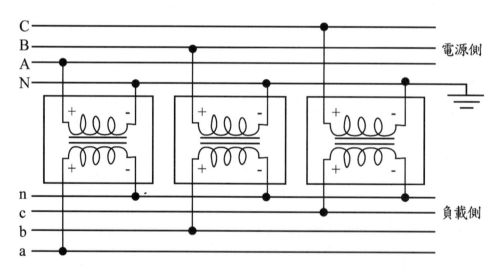

③向量圖：

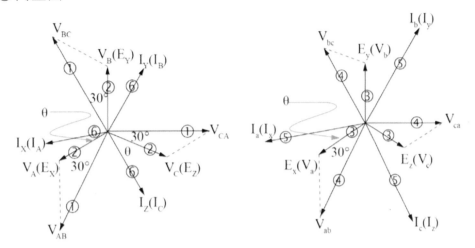

θ：電壓與電流之夾角

④特性：

A. 一次、二次側間線電壓相位差（位移角）：減極性 $0°$、加極性 $180°$。

B. $I_{L1} = I_{P1}$，$I_{L2} = I_{P2}$，$V_{L1} = \sqrt{3}V_{P1}\angle 30°$，$V_{L2} = \sqrt{3}V_{P2}\angle 30°$。

C. V_L 超前 $I_L 30°$。

D. $a = \dfrac{N_1}{N_2} = \dfrac{V_{L1}}{V_{L2}} = \dfrac{V_{P1}}{V_{P2}} = \dfrac{I_{P2}}{I_{p1}} = \dfrac{I_{L2}}{I_{L1}}$

E. $S_{Y-Y} = \sqrt{3}V_L I_L = 3V_P I_P = 3S_P$

F. Y 接提高線電壓，降低線電流⇒減少線路損失，提高送電效率。

G. 其中一相短路，其它兩相所承受之電壓 = 線電壓 = $\sqrt{3}V_p$，故不能繼續供應三相電力；但若中性點接地後其中一相再短路，則其它兩相所承受之電壓穩定不變。

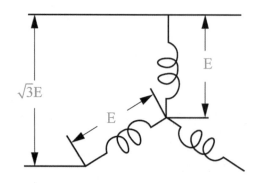 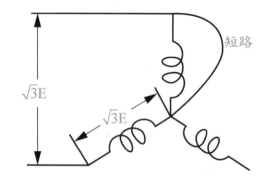

H. 一次側中性點，不與電源中性點連接⇒三相三線式(3φ3W)。

I. 一次側中性點，與電源中性點連接⇒三相四線式(3φ4W)。

J. 3φ4W 負載不平衡時，避免中性點浮動(3φ3W 則不可避免)。

K. 3φ4W 三次諧波可經由中性點形成迴路⇒激磁電流含三次諧波，應電勢為正弦波，但中性線的三次諧波電流會干擾電訊線路⇒解決方法為採用中性點接地之三繞組變壓器連接成 Y-Y-Δ。

⑤實體圖：

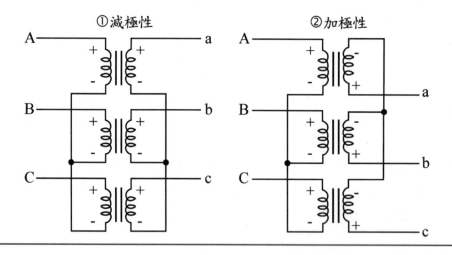

牛刀小試

8. 將匝數比為 15：2，容量為 5kVA 單相變壓器連接為 Y-Y 接線，若一次線電壓為 1500V，求：滿載時之：(1)一次側線電流。(2)二次側之線電流。

(2) Δ-Δ 接線

　① 接線、電壓、電流方向：

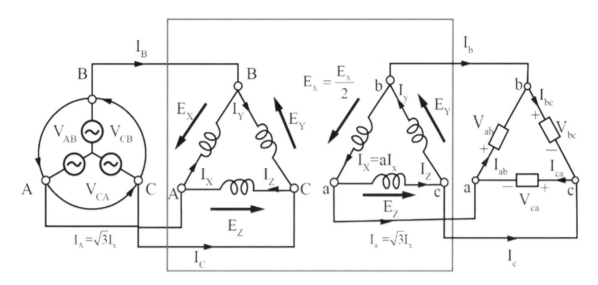

　② 實際接線圖：

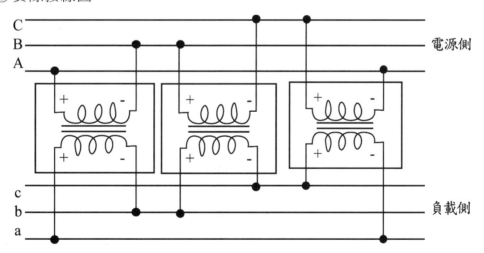

③向量圖：

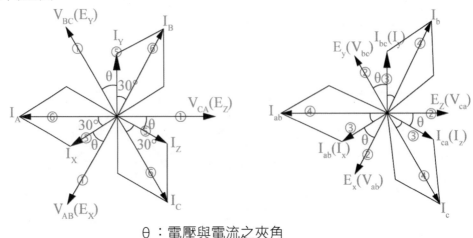

θ：電壓與電流之夾角

④特性：

A. 一次、二次側間線電壓相位差（位移角）：減極性 0°、加極性 180°。

B. $V_{L1} = V_{P1}$，$V_{L2} = V_{P2}$，$I_{L1} = \sqrt{3}I_{P1}\angle -30°$，$I_{L2} = \sqrt{3}I_{P2}\angle -30°$。

C. V_L超前I_L30°。

D. $a = \dfrac{N_1}{N_2} = \dfrac{V_{L1}}{V_{L2}} = \dfrac{V_{P1}}{V_{P2}} = \dfrac{I_{P2}}{I_{p1}} = \dfrac{I_{L2}}{I_{L1}}$

E. $S_{\Delta-\Delta} = \sqrt{3}V_L I_L = 3V_P I_P = 3S_P$

F. 無中性點可供接地⇒接地保護困難。

G. 適合三相三線式(3ϕ3W)系統，因三相之第三諧波為同相，可供第三諧波電流之迴路，可保持電勢為正弦波。

H. 一具變壓器故障時，可改為 V-V 接線，繼續供應三相電力。

I. 用於低電壓大電流，如二次變電所以下之配電線末端變壓器。

J. 二次側感應電勢成串聯，作用於一封閉迴路，若一平衡三相電壓加於一次側，則二次側三電壓之相量和必為零；若不平衡，則內部將產生循環電流。

K. 二次側有一相反接（極性接錯或為加極性）時，開路電壓為相電壓之兩倍。

⑤實體圖：

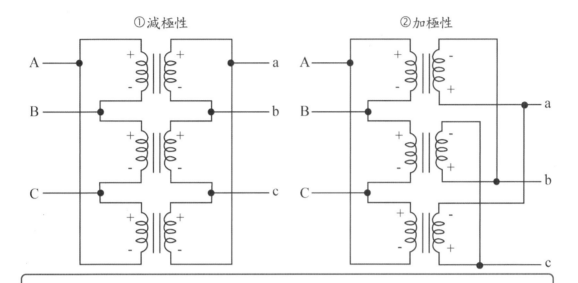

①減極性　　②加極性

牛刀小試

9. 三台單相變壓器各匝數比為 20：1，此接成 Δ-Δ 接線，在二次側連接 100V，30kVA 的平衡負載時，求：一次側線電流。

---

(3) Y-Δ 接線

①接線、電壓、電流方向

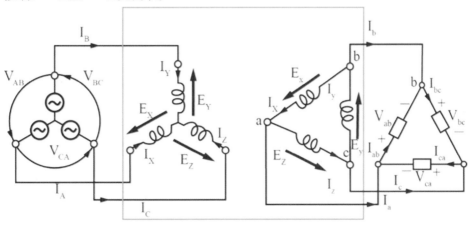

② 實際接線圖

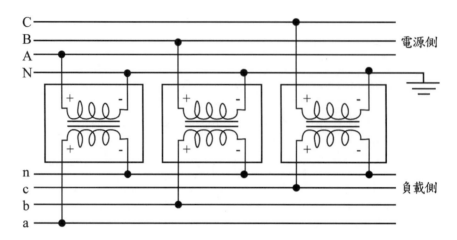

③ 向量圖

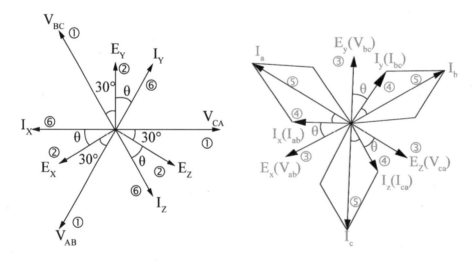

θ：電壓與電流之夾角

④ 特性

　　A. 一次、二次側間線電壓相位差（位移角）：一次側 Y 型領前 30°。

　　B. $V_{L1} = \sqrt{3}V_{P1}\angle 30°$，$I_{L1} = I_{P1}$，$I_{L2} = \sqrt{3}I_{P2}\angle -30°$，$V_{L2} = V_{P2}$。

　　C. V_L超前I_L 30°。

D. $\sqrt{3}a = \frac{\sqrt{3}N_1}{N_2} = \frac{V_{L1}}{V_{L2}} = \frac{\sqrt{3}V_{P1}}{V_{P2}} = \frac{\sqrt{3}I_{P2}}{I_{p1}} = \frac{I_{L2}}{I_{L1}}$

E. $S_{Y-\Delta} = \sqrt{3}V_L I_L = 3V_p I_p = 3S_p$

F. 一次 Y 接中性點接地，避免負載改變造成中性點電位浮動。

G. 二次 Δ 接使第三諧波電流流通，應電勢可維持正弦波。

H. 如一具故障則無法使用。

I. 應用於三相四線式(3φ4W)時，一具變壓器故障時，可改為 U-V 接線，繼續供應三相電力。

J. 具降壓作用，適用於降低電壓配電負載之用，如二次變電所。

⑤ 實體圖

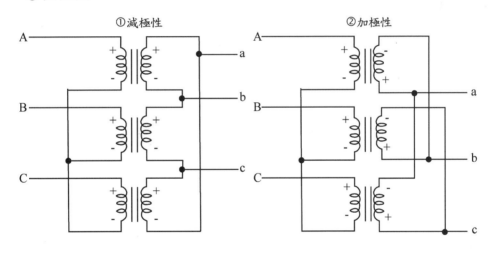

牛刀小試

10. 三個相同的單相變壓器，欲作 Y-Δ 三相接線，若不考慮相序問題，如圖所示中的二次側的正確接線為何。

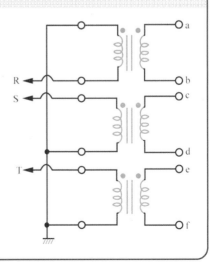

(4) Δ-Y 接線

①接線、電壓、電流方向

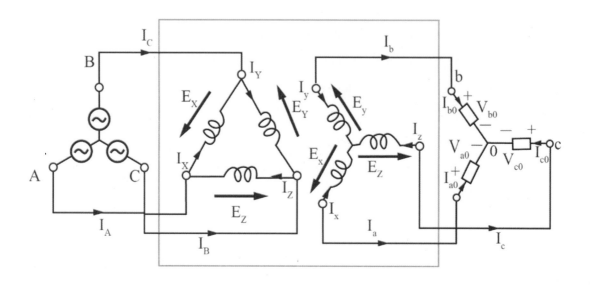

②實際接線圖

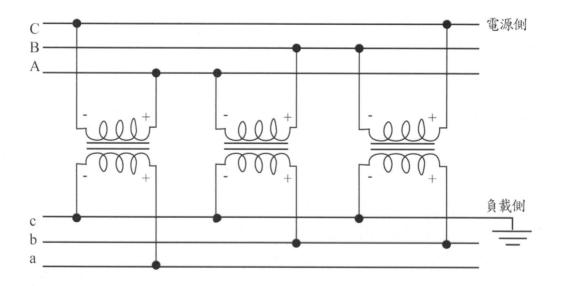

③向量圖

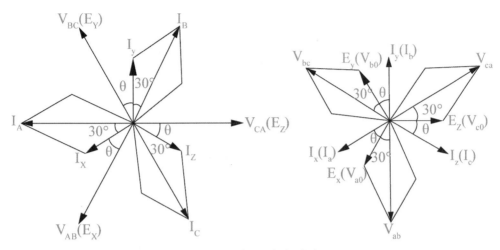

θ：電壓與電流之夾角

④特性

A. 一次、二次側間線電壓相位差（位移角）：二次側 Y 型領前 $30°$。

B. $I_{L1} = \sqrt{3}I_{P1}\angle -30°$，$V_{L1} = V_{P1}$，$V_{L2} = \sqrt{3}V_{P2}\angle 30°$，$I_{L2} = I_{P2}$。

C. V_L 超前 $I_L 30°$。

D. $\dfrac{a}{\sqrt{3}} = \dfrac{N_1}{\sqrt{3}N_2} = \dfrac{V_{L1}}{V_{L2}} = \dfrac{V_{P1}}{\sqrt{3}V_{P2}} = \dfrac{I_{P2}}{\sqrt{3}I_{p1}} = \dfrac{I_{L2}}{I_{L1}}$

E. $S_{\Delta-Y} = \sqrt{3}V_L I_L = 3V_P I_P = 3S_P$

F. 一次 △ 接可供第三諧波電流流通，應電勢可維持正弦波，同時防止對電訊線路的干擾。

G. 二次 Y 接中性點接地，避免負載改變造成中性點電位浮動。

H. 具升壓作用，可獲得較高電壓，適用於發電廠內之主變壓器。若用於配電系統，則二次可構成三相四線式(3φ4W)系統。

一次變電所通常採用 Y-△ 接線。

⑤ 實體圖

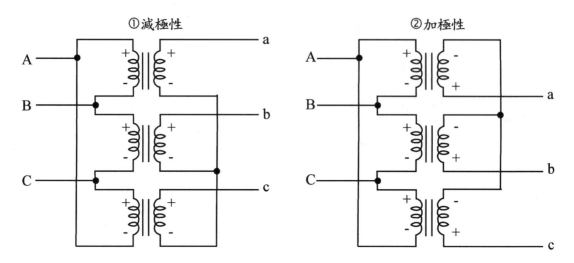

①減極性　　　　　　　　　　②加極性

牛刀小試

11. 三個單相變壓器,匝數比均為 10:1,初級為 Δ 接線,副級為 Y 接線,若副級端之線間電壓為 250V,加 75kVA 平衡負載,求:此時初級線電流。

4.兩具單相變壓器的三相連接

(1) V-V 接線(Δ-Δ 接線故障),如圖 6-15 所示,實體接線如圖 6-16 所示。

　　① 一次、二次側間線電壓相位差(位移角):減極性 0°、加極性 180°。

　　② $S_{V-V} = \sqrt{3}V_L I_L = \sqrt{3}V_P I_P = \sqrt{3} \times$ 一具單相變壓器之額定容量

　　③ 每具變壓器之輸出容量$= \dfrac{S_{V-V}}{2} = \dfrac{\sqrt{3}V_P I_P}{2} = 0.866V_P I_P = 86.6\%V_P I_P$

　　　　⇒即 V-V 接每具變壓器使用率=86.6%

④ V-V 連接時，其總輸出容量為 Δ-Δ 連接時之 57.7% 倍。

$$\therefore \frac{S_{V-V}}{S_{\Delta-\Delta}} = \frac{\sqrt{3}V_P I_P}{3V_P I_P} = 0.577 = 57.7\%$$

⑤ V-V 連接時，兩個相電流(I_P)大小相等，相位差 60°。

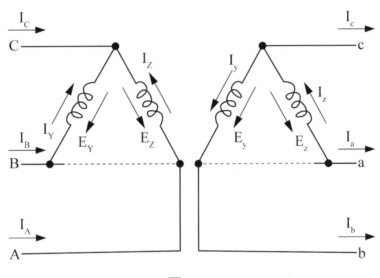

圖 6-15

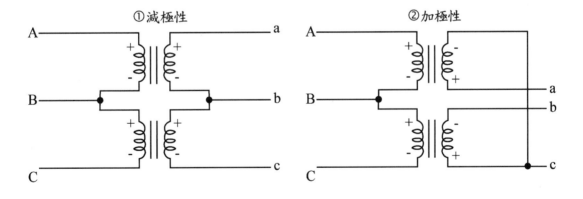

圖 6-16

(2)U-V 接線（Y-Δ 接線故障），如圖 6-17 所示，實體接線如圖 6-18 所示。

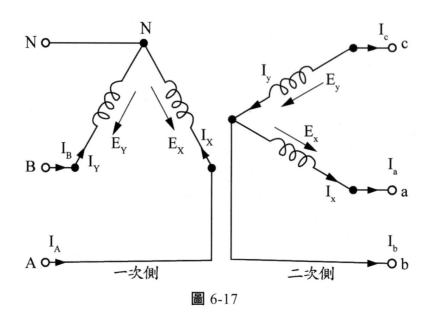

圖 6-17

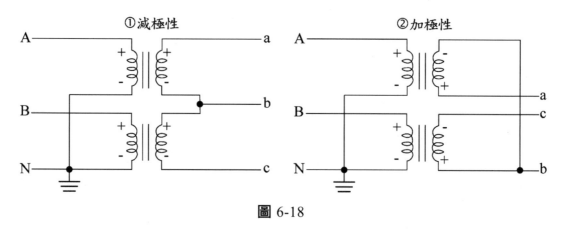

圖 6-18

① 一次、二次側間線電壓相位差（位移角）：一次側 U 型領前 30°。

② 一次側為開星形(Y)連接，二次側為開三角形(Δ)連接。

③ 一次側電源需為三相四線式(3φ4W)，二次側可供給三相三線制或單相三線制電源。

④二次側線電壓可得平衡三相電壓，由於負載壓降所致，會造成電壓不平衡。僅適用於小電力設備。

⑤$S_{U-V} = \sqrt{3}V_{L2}I_{L2} = \sqrt{3}V_{p2}I_{p2} = \sqrt{3} \times$ 一具單相變壓器之額定容量。

⑥每具變壓器之輸出容量 $= \dfrac{S_{U-V}}{2} = \dfrac{\sqrt{3}V_pI_p}{2} = 0.866V_pI_p = 86.6\%V_pI_p \Rightarrow$ 即 U-V 接每具變壓器使用率 $= 86.6\%$

⑦U-V 連接時，其總輸出容量為 Y-Δ 連接時之 57.7% 倍。

$$\because \frac{S_{U-V}}{S_{\Delta-\Delta}} = \frac{\sqrt{3}V_pI_p}{3V_pI_p} = 0.577 = 57.7\%$$

⑧U-V 供電一次側僅接兩只熔絲，中性線不接熔絲。

(3) T-T 接，如圖 6-19 所示。

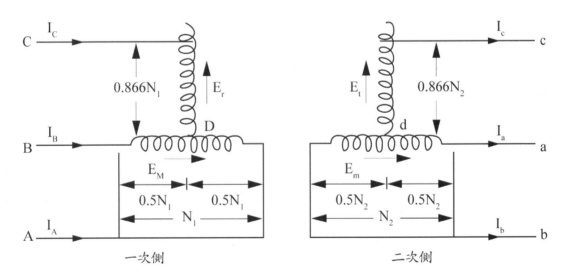

一次側　　　　　　　二次側

圖 6-19

①兩只變壓器，水平位置 $\overline{AB}$ 為主變壓器，垂直位置 $\overline{CD}$ 為支變壓器。

②主變壓器 M 應有 50% 的中間抽頭，支變壓器 T 之匝數應為主變壓器的 86.6%。

③E_T 領前 E_M 90°，為二相電源。

④目的：相數的變換（三相變三相、三相變二相或四相、二相變三相均可）。

⑤若兩變壓器容量相同時,則此接法之容量與定額之比,即使用率

$$= \frac{S_{T-T}容量}{定額} = \frac{S_{T-T}}{S_M + S_T} = \frac{\sqrt{3}V_L I_L}{V_L I_L + V_L I_L} = \frac{\sqrt{3}V_L I_L}{2V_L I_L} = \frac{\sqrt{3}}{2} = 0.866$$

⑥若支變壓器為主變壓器的 86.6%,則輸出容量與定額容量之比,即使

用率 $= \frac{S_{T-T}容量}{定額} = \frac{S_{T-T}}{S_M + S_T} = \frac{\sqrt{3}V_L I_L}{V_L I_L + 0.866 V_L I_L} = \frac{\sqrt{3}}{1.866} = 0.928 = 92.8\%$

⑦工業上常用兩個單相電源供給兩個電熔爐用,所以將三相變成二相
　使用。

(4) T 型接(亦稱史考特接),如圖 6-20 所示。

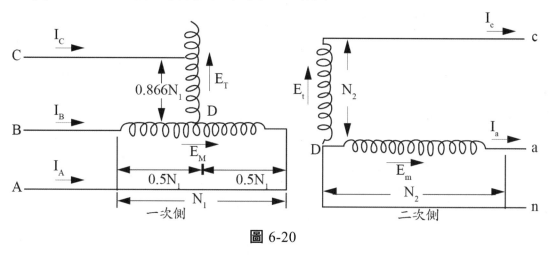

圖 6-20

①二次側主變壓器 M 與支變壓器 T 匝數相同,M 變壓器不需中心
　抽頭。

②主變壓器之匝數比 $a_M = \frac{N_1}{N_2} = \frac{E_M}{E_m} \Rightarrow E_m = \frac{E_M}{a_M}$。

③支變壓器之匝數比 $a_T = \frac{0.866 N_1}{N_2} = 0.866 a_M = \frac{\sqrt{3}}{2} a_M$。

④$a_T = \frac{E_T}{E_t} \Rightarrow E_t = \frac{E_T}{a_T} = \frac{0.866 E_M}{0.866 a_M} = \frac{E_M}{a_M} = E_m$。

⑤ $a_M = \dfrac{E_M}{E_m} \Rightarrow E_M = a_M \times E_m = \dfrac{a_T}{\frac{\sqrt{3}}{2}} \times E_m = \dfrac{2}{\sqrt{3}} \times a_T \times E_m$

$= \dfrac{2}{\sqrt{3}} \times a_T \times E_t = \dfrac{2}{\sqrt{3}} E_T$。

⑥用途：電源相數變換。

5. 整理

(1)

	V_{L2}	I_{L2}
Y-Y	$\dfrac{1}{a} V_{L1}$	$a I_{L1}$
Δ-Δ	$\dfrac{1}{a} V_{L1}$	$a I_{L1}$
Y-Δ	$\dfrac{1}{a\sqrt{3}} V_{L1}$	$a\sqrt{3} I_{L1}$
Δ-Y	$\dfrac{\sqrt{3}}{a} V_{L1}$	$\dfrac{a}{\sqrt{3}} I_{L1}$

(2)

接線	大小關係	兩變壓器相位關係
V(開△)	$V_L = V_P$ $I_L = I_P$	電壓相位差 120°，電流相位差 60°，每相相位差 120°。
U(開Y)	$V_L = \sqrt{3}V_P$ $I_L = I_P$	V_L超前V_P30°，I_L與I_P無相位差，中性點有電流流通，為兩變壓器電流的向量和，3φ4W 才可接成 U 接線。
T	$V_L = E_M = \dfrac{2}{\sqrt{3}} E_T$ $I_L = I_P$	主變壓器 M 與支變壓器 T 電壓相位差 90°，I_L與I_P無相位差，每相相位差 120°。

(3) 利用率 $= \dfrac{\text{三相輸出總容量}}{\text{兩台變壓器總容量}}$

① V-V 接線：利用率為 86.6%。

② U-V 接線：利用率為 86.6%。

③ T-T 接線：若容量比為 $1:1$（二大），利用率為 86.6%；若為 $1:0.866$（一大一小），利用率為 92.8%。

(4) 負載率 $= \dfrac{\text{三相輸出總容量}}{\text{三台變壓器總容量}}$

① V-V 接線：負載率為 57.7%。

② U-V 接線：負載率為 57.7%。

(5) 單相變壓器 3 具與三相變壓器 1 具的比較：

單相 3 具	三相 1 具
散熱容易	散熱不易
體積大、空間大	體積小、空間小
成本價格昂貴	成本價格便宜
一相損壞時，可採用 V 接線繼續供電	一相損壞時，則停止供電，搶修不易

牛刀小試

12. 某工廠之設備容量為 170kW，功率因數為 60%，需量因數為 60%，以兩具單相變壓器接成 V 型供電，求：變壓器每具容量。

6. 變壓器的並聯運轉

(1) 單相變壓器並聯運用之條件：

① 電壓與匝數比需相同（無負載時無循環電流流通）。

② 極性需相同。

　　③各變壓器阻抗電壓相同（負載電流依變壓器容量比例分配，即內部
　　　阻抗與負載成反比）。

　　④內部等效電阻與電抗比值需相同（各變壓器負載電流同相）。

(2)三相變壓器並聯運用之條件：

　　①單相變壓器並聯的條件。

　　②線電壓比需相同。

　　③相序需相同。

　　④位移角需相同（偶數個接法可並聯）。

(3)三相變壓器的並聯連接

　　①一、二次接線完全相同，位移角相同，可直接並聯，不需做任何調
　　　整：(Y-Y，Y-Y)、(△-△，△-△)、(Y-△，Y-△)、(△-Y，△-Y)。

　　②一、二次接線不相同，但位移角相同，可以並聯，但必須調整：(△-
　　　△，Y-Y)、(Y-△，△-Y)。

　　③一、二次側接線及位移角均不同，但改變接線後可使位移角一致，
　　　可並聯：(△-Y，Y-△)。

　　④不可以並聯：(△-△，△-Y)、(△-△，Y-△)、(Y-Y，Y-△)、(Y-Y，
　　　△-Y)。

(4)變壓器並聯運用負載的分配，如圖 6-21 所示。

①$I_A = I_1 \times \dfrac{R_B+jX_B}{(R_A+R_B)+j(X_A+X_B)} = I_1 \times \dfrac{Z_B}{Z_A+Z_B}$

②$I_B = I_1 \times \dfrac{R_A+jX_A}{(R_A+R_B)+j(X_A+X_B)} = I_1 \times \dfrac{Z_A}{Z_A+Z_B}$

③$I_A + I_B = I_1$

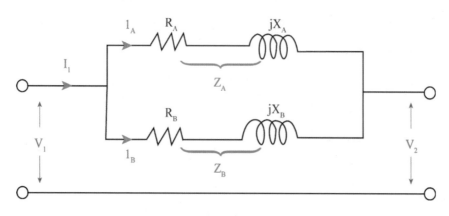

圖 6-21

(5) 變壓器並聯運轉分析（因負載端電壓 V_2 相同，故各變壓器所分擔的**負載容量比例和負載電流一樣**）

① $S_A = S_L \times \dfrac{Z_B}{Z_A + Z_B} = S_L \times \dfrac{Z_B\%}{Z_A\% + Z_B\%}$

② $S_B = S_L \times \dfrac{Z_A}{Z_A + Z_B} = S_L \times \dfrac{Z_A\%}{Z_A\% + Z_B\%}$

③ $S_A + S_B = S_L$

④ 最大負載容量 S_{Lmax}

$\quad = A$ 變壓器額定容量 $S_A + \left(\dfrac{Z_A}{Z_B}\right) \times B$ 變壓器額定容量 S_B，$(Z_A < Z_B)$

(6) 容量基值不同時（設電阻與電抗比值相等）：**先換算同一容量基值 Sb**

① $Z_A'\% = Z_A\% \times \dfrac{S_b(\text{新容量基值})}{S_A(A \text{ 變壓器原容量基值})}$; $S_A = S_L \times \dfrac{Z_B'\%}{Z_A'\% + Z_B'\%}$

② $Z_B'\% = Z_B\% \times \dfrac{S_b(\text{新容量基值})}{S_B(B \text{ 變壓器原容量基值})}$; $S_B = S_L \times \dfrac{Z_A'\%}{Z_A'\% + Z_B'\%}$

(7) 由阻抗壓降百分比計算負載分配

① $\dfrac{S_A(\text{負載容量})}{S_B(\text{負載容量})} = \dfrac{I_A}{I_B} = \dfrac{Z_B}{Z_A} = \dfrac{Z_B\%}{Z_A\%} \times \dfrac{S_A'(\text{額定容量})}{S_B'(\text{額定容量})}$

② $Z = Z\%$（阻抗壓降百分比）$\times S$（變壓器額定容量）

牛刀小試

13. 如圖所示，兩具變壓器作並聯運用，一臺為額定輸出 15MVA，百分比阻抗壓降 7.5%，另一臺為額定輸出 30MVA，百分比阻抗壓降 9%，當負載電力為 20MW，功率因數為 80%滯後時，求：

(1)兩變壓器的負載分配。

(2)負載電流 I_A、I_B。

(3)在不超載的情況，兩變壓器並聯運用時的最大負載。

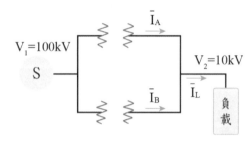

6-4 變壓器之短路及開路試驗

1. 變壓器的短路試驗

(1)目的：測量滿載銅損，如圖 6-22 所示。

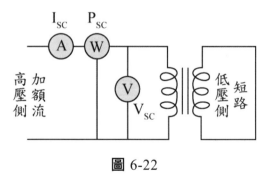

圖 6-22

(2)方法：將低壓側短路，高壓側加額定電流（儀表放置高壓側）。

(3) 可得：高壓側 R_{eq}、X_{eq}。

① 銅損P_c = 瓦特表讀值P_{sc}

② 高壓側等值阻抗

$$Z_{eq} = \frac{\text{伏特表讀值}}{\text{安培表讀值}} = \frac{V_{sc}}{I_{sc}}$$

③ 高壓側等值電阻

$$R_{eq} = \frac{\text{瓦特表讀值}}{\text{安培表讀值的平方}} = \frac{P_{sc}}{I_{sc}^2}$$

④ 高壓側等值電抗

$$X_{eq} = \sqrt{Z_{eq}^2 - R_{eq}^2}$$

⑤ 短路功率因數

$$\cos\theta_{sc} = \frac{P}{S_{sc}} = \frac{\text{瓦特表讀值}}{\text{伏特表讀值} \times \text{安培表讀值}} = \frac{P_{sc}}{V_{sc} \times I_{sc}}$$

⑥ 電阻壓降百分比

$$p = \frac{\text{一次側額定電流}I_1(= I_{sc}) \times \text{高壓側等值電阻}}{\text{一次側額定電壓}} \times 100\%$$

$$= \frac{I_{sc} \times R_{eq}}{V_1} \times 100\%$$

$$= \frac{I_{sc}^2 \times R_{eq}}{V_1 \times I_{sc}} \times 100\% = \frac{P_c}{kVA} \times 100\%$$

⑦ 阻抗壓降百分比

$$Z\% = \frac{\text{一次側額定電流}I_1(= I_{sc}) \times \text{高壓側等值阻抗}}{\text{一次側額定電壓}} \times 100\%$$

$$= \frac{I_{sc} \times Z_{eq}}{V_1} \times 100\%$$

$$= \frac{V_{sc}}{V_1} \times 100\% = \sqrt{p^2 + q^2} \times 100\%$$

⑧ 電抗壓降百分比$q = \sqrt{(Z\%)^2 - p^2} \times 100\%$

💡 由阻抗百分比 $Z\%$，求一次側輸入額定電壓 V_1，二次側短路（負載 $Z_L = 0$）時之一次側短路電流，如圖 6-23 所示：

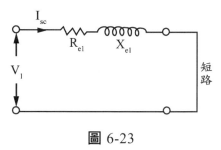

圖 6-23

$$\because Z\% = \sqrt{p^2 + q^2} \times 100\% = (p + jq) \times 100\%$$

$$= \left(\frac{I_{sc} \times R_{eq}}{V_1} + j\frac{I_{sc} \times X_{eq}}{V_1} \right) \times 100\%$$

$$= \frac{(I_{sc} \times R_{eq}) + j(I_{sc} \times X_{eq})}{V_1} \times 100\%$$

$$= \frac{V_i(伏特表讀數)}{V_1} \times 100\% = \frac{V_{sc}}{V_1} \times 100\%$$

$\therefore$ 二次側短路（負載 $Z_L = 0$）時之一次側短路電流

$$I_{sc1} = \frac{V_1}{Z_{eq}} = \frac{\frac{V_{sc}}{Z\%}}{\frac{V_{sc}}{I_1}} = I_1 \times \frac{1}{Z\%}$$

(4) 注意事項：

① 當輸入高壓電流≠額定電流⇒瓦特表不是真正的銅損⇒銅損需以$P_c = I^2 R_{eq}$校正。

② 因在高壓側加額定電流做短路試驗，故上述公式所得之數據皆為高壓側之值，若欲得低壓側之值，可按轉換公式換算得之。

③ 變壓器阻抗百分比愈大，短路電流則愈小⇒設備容量可選較小，但電壓調整率會因此提高，定電壓之特性較差。

2. 變壓器的開路實驗

(1) 目的：測量固定鐵損，如圖 6-24 所示。

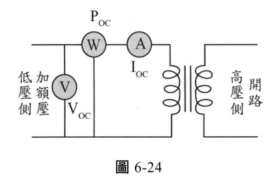

圖 6-24

(2) 方法：將高壓側開路，低壓側加額定電壓（儀表放置低壓側）。

(3) 可得：低壓側 G_o、B_o。

① 鐵損 P_i = 瓦特表讀值P_{oc}

② 激磁導納

$$Y_o = \frac{安培表讀值}{伏特表讀值} = \frac{I_{oc}}{V_{oc}}$$

③ 激磁電導

$$G_o = \frac{鐵損電流}{伏特表讀值} = \frac{I_w}{V_{oc}} = \frac{瓦特表讀值}{伏特表讀值的平方} = \frac{P_{oc}}{V_{oc}^2}$$

④ 激磁電納

$$B_o = \frac{磁化電流}{伏特表讀值} = \frac{I_m}{V_{oc}} = \sqrt{Y_o^2 - G_o^2}$$

⑤ 激磁電流

$$I_o = 安培表讀值I_{oc}$$

⑥ 鐵損電流

$$I_w = \frac{瓦特表讀值}{伏特表讀值} = \frac{P_{oc}}{V_{oc}} = I_o \cos\theta = I_{oc} \cos\theta_{oc}$$

⑦ 磁化電流

$$I_m = \sqrt{I_o^2 - I_w^2} = I_o\sqrt{1-\cos^2\theta} = I_o\sin\theta = I_{oc}\sin\theta_{oc}$$

⑧ 無載開路功率因數

$$\cos\theta_{oc} = \frac{P}{S} = \frac{\text{瓦特表讀值}}{\text{伏特表讀值} \times \text{安培表讀值}} = \frac{P_{oc}}{V_{oc} \times I_{oc}}$$

(4) 注意事項：

①當 輸入電源≠額定電壓、額定頻率⇒瓦特表不是真正的鐵損⇒鐵損需以 $P_i = \frac{V^2}{f}$ 校正。

②因在低壓側加額定電壓做開路試驗，故上述公式所得之數據皆為低壓側之值。若欲得高壓側之值，可按轉換公式換算得之。

6-5　特殊變壓器

1. 比壓器 P.T.（Potential Transformer）：將高壓變成低壓用以測量，如圖 6-25 所示。

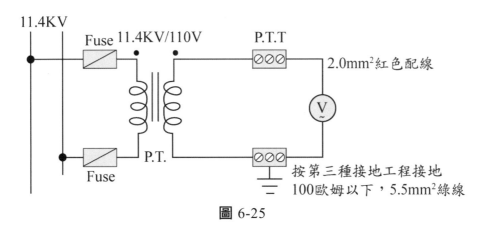

圖 6-25

(1) 減少誤差的方法：

①使用低電阻導線⇒減少電壓降。

②一次側匝數退繞約 1%⇒略減變壓比。

(2)二次側額定電壓為 110V。

(3)注意事項：

　①一次側需裝保險絲並接於電路，因 P.T.阻抗很小，若遇短路電流常被燒毀，故需串聯保險絲以做保護。

　②二次側需接地，避免靜電作用。

　③二次側不可短路，應開路。

　④二次側一般額定電壓為 110V，但不可超過 150V。

(4)理想比壓器的條件：

　①變壓比$(\dfrac{V_1}{V_2})$等於匝數比$(\dfrac{N_1}{N_2})$。

　②一次電壓與二次電壓差為 180°電工角。

2.接地比壓器 G.P.T.：用以檢測接地故障，二次側繞組的接法為開△，如圖 6-26 所示。

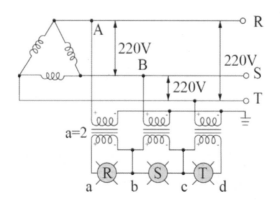

圖 6-26

(1)線路正常（未故障）且負載平衡下，P.T.一次側電壓 V_{AN} 為 127V：

$$V_{AN} = V_{BN} = V_{CN} = \frac{V_1}{\sqrt{3}} = \frac{220}{\sqrt{3}} = 127(V)$$

(2)線路正常（未故障）且負載平衡下，P.T.二次側電壓 V_{ab} 為 63.5V：

$$V_{AN} = V_{BN} = V_{CN} = \frac{V_1}{\sqrt{3}} = \frac{220}{\sqrt{3}} = 127(V)$$

$$V_{ab} = V_{bc} = V_{cd} = \frac{V_{AN}}{a} = \frac{127}{2} = 63.5(V) \Rightarrow 常態下，三燈皆半亮$$

(3)線路正常（未故障）且負載平衡下，在常態下燈均為半亮，當 R 相發生接地故障時 S、T 全亮，R 全熄：

① $V_{ab} = \frac{V_{AN}}{a} = \frac{0}{2} = 0 \Rightarrow R$ 燈全熄

② $V_{bc} = \frac{V_{BN}}{a} = \frac{220}{2} = 110(V) \Rightarrow S$ 燈全亮

③ $V_{cd} = \frac{V_{CN}}{a} = \frac{220}{2} = 110(V) \Rightarrow T$ 燈全亮

3.比流器 C.T.（Current Transformer）：將大電流變小電流用以測量。

  (1)減少誤差的方法：

    ① 使用高級鐵心材料⇒減少激磁電流。

    ② 二次側匝數退繞約 1%⇒略增變流比。

  (2)二次側額定電流為 5A。

  (3)注意事項：

    ① 二次側需接地，避免靜電作用。

    ② 二次側不可開路，應短路。

    ③ 一次側需與量測電路串接。

(4)比流器之接線圖：

①比流器 U 接線

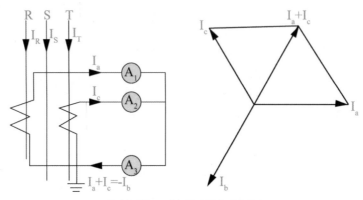

比流器 U 接線圖向量圖

A. $I_a = \dfrac{I_R}{n}$

B. $I_c = \dfrac{I_T}{n}$

C. $I_a + I_b + I_c = 0$

　　$\therefore I_a + I_c = -I_b$

D. 交流電流表無方向關係，故 A_3 指示I_b，而 A_1 指示I_a，A_2 指示I_c。

🔖 n（銘牌上記載的變流比）$= \dfrac{I_1}{I_2}$

②比流器 Z 接線

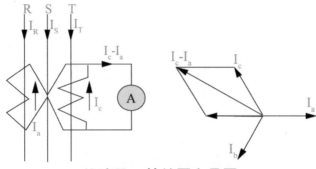

比流器 Z 接線圖向量圖

A. $I_a = \dfrac{I_R}{n}$

B. $I_c = \dfrac{I_T}{n}$

C. 安培計之讀數為$I_c - I_a = \sqrt{3}I_a = \sqrt{3}I_c$

③ 比流器△接線

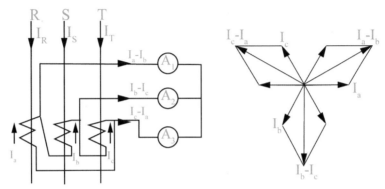

比流器△接線圖向量圖

A. A_1 指示：$I_a - I_b = \sqrt{3}I_a = \sqrt{3}I_b$

B. A_2 指示：$I_b - I_c = \sqrt{3}I_b = \sqrt{3}I_c$

C. A_3 指示：$I_c - I_a = \sqrt{3}I_a = \sqrt{3}I_c$

4.零相比流器 Z.C.T.：用以檢測零相電流，檢出不平衡電流，所檢出的電流為漏電電流，如圖 6-27 所示。

(1)當低壓設備發生漏電時，漏電電流會造成線路電流不平衡，而可藉由內部的 Z.C.T.檢出不平衡電流，使得開關動作，立即切斷故障電路。

(2)零相比流器使用時，應將導線全部貫穿一次側。

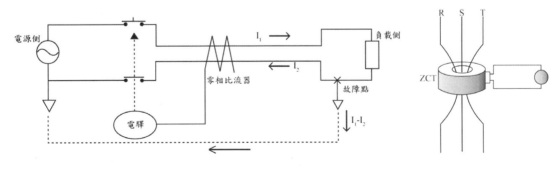

圖 6-27

牛刀小試

14. 如圖所示，有一三相平衡系統，三只
100/5 之比流器，作△型接線，一次側線
路電流為 60A，求：電流表Ⓐ之讀數。

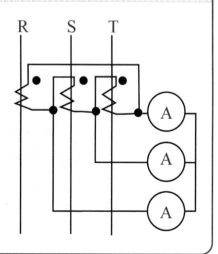

5. 自耦變壓器

(1) 利用接線方式提高容量及效率，兩電壓準位愈接近優點愈顯著，但串聯
繞組與共同繞組要有相同絕緣等級，兩側之間沒有電氣上的隔離，因有
效容量提高(S_A↑)，致使有效內阻抗減小(Z_{PU}↓)，短路電流較大。

(2) 優點：

① 節省材料：以小的固有容量可作大容量的升壓或降壓。

② 電壓調整率小：因激磁電流小，漏磁電抗少。

③ 效率高：鐵損、銅損均小。

④ 價格低廉：可節省銅線及鐵心材料。

(3) 缺點：

① 一、二次側無隔離：因高低壓側繞組不分開，兩者均需作高度絕緣，
且對工作人員易發生危險，故不適宜用於高電壓。

② 短路電流大：因漏磁電抗小，故短路電流大，所以除低壓小容量外，
高壓大容量很少用。

③匝數比受限制：匝數比愈接近於 1 則愈經濟，若提高匝數比，則不經濟且絕緣困難，常用範圍為 1.05：1~1.25：1 之間。

(4)用途：

①可補償線路的壓降，因其可使線路電壓升高 10%之程度。

②應用於感應電動機之起動器內，以降低起動電壓及限制起動電流。

③作為白光燈的安定器。

(5)接線與公式

①改變後容量 S_A：改成自耦變壓器的容量。

②固有容量 S_W：原本雙繞組變壓器的容量（感應傳送）。

③傳導容量 S_C：經自耦變壓器增加的容量（直接傳送）。

④V_C：一、二次側共用繞組的端電壓。

⑤V_S：一、二次側串聯繞組的端電壓（非共同繞組的端電壓）。

接線	公式說明
單相自耦變壓器 	①$S_A = S_W \times \left(1 \pm \dfrac{V_C}{V_S}\right) = S_C \pm S_W$ 📍一、二次側電壓異極接為+、同極接為-。 ②$S_A = V_1 \times (I_1 + I_2) = V_C \times (I_1 + I_2)$ $\quad = V_C \times I_1 \times \left(1 + \dfrac{I_2}{I_1}\right) = S_{原} \times \left(1 + \dfrac{共同}{非共同}\right)$ ③$S_A = V_2 \times I_2 = (V_S + V_C) \times I_2$ $\quad = V_S \times I_2 \times \left(1 + \dfrac{V_C}{V_S}\right) = S_{原} \times \left(1 + \dfrac{共同}{非共同}\right)$

接線	公式說明
三相 Y 接自耦變壓器 	① $S_{A3\phi Y} = 3 \times S_W \times \left(1 \pm \dfrac{V_C}{V_S}\right) = S_C \pm S_W$ ② $S_{A3\phi Y} = \sqrt{3} \times V_1 \times (I_1 + I_2)$ $\quad = \sqrt{3} \times \sqrt{3} \times V_C \times (I_1 + I_2)$ $\quad = 3 \times V_C \times (I_1 + I_2)$ $\quad = 3 \times V_C \times I_1 \times \left(1 + \dfrac{I_2}{I_1}\right)$ $\quad = 3S_{原} \times \left(1 + \dfrac{共同}{非共同}\right)$ ③ $S_{A3\phi Y} = \sqrt{3} \times V_2 \times I_2$ $\quad = \sqrt{3} \times \left[\sqrt{3} \times (V_S + V_C)\right] \times I_2$ $\quad = 3 \times V_S \times I_2 \times \left(1 + \dfrac{V_C}{V_S}\right)$ $\quad = 3S_{原} \times \left(1 + \dfrac{共同}{非共同}\right)$ ④補償器降壓起動時利用三台自耦變壓器接成 Y 接供給。
三相 V 接自耦變壓器 	① $S_{A3\phi V} = \sqrt{3} \times S_W \times \left(1 \pm \dfrac{V_C}{V_S}\right) = S_C \pm S_W$ ② $S_{A3\phi V} = \sqrt{3} \times V_1 \times (I_1 + I_2)$ $\quad = \sqrt{3} \times V_C \times (I_1 + I_2)$ $\quad = \sqrt{3} \times V_C \times I_1 \times \left(1 + \dfrac{I_2}{I_1}\right)$ $\quad = \sqrt{3}S_{原} \times \left(1 + \dfrac{共同}{非共同}\right)$ ③ $S_{A3\phi V} = \sqrt{3} \times V_2 \times I_2$ $\quad = \sqrt{3} \times (V_S + V_C) \times I_2$ $\quad = \sqrt{3} \times V_S \times I_2 \times \left(1 + \dfrac{V_C}{V_S}\right)$ $\quad = \sqrt{3}S_{原} \times \left(1 + \dfrac{共同}{非共同}\right)$

接線	公式說明
	④ V 接因電壓電流相位差，致使輸出容量只有 0.866，補償器降壓起動時利用兩台自耦變壓器接成 V 接供給，通常為 50%、65%、80%。

6. 感應電壓調整器：類似一個自耦變壓器，藉由調整轉子角度改變輸出電壓值，如圖 6-28 所示，等下電路如圖 6-29 所示。

(1) 一次繞組：置於轉部，電壓線圈與負載並聯。

(2) 二次繞組：置於定部，電流線圈與負載串聯。

(3) 補償繞組：自行封閉，置於轉部，與一次繞組成 90°，當轉子轉 90° 時，補償繞組提供依安匝平衡路徑，避免二次繞組形成抗流圈。

(4) 輸出電壓：$V_o = V_1 + V_2 \cos\theta = V_1(1 + \frac{1}{a}\cos\theta)$

① $a = \dfrac{N_p}{N_s}$

② θ：一次繞組與二次繞組的交角 $(0° \le \theta \le 180°)$

③ V_1：一次繞組的電壓

④ V_2：二次繞組的電壓。

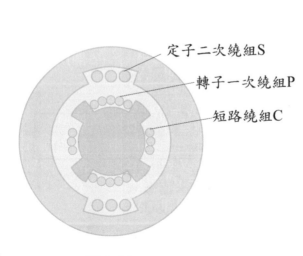

圖 6-28

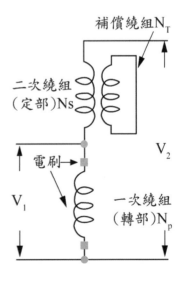

圖 6-29

牛刀小試

15. 設有單相電壓調整器之變電所,其配電電壓為 11.4kV,電壓調整器之一
次繞組匝數為 1000 匝,二次繞組為 100 匝,求:最高與最低輸出電壓。

6-6　單相變壓器之試驗實習

1. 極性試驗

　(1) 目的:量測變壓器的極性。

　(2) 原理:

　　① 變壓器有加極性、減極性之分:

　　　A. 減極性:同側接線端的電壓極性相同者,變壓器大多採此種方式,
較易絕緣。

　　　B. 加極性:同側接線端的電壓極性相反者。

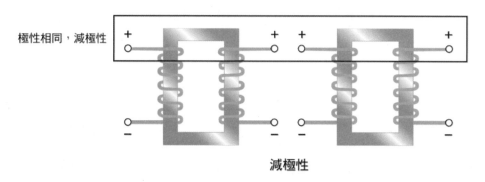

減極性

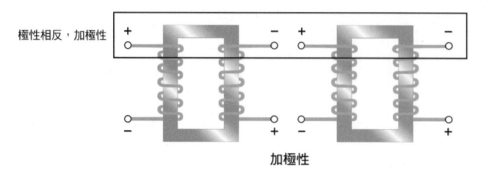

加極性

②變壓器極性表示如下：

減極性	高壓側 低壓側	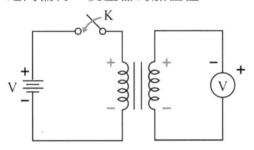
加極性	高壓側 低壓側	

(3)方法：

①直流法：利用電源開關閉合瞬間，變壓器繞組會感應電勢使電壓表指針偏轉。電壓表指針順向偏轉，變壓器為減極性；若電壓表指針逆向偏轉，變壓器為加極性。

②交流法：在變壓器高壓側加一適當的交流電壓源 V_1，將兩側繞組之一端短接，另一端以交流電壓表 V_3 連接，二次側開路電壓 V_2。若電壓值 $V_3 = V_1 - V_2$，變壓器為減極性；若電壓值 $V_3 = V_1 + V_2$，變壓器為加極性。

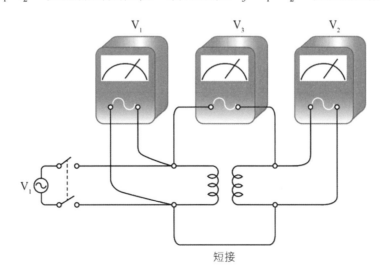

短接

③比較法：若是有一已知極性的變壓器，與待測變壓器電壓額定值相
　同，將兩變壓器高壓側並聯，接一交流電壓源，低壓側接電壓表。
　若電壓表讀數約為 0，表示兩變壓器極性相同；若電壓表讀數不為 0
　（讀數為兩變壓器低壓繞組之電壓和），表示兩變壓器極性相反。

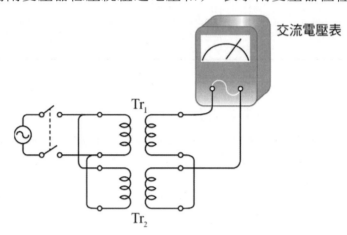

2.匝數比試驗：

　(1)目的：量測變壓器的匝數比。

　(2)原理：匝數比跟輸入輸出端的電壓比相同，$a = \dfrac{N_1}{N_2} = \dfrac{V_1}{V_2}$

　(3)方法：

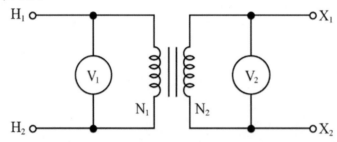

3.絕緣試驗：

　(1)目的：量測變壓器的絕緣值，以判斷絕緣品質是否良好。

　(2)原理：

　　①溫度每上升 10℃，電阻值會降低為原來的一半。

　　② $R_2 = R_1 \left(\dfrac{234.5 + t_2}{234.5 + t_1} \right)$

(3) 方法：

　　① 使用高阻計，高阻計量出的電阻值是在室溫下的數值，需轉換至實
　　　際運轉溫度的絕緣值才行。

　　② 需量測高壓繞組對外殼間(H-G)、低壓繞組對外殼間(L-G)、高壓繞組
　　　對低壓繞組間(H-L)，共三次的電阻值。

　　③ 高阻計的 G(Guard)端子，是為了防止表面漏電電流，將漏電電流直
　　　接導引至高阻計內部的接地端。

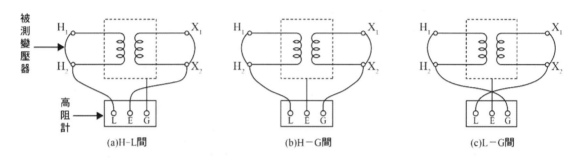

單相變壓器絕緣電阻試驗

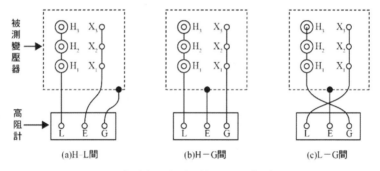

三相變壓器絕緣電阻試驗

4. 電阻試驗：

(1) 目的：量測變壓器的繞組電阻。

(2) 原理：變壓器的繞組電阻屬於低電阻，量測方式有直流壓降法或凱爾文
　　電橋法。直流壓降法最為直接，凱爾文電橋法與惠司通電橋類似。

(3) 方法：

　① 直流壓降法：

　　A. 單相變壓器：量測電路接線方式如下圖，將安培計與變壓器串聯，伏特計與變壓器並聯。直流電源提供的測試電流注意不要超過額定電流的 15%，以免溫度升高影響測量值。表計所得數值分別為 I、V，變壓器電阻 $R_\phi = \dfrac{V}{I}$

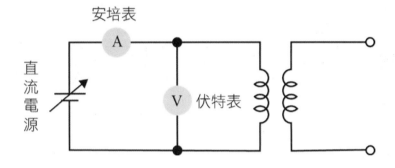

　　B. 三相變壓器：

　　　a. 三相變壓器有 Y 型或△型之分，直流壓降法的接線分別如下圖所示。

　　　b. 量測結果：Y 接 $R_p = \dfrac{1}{2}R = \dfrac{V}{2I}$，△接 $R_p = \dfrac{3}{2}R = \dfrac{3V}{2I}$

　　　　＜註＞電阻值會隨不同溫度而改變，所以量測時應注意將電阻的誤差值納入，電阻值 $R_2 = R_1\left(\dfrac{234.5 + t_2}{234.5 + t_1}\right)$

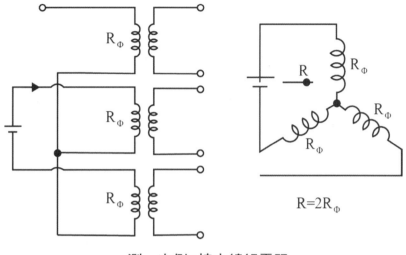

測一次側Y接之繞組電阻

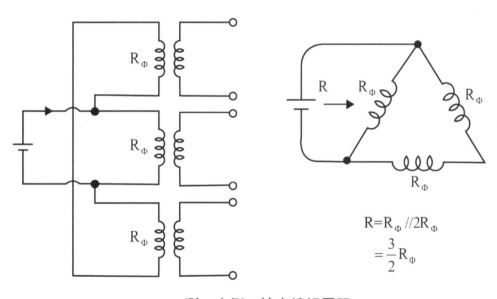

測一次側△接之繞組電阻

②凱爾文電橋法：與惠斯通電橋類似，調整電橋圓盤之已知電阻和
　待測物之電阻值比較，當兩者電位相等時，則跨於兩者之間的檢
　流計將指示為零，即可讀出待測電阻值。

5.開路試驗：

(1)目的：量測變壓器的鐵損、激磁電導、激磁電納、無載功率因數。

(2)原理：

① 鐵損為固定損，與負載無關，包含少量的銅損、介質損，又稱為「固定損失」。鐵損主要與電壓的平方成正比。

② 開路試驗時，因為高壓端開路不接負載，所以高壓端沒有電流，低壓端只有很少的激磁電流。因此，繞組所產生的銅損很小，與鐵損相比，微不足道。

(3)方法：如圖所示，將高壓側開路，低壓側(不一定是二次側)加額定電壓。變壓器兩端的電壓即為額定值，所以瓦特表的指示值，就是變壓器正常使用時的全部鐵損。

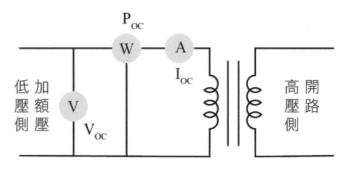

(4)結果：（因為在低壓側做試驗，所以計算出來的等效數值，是變壓器換算成低壓側的等效數值）

① 鐵損 $=P_{oc} \propto V^2$

② 激磁導納 $Y_o = \dfrac{I_{oc}}{V_{oc}}$

③ 激磁電導 $G_c = \dfrac{P_{oc}}{V_{oc}^{\,2}}$

④ 激磁電納 $B_m = \sqrt{Y_o^2 - G_c^2}$

⑤ 無載功率因數 $\cos\theta = \dfrac{P}{S} = \dfrac{P_{oc}}{V_{oc} I_{oc}}$

符號	P_{oc}	V_{oc}	I_{oc}	Y_o	G_c	B_m	$\cos\theta$
名稱	瓦特計讀數	伏特計讀數	安培計讀數	等效激磁導納	等效激磁電導	等效激磁電納	無載功率因數

6. 短路試驗：

(1) 目的：量測銅損、等效電阻、等效電抗。

(2) 原理：

　①銅損是電流經過繞組電阻所造成的損失，又稱為「變動損失」。銅損主要與電流的平方成正比。

　②短路試驗時，因為低壓端短路，所以端電壓為 0，高壓端只有很小的電壓。因此，繞組所產生的鐵損很小，與銅損相比，微不足道。

(3) 方法：如圖所示，將低壓側短路，高壓側（不一定是一次側）加額定電流。變壓器兩端的電流都是額定值，所以瓦特表的指示值，就是變壓器滿載時的銅損。

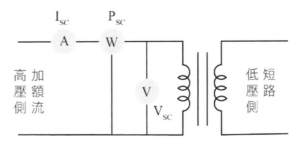

(4) 結果：（因為在高壓側做試驗，所以計算出來的等效數值，是變壓器換算成高壓側的等效數值）

　① 銅損 $=P_{sc} \propto I^2$　　　　② 等效阻抗 $Z_{eq} = \dfrac{V_{sc}}{I_{sc}}$

　③ 等效電阻 $R_{eq} = \dfrac{P_{sc}}{I_{sc}^2}$　　　　④ 等效電抗 $X_{eq} = \sqrt{Z_{eq}^2 - R_{eq}^2}$

　⑤ 短路功率因數 $\cos\theta = \dfrac{P}{S} = \dfrac{P_{sc}}{V_{sc} I_{sc}}$

符號	P_{sc}	V_{sc}	I_{sc}	Z_{eq}	R_{eq}	X_{eq}	$\cos\theta$
名稱	瓦特計讀數	伏特計讀數	安培計讀數	等效阻抗	等效電阻	等效電抗	短路功率因數

7.單相變壓器負載實驗：

　(1)目的：

　　　①了解變壓器加上負載後電壓調整率的變化特性。

　　　②了解變壓器的銅損及鐵損變化。

　　　③了解變壓器加上負載後的效率變化。

　(2)原理：

　　　①電壓調整率 $VR\% = \dfrac{V_{2n} - V_{2f}}{V_{2f}} \times 100\% = \dfrac{\dfrac{V_1}{a} - V_{2f}}{V_{2f}} \times 100\%$

　　　②鐵損 $P_i = $ 磁滯損 $P_h + $ 渦流損 $P_e = k\dfrac{V^2}{f}$

　　　③磁滯損 $P_h = k_h f B_m^{1.6\sim 2}$

　　　④渦流損 $P_e = k_e f^2 B_m^2 t^2$，t：矽鋼片厚度

　　　⑤效率 $\eta = \dfrac{P_{out}}{P_{in}} \times 100\% = \dfrac{P_{out}}{P_{out} + P_{loss}} \times 100\% = \dfrac{V_2 I_2 \cos\theta_2}{V_2 I_2 \cos\theta_2 + P_i + P_{cu}} \times 100\%$

　(3)方法：接線如圖，步驟如下

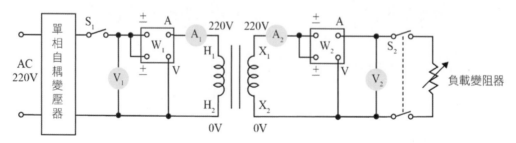

①將開關S_1閉合、S_2打開，調整單相自耦變壓器的輸出電壓使其達到一次側額定電壓 220V。

②閉合S_2，加入純電阻負載，調整輸入電壓及負載電阻，使二次側端電壓及電流均為額定值，記錄各表讀值，並逐漸調整負載電阻使負載電流降低至零，紀錄每次各表讀值。

③加入電感負載（與電阻並聯），且 pf > 0.8　lag，逐步調整使負載電流降至零，並紀錄中間各表讀值。

④加入電容，逐步調整使負載電流降至零，並紀錄中間各表讀值。

8. 單相變壓器三相連接實驗：

(1) 目的：了解三相變壓器不同接法的特性。

①原理：

A. Y 接：$V_L = \sqrt{3} V_p$ ，$I_L = I_p$ ，V_L 超前 $V_p\,30°$ ，I_L 與 I_p 同相，有中性點可接地

B. △接：$V_L = V_p$ ，$I_L = \sqrt{3} I_p$ ，I_L 落後 $I_p\,30°$ ，V_L 與 V_p 同相，無中性點可接地

②方法：將變壓器接成 Y 接或△接，並量測不同接法時的各數值

③結果：

A. Y－Y 接：

a. 接線圖：

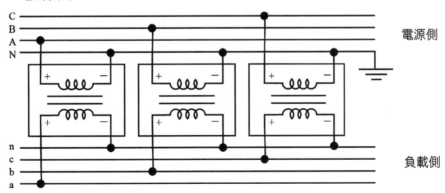

b. 電路圖

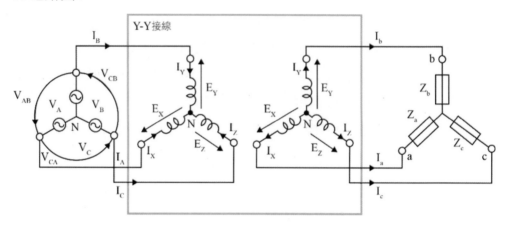

c. 向量圖

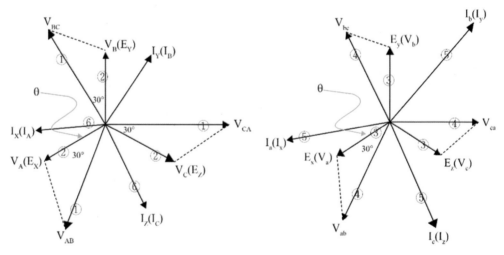

θ：電壓與電流之夾角

d. 說明

(a) 位移角為零 0°。

(b) V_L 超前 I_L 30°。

(c) 可節省絕緣材料。

(d)中性點接地可穩定每相的電壓，造成三次諧波流通，但是會
干擾通訊。

(e)中性點不接地則每相電壓含有三次諧波，不適用於配電。

e. 公式

(a) $a = \dfrac{N_1}{N_2} = \dfrac{V_{L1}}{V_{L2}} = \dfrac{V_{p1}}{V_{p2}} = \dfrac{I_{p2}}{I_{p1}} = \dfrac{I_{L2}}{I_{L1}}$

(b) $V_{L1} = \sqrt{3}V_{p1}$ ， $V_{p1} = aV_{p2}$ ， $V_{L2} = \sqrt{3}V_{p2} = \dfrac{1}{a}V_{L1}$

(c) $I_{L1} = I_{p1}$ ， $I_{p1} = \dfrac{1}{a}I_{p2}$ ， $I_{L2} = I_{p2} = aI_{L1}$

(d) $S_{Y\text{-}Y} = \sqrt{3}V_L I_L = 3V_p I_p = 3S_p$

B. Y－△接

a. 接線圖

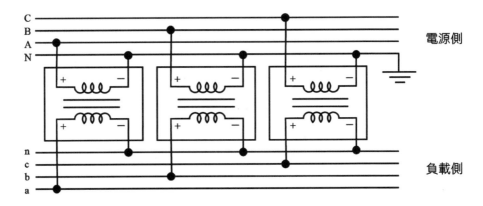

b. 電路圖

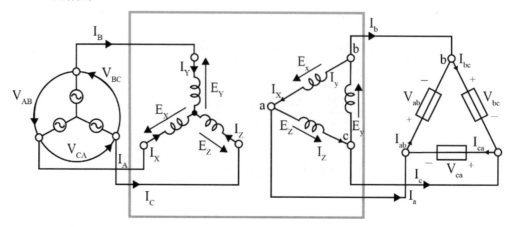

c. 向量圖

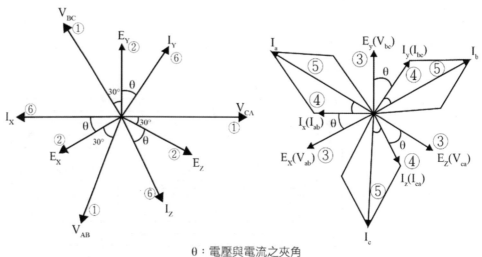

θ：電壓與電流之夾角

d. 說明

(a) 位移角為 30°，且一次側電壓領先二次側電壓。

(b) V_L 超前 I_L 30°。

(c) 二次側為△接，可流通三次諧波，所以沒有諧波之害。

(d) 具降壓作用，常用於一次變電所，將 161kV 降為 22.8kV、
   11.4kV。

e. 公式

(a) $a = \dfrac{N_1}{N_2} = \dfrac{V_{L1}}{V_{L2}} = \dfrac{V_{p1}}{V_{p2}} = \dfrac{I_{p2}}{I_{p1}} = \dfrac{I_{L2}}{I_{L1}}$

(b) $V_{L1} = \sqrt{3}V_{p1}$ ， $V_{p1} = aV_{p2}$ ， $V_{L2} = V_{p2}$

(c) $I_{L1} = I_{p1}$ ， $I_{p1} = \dfrac{1}{a}I_{p2}$ ， $I_{L2} = \sqrt{3}I_{p2}$

(d) $S_{Y\text{-}\Delta} = \sqrt{3}V_L I_L = 3V_p I_p = 3S_p$

C. △－△接

a. 接線圖

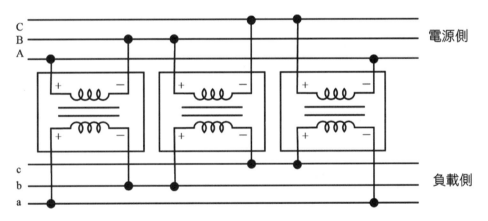

b. 電路圖

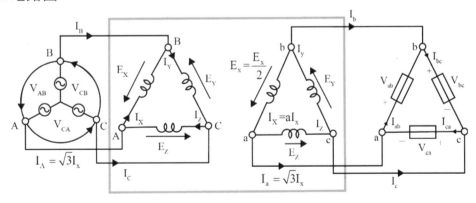

c. 向量圖

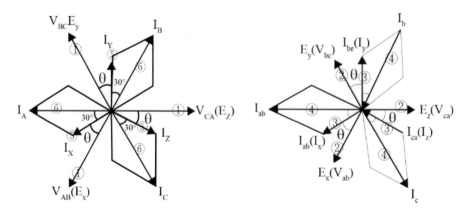

θ：電壓與電流之夾角

d. 說明

(a) 位移角為 0°。

(b) V_L 超前 I_L 30°。

(c) 二次側均為△接，所以沒有諧波之害。

(d) 無中性線可接地，造成接地保護困難。

(e) 適用於低電壓大電流的場合。

(f) 若其中一具變壓器壞掉，可改成 V－V 接。

e. 公式

(a) $a = \dfrac{N_1}{N_2} = \dfrac{V_{L1}}{V_{L2}} = \dfrac{V_{p1}}{V_{p2}} = \dfrac{I_{p2}}{I_{p1}} = \dfrac{I_{L2}}{I_{L1}}$

(b) $V_{L1} = V_{p1}$ ， $V_{p1} = aV_{p2}$ ， $V_{L2} = V_{p2} = \dfrac{1}{a}V_{L1}$

(c) $I_{L1} = \sqrt{3}I_{p1}$ ， $I_{p1} = \dfrac{1}{a}I_{p2}$ ， $I_{L2} = \sqrt{3}I_{p2} = aI_{L1}$

(d) $S_{\Delta\text{-}\Delta} = \sqrt{3}V_L I_L = 3V_p I_p = 3S_p$

D.△－Y 接

a. 接線圖

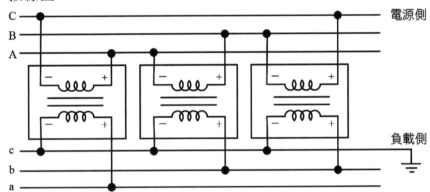

b. 電路圖

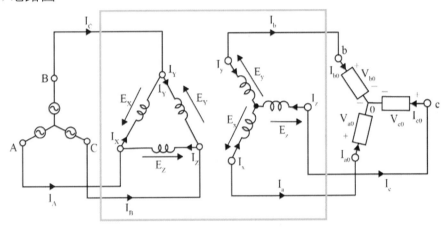

c. 向量圖

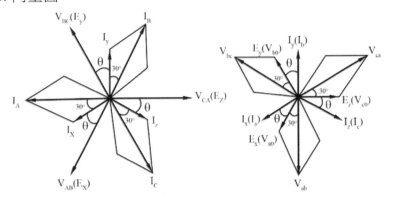

θ：電壓與電流之夾角

d. 說明

(a) 位移角為 30°，且一次側電壓領先二次側電壓。

(b) V_L 超前 I_L 30°。

(c) 一次側為△接，所以沒有諧波之害。

(d) 二次側中性點接地，可以避免負載改變造成中性點電位浮動。

(e) 具升壓作用，常用於發電廠的主變壓器，將電壓由 20kV 升至 161kV。或用於二次變電所，將 69kV 降為 22.8kV、11.4kV。

e. 公式

(a) $\dfrac{a}{\sqrt{3}} = \dfrac{N_1}{\sqrt{3}N_2} = \dfrac{V_{L1}}{V_{L2}} = \dfrac{V_{p1}}{\sqrt{3}V_{p2}} = \dfrac{I_{p2}}{\sqrt{3}I_{p1}} = \dfrac{I_{L2}}{I_{L1}}$

(b) $V_{L1} = V_{p1}$ ， $V_{p1} = aV_{p2}$ ， $V_{L2} = \sqrt{3}V_{p2}$

(c) $I_{L1} = \sqrt{3}I_{p1}$ ， $I_{p1} = \dfrac{1}{a}I_{p2}$ ， $I_{L2} = I_{p2}$

E. V－V 接

a. 接線圖

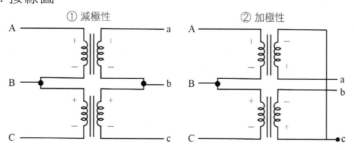

b. 電路圖

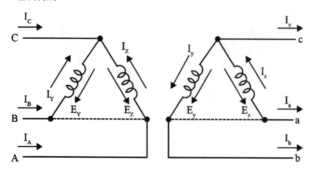

c. 說明

(a) 位移角為 0°。

(b) 將△－△接移去一台單相變壓器就成為 V－V 接，也稱為開△接。

(c) $S_{V\text{-}V}=\sqrt{3}V_L I_L=\sqrt{3}V_p I_p=\sqrt{3}\times$一具單相變壓器的額定容量。

(d) 每具變壓器的輸出容量$=\dfrac{S_{V\text{-}V}}{2}=\dfrac{\sqrt{3}V_p I_p}{2}=0.866V_p I_p \Rightarrow$ 利用率$=86.6\%$。

(e) V－V 接線的容量是原來△－△接線容量的 58%。

d. 公式

(a) $a=\dfrac{N_1}{N_2}=\dfrac{V_{L1}}{V_{L2}}=\dfrac{V_{p1}}{V_{p2}}=\dfrac{I_{p2}}{I_{p1}}=\dfrac{I_{L2}}{I_{L1}}$

(b) $V_L=V_p$ ， $I_L=I_p$

(c) $S_{V\text{-}V}=\sqrt{3}V_L I_L=\sqrt{3}V_p I_p=\sqrt{3}\times$一具單相變壓器的額定容量

(d) 利用率$=\dfrac{輸送功率}{設備容量}=\dfrac{\sqrt{3}V_p I_p}{2V_p I_p}=\dfrac{\sqrt{3}}{2}=0.866=86.6\%$

(c) 容量比$=\dfrac{S_{V\text{-}V}}{S_{\Delta\text{-}\Delta}}=\dfrac{\sqrt{3}V_p I_p}{3V_p I_p}=58\%$

<註>利用率與效率不同，利用率就好比有兩壯漢，本來都可以扛 100 公斤，但兩人一起扛，加起來最多只能扛 173 公斤。

F. U−V 接

a. 接線圖

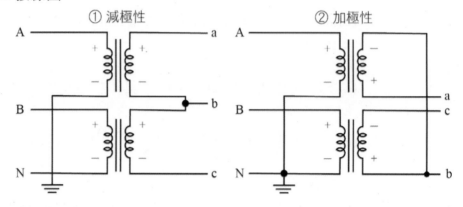

b. 電路圖

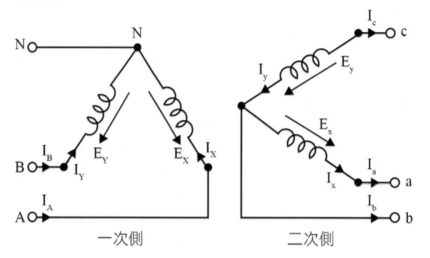

c. 說明

(a) 位移角為 30°，且一次側電壓領先二次側電壓。

(b) 將 Y−△接移去一台單相變壓器，就成為 U−V 接，也稱為開 Y−開△連接。

(c) 二次側線電壓可得平衡三相電壓，由於負載壓降所致，會造成電壓不平衡，僅適用於小電力設備。

(d) $S_{U-V}=\sqrt{3}V_{L2}I_{L2}=\sqrt{3}V_{p2}I_{p2}=\sqrt{3}\times$ 一具單相變壓器的額定容量。

(e) 每具變壓器的輸出容量 $=\dfrac{S_{U-V}}{2}=\dfrac{\sqrt{3}V_pI_p}{2}=0.866V_pI_p\Rightarrow$ 利用率

$=86.6\%$。

(f) U－V 接線的容量是原來 Y－△接線容量的 58%。

(g) U－V 供電一次側僅接兩只熔絲,中性線不接熔絲。

d. 公式

(a) $S_{U-V}=\sqrt{3}V_{L2}I_{L2}=\sqrt{3}V_{p2}I_{p2}=\sqrt{3}\times$ 一具單相變壓器的額定容量

(b) 利用率 $=\dfrac{輸送功率}{設備容量}=\dfrac{\sqrt{3}V_pI_p}{2V_pI_p}=\dfrac{\sqrt{3}}{2}=0.866=86.6\%$

e. 容量比 $=\dfrac{S_{U-V}}{S_{Y-\Delta}}=\dfrac{\sqrt{3}V_pI_p}{3V_pI_p}=58\%$

G. T－T 接:

a. 接線圖

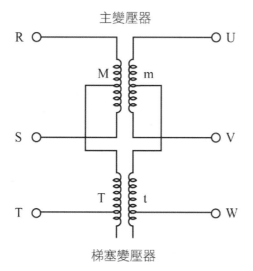

b. 電路圖

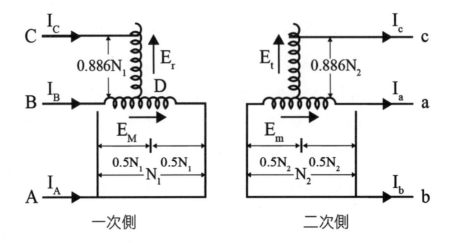

c. 說明

(a) 使用兩台單相變壓器，主變壓器 M 與梯塞變壓器 T。

(b) 主變壓器一次側和二次側繞組有中間抽頭 M 和 m，梯塞變壓器一次側和二次側繞組在 86.6% 處有抽頭，分別與主變壓器中間抽頭 M 和 m 連接，可以執行三相電力系統的變壓。

(c) 常用來做相數的變換（三相變三相、三相變二相或四相、二相變三相均可）。

(d) 兩具完全相同的變壓器其利用率 $= \dfrac{\sqrt{3}V_p I_p}{2V_p I_p} = \dfrac{\sqrt{3}}{2} = 0.866 = 86.6\%$。

(e) 一大一小的變壓器，且小變壓器的容量是大變壓器的 86.6% 時，其利用率 $= \dfrac{\sqrt{3}V_p I_p}{V_p I_p + 0.866 V_p I_p} = 0.928 = 92.8\%$。

H.T 接（史考特接）

　a. 接線圖

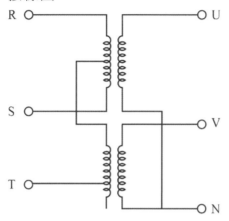

　b. 電路圖

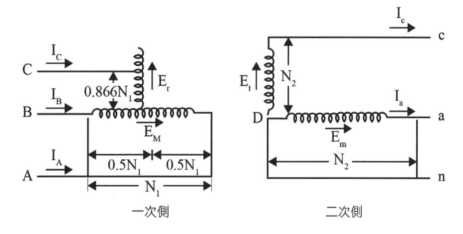

一次側　　　　　　二次側

　c. 說明

　　(a) 又稱為史考特接。

　　(b) 將 T－T 連接中，兩變壓器的二次側改裝成如上圖的接線，
　　　　其中梯塞變壓器二次側繞組全部使用，可以使三相電源變成
　　　　相位相差 90°的二相電壓輸出，即三相變二相。

　　(c) 二次側繞組不需要中間抽頭。

　　(d) 常用來做相數的變換。

d. 公式

(a) 主變壓器匝數比 $a_M = \dfrac{N_1}{N_2} = \dfrac{E_M}{E_m} \Rightarrow E_m = \dfrac{E_M}{a_M}$

(b) 梯塞變壓器匝數比 $a_T = \dfrac{\sqrt{3}}{2} a_M$

(c) $a_T = \dfrac{E_T}{E_t} \Rightarrow E_t = \dfrac{E_T}{a_T} = E_m$

牛刀小試

(　) **16.** 如右圖之變壓器，若為減極性，則於開關 K 打開成斷路之瞬間直流伏特表 V 應偏向
(A)正值
(B)零值
(C)負值
(D)不一定。

(　) **17.** 變壓器極性的測定方法，下列方式何者錯誤？　(A)直流法　(B)交流法　(C)比較法　(D)互換法。

(　) **18.** 如右圖所示，若伏特計 V 的指示為零時，變壓器甲之極性為減極性，則變壓器乙之極性為
(A)加極性
(B)減極性
(C)無極性
(D)無法判斷。

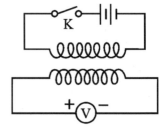

(　) **19.** 變壓器的極性試驗方法中，不需使用交流電源的是　(A)直流法　(B)交流法　(C)比較法　(D)全部皆非。

(　)**20.** 三相變壓器於 Δ 連接時，線電流為相電流之　(A)1 倍　(B)$\sqrt{2}$ 倍　(C)$\sqrt{3}$ 倍　(D)3 倍。

(　)**21.** 三相變壓器若為 Y 形連接，則其線電壓與相電壓之關是，下列敘述何者正確？　(A)線電壓為相電壓的 $\sqrt{3}$ 倍　(B)線電壓為相電壓的 $\sqrt{2}$ 倍　(C)線電壓為相電壓的 $\frac{1}{\sqrt{3}}$　(D)線電壓與相電壓相等。

(　)**22.** 三相變壓器並聯運用的條件有：相序相同、位移角相等、匝數比相等、電阻和電抗比相等外,尚需下列哪一項也要相等？　(A)阻抗壓降百分率　(B)絕緣電阻　(C)溫度升值　(D)容量。

(　)**23.** 三相變壓器並聯運用時，除了遵守單相變壓器並聯運用的條件外，還應注意　(A)電流的相位　(B)電壓的頻率　(C)電壓的相位及電流的大小　(D)電壓的相位和相序。

(　)**24.** 三相 Y－△連接之變壓器，測量其二次側繞組電阻，已知二次側任意兩條線之電阻為 2Ω，則二次側每相繞組電阻為多少Ω？　(A)4Ω　(B)3Ω　(C)2 Ω　(D)1Ω。

(　)**25.** 下列何者不是變壓器的基本試驗？　(A)極性試驗　(B)無載試驗　(C)絕緣耐力試驗　(D)堵住試驗。

(　)**26.** 下列有關測定變壓器高壓繞組與外殼間絕緣電阻之敘述，何者正確？　(A)變壓器所有高壓側線端接至高阻計的 E 端　(B)變壓器外殼接至高阻計之 G 端　(C)變壓器所有低壓側線端接至高阻計的 G 端　(D)變壓器外殼接至高阻計之 L 端。

(　)**27.** 測量變壓器鐵損之方法為　(A)耐壓試驗　(B)絕緣試驗　(C)開路試驗　(D)短路試驗。

(　　)28. 變壓器開路試驗，通常是　(A)高壓側接電源及儀表，低壓側開路　(B)低壓側接電源及儀表，高壓側開路　(C)任何一側均可接電源及儀表或開路　(D)依變壓器容量大小而定。

(　　)29. 短路試驗不能測出變壓器的　(A)銅損　(B)鐵損　(C)等效電阻　(D)等效電抗。

(　　)30. 單相變壓器的開路及短路實驗之目的，下列敘述何者正確？　(A)開路實驗用於量測銅損，短路實驗用於量測鐵損　(B)開路實驗用於量測電壓調整率，短路實驗用於量測鐵損　(C)開路實驗用於量測鐵損，短路實驗用於量測銅損　(D)開路實驗用於量測溫升效應，短路實驗用於量測鐵損。

(　　)31. 電力變壓器做短路試驗時，一次側所加的電壓約為額定電壓的　(A)5%　(B)25%　(C)35%　(D)70%。

(　　)32. 有關雙繞組鐵心變壓器作短路及開路試驗之敘述，下列敘述何者錯誤？　(A)短路試驗可測得一、二次繞組總銅損　(B)開路試驗可測得鐵心損失　(C)由短路試驗數據可計算得到等效阻抗　(D)短路試驗時電壓須加到變壓器之額定電壓。

(　　)33. 變壓器短路實驗是　(A)低壓側短路　(B)高壓側短路　(C)高低壓側均短路　(D)高低壓側均開路。

(　　)34. 有關變壓器短路試驗之敘述，下列何者正確？　(A)可測出變壓器的繞組電阻　(B)可測出變壓器之鐵損　(C)高壓側短路，低壓側加額定電壓來作試驗　(D)可測出激磁電流。

(　　)35. 關於變壓器的敘述，下列何者正確？　(A)變壓器可提高電壓，亦可提高電流，所以變壓器可視為一功率放大器　(B)變壓器之銅損可由短路測試求得　(C)變壓器可改變輸入電壓之頻率　(D)固定電源電壓下，變壓器之負載越大，鐵損越大。

6-7　自耦變壓器實驗

1. 目的：量測自耦變壓器的新容量。

2. 原理：

　(1) 自耦變壓器的一次繞組與二次繞組相連接，也就是只有一個繞組。

　(2) 原本的雙繞組變壓器容量為 S，改裝成自耦變壓器後容量會改變變成
　　 S_A，實驗最主要想知道變成自耦變壓器後的容量變化。

3. 方法：接線如圖所示，自耦變壓器一端接電源 V_H，另一端接負載 V_L

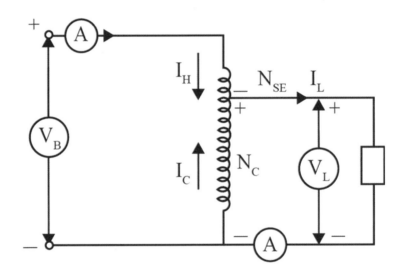

4.結果：

$(1) \dfrac{I_H}{I_C} = \dfrac{N_C}{N_{SE}}$

$(2) \dfrac{I_L}{I_H} = \dfrac{I_L + I_C}{I_H} = 1 + \dfrac{I_C}{I_H} = \dfrac{N_{SE} + N_C}{N_C}$

$(3) S = (V_H - V_L)I_H$

$(4) S_A = S\left(1 + \dfrac{共同繞組電壓}{非共同繞組電壓}\right) = S\left(1 + \dfrac{N_C}{N_{SE}}\right) = S + S_T$

$(5) S_T = S_A - S$

　　S：固有容量，原本雙繞組變壓器的容量

　　S_A：改成自耦變壓器後的額定容量

　　S_T：傳導容量，經自耦變壓器增加的容量

5.自耦變壓器的優缺點：

(1)優點：

　　①節省成本：使用銅量與鐵心較少。

　　②效率高：銅損、鐵損均小。

　　③電壓調整率小(佳)：激磁電流與漏磁電抗較小。

　　④以小的固有容量可做大容量的升壓或降壓。

(2)缺點：

　　①高低壓繞組不分開，須做相同的絕緣處理，絕緣材料使用較多。且對工作人員易發生危險，故不適宜用於高電壓。

　　②短路電流大：因漏電抗較小，故發生故障時，短路電流較大。故除低壓小容量外，高壓大容量很少用。

　　③電壓比低：常用範圍為 1.05：1 ～1.25：1 之間。

牛刀小試

( )**36.** 雙繞組變壓器改接成自耦變壓器，其容量會增加的原因是多出　(A)傳導容量　(B)感應容量　(C)傳導容量與感應容量　(D)容量不會增加。

( )**37.** 若將 1500V/500V、150kVA 之普通變壓器，接成變壓比為 2000V/1500V 之自耦變壓器，則輸出容量及一、二次側電流各為多少？　(A)600kVA，300A，400A　(B)400kVA，300A，400A　(C)500kVA，350A，450A　(D)全部皆非。

( )**38.** 下列對自耦變壓器之敘述，何者錯誤？　(A)漏磁電抗較小　(B)高低壓繞組都不用作絕緣　(C)效率高　(D)可節省繞組材料之使用量。

( )**39.** 一 100/25 伏特之降壓自耦變壓器，供給 3000VA、25V 之負載，試求該自耦變壓器之感應容量和傳導容量各若干 VA？
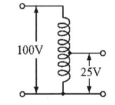
(A)1500，1500　(B)750，2250　(C)2000，1000　(D)2250，750。

( )**40.** 相同輸出容量之自耦變壓器較普通變壓器　(A)節省導線材料　(B)耗用較多導線材料　(C)在導線材料之使用上差異不大　(D)無法比較。

( )**41.** 單相 2400/240 伏，50 仟伏安的普通變壓器，連接成升壓自耦變壓器，求此自耦變壓器之容量為多少？　(A)450 仟伏安　(B)500 仟伏安　(C)550 仟伏安　(D)600 仟伏安。

( )**42.** 關於自耦變壓器，下列敘述何者是正確的？　(A)體積小，成本高，但效率較普通變壓器低　(B)體積小，成本低，但效率較普通變壓器高　(C)體積大，成本高，但效率較普通變壓器高　(D)激磁電流較普通變壓器高。

(　　)**43.** 下列有關自耦變壓器之敘述,何者錯誤? 　(A)一次與二次迴路共用部分繞阻　(B)與同輸出容量的雙繞組變壓器比較時,通常漏磁電抗較小　(C)二次側電壓比一次側電壓低　(D)高低壓繞組均需作高度絕緣處理。

(　　)**44.** 如右圖所示為一升壓自耦變壓器,由一台 50kVA、2400/240V 變壓器連接而成,則自耦變壓器的容量為多少? 　(A)550kVA (B)500kVA　(C)150kVA　(D)50kVA。

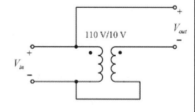

(　　)**45.** 自耦變壓器輸入電壓及輸出電壓之比愈小,其輸出容量為何? 　(A)愈大　(B)愈小　(C)不變　(D)不一定。

(　　)**46.** 下列哪個不是自耦變壓器之優點? 　(A)漏電抗可減少　(B)成本較低　(C)電壓比甚低　(D)構造簡單。

(　　)**47.** 關於變壓器之構造,自耦變壓器除外,下列敘述何者正確? (A)繞組的熱傳導率要低　(B)可將電源側線路與負載側線路完全隔離　(C)一個鐵心上僅能有一個二次繞組　(D)繞組的導電率要低。

(　　)**48.** 將匝數比為 a 之雙繞組變壓器,改接成升壓自耦變壓器,則自耦變壓器與原雙繞組變壓組之負載容量比為多少倍? (A)1/(1+a)　(B)1/(1-a)　(C)1+a　(D)1-a。

(　　)**49.** 一部額定 100VA、110V/10V 的雙繞組變壓器,連接成自耦變壓器如下圖所示,如果輸入電壓 V_{in} 為 110V,則輸出電壓 V_{out} 為:
(A)100V　　　　　　(B)120V
(C)$10\sqrt{3}$ V　　　(D)$\dfrac{10}{\sqrt{3}}$ V。

(　　)**50.** 有一個 1kVA,110V/11V 的變壓器連接成升壓型自耦變壓器 (110V/121V),則此自耦變壓器的最大操作額定為多少 kVA? 　(A)1　(B)2　(C)10　(D)11。

歷屆試題

(　) **1.** 額定 5kVA，200/100V，60Hz 之單相變壓器，經短路試驗得一次
側（200V 側）的總等效電阻為 1.0Ω；若此變壓器供應功率因數
為 1.0 之負載且在變壓器額定容量的 80%時發生最高效率，則最
高效率時的總損失為多少？
(A)400W　　　　(B)600W　　　　(C)800W　　　　(D)1000W。

(　) **2.** 有關變壓器銅損的敘述，下列何者正確？
(A)包含磁滯損　　　　　　　(B)包含渦流損
(C)與負載電流的平方成正比　(D)與負載電流成正比。

(　) **3.** 額定 10kVA，220/110V 之單相變壓器，已知無載時一天的耗電量
為 12 度（kWH），試問變壓器的鐵損為多少？
(A)300W　　　　(B)500W　　　　(C)700W　　　　(D)900W。

(　) **4.** 利用單相減極性變壓器二台，擬作成三相 Δ-Δ 接法，下列接法
何者正確（大寫英文字母代表電源側，小寫英文字母代表負載
側）？

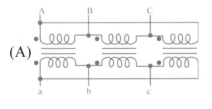
(A)

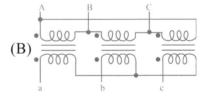
(B)

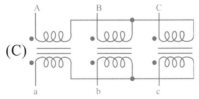
(C)

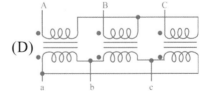
(D)

( )　**5.** 單相變壓器的負載實驗，經由示波器所測得變壓器二次側的負載端電壓與電流波形分別為 $v(t) = 141.4 \sin(377t)$V 與 $i(t) = 7.07 \sin(377t - 30°)$，試問負載的需功率為多少？
(A)1000VAR　(B)750VAR　(C)500VAR　(D)250VAR。

( )　**6.** 額定 60Hz，200/100V 之普通單相變壓器一台，已知連接成自耦變壓器 300V/100V 使用時的容量為 30kVA，試問此普通變壓器的容量為多少？　(A)10kVA　(B)20kVA　(C)30kVA　(D)40kVA。

( )　**7.** 在變壓器的等效電路中，下列何者代表電壓器的鐵損？　(A)一次線圈電阻　(B)二次線圈電阻　(C)激磁電導　(D)漏磁電抗。

( )　**8.** 有一台 20kVA、2400/240V、60Hz 單相變壓器，鐵損為 75W，滿載銅損為 300W，且功率因數為 1.0，則此變壓器的最大效率應該為多少？　(A)98.5%　(B)93.5%　(C)88.5%　(D)83.5%。

( )　**9.** 有二台 10kVA、2400/240V、60Hz 單相變壓器，使用 V-V 接法供應三相平衡負載，功率因數為 0.577 滯後，則此二台變壓器的輸出實功率應為何？　(A)5.77kW　(B)10kW　(C)17.31kW　(D)20kW。

( )　**10.** 下列何者不是變壓器的試驗項目之一？　(A)衝擊電壓試驗　(B)溫升試驗　(C)開路試驗　(D)衝擊電流試驗。

( )　**11.** 有一台 10kVA、2400/240V、60Hz 單相變壓器，高壓側加電源進行短路試驗，所接電表讀數為：80V、20A、600W，則變壓器低壓側的等值電抗應為何？　(A)0.037Ω　(B)0.37Ω　(C)3.708Ω　(D)370.8Ω。

( )　**12.** 有一台 10kVA、2400/240V、60Hz 單相變壓器，接為 2640/240V 之自耦變壓器，則自耦變壓器高壓側的額定電流應為何？
(A)3.79A　(B)4.17A　(C)37.9A　(D)41.7A。

( ) **13.** 下列何者錯誤？

(A)直流發電機就是將機械能轉換成直流電能之電機裝置

(B)交流電動機就是將交流電能轉換成機械能之電機裝置

(C)直流電動機就是將直流電能轉換成機械能之電機裝置

(D)變壓器就是將直流電能轉換成直流電能之電機裝置。

( ) **14.** 下列接法何者可能造成 110/220V 變壓器燒毀？

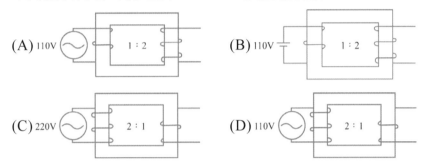

( ) **15.** 變壓器一、二次側電壓有相角差，主要是由下列哪一個因素造成？

(A)線圈電阻　　　　　　(B)漏磁

(C)鐵損　　　　　　　　(D)絕緣。

( ) **16.** 一 10kVA 變壓器，其滿載銅損為 400W，鐵損為 100W，若在一日運轉中，12 小時為滿載，功率因數為 1，12 小時為無載，則全日效率約為多少？　(A)86.3%　(B)90.3%　(C)94.3%　(D)98.3%。

( ) **17.** 如圖所示，電源電壓為 100V，變壓器匝數比為 1：2，則電壓表的讀值應為多少？

(A)100V　(B)200V

(C)300V　(D)400V。

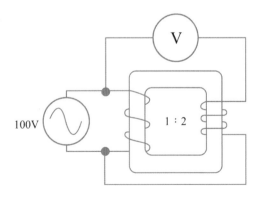

（　） **18.** 如圖所示，利用直流測量變壓器極性的試驗，當開關 S 接通瞬間，伏特計往負方向偏轉，則變壓器為？
(A)無極性
(B)加極性
(C)減極性
(D)無法判斷。

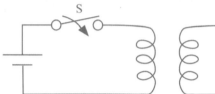

（　） **19.** 測量變壓器鐵損之方法為？
(A)耐壓試驗 　　　　　　　(B)絕緣試驗
(C)開路試驗 　　　　　　　(D)短路試驗。

（　） **20.** 單相變壓器的匝數比 $a = \dfrac{N_1}{N_2}$，其中 N_1 為一次測繞組匝數，N_2 為二次測繞匝數，若 V_1 表示一次側電壓，V_2 表次二次側電壓，I_1 表示一次側電流，I_2 表示二次側電流：假設此為理想變壓器，則下列關係何者正確？

(A)$a = \dfrac{V_2}{V_1}$ 　　　　　　(B)$a = \dfrac{I_2}{I_1}$

(C)$a = \dfrac{V_2 + V_1}{V_1}$ 　　　　(D)$a = \dfrac{I_1}{I_2}$。

（　） **21.** 目前臺灣電力公司在台灣地區的電力系統，其電源電壓頻率為多少？
(A)50Hz 　　　　　　　　(B)60Hz
(C)100Hz 　　　　　　　(D)400Hz。

（　） **22.** 一般電力變壓器在最高效率運轉時，其條件為何？
(A)銅損等於鐵損 　　　　(B)銅損大於鐵損
(C)銅損小於鐵損 　　　　(D)效率與銅損及鐵損無關。

第**7**章 三相感應電動機

7-1 三相感應電動機之原理

1. 旋轉原理：可由阿拉哥圓盤來說明。

(1) 發電作用：馬蹄形磁鐵沿著圓盤周圍以逆時針方向轉動，則圓盤因電磁感應產生發電作用，形成流向軸心的渦流。

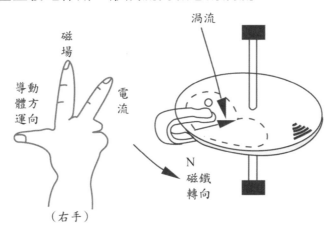

(2) 電動作用：渦流與磁場產生電動作用，使圓盤追隨磁鐵同方向旋轉。

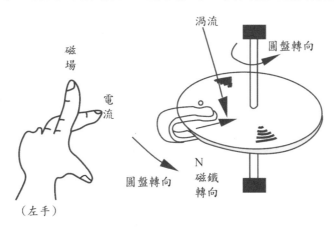

(3)感應電動機：實際感應電動機以定子繞組產生旋轉磁場，轉子取代圓
　盤，藉由上述原理產生：

　① 轉子與旋轉磁場同向旋轉。

　② 正常運轉時，轉子轉速必須低於旋轉磁場轉速，才能形成轉矩。

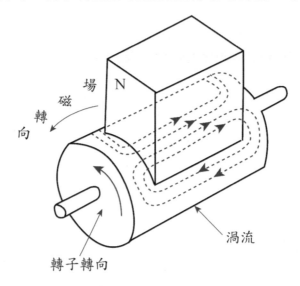

2. 旋轉磁場的產生

　(1) 二相旋轉磁場

　　① 磁場產生條件：

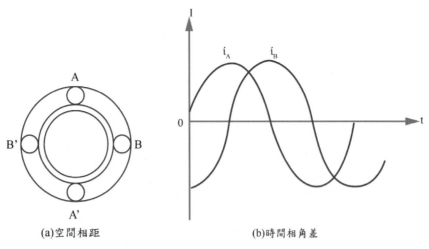

(a)空間相距　　　　　　　　　　(b)時間相角差

② 說明：

　　A. 二相繞組 A－A' 及 B－B' 在空間放置彼此相距 90° 電機角，因此
　　　　輸入二相電流 i_A 及 i_B 在時間上也相差 90° 電機角。

　　B. i_A 產生磁動勢 $F_A = F_m \cos \omega t$、i_B 產生磁動勢 $F_B = F_m \cos(\omega t -$
　　　　$90°) \Rightarrow$ 以同步角速度 ω 旋轉。

　　C. 將時間與空間合併，二相綜合磁動勢：

$$F = F_A \cos \theta + F_B \cos(\theta - 90°)$$
$$= F_m \cos \omega t \cos \theta + F_m \cos(\omega t - 90°) \cos(\theta - 90°)$$
$$= F_m \cos(\omega t - \theta)$$

③ 結論：

　　A. 產生的旋轉磁場在任意方向的磁場強度皆相等，且綜合磁動勢
　　　　F＝每相最大磁動勢 F_m。

　　　　📍 當 $\omega t - \theta = 0°$ 時，$\cos(\omega t - \theta) = 1 \Rightarrow F_m \cos(\omega t - \theta) = F_m \Rightarrow$ 此時為
　　　　每相最大磁動勢。

　　B. 旋轉磁場以同步速率 $n_s = \dfrac{120f}{P}$ 旋轉。

(2) 三相旋轉磁場

　　① 磁場產生條件：

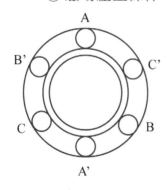 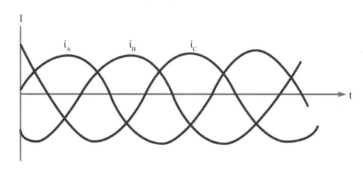

② 說明：

A. 三相繞組 A－A'、B－B'及 C－C'在空間放置彼此相距 120°電機角，因此輸入三相電流i_A、i_B及i_C在時間上也相差 120°電機角。

B. i_A產生磁動勢$F_A = F_m \cos \omega t$、i_B產生磁動勢$F_B = F_m \cos(\omega t - 120°)$、$i_C$產生磁動勢$F_C = F_m \cos(\omega t - 240°)$ ⇒以同步角速度ω旋轉。

C. 將時間與空間合併，三相綜合磁動勢：

$$F = F_A \cos \theta + F_B \cos(\theta - 120°) + F_C \cos(\theta - 240°)$$
$$= F_m \cos \omega t \cos \theta + F_m \cos(\omega t - 120°) \cos(\theta - 120°)$$
$$+ F_m \cos(\omega t - 240°)\cos(\theta - 240°) = \frac{3}{2} F_m \cos(\theta - \omega t)$$

③ 結論：

A. 當相隔120°電機角之三相繞組通入三相電源，產生的旋轉磁場在任意方向的磁場強度皆相等，且綜合磁動勢 $F = \frac{3}{2}$ 每相最大磁動勢F_m。

> 當$\omega t - \theta = 0°$ 時，$\cos(\omega t - \theta) = 1$ ⇒ $F_m \cos(\omega t - \theta) = F_m$ ⇒此時為每相最大磁動勢。

B. 旋轉磁場以同步速率$n_s = \dfrac{120f}{P}$旋轉。

C. 對調任二條電源線，則三相繞組的相序改變，旋轉磁場反轉。

7-2　三相感應電動機之構造及分類

1. 感應電動機之特點：
   (1) 最被廣泛使用。
   (2) 構造簡單、價格便宜，堅固且故障少。
   (3) 係定速電動機而適合一般負載之特性。若犧牲效率,也可使用於變速負載。
   (4) 交流三相電動機之定子均有三相定子繞組，輸入電源後，可產生旋轉磁場，轉子受旋轉磁場之作用，即可旋轉。

2. 三相感應電動機之構造及分類：
   (1) 主要由定子與轉子兩部份所構成。
   (2) 轉子由轉子鐵心、轉子導體及轉軸所組成。
   (3) 依相數分類：單相、三相。
   (4) 以保護方式分類：防塵型、防滴型、防水型、防爆型及浸水型。

定子	外殼	支持鐵心及繞組，兩側有軸承以支持轉部。依外殼構造分類：①開放型②閉鎖型③全閉型。
	鐵心	①圓形成層薄矽（含量 1~3%）鋼片疊成（厚度 0.35~0.5 mm），內側有槽，裝入定子繞組。 ②低壓小容量採半開口槽，高壓大容量採開口槽。
	繞組	①採用雙層繞。 ②為了消除空氣隙高次諧波，使空氣隙之磁通分布均勻，所以為分佈短節距繞組。 ③低壓採 Y 型或△型接線；高壓採 Y 型接線。
轉子 (依轉子導體分類)	鼠籠式	①採銅條或鑄鋁件，其兩端加短路環，形狀如鼠籠。 ②轉子導體與鐵心間不加絕緣，因轉子電阻比鐵心小，且運轉時轉子之應電勢極低，因此轉子之低電壓小電流只能在電阻較小的銅條、鋁條及環端流過。 ③採用斜型槽減少轉子與定子間因磁阻變化而產生電磁噪音。

轉子 (依轉子導 體分類)	鼠籠式	④沒有接頭引出,故在起動時不能在外電路加起動電阻於轉子電路中,但構造堅實。 ⑤適於小容量電機;轉差率隨負載變動小,故速率極穩定,運轉特性佳,起動電流大,起動轉矩小,輕載時功率因數低。
	繞線式	①採繞製與定子相同的極數之繞組為轉子導體。 ②採波繞,目的在於使轉子各相感應電勢對稱及相等,且便於外接電阻,以控制運轉速度,構造比鼠籠式複雜。 ③Y接於轉軸的滑環上,轉子電阻大,起動時可經電刷自外部加接電阻,藉以限制起動電流,增大起動轉矩;正常運轉時,可改變外加接電阻大小,控制運轉速度。 ④適於大容量及大起動轉矩,又稱滑環式感應電動機;起動特性佳,但效率較差,速率調整率不佳。

3. 三相感應電動機的繞組

(1)q 相、P 極、S 槽、Y 連接:

① 每極線圈數 $= \dfrac{S}{P}$。　　　② 每相線圈數 $= \dfrac{S}{q}$。

③ 每相每極線圈數 $= \dfrac{S}{P \times q}$。　　④ 每槽電工角 $\alpha = \dfrac{180° \times P}{S}$。

(2)感應電壓的計算:

① 定子繞組每相感應電勢 $E_{1p} = 4.44f\phi_m N_1 \times K_{w1}$

② 轉子繞組每相感應電勢 $E_{2r} = 4.44f\phi_m N_2 \times K_{w2}$

💡 N_1:定子每相繞組的匝數;N_2:轉子每相繞組的匝數;ϕ_m:旋轉磁場磁通量;K_{w1}:定子的繞組因數;K_{w2}:轉子的繞組因數。

牛刀小試

1. 三相 50Hz 感應電動機,4 極 10kW,220V,若接上 60Hz,220V 電源使用,求:磁通變為原來幾倍。

7-3　三相感應電動機之特性及等效電路

1. 旋轉磁場、轉差率

 (1) 同步轉速(n_s)：將平衡三相(二相)電源加入空間中互差 $120°$ $(90°)$電機角之線圈上，在空間中會產生一大小為每相磁勢 1.5(1)倍之同步轉速的旋轉磁場。

 ① 二極電機，線圈每秒轉一次 $\Rightarrow f = 1\text{Hz}$

 ② 極數為 P，線圈每秒轉一次 $\Rightarrow f = \dfrac{P}{2}\text{Hz}$

 ③ 極數為 P，線圈每秒轉$\dfrac{n_s}{60}$次 $\Rightarrow f = \dfrac{P}{2}\left(\dfrac{n_s}{60}\right)\text{Hz}$

$$\Rightarrow f = \dfrac{P}{2} \times \left(\text{線圈每秒之轉速}\right) = \dfrac{P}{2} \times \dfrac{n_s}{60}$$

$$\Rightarrow n_s = \dfrac{120f}{P}(\text{rpm})$$

 ④ n_s為線圈每分鐘轉速，若 f、P 一定，則n_s為固定，此迴轉速度稱為同步轉速，即旋轉磁場對空間之轉速。

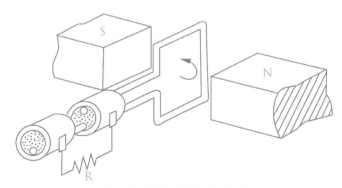

線圈在兩極電機內旋轉

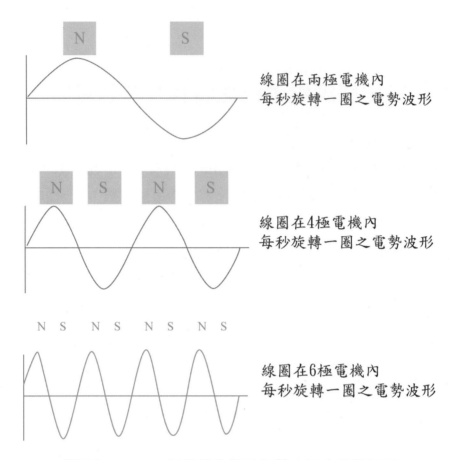

線圈在兩極電機內
每秒旋轉一圈之電勢波形

線圈在4極電機內
每秒旋轉一圈之電勢波形

線圈在6極電機內
每秒旋轉一圈之電勢波形

線圈在 2、4、6 極電機內每秒旋轉一圈之電勢波形

(2)轉差率(S)：

　①轉子順旋轉磁場方向轉動，轉速不等於同步轉速，否則轉子與旋轉
　　磁場無相對運動，轉子導體就不會感應電勢，沒有感應電流，電磁
　　轉矩也就無法形成。

　②正常情況下，感應電動機的轉子轉速 n_r 低於同步轉速 n_s，兩者之
　　差，稱為轉差，而轉差與同步轉速的比值，稱為轉差率(slip)。

$$S = \frac{n_s - n_r}{n_s} \times 100\%$$

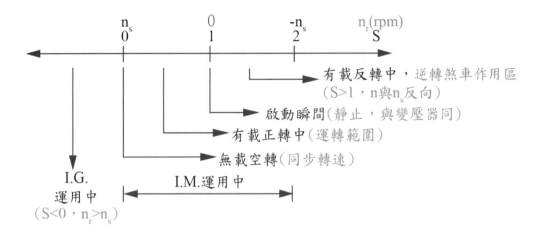

S=1	$n_r = 0$	起動
S=0	$n_r = n_s$	同步
S=2	$n_r = -n_s$	反同步

(3) 轉子轉速(n_r)：$n_r = (1 - S) \times n_s$(rpm)

(4) 轉子頻率(f_r)：電動機剛起動時，轉子尚未轉動 S=1，轉子頻率 f_r=f；
    隨著轉速增加，轉子頻率會減少；若轉速達到同步轉速，S=0，轉子
    頻率 f_r=0，轉子導體感應電勢=0，會使轉速下降直到平衡。

$f_r = S \cdot f$（f：電源頻率）

2. 旋轉磁場與定轉部速率之關係（相對速率）

定部旋轉磁場→定部之速率	定部轉速 $n_p = 0$，$n_s - 0 = n_s$	同步速率
定部旋轉磁場→轉部之速率	$n_s - n_r = Sn_s$	轉差
轉部旋轉磁場→定部之速率	定部轉速 $n_p = 0$，$n_s - 0 = n_s$	同步速率
轉部旋轉磁場→轉部之速率	$n_s - n_r = Sn_s$	轉差

3. 定子及轉子感應電勢

(1) 起動瞬間(S=1)：靜止時與變壓器相同，$a = \dfrac{E_{1p}}{E_{2r}}$

(2) 轉子運轉時：$S = \dfrac{轉子運轉時應電勢}{轉子靜止時應電勢} = \dfrac{E'_{2r}}{E_{2r}}$

4. 變動感應電動機之轉部特性就可能產生多種轉矩－轉速曲線，而就下列幾種標準設計的特性加以說明：

分類	特性
A 級 (低電阻 單鼠籠式)	有正常的起動轉矩與正常的起動電流，及低轉差率： ①最常用、轉子電阻最小、起動電流最大(5~8 倍額定電流)。 ②需降壓起動、起動轉矩最小、效率高、運轉特性佳。
B 級 (深槽型 單鼠籠式)	有正常的起動轉矩與低起動電流，及低轉差率： ①起動時，S=1，SX_2 大，轉子電流可降低、似轉部電阻加大，起動特性佳。 ②運轉時，因 SX_2 小，轉子電流平均分部整根導體，似電阻下降，運轉特性佳。 ③低轉差率、高運轉效率。主要為定速驅動，如風扇、吹風機。
C 級 (雙鼠籠式)	有高起動轉矩與低起動電流，及滿載時之低轉差率： ①上(外)層繞組：電阻大、電感小，起動時流過大部分電流。起動轉矩大、起動電流小。 ②下(內)層繞組：電阻小、電感大，運轉時流過大部分電流。轉子電阻低、效率高、轉差率小、運轉特性佳。 ③主要用於壓縮機。
D 級 (高電阻單鼠 籠式)	有非常高的起動轉矩與低起動電流，及很高的滿載轉差率： ①轉差率最高，約 7~10%的同步轉速、效率低。 ②起動電流約為 3~8 倍的額定電流，起動轉矩大。 ③主要用於高加速之間歇性負載或高衝擊性負載，如沖床。

牛刀小試

2. 三相感應電動機，當接到三相 60Hz 電源時，滿載轉速為 1140rpm，求：
  (1)該電動機之極數。
  (2)滿載時轉差率。
  (3)滿載時轉部頻率。
  (4)滿載時轉部磁場對定部之轉速。
  (5)若負載增加而使轉差率為 10%，求：
  　①轉部轉速。
  　②轉子磁場對轉子轉速。
  　③定子磁場對轉子轉速。
  　④定子磁場對轉子磁場之轉速。
  　⑤定子磁場對定子轉速。

5.三相感應電動機起動瞬間與運轉時，轉部每相阻抗、電壓、電流之關係

	項目	起動瞬間	運轉時
1	等效電路		
2	轉差率 S	1	0<S<1
3	轉子轉速(n_r)	0	$n_r = (1 - S) \times n_s$
4	轉子頻率(f_r)	f	Sf

	項目	起動瞬間	運轉時
5	轉子每相電阻 (R_2)	R_2	R_2
6	轉子每相電抗 (X_2)	X_2	SX_2
7	轉子每相阻抗 (Z_2)	$\overline{Z_2} = R_2 + jX_2$	$\overline{Z_2} = R_2 + jSX_2$
8	轉子每相電壓 (E_2)	$E_{2r}(= \dfrac{E_{1p}}{a})$	$E'_{2r} = SE_{2r}$
9	轉子每相電流 (I_2)	$I_{2r} = \dfrac{E_{2r}}{\sqrt{R_2^2 + X_2^2}}$	$I'_{2r} = \dfrac{SE_{2r}}{\sqrt{R_2^2 + (SX_2)^2}} < I_{2r}$
10	轉子每相功率因數$(\cos\theta_2)$	$\cos\theta_{2r} = \dfrac{R_2}{\sqrt{R_2^2 + X_2^2}}$	$\cos\theta'_{2r} = \dfrac{R_2}{\sqrt{R_2^2 + (SX_2)^2}} > \cos\theta_{2r}$
11	轉子每相應電勢與電流的相角θ_2	$\theta_{2r} = \angle\tan^{-1}\dfrac{X_2}{R_2}$	$\theta'_{2r} = \angle\tan^{-1}\dfrac{SX_2}{R_2} < \theta_{2r}$

6.三相感應電動機**轉部**等效電路

(1)三相感應電動機靜止時，其功用如同變壓器，所以變壓器等效電路及相量圖可用於三相感應電動機中。

(2)三相感應電動機轉部每相含**機械負載**的等效電路，如下圖所示。

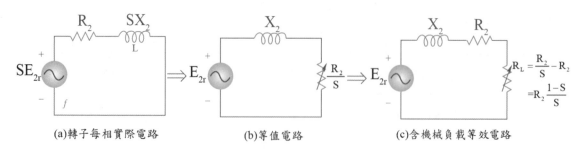

(a)轉子每相實際電路　　(b)等值電路　　(c)含機械負載等效電路

① $\because \dfrac{R_2}{S} = R_2 + \left(\dfrac{1-S}{S}R_2\right) = R_2 + R_L \Rightarrow \dfrac{R_2}{S}$ 分解成兩部分：

$$\begin{cases} \text{A.轉子繞組電阻}\,R_2 \\[2mm] \text{B.機械負載電阻}\,R_L = \dfrac{1-S}{S}R_2 \end{cases}$$

② $\because$ 起動時 S=1，$R_L = \dfrac{1-S}{S}R_2 = 0 \Rightarrow$ 短路

③ 轉子起動電流 $I_{2r} = \dfrac{E_{2r}}{\sqrt{R_2^2 + X_2^2}}$

$\Rightarrow$ 與負載電阻大小無關，即滿載或無載起動電流都相同。

7.三相感應電動機之功率

(1)一部感應電動機基本上可以描述是一部旋轉的變壓器，其輸入為三相電壓與電流，對變壓器而言，其二次側會輸出功率；對感應機而言，二次繞組（轉子）是短路的，因此正常操作情況下感應機並沒有輸出功率，而是機械性的輸出功率。

(2)三相感應電動機的電力流程，如圖 7-1 所示。

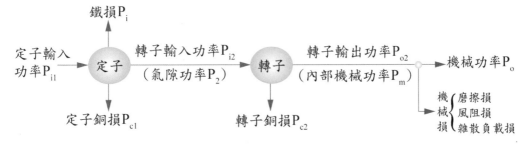

圖 7-1

(3)感應電動機一相份之輸出、輸入功率及損失,如圖 7-2 所示。

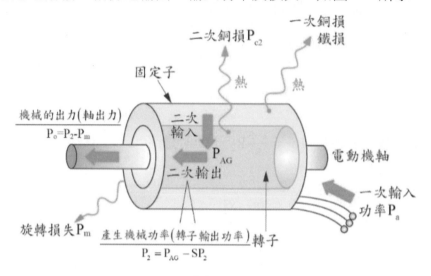

圖 7-2

(4)將轉子側歸入定子側的近似等效電路,如圖 7-3 所示⇒近似變壓器

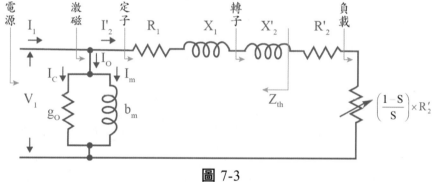

圖 7-3

R'_2:等效轉子電阻　　$(\frac{1-S}{S}) \times R'_2$:等效機械負載

① 三相輸入總功率 $P_{in} = \sqrt{3}V_1 I_1 \cos\theta$

（ V_1:線電壓、 I_1:線電流、 $\cos\theta$:定子功率因數）

② 三相定子輸入功率 $P_1 = \sqrt{3}V_1 I_1 \cos\theta$

③ 三相定子銅損功率 $P_{c1} = 3 \times I_1^2 R_1$

④ 三相定子鐵損功率 $P_i = 3 \times V_1^2 g_o$

⑤三相定子輸出功率$P_g = P_1 - P_{c1} - P_i$

📍三相定子輸出功率亦稱「氣隙功率」，即定子經過空氣隙傳至轉子之功率=轉子輸入功率，又稱「電磁功率」或「同步瓦特」。

⑥三相轉子輸入功率$P_2 = P_g = 3 \times I_{2r}^2 \dfrac{R_2}{S}$

⑦三相轉子銅損功率$P_{c2} = 3 \times I_{2r}^2 R_2 = SP_g$

⑧三相轉子輸出功率（內生機械功率、產生機械功率）

$$P_{o2} = P_2 - P_{c2} = P_g - SP_g = (1-S)P_g$$

⑨機械損失=摩擦損+風阻損

⑩機械輸出功率（軸輸出功率）$P_o = P_{o2} - P_m$，（機械損失、雜散損失合計為P_m）

📍機械輸出功率可用來帶動機械負載。

⑪電磁轉矩

$$T_e = \frac{P_{o2}}{\omega_r} = \frac{P_g}{\omega_s}，(同步角速度 \omega_r = \frac{2\pi \cdot n_r}{60}、轉子角速度 \omega_s = \frac{2\pi \cdot n_s}{60})$$

⑫機械轉矩

$$T_m = \frac{P_{o2}}{\omega_r} = 9.55 \times \frac{P_{o2}}{n_r}(Nt \cdot m) = 0.974 \times \frac{P_{o2}}{n_r}(kg \cdot m) = 9.55 \times \frac{P_g}{n_s}(Nt \cdot m)$$

結論：若將轉子輸入功率P_g，內生機械功率P_{o2}及轉子銅損P_{c2}作一比較，可得：

$P_g : P_{o2} : P_{c2} = 1 : (1-S) : S$

牛刀小試

3. 一部 480V，60Hz，50Hp 的三相感應電動機，在功因為 0.85 落後的情況下，輸入電流為 60A，定子銅損為 2kW，轉子銅損為 700W，鐵心損失為 1800W，摩擦損失與風阻損失為 600W，而雜散損失不計，求：(1)氣隙功率；(2)產生機械功率；(3)軸輸出功率；(4)效率。

8. 三相感應電動機之轉矩分析，如圖 7-3 所示。

(1) 電磁轉矩（T_e）

① 等效轉子電阻+等效機械負載= $R'_2 + \left(\dfrac{1-S}{S}\right) R'_2 = \dfrac{R'_2}{S}$

② 等效轉子電流 $I'_2 = \dfrac{V_1}{\sqrt{(R_1 + \frac{R'_2}{S})^2 + (X_1 + X'_2)^2}}$

③ $T_e = \dfrac{P_g}{\omega_s} = \dfrac{1}{\omega_s} \cdot$（轉子輸入功率）

$$= \dfrac{1}{\omega_s} \cdot \left(I'^2_2 \cdot \dfrac{R'_2}{S}\right) = \dfrac{1}{\omega_s} \cdot \dfrac{V_1^2}{(R_1 + \frac{R'_2}{S})^2 + (X_1 + X'_2)^2} \cdot \dfrac{R'_2}{S} (Nt \cdot m)$$

④ A. $\dfrac{1}{\omega_s} = \dfrac{1}{\frac{2\pi \cdot n_s}{60}} = \dfrac{60}{2\pi \cdot \frac{120f}{P}} = \dfrac{P}{4\pi f}$

B. $T_e = \dfrac{P}{4\pi f} \cdot \dfrac{V_1^2}{(R_1 + \frac{R'_2}{S})^2 + (X_1 + X'_2)^2} \cdot \dfrac{R'_2}{S}$ ，（三相則要 × 3）

C. 正常運轉時，S 很小，約為 0.01~0.03，$\dfrac{R'_2}{S} \gg R_1$ 且

$\dfrac{R'_2}{S} \gg X_1 + X'_2 \Rightarrow T_e \doteqdot \dfrac{P}{4\pi f} \cdot \dfrac{S \cdot V_1^2}{R'_2}$

D. 由 C. 得知 $T_e \propto \dfrac{S \cdot V_1^2}{f \cdot R'_2} \Rightarrow$ 正常運轉時，$T_e \propto S \propto V_1^2 \propto \dfrac{1}{f} \propto \dfrac{1}{R'_2}$。

(2) 起動轉矩（T_s）

① 起動時，S=1，$T_s \propto V_1^2$。

② $T_s = \dfrac{1}{\omega_s} \cdot \dfrac{V_1^2}{(R_1 + R'_2)^2 + (X_1 + X'_2)^2} \cdot R'_2 (Nt \cdot m)$

③ 等效轉子電阻 $R'_2 = 0$ 或 $R'_2 = \infty$，則 $T_s = 0$，感應電動機無法起動。

(3) 最大電磁轉矩（T_{max}）

① 亦稱「脫出轉矩」、「停頓轉矩」或「崩潰轉矩」。

②由電磁轉矩$T_e = \dfrac{P_g}{\omega_s}$得知：

　A. T_{max}發生在轉子輸入功率 P_g 最大時。

　B. $P_g = I'^2_2 \cdot \dfrac{R'_2}{S} \Rightarrow P_g$消耗在電阻$\dfrac{R'_2}{S} \Rightarrow T_{max}$ 發生於消耗在此電阻$\dfrac{R'_2}{S}$

　　之功率最大時。

　C. 根據最大功率轉移定理得知$R_L = Z_{th} \Rightarrow \dfrac{R'_2}{S} = R_1 + j(X_1 + X'_2)$

　D. $\left|\dfrac{R'_2}{S}\right| = \sqrt{R_1^2 + (X_1 + X'_2)^2} \Rightarrow S_{T_{max}} = \dfrac{R'_2}{\sqrt{R_1^2 + (X_1 + X'_2)^2}} \doteqdot \dfrac{R'_2}{X'_2} \doteqdot 0.2{\sim}0.3$

③　$T_{max} = \dfrac{1}{\omega_s} \cdot \dfrac{V_1^2}{\left(R_1 + \dfrac{R'_2}{S}\right)^2 + (X_1 + X'_2)^2} \cdot \dfrac{R'_2}{S}$

$$= \dfrac{1}{\omega_s} \cdot \dfrac{V_1^2}{\left(R_1 + \sqrt{R_1^2 + (X_1 + X'_2)^2}\right)^2 + (X_1 + X'_2)^2} \cdot \sqrt{R_1^2 + (X_1 + X'_2)^2}$$

$$= \dfrac{1}{\omega_s} \cdot \dfrac{V_1^2 \sqrt{R_1^2 + (X_1 + X'_2)^2}}{2\left[R_1^2 + R_1\sqrt{R_1^2 + (X_1 + X'_2)^2} + (X_1 + X'_2)^2\right]}$$

$$= \dfrac{1}{\omega_s} \cdot \dfrac{V_1^2 \sqrt{R_1^2 + (X_1 + X'_2)^2}}{2\left[\left(\sqrt{R_1^2 + (X_1 + X'_2)^2}\right)^2 + R_1\sqrt{R_1^2 + (X_1 + X'_2)^2}\right]}$$

$$= \dfrac{1}{\omega_s} \cdot \dfrac{V_1^2}{2\left[\left(\sqrt{R_1^2 + (X_1 + X'_2)^2}\right) + R_1\right]} = \dfrac{1}{\omega_s} \cdot \dfrac{0.5V_1^2}{R_1 + \sqrt{R_1^2 + (X_1 + X'_2)^2}}$$

④T_{max}與轉子電阻R'_2無關，

$$T_{max} \propto V_1^2 \propto \dfrac{1}{\text{定子電阻}R_1} \propto \dfrac{1}{\text{定子電抗}X_1} \propto \dfrac{1}{\text{轉子電抗}X_2}$$

⑤ 可藉由改變R'_2之大小可調節發生最大轉矩時之轉差率，即發生最大轉矩時之轉差率與R'_2成正比。（請參照 $S_{T_{max}}$ 推導即得知）

(4) 感應電動機之轉矩與轉速（轉差率）曲線

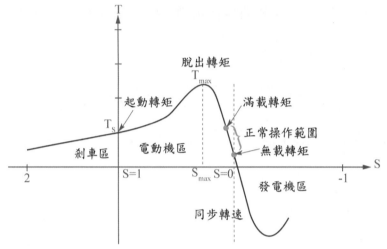

① 同步轉速(S=0)時 $\Rightarrow T_e = 0$。

② 無載與滿載之間：

　A. 曲線為線性。

　B. $R'_2 \gg X_2$。

　C. I'_2 與 T_e 隨 S 之增加而呈線性增加。

　📍 無載與滿載之間為一般正常運轉情況（低轉差率）

③ 從靜止(S=1)到同步轉速(S=0)運轉 $\Rightarrow$ 感應機從電源吸收能量，以驅動負載 $\Rightarrow$ 電動機區。

④ 起動轉矩>滿載轉矩 $\Rightarrow$ 感應機可在任何負載下起動。

⑤ T_{max} 約為滿載轉矩的 2~3 倍。

⑥ 感應電動機轉速大於同步轉速(S<0) $\Rightarrow$ 轉矩為負，方向相反。

⑦ 承⑥，若轉速方向不變，則功率為負 $\Rightarrow$ 感應機變為發電機，將機械功率轉換為電功率。

⑧ 旋轉方向與旋轉磁場方向相反(S>1) $\Rightarrow$ 轉矩使電動機很快地停止，並驅使反方向旋轉，如同反轉煞車，雖然電磁轉矩為正，但有制動作用。

(5)轉矩與電流之比例推移

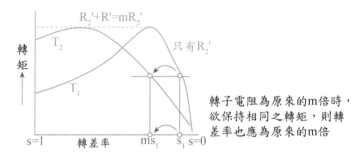

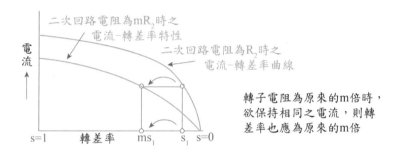

① 定義：由外加電阻 r 改變轉子電阻，將可改變發生最大轉矩時的轉差率，以改變電動機之轉速，但其轉矩及電流卻不因而改變⇒限於繞線式。

∴條件：

A.不同特性曲線（電阻值不同）。

B.T_e 或 I'_2 保持相同。

C.工作區上的點。

② 公式：$\dfrac{mR'_2}{mS_1} = \dfrac{R'_2}{S_1} = \dfrac{R'_2 + r}{S_2}$

③ 對於繞線式感應電動機於起動時，可於轉子繞組加入電阻，使其起動轉矩為最大轉矩，即在 $S=1$ 時欲產生 T_{max}，則應在轉子繞組加入電阻 R_s，使 $\dfrac{R'_2 + R_s}{1} = \dfrac{R'_2}{S_1}$

④ 用途：速率控制、改善起動轉矩。

9. 三相感應電動機之效率、功率因數，如圖 7-4 所示之速率特性曲線，橫軸表示轉差率（轉速），縱軸表示轉矩、一次電流、輸入功率、功率因數、效率等。

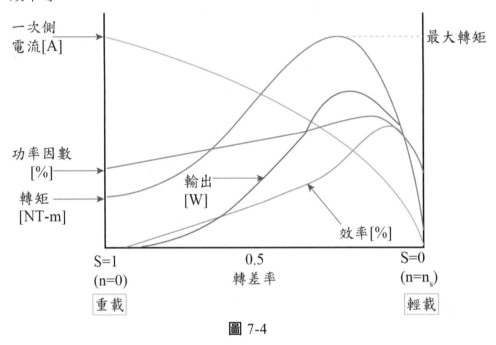

圖 7-4

(1) 轉子效率（電效率）：

$$\eta_r = \frac{機械輸出功率}{三相轉子輸入功率} = \frac{P_o}{P_2} = \frac{P_{o2} - P_m}{P_2} \div \frac{P_{o2}}{P_2} = \frac{(1-S)P_g}{P_g} = 1 - S$$

(2) 感應電動機之負載增加（電流大），效率減低，轉差率增大。

(3) 感應電動機之功率因數初隨負載之增加而增大，達最大值後，功率因數反而減少。

(4) 輕載時，效率低，因大部分為固定損；負載增加至變動損和固定損相等時，效率最大，此時加重負載時，則銅損增大，而又使效率變低。

(5) 輕載時，功率因數甚低；當負載增加，功率因數增大，當超載時，功率因數又下降。

(6) 結論：正常運轉時，轉差率(S)隨轉速增加而減少(S=1→0)，隨負載增加而增大(S=0→1)。

牛刀小試

4. 某 6 極，60Hz 的三相感應電動機，當轉速為 1100rpm 時，其輸出轉矩為最大值，若轉子每相電阻為 0.04Ω，求：轉子靜止時每相轉子電抗值。

5. 有一台三相感應電動機 220V，60Hz，6 極，Y 接，設 $R_1 = R'_2 = 0.08\Omega$，$X_1 + X'_2 = 0.6\Omega$，求：(1)$S_{T_{max}}$；(2)T_{max}。

6. 設某一三相繞線式感應電動機在滿載轉差率為 2%，轉子每相電阻為 1Ω，若欲使此電動機之起動轉矩相等於滿載轉矩，求：轉部應外加電阻。

7-4　三相感應電動機之起動及速率控制

1. 鼠籠式三相感應電動機起動方法有三：

　(1) 直接起動法：又稱「全壓起動法」；通常在 5Hp 以下的小型鼠籠式可用此法。

　(2) 降壓起動法：

　　① Y－△起動法：適用於 5.5kW 或 10Hp 以下的電動機，起動時將三相繞組接成 Y 型，旋轉後再以開關改接成△型運轉，為目前應用較廣的起動法。

　　　A. 每相繞組電壓=全壓起動電壓之 $\frac{1}{\sqrt{3}}$ 倍。

　　　B. 每相繞組電流=全壓起動電流之 $\frac{1}{\sqrt{3}}$ 倍。

　　　C. Y 接起動線電流=△接全壓起動線電流之 $\frac{1}{3}$ 倍。

　　　D. Y 接起動轉矩=△接全壓起動轉矩之 $\frac{1}{3}$ 倍。

②起動補償器法：又稱「自耦變壓器降壓起動法」；適用於 11kW 或 15Hp 以上之電動機起動，以電感器或自耦變壓器於起動時，降低電源電壓以限制起動電流，使不致過大。起動後，逐段移出起動補償器，最後將電動機直接接於電源運轉。

設：$\dfrac{1}{n} = \dfrac{電動機側的電壓}{電源側的電壓}$，則：

A.起動電流(一次側線電流)=全壓起動電流之$(\dfrac{1}{n})^2$倍。

B.起動電壓(二次側線電壓)=全壓起動電壓之$\dfrac{1}{n}$倍。

C.起動轉矩=直接全壓起動轉矩之$(\dfrac{1}{n})^2$倍。

(3)一次側串聯電抗(電阻)器法：將鼠籠式感應電動機在定子繞組採△型連接，在起動時利用串聯電抗器或電阻器來降壓起動，降低起動電流。

設：$\dfrac{1}{n} = \dfrac{電動機側的電壓}{電源側的電壓}$，則：

①電抗器起動電流=全壓起動電流之$\dfrac{1}{n}$倍。

②電抗器起動轉矩=全壓起動轉矩之$(\dfrac{1}{n})^2$倍。

2.繞線式感應電動機起動方法是轉部可串接外電阻，由手動或自動法完成良好的起動，起動時轉子加入適當的電阻，起動後再將電阻慢慢減為切離電路，如此可以減少起動電流，而加大起動轉矩。轉部加入起動電阻的目的：(1)限制起動電流；(2)增加起動轉矩；(3)提高起動時之功率因數。

3.改變轉速的方法有三種，轉子的轉速$n_r = (1 - S) \times n_s = \dfrac{120f}{P}(1 - S)$：

(1)改變轉差率；(2)改變極數；(3)改變電源頻率。

4.改變轉差率(S)的方法有三種：

(1)改變電源電壓：電源電壓上升時，轉差率下降，轉速加快；但效果不佳，因為控制速度範圍不廣。

(2)改變轉子電阻：只限於繞線式，在轉子外另加電阻；電阻大時轉差率亦大，轉速則下降。

(3)外加交流電壓：只限於繞線式，在轉子外加頻率為 sf 的電壓，若此電壓與轉子電壓同相，則轉速加快，可超過同步轉速，若反向則轉速下降。

5. 改變極數(P)的方法有二種：

　(1) 改變定子繞組線：使其極數改變，極數增加，則轉速下降，通常變極法都是雙倍變數，如 4 極變 8 極，則轉速減半。

　(2) 串聯並用法：用兩部電動機合用，可得四種不同的同步轉速，若只用 A 機，則$n_a = \dfrac{120f}{P_A}$。若只用 B 機，則$n_b = \dfrac{120f}{P_B}$。若 AB 兩機同向串級則$n_a = \dfrac{120f}{P_A+P_B}$，反向串級時則$n_a = \dfrac{120f}{P_A-P_B}$。

6. 改變電源頻率(f)法：頻率增加則轉速增大$(N_r \propto f)$，在一般商用電源因頻率為固定，故若以變頻法改變轉速時，則需一套變頻設備，甚為昂貴，但控制速率圓滑且寬廣，為無段變速，效果佳，在船艦中另備一套電源專供電動機用，則適合此變頻法。

7-5 三相感應電動機之試驗

欲得三相感應電動機每相等效電路之數值，必須執行電阻測試、無載試驗、堵轉試驗，從量測其功率、電壓、電流，以換算等效電路之各數值。

1. 繞組電阻測試

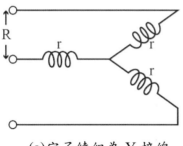
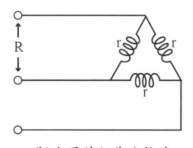

(a)定子繞組為 Y 接線　　　　　(b)定子繞組為△接線

主要目的是測定定子繞組每相之電阻，可採用惠斯登電橋或將可變直流加入三相感應電動機的任意兩端，並由直流電壓表及直流電流表測得其電壓 V_{dc} 及 I_{dc}，則兩線端之電阻 $R = \frac{V_{dc}}{I_{dc}}$；若定子繞組為 Y 接線，則一次側繞組一相分之電阻 $r = \frac{R}{2}$；若定子繞組為 △ 接線，則一次側繞組一相分之電阻 $r = \frac{3}{2}R$。

💡 定子繞組每相之電阻，欲使數值較準確，需考慮溫升及集膚效應，一般 $R_{ac} = 1.25R_{dc}$。

2. 無載試驗

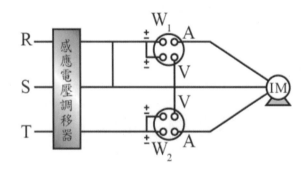

感應機之無載及堵轉試驗

將感應電動機在額定電壓下，以無載運轉得到額定電壓 V_r、無載電流 I_o 及無載功率損失 $W_o (= W_1 + W_2)$。

(1) 功率因數 $\cos\theta_o = \dfrac{W_o}{\sqrt{3}V_r I_o}$

(2) 導納 $Y_o = \dfrac{I_o}{\frac{V_r}{\sqrt{3}}} = \dfrac{\sqrt{3}I_o}{V_r} = \dfrac{1}{Z_M}$

(3) 電導 $g_o = \dfrac{I_o\cos\theta_o}{\frac{V_r}{\sqrt{3}}} = \dfrac{W_o}{V_r{}^2} = \dfrac{1}{R_C}$

(4) 電納 $b_o = \sqrt{Y_o{}^2 - g_o{}^2} = \dfrac{1}{X_M}$

3. 堵轉試驗

如同變壓器之短路試驗，將感應點動機之轉子堵住，調整三相感應電壓調整器。使達感應機之額定電流值 I_1、測量電壓 V_b 及功率 $W_b (= W_1 + W_2)$。

(1) $R = R_1 + R'_2 = \dfrac{W_b}{3{I_1}^2}$

(2) $R'_2 = R - R_1$ （R_1 由電阻測試得知）

(3) $Z = \dfrac{V_b}{\sqrt{3}I_1} = \sqrt{R^2 - X^2}$

(4) $X = \sqrt{Z^2 - R^2} = X_1 + X'_2$

(5) $\cos\theta_S = \dfrac{W_b}{\sqrt{3}V_b I_1}$

> 📍 在 IEEE 測量規範中，堵轉試驗定子側加入的電源頻率為額定頻率的 25%，也就是說，若額定頻率為 60Hz，則測試的電源頻率為 15Hz，因此在額定頻率運轉時之漏磁電抗應進行修正，即 $X_1 + X'_2 = \dfrac{60}{15}\sqrt{Z^2 - R^2}$。

7-6　三相感應電動機之繞組接線及特性實驗

1. 目的：了解三相感應電動機構造、原理及特性。

2. 說明：

(1) 定子繞組一般採用雙層繞、分布繞及短節距繞，轉子有鼠籠式及繞線式兩種

　① 鼠籠式：

　　A. 以銅條或鋁條為導體，全數導體兩端加短路端環予以短接，5 馬力以下的感應電動機多採用鑄入式鼠籠轉子。

　　B. 放置導體的線槽會有斜度，稱為斜形槽，採用斜形槽可以減少電動機運轉中磁阻忽大忽小變化，達到運轉平穩及低噪音的目的。

　　②繞線式：

　　　　A.有繞組繞置於轉子上，轉子繞組形成的極數須配合定子之極數。

　　　　B.轉子的繞組引出線連接到轉軸上的滑環，再經由滑環及定子電刷，與外部電阻連接。

　　　　C.起動時，轉子繞組外接電阻，可以降低起動電流，並增加起動轉矩。

　　　　D.運轉中，電動機的轉速可利用外加電阻的大小來控制，或將轉子繞組短路，減少損失。

(2)繞製法：

　　①單層繞：每一線槽放置一個線圈邊者。

　　②雙層繞：每一線槽放置二個線圈邊者。

　　③全節距繞：每一個線圈兩線圈邊的跨距等於極距者。

　　④短節距繞：跨距小於極距者。

　　⑤集中繞：同磁極下的線圈全部集中在同一線槽者。

　　⑥分布繞：同磁極下的線圈分散在數個線槽者。

(3)起動特性：

　　①起動電流約為滿載電流的 5~8 倍，對於中、大型電動機而言，太大的起動電流會造成電力系統的負擔，影響電力系統供電品質。

　　②增加轉子電阻，可降低起動電流、增加起動轉矩。

　　③降低電源電壓，可降低起動電流，但會減少起動轉矩。

(4)起動控制：

　　①繞線式：

　　　　A.轉矩特性曲線變化如圖。

　　　　B.改變外加電阻值，可增加起動轉矩，$\dfrac{R_2}{R_1} = \dfrac{mR_2}{mS_1} = \dfrac{R_2 + R_s}{S_2}$

符號	R_s	R_2	S_1	S_2
名稱	外加轉子電阻	轉子電阻	原始轉差率	調整後轉差率

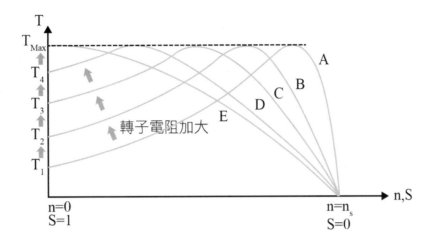

② 鼠籠式：因轉子繞組結構固定，無法改變轉子電阻 R_2，僅適合採用
　降低電源電壓 V_1 的方法進行起動控制。

A. 直接起動。

B. Y－△降壓起動：

　　a. 原本定子繞組要接成△連接的電動機，在起動時，定子繞組接成
　　　Y 連接；起動數秒後電動機運轉時，定子繞組才改接成△連接。

　　b. 起動轉矩和起動電流皆變為原來的 $\frac{1}{3}$ 倍。

　　c. 接線圖如下：

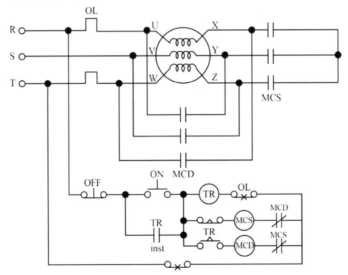

C. 補償器降壓起動：

  a. 又稱為自耦變壓器降壓起動。

  b. 起動時電動機定子繞組正常連接（若運轉時是△連接，即作△連接；若運轉時是 Y 連接，即作 Y 連接），但是以自耦變壓器二次側較低的電壓起動電動機。

  c. 起動後，隔離自耦變壓器，電源電壓直接接到電動機。

  d. 若自耦變壓器二次側的電壓降為電源電壓的 $\frac{1}{N}$ 倍，則：

    (a) 起動轉矩變為原來的 $\frac{1}{N}$ 倍

    (b) 二次側起動電流變為原來的 $\frac{1}{N}$ 倍

    (c) 一次側起動電流變為原來的 $(\frac{1}{N})^2$ 倍

  e. 接線圖如下：

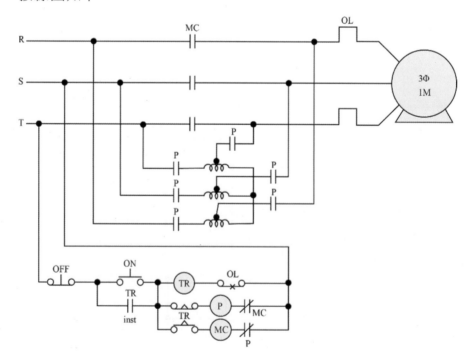

D. 電阻器或電抗器降壓起動：

　① 起動時，電動機串接電阻器或電抗器再接電源，因為電阻會造成壓降，所以形成降壓作用。

　② 若電動機電壓降為原來的 $\frac{1}{N}$ 倍，則：

　　a. 起動轉矩變為原來的 $(\frac{1}{N})^2$ 倍

　　b. 起動電流變為原來的 $\frac{1}{N}$ 倍

　③ 接線圖如下：

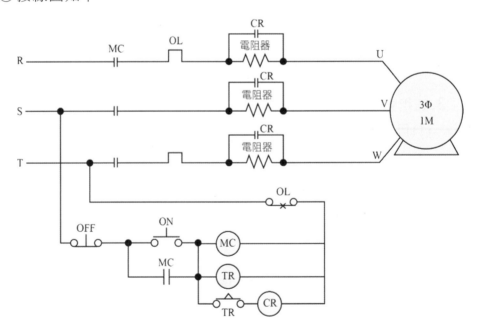

E. 部分繞組起動：

　① 定子繞組分成相等的兩部分。

　② 接線圖如下，以定子繞組接成 Y 連接舉例。

　③ 起動時，電磁接觸器 MC1 激磁，將一半繞組接電源起動。

　④ 運轉時，電磁接觸器 MC2 也激磁，另一半繞組併入運轉。

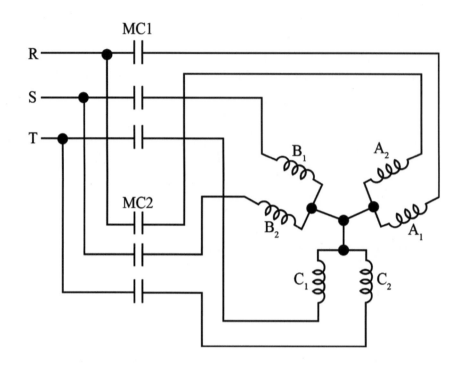

3.三相感應電動機正逆轉控制切換試驗：

　(1)目的：觀察三相感應電動機的正逆轉切換。

　(2)方法：將三條電源線任意兩條對調即可。

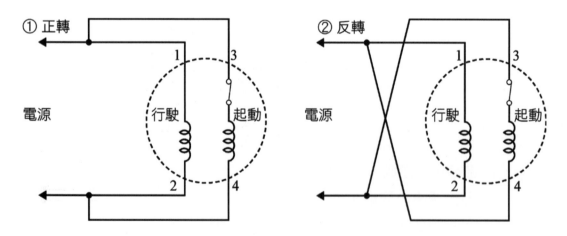

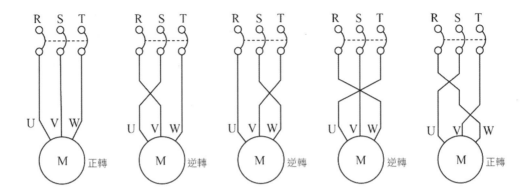

4.電阻試驗：

(1)目的：量測三相感應電動機中定子繞組每相的電阻值R_ϕ。

(2)原理：$R = \dfrac{V}{I}$。

(3)方法：將三相感應電動機的定子繞組接成 Y 接線或是△接線，然後在任意兩端加入直流電源，搭配伏特計和安培計即可測得電壓 V 及電流 I。

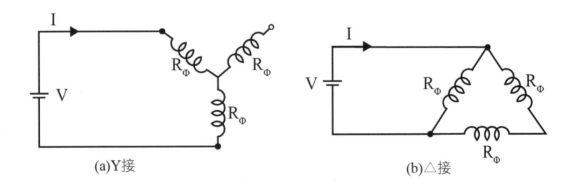

(4)結果：

① 任意兩線端的電阻 $R_L = \dfrac{V}{I}$ 。

② Y 接每相電阻 $R_\phi = \dfrac{V}{2I}$ 。

③ △接每相電阻 $R_\phi = \dfrac{3V}{2I}$ 。

5.無載試驗：

(1)目的：求得感應電動機等效電路中的鐵損電流、磁化電流、激磁導納、
激磁電導及激磁電納。

(2)原理：類似變壓器的開路試驗。

(3)方法：

① 電動機空轉不接負載，加額定電壓運轉，測量出額定線電壓 $V_{oc(L)}$ 、
線電流 $I_{oc(L)}$ 及無載功率損失 $P_{oc(Total)}$ 。

② 將量測到的數值 $V_{oc(L)}$ 、$I_{oc(L)}$ 、$P_{oc(Total)}$ 換算成相電壓 V_{oc}、相電流 I_{oc}
及每相無載損失 P_{oc} （ $P_{oc} = \dfrac{P_{oc(Total)}}{3}$ ）。

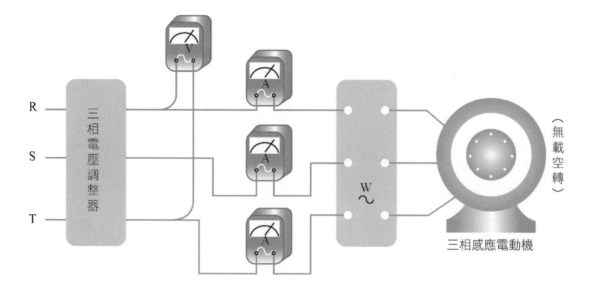

(4) 結果：

① 鐵損電流 $I_c = I_{oc} \cos \theta = \dfrac{P_{oc}}{V_{oc}}$

② 磁化電流 $I_M = I_{oc} \sin \theta = \sqrt{I_{oc}{}^2 - I_c{}^2}$

③ 激磁電導 $G_c = \dfrac{I_c}{V_{oc}} = \dfrac{P_{oc}}{V_{oc}{}^2}$

④ 激磁導納 $Y_o = \dfrac{I_{oc}}{V_{oc}}$

⑤ 激磁電納 $B_m = \dfrac{I_M}{V_{oc}} = \sqrt{Y_o^2 - G_c^2}$

符號	I_c	I_M	I_{oc}	Y_o	G_c	B_m	P_{oc}	V_{oc}
名稱	鐵損電流	磁化電流	相電流	等效激磁導納	等效激磁電導	等效激磁電納	每相的無載損失	相電壓

6. 堵住試驗：

(1) 目的：求感應電動機等效電路中的等效電阻與等效電抗。

(2) 原理：

① 類似變壓器的短路試驗，須設法將轉子固定

② 堵住試驗時，轉差率 $S = 1$，轉子沒有機械功率輸出而表現低阻抗，等效電路中的激磁回路可以省略，所以電動機每相的近似等效電路可以近似成如圖。

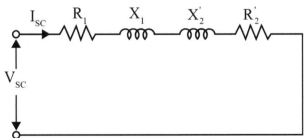

(3)方法：

   ①設法將電動機轉子堵住不動，加很小的電壓，使電動機的測量電流達額定電流值。測量出線電壓 $V_{sc(L)}$、線電流 $I_{sc(L)}$、三相總功率 $P_{sc(Total)}$。

   ②將量測到的 $V_{sc(L)}$、$I_{sc(L)}$、$P_{sc(Total)}$ 換算成相電壓 V_{sc}、相電流 I_{sc}、每相總功率 P_{sc}（$P_{sc} = \dfrac{P_{sc(Total)}}{3}$）。

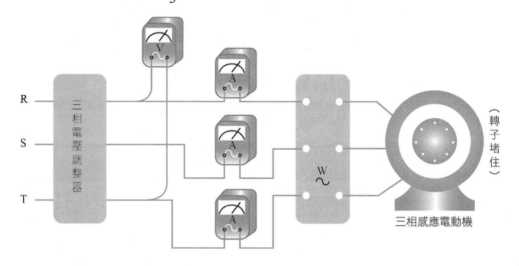

(4)結果：

   ①等效電阻 $R_{eq1} = R_1 + R_2{}' = \dfrac{P_{sc}}{I_{sc}{}^2}$。

   ②等效阻抗 $Z_{eq1} = \dfrac{V_{sc}}{I_{sc}}$。

   ③等效電抗 $X_{eq1} = \sqrt{Z_{eq1}{}^2 - R_{eq1}{}^2}$。

代號	R_{eq1}	R_1	$R_2{}'$	P_{SC}	I_{SC}	V_{SC}	Z_{eq1}	X_{eq1}
名稱	等效電阻	定子繞組電阻	轉子換算至定子之電阻	每相功率	每相電流	每相電壓	等效阻抗	等效電抗

牛刀小試

(　) **7.** 感應電動機的定子與轉子間的空氣隙，應盡可能縮短，其原因下列何者錯誤？　(A)減少磁阻　(B)減少激磁電流　(C)增加轉速　(D)提高功率因數。

(　) **8.** 交流感應電動機起動的瞬間,與下列何者相似？　(A)一次側開路的變壓器　(B)一次側短路的變壓器　(C)二次側開路的變壓器　(D)二次側短路的變壓器。

(　) **9.** 感應電動機轉子銅損與鐵損在下列哪一個狀況會最大？　(A)起動時　(B)轉子達最高速時　(C)加速時　(D)減速時。

(　) **10.** 一般而言,感應電動機於起動時的功率因數值常較正常運轉時的　(A)大　(B)相等　(C)小　(D)無法比較。

(　) **11.** 當電動機負載保持不變時,若線路電流有增加的現象,則其可能之原因為哪一種？　(A)供電電壓下降　(B)供電電壓上升　(C)轉差率減少　(D)轉子速率增快。

(　) **12.** 三相感應電動機使用動力計作負載實驗時,若電動機之電源保持在定電壓及定頻率下,當所加負載愈大時,其轉差率 S　(A)變小　(B)變大　(C)不變　(D)不一定,因電動機而異。

(　) **13.** 正常運用的三相感應電動機,當其轉差率增加時,其機械輸出功率將　(A)減少　(B)保持不變　(C)增加　(D)先減後增。

(　) **14.** 繞線型感應電動機之二次電路之電阻變為 2 倍,則最大轉矩將變為原來的幾倍？　(A)$\frac{1}{4}$　(B)$\frac{1}{2}$　(C)2　(D)不變。

(　) **15.** 若將電動機的電源電壓加大,導致電動機的輸出轉矩隨之變大,則轉速會　(A)增快　(B)減慢　(C)不變　(D)不一定。

（　）**16.** 電源電壓不變，感應電動機因負載增加造成其輸出轉矩增大，則轉速會　(A)增快　(B)減慢　(C)不變　(D)不一定。

（　）**17.** 雙鼠籠型感應電動機的轉子繞組分為上下兩層，下列敘述何者正確？
(A)上層繞組電阻較小，電感較大
(B)上層繞組電阻較大，電感較小
(C)上、下層繞組電阻一樣大
(D)上、下層繞組電感一樣大。

（　）**18.** 正常運轉時，三相感應電動機負載與轉差率的關係為何？
(A)負載增加，轉差率變大 (B)負載增加，轉差率變小
(C)負載減少，轉差率變大 (D)負載變動不會影響轉差率。

（　）**19.** 最能夠有效作速率控制的電動機是　(A)直流分激式電動機
(B)直流串激式電動機　(C)鼠籠式感應電動機　(D)繞線式感應電動機。

（　）**20.** 下列何種電機可利用串聯電阻器來改變其轉速？
(A)三相同步電動機　　　(B)三相同步發電機
(C)三相鼠籠式感應電動機 (D)三相繞線式感應電動機。

（　）**21.** 三相繞線轉子型感應電動機起動時，哪種方法可獲得高起動轉矩與低起動電流？
(A)定子電路串接適當的電阻　(B)定子電路串接適當的電抗
(C)轉子電路串接適當的電阻　(D)轉子電路串接適當的電抗。

（　）**22.** 變極控速法中，恆定馬力電動機的低速－高速連接方式，分別為
(A)串聯△接－並聯 Y 接 (B)串聯 Y 接－並聯△接
(C)並聯△接－串聯 Y 接 (D)並聯 Y 接－串聯△接。

(　) **23.** 三相感應電動機之電源電壓若降低 10%，則其起動轉矩約降
低多少？
(A)10%　　　　　　　　(B)19%
(C)36%　　　　　　　　(D)81%。

(　) **24.** 三相感應電動機無載運轉時，如欲增加轉速，可選用下列何
種方法？
(A)減少電源頻率　　　(B)增加電源頻率
(C)減少電源電壓　　　(D)增加電動機極數。

(　) **25.** 三相感應電動機以 Y 接線方式起動，△接線方式運轉，其主
要目的為
(A)提高起動轉矩　　　(B)縮短起動時間
(C)改善起動時之效率　(D)降低起動電流。

(　) **26.** 三相感應電動機之滿載起動電流和無載起動電流，其比值為
(A)大於 1　　　　　　(B)等於 1
(C)小於 1　　　　　　(D)負值。

歷屆試題

( ) **1.** 三相感應電動機之輸出功率為 2 馬力，換算約為多少 kW？
(A)2kW (B)1.5kW
(C)1.0kW (D)0.5kW。

( ) **2.** 三相感應電動機在運轉時其輸入總功率為 50kW，若連續運轉 5
小時，且每度電費為 3 元，則此負載需付費多少？
(A)750 元 (B)500 元
(C)250 元 (D)150 元。

( ) **3.** 有一台 6 極三相感應電動機，同步轉速為 1200rpm。若電動機之
轉差率 5%時，則轉子繞組中電流之頻率應為何？
(A)1Hz (B)2Hz
(C)3Hz (D)4Hz。

( ) **4.** 有關三相感應電動機構造之敘述，下列何者不正確？
(A)主要是由定子及轉子兩部分所構成
(B)定子上有三相線圈
(C)轉子為鼠籠式或繞線式
(D)電刷應適當移位至磁中性面。

( ) **5.** 有一台 6 極、220V、60Hz 三相感應電動機，滿載時轉差率為 5%，
產生之轉矩為 30 牛頓-公尺，機械損為 218.6W，試求轉子銅損應
為何？
(A)200W (B)400W
(C)800W (D)1000W。

( )　**6.** 有一台 6 極、繞線式三相感應電動機，滿載時之轉差率為 5%；今在轉子之每相電路上串接 2.5Ω 之電阻，轉差率變為 7.5%，試求轉子每相電阻應為何？
(A)1Ω
(B)5Ω
(C)45Ω
(D)50Ω。

( )　**7.** 某三相、六極感應電動機，電源頻率為 60Hz，則旋轉磁場轉速為多少？
(A)7200rpm
(B)3600rpm
(C)1800rpm
(D)1200rpm。

( )　**8.** 有一部三相 2 極、10Hp 感應電動機，接三相 200V、60Hz 電源，滿載時線電流為 30A，功率因數為 0.8，求滿載效率為多少？
(A)79.7%
(B)84.7%
(C)89.7%
(D)94.7%。

( )　**9.** 感應電動機轉子銅損與鐵損在下列哪一個狀況會最大？
(A)起動時
(B)轉子達最高速時
(C)加速時
(D)減速時。

( )　**10.** 下列感應電動機速度控制方法中，速度控制範圍最大者是？
(A)變換轉子電阻
(B)變換極數
(C)變換電源電壓
(D)變換電源頻率。

( )　**11.** 三相繞線式感應電動機起動時，在轉子繞組中串接額外的電阻，其目的為何？
(A)提高起動電流及降低起動轉矩
(B)提高起動電流及降低起動的輸入頻率
(C)提高起動轉矩及提高起動電流
(D)提高起動轉矩及降低起動電流。

( ) **12.** 三相感應電動機若忽略激磁電抗及鐵損的影響,其換算至定子側之每相近似等效電路,如圖所示,圖中 R_1 及 R_2 分別為定子側及轉子側的等效電阻,X_1 及 X_2 分別為定子側及轉子側的等校漏電抗,S 為滑差率(轉差率),V_1 為相電壓。若此電動機在最大功率輸出時,則其滑差率 S 為何?

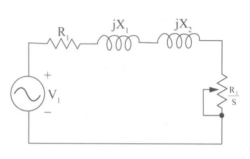

(A)$S = \dfrac{R_2}{\sqrt{R_1^2+(X_1+X_2)^2}}$ 　　(B)$S = \dfrac{R_2}{\sqrt{R_1^2-(X_1+X_2)^2}}$

(C)$S = \dfrac{R_1}{\sqrt{R_2^2+(X_1+X_2)^2}}$ 　　(D)$S = \dfrac{R_1}{\sqrt{R_2^2-(X_1+X_2)^2}}$

( ) **13.** 三相感應電動機在正常運轉下,若電源電壓的頻率 f_e 其單位為 Hz,此電動機轉軸之機械轉速 N_r 其單位為 rpm,極數為 P,滑差率(轉差率)為 S,則下列何者正確?

(A)$N_r = (1 + S)\dfrac{120}{P}f_e$ 　　(B)$N_r = (1 - S)\dfrac{120}{P}f_e$

(C)$N_r = \dfrac{120}{P}f_e$ 　　(D)$N_r = (2 - S)\dfrac{120}{P}f_c$。

( ) **14.** 三相六極感應電動機,電源電壓為 220V,頻率為 50Hz,若在額定負載下,滑差率(轉差率)為 5%,則電動機滿載時轉子轉速為何? (A)950rpm (B)1000rpm (C)1050rpm (D)1200rpm。

( ) **15.** 三相感應電動機無載運轉時,如欲增加轉速,可選用下列何種方法?

(A)減少電源頻率 　　(B)增加電源頻率

(C)減少電源電壓 　　(D)增加電動機極數。

第8章 單相感應電動機

8-1 單相感應電動機之原理

1. 磁場理論：
   (1) 單相感應電動機之構造，轉部為鼠籠式，定部繞有一單相繞組（應另加一起動繞組）。此繞組加入單相電源後只能產生位置方向不變而大小隨時間變化的單相交變磁場，如圖 8-1 所示。

   $$H_\theta = H_m \cos\theta \cos\omega t$$

   (2) 有別於單相感應電動機，三相感應電動機之定部繞組於通入三相電源後其產生最大值不隨時間變化，而位置方向隨時間變化之同步旋轉磁場，如圖 8-2 所示。

   $$H_\theta = H_m \cos(\theta - \omega t)$$

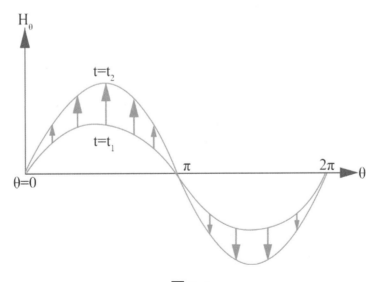

圖 8-1

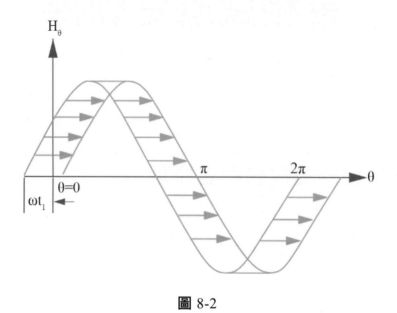

圖 8-2

(3) 三相感應電動機,一線斷線,若為輕負載,可能連續運轉,由此可知,單相磁場仍可產生轉矩,但是將此電動機停止運轉後再加上單相電源時,電動機雖有大電流通過,卻無法轉動,因此單相感應電動機不能自行起動,但一經起動後即能產生轉矩繼續轉動。

(4) 由(3)之現象可分為兩種學說:雙旋轉磁場理論、交叉磁場理論。

① 雙旋轉磁場理論

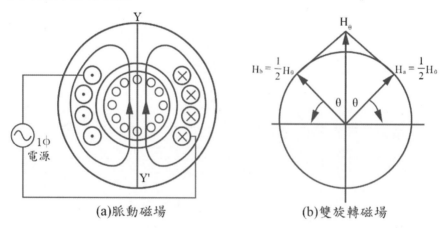

(a)脈動磁場　　　　(b)雙旋轉磁場

圖 8-3

A. 如圖 8-3 所示之兩極電動機，當單相定子繞組通入單相交流電源，則產生電流 i 於繞組，設 $i = I_m \cos \omega t$，則此電流 i 所產生之磁勢為 $ki \cos \theta$（θ 為由線圈軸量得磁勢之空間角），即：$H_\theta = ki \cos \theta = kI_m \cos \theta \cos \omega t$

$\because \cos \alpha \cos \beta = \dfrac{1}{2} \cos(\alpha - \beta) + \dfrac{1}{2} \cos(\alpha + \beta) \Rightarrow$ 三角函數和角公式轉換

$\therefore H_\theta = \dfrac{kI_m}{2}[\cos(\theta - \omega t) + \cos(\theta + \omega t)]$

$\quad = \dfrac{H_m}{2} \cos(\theta - \omega t) + \dfrac{H_m}{2} \cos(\theta + \omega t)$

$\quad = H_a + H_b$

B. 由 A. 得知單相脈動磁場，可分解成兩個大小相等且為最大值的 $\dfrac{1}{2}$，而以相等之速率 ω 反向旋轉之磁場所合成。此二相量 H_a、H_b 在任一瞬間之合成值（相量和）必等於該瞬間單相磁場真正之值，且始終沿 Y-Y′ 軸變化。

C. 設順時針磁場 ϕ_a 產生轉矩 T_a，使轉子以正轉方向旋轉；另一逆時針磁場 ϕ_b 產生轉矩 T_b，使轉子以反方向旋轉。將轉差率 S=0~2 代入 $T_e = \dfrac{P}{4\pi f} \cdot \dfrac{V_1^2}{(R_1 + \frac{R'_2}{S})^2 + (X_1 + X'_2)^2} \cdot \dfrac{R'_2}{S}$ 推得圖 8-4。

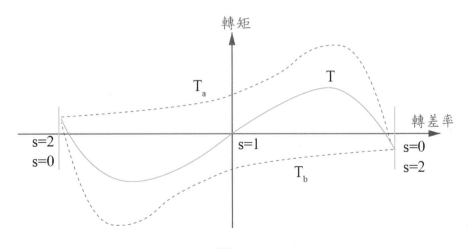

圖 8-4

D. 由圖 8-4 得知：

  🍃 起動時 S=1，兩轉矩大小相等方向相反，故淨轉矩=0⇒單相感應電動機不能自行起動。

  🍃 轉子沿T_a作用之方向旋轉，轉子對正轉磁場之轉差率 S 漸小於 1，反轉磁場之轉差率 S 漸大於 1⇒正轉矩佔優勢$T_a > T_b$，驅使轉子沿正轉方向加速n_r至接近同步轉速n_s，即$n_r = n_s$（S 漸小於 1 趨近於 0）。

  🍃 轉子對正轉旋轉磁場之轉差率$S_正 = \dfrac{n_s - n_r}{n_s}$。

  🍃 轉子對反轉旋轉磁場之轉差率$S_反 = \dfrac{n_s - (-n_r)}{n_s} = \dfrac{n_s + n_r}{n_s}$

    $= 2 - \dfrac{n_s - n_r}{n_s} = 2 - S_正$ 。

  🍃 反之，轉子沿T_b作用之方向旋轉，則$T_b > T_a$則轉子沿反轉方向加速至接近同步轉速。

E. 結論：

  🍃 雙旋轉磁場之原理，解釋單相感應電動機轉子流有$f_r = S \cdot f$及$f_r = (2 - S) \cdot f$兩種頻率之電流，產生兩種旋轉磁場。

  🍃 T_b雖然始終存在，但在接近於同步速率時，對於轉子的影響很小，因此單相感應電動機永遠向起動時之方向轉動。

  🍃 由圖 8-2 得知，單相感應電動機的兩個旋轉磁場每個週期相交兩次，因此電動機產生之淨轉矩將有兩倍於定子頻率的脈動，這會增加電動機的振動，因此對容量大小相同之三相和單相感應電動機，單相感應電動機會有較大之噪音，且輸入功率為脈動式，這種脈動無法消除，因此單相感應電動機在設計時，必須容忍這種振動。

正轉磁場與反轉磁場之比較：

特性	正轉磁場	反轉磁場
旋轉方向	順時針	逆時針
轉矩方向	順時針	逆時針
轉差率	S	2 − S
轉部頻率	Sf	(2 − S)f
起動時的磁場強度	$H_正 = H_反$	$H_反 = H_正$
起動時的轉矩	$T_正 = T_反$	$T_反 = T_正$
正轉起動後磁場強度	變大	變小
正轉起動後轉矩	變大	變小
反轉起動後磁場強度	變小	變大
反轉起動後轉矩	變小	變大

② 交叉磁場理論

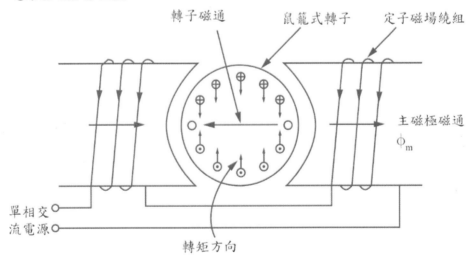

A. 產生的脈動磁場隨時間大小變化，先變大、後變小，但卻停留在固定方向。

B. 感應電動機之單相交變磁場（轉子磁通）穿過轉子時，轉部導體如同變壓器產生感應電勢，形成感應電流。

C. 由於單相感應電動機沒有旋轉磁場，但轉子線圈是短路的，所以有轉子電流在流動，而此轉子電流產生之磁場與定子磁場成一直線（方向相反），無法在轉子上產生淨轉矩⇒ 起動轉矩 = 0

D. 靜止時，可視為一個二次測短路的變壓器。

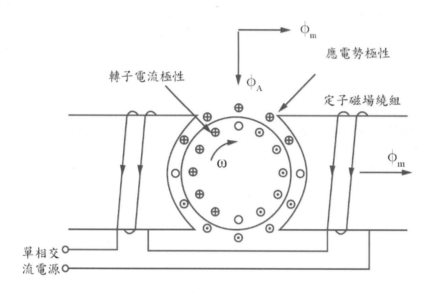

A. 轉子受外力而順時針方向轉動。

B. 轉子導體內有應電勢產生，此應電勢與定子交變磁場同相，亦即定子磁通ϕ_m最大時，此應電勢亦最大，此應電勢靠轉子轉動而產生，稱為速率電勢。

C. 轉動馬達之導體上感應之感應速率電勢之轉子頻率很高（與速率成正比），故轉子電抗$(2\pi f)$甚大於電阻，使轉子電流較其應電勢落後 90°。

D. 由此電流產生之磁通ϕ_A在空間上與ϕ_m成 90°電機角，故產生旋轉磁場，使電動機繼續轉動。

E. 加載後，造成轉速降低，則轉部速率電勢降低，產生交磁ϕ_A降低，而與ϕ_m形成大小變動不平衡的旋轉磁場，致運轉時噪音大，振動大。

牛刀小試

1. 有一部四極、60Hz、額定轉速 1710rpm 的單相感應電動機，求：(1) 正轉磁場時的轉差率；(2)反轉磁場時的轉差率。

8-2　單相感應電動機之起動、構造、特性及用途

1.於 8-1 已說明，單相感應電動機又稱「分數馬力電動機」本身沒有起動轉矩，必須採用鼠籠型轉子和起動繞組幫助起動，依起動法可分為：

(1)分相繞組起動式：電感分相式感應電動機。

(2)電容起動式：電容式感應電動機。

(3)蔽極式起動：蔽極式感應電動機。

2.若採具換向器與電刷之直流機轉子，稱為「單相換向電動機」；依起動方法可分為：(1)串激式電動機。(2)推斥式電動機。

3.電感分相式感應電動機

(1)構造：

①因在定部槽內行駛繞組 M（主繞組）無法自行起動，需在定部槽外設起動繞組（輔助繞組），使兩繞組空間上相距 90°電機角。係利用剖相方式產生旋轉磁場以起動運轉。

②離心開關：為 B 接點（常閉接點 Normal Close,N.C.），利用裝置於轉軸上的離心開關驅動器（SWr），在達 75%同步轉速（額定轉速）的離心力時來驅動該接點（Close→Open），以切斷電源完成起動。

(2)動作及連接：

①起動繞組串聯離心開關後，與行駛繞組並聯接單相電源，雖然電源是單相，兩繞組電流因阻抗角相異而有分相效果，故稱為「分相式」，又稱剖相法、裂相法。

②定子有行駛繞組與起動繞組，行駛繞組與起動繞組配置位置相差 90°
　電機角且並聯於單相電源；起動時，再配合兩繞組分相的繞組電流
　I_A 與 I_M，得以產生旋轉磁場使轉子旋轉，待轉速達到 75%的同步轉
　速時，離心開關接點跳脫（∵確保起動繞組不被燒毀，減少功率損
　失），電動機賴行駛繞組的交變磁場持續加速轉動，完成起動。

(3)特性：

①優點：構造簡單、價格便宜。

②缺點：高起動電流、低起動轉矩。

③用途：低起動轉矩之風扇、吹風機等。

(4)比較說明

繞組名稱	位於定子	導線	電阻	匝數	電感	電流落後電壓	備註
行駛繞組	內側	粗	小	多	大	角度較大（較落後）	
起動繞組	外側	細	大	少	小	角度較小	∵線徑細、匝數少 ∴不能久接電源，轉速達到 75%的同步轉速時需利用離心開關切離電源。

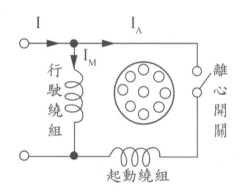

接線電路圖

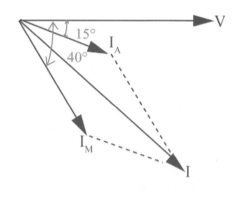

電壓、電流向量圖

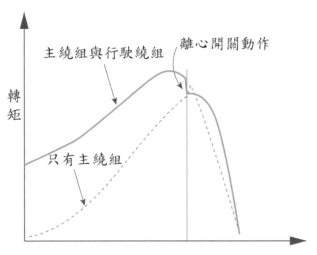

轉矩-轉差率曲線圖

4. 電容式感應電動機：構造上大致與分相式電動機相同，僅在起動電路中增設一或二個串聯電容，串聯電容之改善效果，可分為：電容起動式、永久電容式、雙值電容式。

(1) 電容起動式

　① 構造：

　　A. 將起動電容 C_s 與離心開關串聯後，接於起動繞組中，再與行駛繞組並聯，使起動時起動繞組電流 I_A 越前行駛繞組電流 I_M 約 90°。

　　B. 起動轉矩 $T_s \propto \sin\theta \Rightarrow \dfrac{\text{電容分相起動轉矩}}{\text{電阻分相起動轉矩}} = \dfrac{\sin 90°}{\sin 25°} = 2.37 \Rightarrow$ 電容分相起動之起動轉矩約為電阻分相的 2.37 倍。

　　C. 待轉速達到 75% 的同步轉速時，離心開關接點跳脫切離電路，故選間歇作用的乾式交流電解電容器為起動電容器。

　② 起動電容量：

　　A. $Z_M = R_M + jX_M \Rightarrow |Z_M| = \sqrt{R_M^2 + X_M^2}\angle\theta_M$

　　$\Rightarrow \theta_M = \tan^{-1}\dfrac{X_M}{R_M} \Rightarrow \tan\theta_M = \dfrac{X_M}{R_M}$

B. ∵ 起動電流I_A超前行駛電流I_M

⇒ 起動繞組串聯起動電容C_S後為電容性電路，$X_C > X_A$

∴ $Z_A = R_A + j(X_C - X_A) \Rightarrow |Z_A| = \sqrt{R_A^2 + (X_C - X_A)^2} \angle \theta_A$

⇒ $\theta_A = \tan^{-1}\dfrac{X_C - X_A}{R_A} = \tan^{-1}\dfrac{X_C}{R_A} - \dfrac{X_A}{R_A} = \tan^{-1}\dfrac{X_C}{R_A} - \dfrac{X_M}{R_M}$

$= 90° - \theta_M$（詳見電壓、電流向量圖，$\theta_A + \theta_M = 90°$）

⇒ $\tan\theta_A = \tan(90° - \theta_M) = \dfrac{X_C - X_A}{R_A}$

⇒ $\cot\theta_M = \dfrac{X_C - X_A}{R_A}$

C. ∵ $\tan\theta_M = \dfrac{1}{\cot\theta_M} = \dfrac{1}{\dfrac{X_C - X_A}{R_A}}$ ∴ $\tan\theta_M = \dfrac{X_M}{R_M} = \dfrac{R_A}{X_C - X_A}$

D. $X_C = \dfrac{1}{\omega C_S} = X_A + \dfrac{R_A R_M}{X_M} = \dfrac{X_A X_M + R_A R_M}{X_M}$

⇒ $X_C = [(電抗兩兩相乘) + (電阻兩兩相乘)] ÷ 行駛繞組電抗值$

③ 特性：

A. 起動電容的特性：

　🔘 有極性（交流）電解質：可縮短起動時間，保護起動繞組。

　🔘 大值電容量：提高起動轉矩($\because \downarrow X_C = \dfrac{1}{\omega C\uparrow}$，$\uparrow I_A = \dfrac{E}{|Z_A - jX_C\downarrow|}$，

$X_C \downarrow I_A \uparrow$ 又 $\because T_s \propto I_A \Rightarrow T_s \uparrow$)。

B. 優點：具兩相完全旋轉磁場，低起動電流、高起動轉矩、高起動功因(佳)、效率高、噪音小。

C. 缺點：運轉特性不佳、起動電容器易漏電變質。

D. 用途：高起動轉矩之電冰箱、除濕機、空調機或冰箱之壓縮機等。

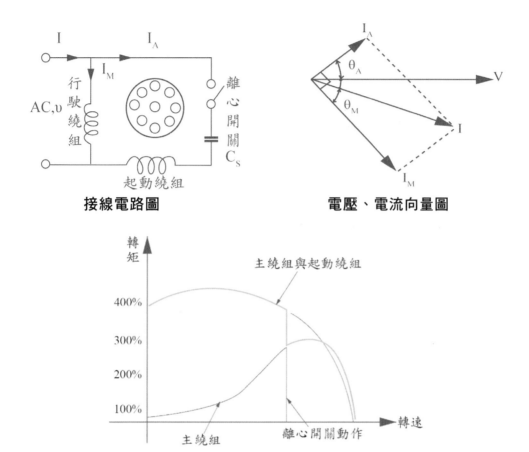

接線電路圖 電壓、電流向量圖

轉矩-轉差率曲線圖

牛刀小試

2. 有一 1/3 馬力、120V、60Hz 之電容器起動式電動機,其主要繞組阻抗為$Z_M = 4.5 + j3.7\Omega = 5.83\angle36.9°\,\Omega$,而輔助繞組阻抗為$Z_A = 9.5 + j3.5 = 10.2\angle20.2°\,\Omega$,如欲使主繞組電流與輔助繞組電流相差 90°,求:起動電容器之電容值及電容抗。已知:

$\tan 36.9° = 0.8273$ $\tan 20.2° = 0.3679$

$\tan 50.4° = 1.20897$ 　　$\tan 79.8° = 5.55777$

(2)永久電容式

　①構造：電動機所使用之電容器 C_r，不僅可供起動之用，且於運轉時，因無離心開關，此電容器仍與起動繞組串聯接於線路上⇒電容起動兼運轉式電動機。

　②動作及連接：

　　A.此電動機注重其運轉特性，故電容器的容量較小($C_r<C_s$)，致起動轉矩較小。

　　B.可在任何負載下形成平衡二相運轉，如此運轉時之功率因數、效率及轉矩之脈動將獲得改善⇒噪音、震動小。

　　C.轉相控制：為使電動機易於反轉，如右圖正逆轉接線，將兩繞組以相同線徑及相同匝數繞製，由三路開關切換電容器所串聯的繞組，以改變轉向⇒亦稱電容切換法。

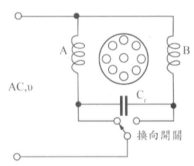

　③特性：

　　A.起動兼運轉式電容的特性：

　　　無極性油浸紙介質：因長時間接於交流電源。

　　　小值電容量：為了降低流過輔助繞組的電流，保護起動繞組。

　　B.優點：

　　　提高運轉時的功率因數⇒C_E。

　　　噪音及震動小⇒有兩相旋轉磁場，脈動成份少。

　　　滿載時效率高⇒線路取用小電流。

　　　可增加最大轉矩⇒兩繞組同時驅動。

　　C.缺點：

　　　起動轉矩小（約 50%~100%的額定轉矩）。

　　　運轉電容器 C_E 體積大、耐壓高，成本高。

　　D.用途：不需高起動轉矩、容易操作正反轉及需安靜的場所，如：風扇、抽風機、排風機、洗衣機、辦公室用電動機。

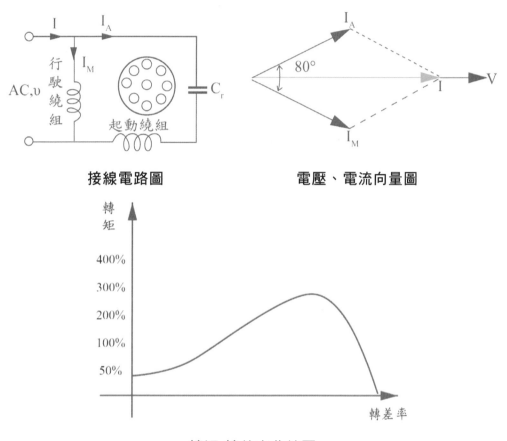

接線電路圖　　　　　　　　**電壓、電流向量圖**

轉矩-轉差率曲線圖

(3) 雙值電容式

　① 構造：為獲得高起動轉矩及良好的運轉特性：

　　A. 起動時使用高值電容值的交流電解電容器 Cs（起動電容），與低值電容值的油浸式紙質電容器 Cr（行駛電容）並聯⇒獲得最佳起動特性。

　　B. 待轉速達到 75%的同步轉速時，離心開關接點跳脫，將電解電容器切離電路，此時，可藉低電容值的油浸式紙質電容器與起動繞組串聯⇒獲得最佳的運轉特性。

②特性：

A. 優點：高起動轉矩及良好的運轉特性。

B. 用途：需高起動轉矩、高運轉轉矩之場合，如：冷氣機、農業用機械。

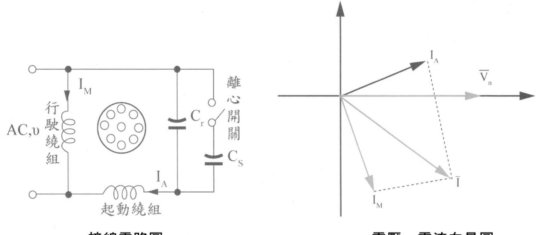

接線電路圖　　　　　　　　電壓、電流向量圖

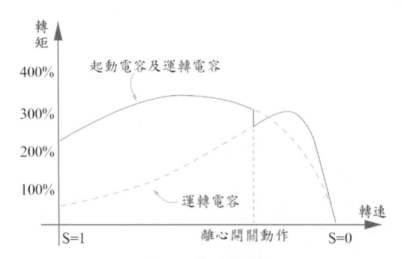

轉矩-轉差率曲線圖

(4)電容式感應電動機特性比較：

名稱	電容種類	容量	耐壓	說明
電容起動式	有極性交流電解質	大	低	起動繞組轉速到達 75%需切離電源
永久電容式	無極性油浸式紙質	小	高	起動繞組產生磁勢與運轉繞組相同
雙值電容式	雙值電容式為以上兩種的合體			兼具電容起動式和永久電容式特性

5.蔽極式感應電動機

(1)構造：在主磁極的鐵心約寬 1/3 位置開槽，在槽內繞有電阻極低的線圈，自成捷路或採用裸銅片自成捷路，而後在主磁極上繞線圈，兩者產生移動磁場。

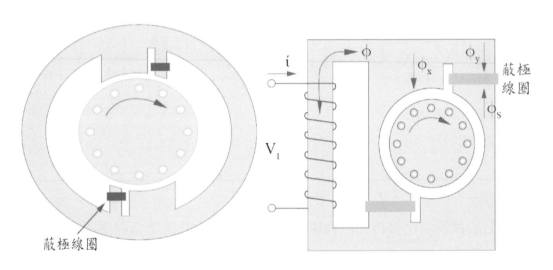

構造圖　　　　　　　　　　　電路圖

(2)移動磁場：在主繞組接交流電源 V_1，則有電流 i 產生磁通 φ，φ 分成穿

過未蔽極部份的 $φ_x$ 及穿過蔽極的 $φ_y$，而蔽極線圈因電磁感應原理產生

應電勢 E_s，以致內流經過渦流 I_s，而有磁通 $φ_s$，所以蔽極部分磁通是 $φ_y$

與 $φ_s$ 的向量和 φ′，且 φ′ 落後 $φ_x$ 一個時相角 θ(0 < θ < 90°) ⇒ 在任何時

候，主磁極磁通為一從未蔽極部份移向蔽極部份的移動磁場，而有起動

轉矩產生。

電流增加,蔽極線圈產生磁通 $φ_s$ 反抗磁通 φ 增加。	電流達最大值為一定,蔽極線圈沒有應電勢。	電流減少,蔽極線圈產生磁通 $φ_s$ 反抗磁通 φ 減少。

(3)特性：

　①依據愣次定律得知蔽極線圈產生較同鐵心的主磁極線圈所產生的磁
　　通滯後 90°，故形成自未蔽極處向蔽極處移動的磁場，轉子的轉向和
　　移動磁場方向一致。

　②優點：構造簡單、價格低廉、不易發生故障。

　③缺點：運轉噪音大、起動轉矩小、功率因數低、效率差。

　④用途：小型電風扇、吹風機、吊扇、魚缸水過濾器。

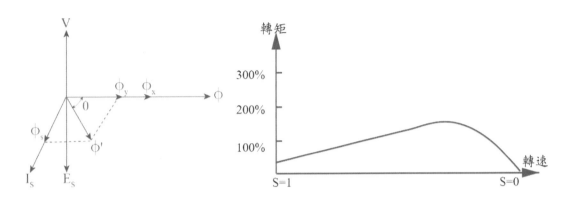

電壓、電流、磁通相量圖　　　　　　　轉矩-轉差率曲線圖

6.各類單相感應電動機的比較

電動機型式	起動轉矩	起動電流	離心開關	特色	用途
電感分相式	中	大	有	構造簡單、便宜	抽水機、送風機
電容起動式	大	中	有	起動轉矩較大功率因數較高運轉效率提升	壓縮機
永久電容式	小	小	無		風扇
雙值電容式	大	中	有		壓縮機、幫浦
蔽極式	小	極小	無	構造堅固簡單、便宜	吊扇
推斥式起動	極大	中	無	構造複雜、起動轉矩最大	需最大起動轉矩之處

(1)起動轉矩：串激式>推斥式>雙值電容式>電容起動式>電感分相式>永久電容式>蔽極式。

(2)起動和運轉特性由優到劣排序：①雙值電容式；②電容起動式；③永久電容式；④電感分相式；⑤蔽極式。

8-3　單相感應電動機之轉向及速率控制

1. 電動機只靠行駛繞組所生的交變磁場維持運轉，如分相式、電容起動式等，運轉中改變起動繞組或行駛繞組接線，轉向不變。

2. 電動機靠行駛繞組與起動繞組所生旋轉磁場維持運轉，如永久電容、雙值電容式等，運轉中改變起動繞組或行駛繞組接線，轉向改變。

3. 通常單相感應電動機如需反轉，起動時，僅將行駛繞組或起動繞組之一接點相反接於電源。

4. 轉向控制的方法：

   (1) 改變行駛繞組或輔助繞 組其中之一的電流方向：

   ① 方法：利用鼓型開關。

   ② 適用：分相式、電容起 動式。

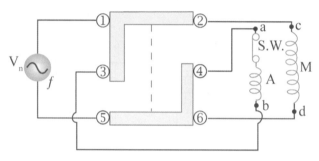

   (2) 電容切換法：A、B 兩繞 組構造完全相同。

   ① 當開關切到 1 時正轉：A 繞組為行駛繞組、B 繞 組為輔助繞組。

   ② 當開關切到 2 時反轉： A 繞組為輔助繞組、B 繞組為行駛繞組。

   ③ 適用：永久電容式電動機，如洗衣機正反轉。

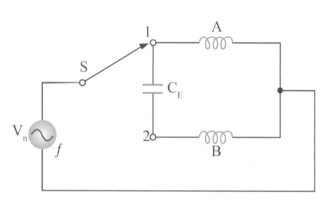

(3)改變蔽極線圈裝置位置

　①將主磁極鐵心拆下翻面使電動機反轉。

　②將主磁極鐵心的兩對蔽極線圈中對角的其中一組短接，另一組開

　　路，即可改變轉向。

　③如右圖所示：順時針
　　旋轉⇒ab 短接、cd
　　開路；逆時針旋轉
　　⇒ab 開路、cd 短路。

　④適用：蔽極式感應電
　　動機。

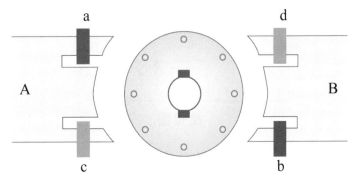

5.應用實例

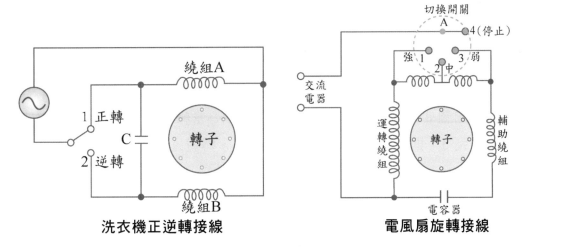

洗衣機正逆轉接線　　　　　　　電風扇旋轉接線

6.三相感應電動機單向運轉

　(1)三相感應電動機的定子三相繞組採用 Y 接，並且將電容器接於 U、V
　　之間，三相繞組中有一不完全的三相電流，可以使三相感應電動機使用
　　單相電源運轉。

(2) 三相感應電動機作單相運轉時（史坦梅滋接法 Steinmetz connection），
其輸出最多僅有其額定值的 70~80%。

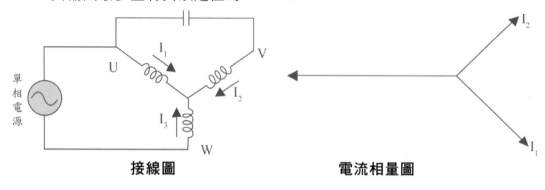

接線圖　　　　　　　　　　電流相量圖

7. 單相感應電動機的轉速控制

(1) 公式：$n_r = (1 - S) \times n_s = (1 - S) \times \dfrac{120f}{P}$

(2) 方法：

① 變頻法：利用變頻機改變電源頻率 f。

② 變極法：利用生成極原理改變主磁極極數 P。

③ 變壓法：利用調速線圈（抗流圈）改變加到行駛繞組的端電壓大小，
如圖 8-5 電風扇的轉速控制電路所示，當轉速切換開關由 1 逐次切換
到 3，則行駛繞組端電壓愈來愈小，轉速逐次減慢。

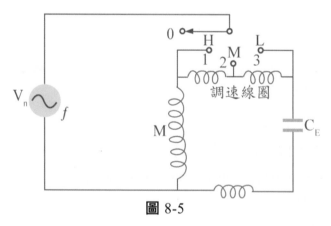

圖 8-5

8-4　低壓單相感應電動機接線及特性實驗

1. 目的：了解單相感應電動機構造、原理及特性。

2. 說明：

(1) 單相感應電動機定子為單相繞組，轉子為鼠籠式轉子。

(2) 無法自行起動，須添加起動繞組。

(3) 依據起動繞組的配線方式，分為三種型式，分別為分相式、電容式、蔽極式。

① 分相式：

A. 有運轉繞組和起動繞組，運轉繞組使用線徑較粗的銅線繞在定子線槽的內層，電阻小而電感抗大；起動繞組使用線徑較細的銅線繞在定子線槽的外層，電阻大而電抗小。兩者配置位置相差 90 度電機角。

B. 起動繞組串聯離心開關後，與運轉繞組並聯接單相電源，雖然電源是單相，兩繞組電流因阻抗角相異而有分相效果（但是兩者相位不是恰好相差 90°），故稱為分相式。

C. 起動時，配合兩繞組分相的繞組電流，得以產生旋轉磁場使轉子旋轉。

D. 轉速達到 75%同步轉速時，離心開關接點跳脫，電動機依運轉繞組的交變磁場持續加速轉動，完成起動。

E. 優點：構造簡單、價格便宜。

F. 缺點：起動電流大、起動轉矩小、正常運轉時功率因數及效率均不佳。

G. 適用於起動轉矩小之機械。

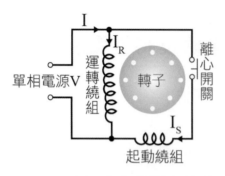
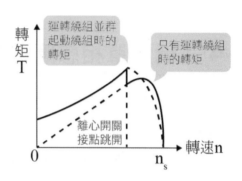

(a)分相式電動機之接線圖　　(b)轉矩特性曲線

分相式電動機

②電容式：

　　A. 起動繞組串聯適當的電容器,起動繞組電流相位可以超前運轉繞組 90
　　　度,如此所生之旋轉磁場比較平順,電動機有較佳的起動性能。

　　B. 加裝電容器的感應電動機稱為電容式感應電動機,有電容起動
　　　式、永久電容式及雙值電容式等三種。

　　　a. 電容起動式：

　　　　(a) 起動繞組串聯一個乾式交流電解電容器和離心開關,再與運
　　　　　轉繞組並聯接電源。

　　　　(b) 優點：起動轉矩大、起動電流小、起動功因佳、效率高、噪
　　　　　音小。

　　　　(c) 缺點：運轉時功率因數及效率亦欠佳、起動電容器易漏電。

　　　　(d) 適用於需較大起動轉矩之機械負載或電源電壓變動大的場
　　　　　合,如電冰箱、除濕機、空調機。

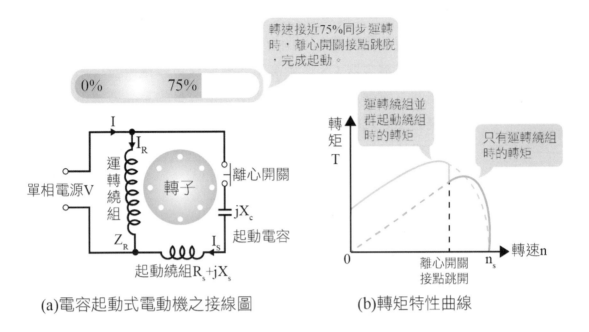

(a)電容起動式電動機之接線圖　　　(b)轉矩特性曲線

b. 永久電容式：

　　(a) 起動繞組串聯一個浸油紙式電容器，再與運轉繞組並聯接電源。

　　(b) 電動機在起動與運轉時，起動繞組和電容器都接於線路上。

　　(c) 優點：運轉特性良好，在正常運轉時，其功率因數、效率和
　　　　轉矩均較佳、耐壓較高、噪音及振動小。

　　(d) 缺點：起動轉矩小、容量小、體積大、價格高。

　　(e) 適用於起動轉矩較小的負載。

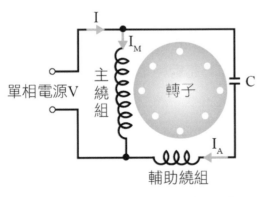

(a)永久電容電動機之接線圖

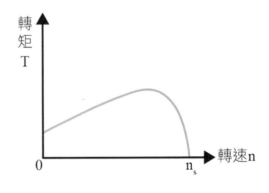

(b)轉矩特性曲線

　　c. 雙值電容式：雙值電容式感應電動機

　　　(a) 具有兩個電容器，一個專供起動用，另一個作為運轉用。

　　　(b) 起動用電容器 CS 使用高電容量交流電解電容器，串聯離心
　　　　　開關；運轉用電容器 CR 使用低電容量的浸油紙式電容器。

　　　(c) 優點：高起動轉矩及良好的運轉特性。

　　　(d) 適用於需高起動轉矩、高運轉轉矩之場合，如冷氣機、農業
　　　　　用機械。

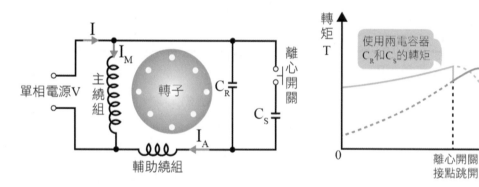

　　　(a)雙值電容式電動機之接線圖　　　　　　(b)轉矩特性曲線

③蔽極式：

　A. 所有電動機中構造最簡單的。

　B. 有一主磁場繞組接單相交流電源，在磁極的一側套上蔽極線圈，
　　　蔽極線圈匝數少且自行短路,常以銅環組成,轉子一樣是鼠籠式。

　C. 優點：構造簡單、價格便宜、不易故障。

　D. 缺點：起動轉矩小、噪音大、功率因數低、效率差、轉差率較大。

　E. 一般吊扇是使用蔽極式電動機，因為起動轉矩小，所以起動時會
　　　發現吊扇是很緩慢地轉動起來。

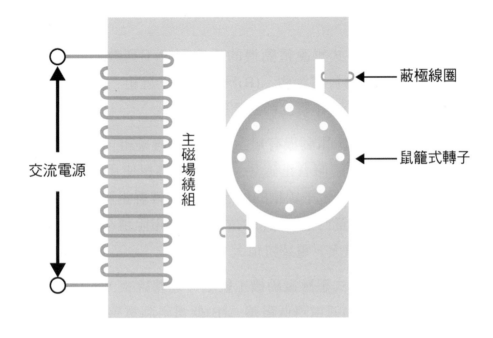

蔽極式電動機

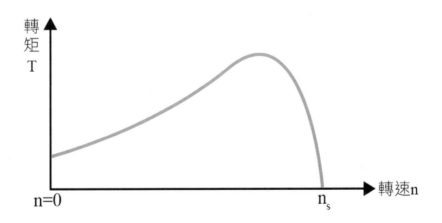

蔽極式電動機轉矩－轉速特性曲線

牛刀小試

(　) **3.** 關於電容式感應電動機的電容器，下列敘述何者正確？
(A)應串聯於電源側　(B)應串聯於主繞組　(C)應並聯於電
源側　(D)應串聯於輔助繞組。

(　) **4.** 分相式感應電動機有起動繞組與運轉繞組，下列關於運轉
繞組的敘述何者正確？　(A)運轉繞組使用線徑較細的銅
線，且置於定子線槽的外層　(B)運轉繞組使用線徑較粗的
銅線，且置於定子線槽的內層　(C)電阻值小，電感抗值小
(D)電阻值大，電感抗值大。

(　) **5.** 單相分相式感應電動機主繞組（運轉繞組）的電路特性為
何？　(A)低電阻低電感　(B)低電阻高電感　(C)高電阻低
電感　(D)高電阻高電感。

(　) **6.** 下列有關單相分相式感應電動機之敘述，何者正確？　(A)
只有運轉繞組時也能起動，但轉矩較小　(B)起動繞組與運
轉繞組在空間上互成 90 度電工角　(C)分相式電動機接電
源之兩線對調，即可逆轉　(D)將起動繞組與運轉繞組之兩
接線端同時對調，即可逆轉。

(　) **7.** 下列何種電動機必須藉由輔助電路幫忙，才能起動運轉？
(A)直流電動機　(B)三相感應電動機　(C)單相感應電動機
(D)同步電動機。

(　) **8.** 單相感應電動機之定子繞阻接入單相交流電時，在氣隙所
形成之磁場可為下列何者？　(A)單旋轉磁場　(B)單固定
磁場　(C)雙旋轉磁場　(D)雙固定磁場。

(　) **9.** 單相感應電動機若含有起動繞組，則起動繞組應裝置於
(A)轉子　(B)定子　(C)電樞　(D)電刷。

(　) **10.** 單相感應電動機轉部是　(A)鼠籠式　(B)環狀式　(C)繞線式　(D)以上皆非。

(　) **11.** 單相感應電動機在起動瞬間,轉差率 S 等於　(A)0　(B)－1　(C)－2　(D)1。

(　) **12.** 當單相感應電動機正轉時,兩個旋轉磁場對轉子所產生的轉矩大小,應為　(A)正轉轉矩較反轉轉矩大　(B)反轉轉矩較大　(C)大小相等　(D)不一定。

(　) **13.** 單相感應電動機所產生的轉矩為　(A)脈動的轉矩　(B)平穩的轉矩　(C)同步轉矩　(D)反轉矩。

(　) **14.** 以 220V 電源供電的單相交流電動機,其最大馬力以不超過多少馬力為原則?　(A)20HP　(B)5HP　(C)3HP　(D)2HP。

(　) **15.** 分相式單相感應電動機,其主線圈與起動線圈之電阻與匝數,下列敘述何者正確?　(A)起動線圈之電阻大,匝數多　(B)起動線圈之電阻小,匝數少　(C)起動線圈之電阻小,匝數多　(D)起動線圈之電阻大,匝數少。

(　) **16.** 有關電阻分相式電動機的特性,下列敘述何者錯誤?　(A)起動繞組電阻較大　(B)行駛繞組電感較大　(C)起動繞組電流越前主繞組電流,產生分相　(D)起動繞組置於定子線槽的內層。

(　) **17.** 單相感應電動機之離心開關大約於同步轉速的多少百分比時斷開起動線圈?　(A)100％　(B)90％　(C)75％　(D)60％。

(　) **18.** 單相感應電動機輕載時,接上電源而不能起動,若以手轉動轉子,則可轉動並正常運轉,其原因可能是　(A)主線圈燒燬　(B)主線圈短路　(C)起動線圈開路　(D)轉軸彎曲且卡住。

(　) **19.** 下列何種單相感應電動機之起動和運轉特性最佳?　(A)分相式　(B)電容起動式　(C)永久電容分相式　(D)雙值電容式。

（　　）**20.** 下列何者非永久電容式單相感應電動機的優點？　(A)功率因數較高　(B)噪音較小　(C)起動轉矩較大　(D)不需離心開關。

（　　）**21.** 有一電動機，其內部有一離心開關、一電解電容器，且起動線圈匝數比主線圈少，線徑也較細，所以這部單相電動機應該是？　(A)分相起動式　(B)電容起動式　(C)電容起動兼電容運轉式　(D)永久電容式。

（　　）**22.** 雙值電容式單相感應電動機中，電容值較大之電容器為　(A)運轉電容　(B)起動電容　(C)諧波抑制電容　(D)功因改善電容。

（　　）**23.** 單相感應電動機起動時，何者之特性最接近兩相感應電動機？　(A)分相式電動機　(B)電容起動式電動機　(C)永久電容式電動機　(D)蔽極式電動機。

（　　）**24.** 永久電容式單相感應電動機之起動轉矩，通常比一般分相式電動機為小，其原因為　(A)串聯電容器使電抗增大，相位落後　(B)因電容器之損失使轉矩降低　(C)就起動之需求而言，串聯電容器之容量偏小　(D)就起動之需求而言，串聯電容器之容量偏大。

（　　）**25.** 單相感應電動機中，效率最低者為　(A)推斥式電動機　(B)蔽極式電動機　(C)電容起動式電動機　(D)分相式電動機。

（　　）**26.** 欲使分相式單相感應電動機逆轉，下列方法何者正確？　(A)將電源的兩線端對調　(B)串聯電感於電源側　(C)僅將起動線圈的兩線端對調　(D)增加輸入電壓。

（　　）**27.** 將分相式電動機中的離心開關，用電容器取代時，電動機通電使其正常運轉後，其旋轉方向將如何？　(A)保持不變　(B)反方向旋轉　(C)視外力之方向來決定　(D)起動線圈燒毀。

歷屆試題

(　)　**1.** 家庭用電冰箱的壓縮機馬達，通常採用？
(A)蔽極式單相馬達　　　　　　(B)分相式單相馬達
(C)電容起動式單相馬達　　　　(D)推斥式單相馬達。

(　)　**2.** 單相感應電動機之定子繞組接入單相交流電時，在氣隙所形成之磁場可視為下列何者？
(A)單旋轉磁場　　　　　　　　(B)單固定磁場
(C)雙旋轉磁場　　　　　　　　(D)雙固定磁場。

(　)　**3.** 有關單相電容起動式感應電動機之電容器，下列敘述何者正確？
(A)電容器串接於運轉繞組　　　(B)電容器串聯於起動繞組
(C)電容器並接於運轉繞組　　　(D)電容器並接於電源側。

(　)　**4.** 如要使單相電容式感應電動機之旋轉方向逆轉，可選用何種方法？
(A)運轉繞組兩端的接線維持不變，起動繞組兩端的接線相互對調
(B)運轉繞組兩端的接線相互對調，而且起動繞組兩端的接線也要相互對調
(C)運轉繞組與起動繞組的接線不變，由電源線兩端接線互對調反接
(D)僅對調電容器兩端的接線即可。

(　)　**5.** 下列何種電動機常被用於小型吹風機等家用電器？
(A)分相式感應電動機　　　　　(B)電容起動式感應電動機
(C)永久電容式感應電動機　　　(D)蔽極式感應電動機。

(　)　**6.** 單相分相式感應電動機主繞組（運轉繞組）的電路特性為何？
(A)低電阻低電感　　　　　　　(B)低電阻高電感
(C)高電阻低電感　　　　　　　(D)高電阻高電感。

(　)　**7.** 下列有關單相分相式感應電動機之敘述，何者正確？
(A)只有運轉繞組時也能起動，但轉矩較小
(B)起動繞組與運轉繞組在空間上互成 90 度電工角
(C)分相式電動機接電源之兩線對調，即可逆轉
(D)將起動繞組與運轉繞組之兩接線端同時對調，即可逆轉。

(　)　**8.** 分相式感應電動機有起動繞組與運轉繞組，下列關於運轉繞組的
敘述何者正確？
(A)運轉繞組使用線徑較細的銅線，且置於定子線槽的外層
(B)運轉繞組使用線徑較粗的銅線，且置於定子線槽的內層
(C)電阻值小，電感抗值小
(D)電阻值大，電感抗值大。

(　)　**9.** 關於電容式感應電動機的電容器，下列敘述何者正確？
(A)應串聯於電源側　　　　　　(B)應串聯於主繞組
(C)應並聯於電源側　　　　　　(D)應串聯於輔助繞組。

(　)　**10.** 雙值電容感應電動機之輔助繞組使用 C_r 及 C_s 兩個電容器，其 C_r
及 C_s 分別為運轉電容器及起動電容器，下列敘述何者正確？
(A)C_r 為低容量的交流電解質電容器
(B)C_s 為低容量的交流電解質電容器
(C)C_r 為高容量的交流電解質電容器
(D)C_s 為高容量的交流電解質電容器。

第 9 章　同步發電機

9-1　同步發電機之原理

1. 頻率、極數及轉速之關係

    (1) 若某電機之磁極數為 P，當磁場與電樞導體以相對速率 n_s 旋轉時，則電樞導體中感應電勢之頻率、極數及轉速之關係為。

    $$f = \frac{P}{2} \times \frac{n_s}{60} = \frac{P \cdot n_s}{120} \, (Hz)$$

    (2) 由極數及旋轉速率決定頻率，產生交流電功率的發電機叫作同步發電機，此 n_s 為同步轉速。

    $$n_s = \frac{120f}{P} \, (rpm)$$

    (3) 由(2)得知，在一定之頻率下，磁極數愈小，同步轉速愈高。

牛刀小試

1. 有一 6 極，60Hz，交流同步發電機，求：

    (1)其每分鐘轉速。

    (2)在 50Hz 的電源上使用，其轉速。

2.感應電勢及同步轉速

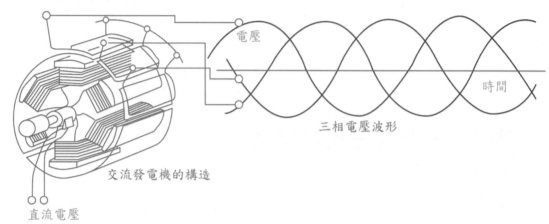

交流發電機的構造

直流電壓

三相電壓波形

電壓

時間

三相交流發電機之原理說明圖

(1)三相交流發電機之原理說明

　　利用電磁感應作用，導體切割磁場（轉電式）或旋轉磁場割切靜止的導體（轉磁式）而產生應電勢。

$$E_{av} = N\frac{\triangle\phi}{\triangle t}(V)$$

(2)由右圖得知，磁極由右向左運動時（即磁場固定,線圈由左至右運動）：

　　①在圖(a)位置，因線圈與磁場運動方向平行，線圈交鏈之磁通最大ϕ_m，應電勢＝ 0。

　　②經△t，磁極移動$\frac{1}{2}$極距（90°電機角）在圖(b)位置，因線圈與磁場垂直，線圈交鏈之磁通=0，應電勢最大。

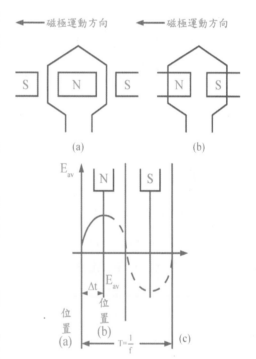

③由①和②得知，割切線圈應電勢之週期為應電勢波形一週的 $\frac{1}{4}$ ⇒轉子磁極每旋轉一對磁極產生一個週期的應電勢。

④若感應電勢頻率 f，週期 $T = \frac{1}{f}$，由③得知⇒ $\frac{1}{4}$ 週的時間 $\triangle t = \frac{1}{4f}$，磁通最大變化量 $\triangle \phi = \phi_m - 0 = \phi_m$。

⑤每相感應電勢平均值 $E_{av} = N\frac{\triangle\phi}{\triangle t} = N\frac{\phi_m}{\frac{1}{4f}} = 4fN\phi_m$。

⑥每相感應電勢有效值 $E_{eff} = 4.44fN\phi_m$。

(3)應電勢相關說明及其它公式

① 波形：正弦波。

② 頻率：$f = \frac{P}{2} \cdot S(rps) = \frac{P}{2} \cdot \frac{n_s}{60} = \frac{P \cdot n_s}{120} = \frac{1}{T}(1/sec)$

③ 週期：$T = \frac{1}{f}$

④ 同步角速度：$\omega_s = 2\pi \cdot f = 2\pi \cdot S = 2\pi \cdot \frac{n_s}{60}(rad/s)$

⑤ 一般電樞繞組採用短節距及分佈繞組，故需考慮節距因數 K_p 及分佈因數 K_d，則每相感應電勢有效值 $E_{eff} = 4.44 \cdot (K_pK_d) \cdot fN\phi_m = 4.44K_wfN\phi_m$。

　　📍繞組因數 $K_w = K_pK_d$

牛刀小試

2. 有一同步發電機其極數為 12，感應電壓之頻率為 60Hz，求其同步轉速之角速度。

3. 電樞及電樞繞組：交流發電機的靜止部分為定子，在其鐵心槽內埋設有線圈導體，稱為「電樞」，當電機旋轉時，旋轉磁場割切電樞線圈而產生應電勢。

(1) 條件：

① 電樞繞組每一線圈之跨距一定要在相鄰異極。

② 線圈連接時，通常要使電勢互加。

③ 電勢之波形為正弦波；

④ 為減少渦流損，採矽鋼片疊置而成。

⑤ 採 Y 接，原因有二：

A. 可自 Y 接中性點至地之接地線上取得零序電流，作為是否發生接地故障之偵測及保護；

B. 因第三諧波各相為同相，採 Δ 接時，則第三諧波之電流將在相內循環而產生損失；而 Y 接各相感應之電壓雖含有第三諧波，但不會出現在線間電壓。

(2) 依槽放置線圈邊分類

① 單層繞組：每極每相一槽只放置一只線圈邊；每極每相只有一個容納導體的槽稱為「集中繞組」，槽內之線圈導體感應相同電勢，每相之應電勢為所有線圈導體應電勢之代數和。

② 雙層繞組：每極每相兩槽放置兩只線圈邊，一邊放在槽的下層，另一邊置於同一相另一槽的上層，相隔一極距。

③ 分佈繞組：為了改善集中繞組造成的非正弦之梯形波，實際發電機多採用每極每相都有數個容量導體的槽。

📝 集中繞組產生平坦梯形波

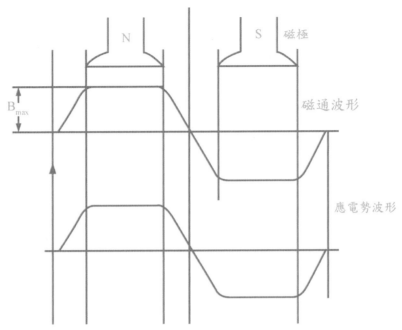

(1) 原因：
　① 由於存在電機磁極底下的磁通密度，因擴散作用及邊際效應的結果，其分佈並非正弦波，其應電勢波形與磁通密度之梯形波相似。
　② 匝數之多少僅決定其電勢之高低，波形並未改變，此波形因而產生諧波。
(2) 一般交流發電機採分佈繞組不採集中繞組的原因：
　① 分佈繞組可得較佳的電勢波形，即正弦波。
　② 線圈分佈在許多小槽中，能減少自感漏抗。
　③ 導體平均分佈於電樞面上，因此散熱佳。
　④ 容量加大，有較多的空間線圈與絕緣材料。

(3) 依一個線圈的兩個線圈邊相隔距離分類

全節距繞組	短節距繞組
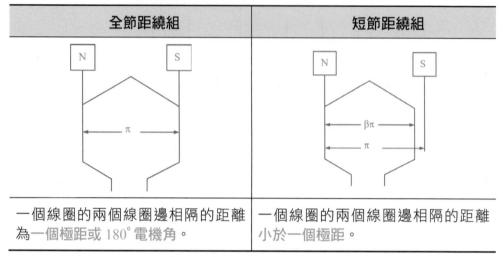	
一個線圈的兩個線圈邊相隔的距離為一個極距或 $180°$ 電機角。	一個線圈的兩個線圈邊相隔的距離小於一個極距。

一般交流發電機採短節距繞組不採全節距繞組的原因：

① 可改善電勢波形，各繞組電壓波形為向量和。

② 可以減少末端連接線，減少用銅量，且可減少線圈末端之自感量。

③ 每極下有數個槽可以容納兩個異相的繞組，槽外線圈較短，減少漏電抗，故互感較小。

(4) 繞組因數

① 用以計算電樞應電勢時，由於繞組採短節距及分佈繞組不採集中繞組，使各線圈所感應電勢之相量和少於代數和，而必須乘上一因數，稱為「繞組因數」。

② 短節距繞組所引起的因數⇒節距因數 K_p（ **Pitch factor** ）；分佈繞組所引起的因數⇒分佈因數 K_d（ **Distribution factor** ）。

③ 繞組因數 $K_w = K_p K_d$

④ 短節距繞且分佈繞組的發電機中，每相之總應電勢有效值：

$$E_{eff} = 4.44 \cdot \left(K_p K_d \right) \cdot fN\phi_m = 4.44 K_w fN\phi_m$$

(5)節距因數及分佈因數的說明如下:

①節距因數 K_p:

全節距繞	○當線圈元件一邊在 N 極下,另一邊在 S 極下,相差 180°電機角。 ○每一線圈邊係由同數量之導體以同一速率割切同一磁場而產生之應電勢⇒$E_1 = E_2$。 ○全節距之應電勢 $E_s = \overrightarrow{E_1} + (-\overrightarrow{E_2}) = 2E$	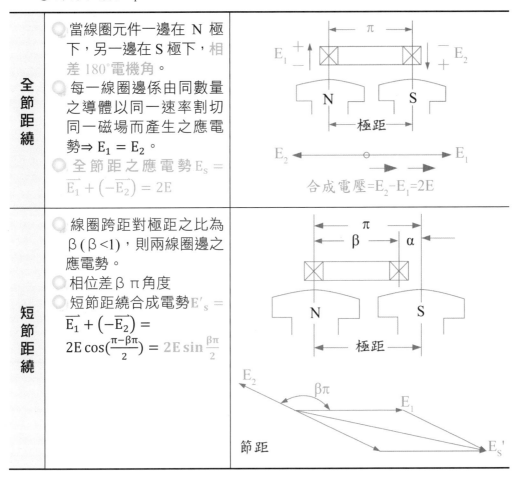
短節距繞	○線圈跨距對極距之比為 $β$ ($β<1$),則兩線圈邊之應電勢。 ○相位差 $βπ$ 角度 ○短節距繞合成電勢 $E'_s = \overrightarrow{E_1} + (-\overrightarrow{E_2}) = 2E\cos(\frac{π-βπ}{2}) = 2E\sin\frac{βπ}{2}$	

節距因數 $K_P = \dfrac{\text{短節距繞組每相應電勢}}{\text{全節距繞組每相應電勢}} = \dfrac{2E\sin\frac{βπ}{2}}{2E} = \sin\frac{βπ}{2}$

A. 應電勢降低,頻率上升,節距因數變化大小不一定。

B. 欲消除三次諧波$K_{P3} = \sin\frac{3βπ}{2} = 0 \Rightarrow \frac{3βπ}{2} = kπ \Rightarrow k = 1 、 2 ...$

C. 由 B.得知:短節距 $k = 1 \Rightarrow β = \frac{2}{3}$;長節距 $k = 2 \Rightarrow β = \frac{4}{3}$

D. 結論：$\beta = 1 \pm \dfrac{1}{n}$ ⇒ 可消除第 n 次諧波。

E. 利用 $\dfrac{4}{5}$ 節距，使兩線圈邊感應之五次諧波抵消：

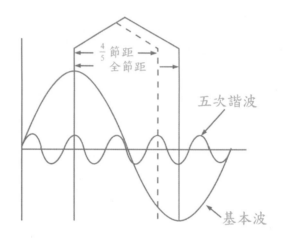

② 分佈因數 K_d：

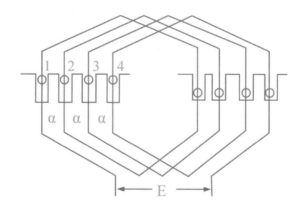

A. 線圈為分佈式，故每極每相所感應之電動勢不再相同，所以，每相總電動勢不再是各線圈的 N 倍，必須乘上 K_d。

B. 磁場以相同速度由左至右移動，以相同大小切割相同之線圈邊 1、2、3、4，故其應電勢 $E_1 = E_2 = E_3 = E_4$。

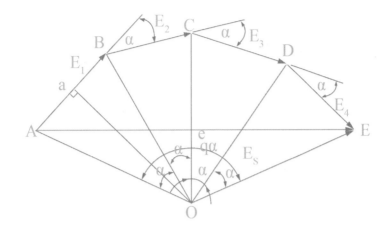

A. 槽距為 α，故在時相上 E_2 落後 E_1 α，以此類推。

B. 由 A.推得如上之相量圖。

C. 根據幾何學，推得 A、B、C、D、E 五點共圓，半徑為 $\overline{OA}$。

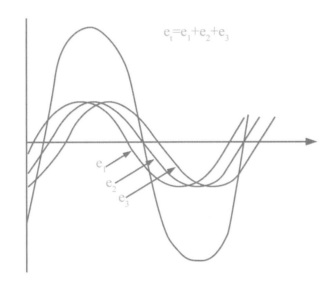

A. 每極每相之槽數為 q，相數為 m，槽距為 α，則每極共有 mq 槽，

極距為 π，故相鄰兩槽之間隔(槽距)$\alpha = \dfrac{\pi}{mq}$。

B $\overrightarrow{AB} = 2\overrightarrow{Aa} = 2 \times \overrightarrow{OA} \times \sin\dfrac{\alpha}{2}$; $\overrightarrow{AE} = 2\overrightarrow{Ae} = 2 \times \overrightarrow{OA} \times \sin\dfrac{q\alpha}{2}$

$\Rightarrow q\overrightarrow{AB} = q \times 2 \times \overrightarrow{OA} \times \sin\dfrac{\alpha}{2}$

C. 分佈因數

$$K_d = \frac{\text{分佈繞組每相應電勢(每相合成電勢之相量和)}}{\text{集中繞組每相應電勢(每相合成電勢之代數和)}} = \frac{\overrightarrow{AE}}{q\overrightarrow{AB}}$$

$$= \frac{2 \times \overrightarrow{OA} \times \sin\frac{q\alpha}{2}}{q \times 2 \times \overrightarrow{OA} \times \sin\frac{\alpha}{2}} = \frac{\sin\frac{q\alpha}{2}}{q\sin\frac{\alpha}{2}}$$

D. 應電勢降低，頻率上升，分佈因數下降。

E. 交流發電機採用分佈繞組的原因：每極每相之槽數為 3 時，各線圈邊感應e_1、e_2、e_3之電壓，故線圈端子之合成電壓可較接近正弦波之電壓e_t。

(6)高諧波應電勢

① 定義：60Hz 交流發電機的成分稱為基本波，頻率為基本波的倍數稱為高次諧波，例如：二倍頻率稱為二次諧波、三倍頻率稱為三次諧波。

② 高次諧波產生的原因：

A. 氣隙內磁通因磁滯及剩磁現象所引起的分佈呈非正弦波。

B. 電樞槽距所引起。

③ 減少高次諧波的方法：

A. 採用分佈繞組。

B. 採用短節距繞組。

C. 減少槽磁振動：

　　● 使用斜槽。

　　● 使用分數槽繞組。

　　● 選用較大的每相每極的槽數 q。

　　● 選用槽寬與氣隙長度比值較小的電機。

牛刀小試

3. 有一三相 12 極同步發電機共 144 槽，線圈節距 10 槽，f=60Hz，每極
最大磁通量 $\phi_m = 0.04$wb，每相匝數 N=230 匝，求：
(1)分佈因數。　　　　　　　(2)節距因數。
(3)繞組因數。　　　　　　　(4)Y 接時，無載時之相電壓及線電壓。

4. 電機角與機械角之關係

(1) $\theta_e = \dfrac{P}{2}\theta_m$（P：極數、$\theta_e$：電機角度(度，弳)、$\theta_m$：機械角度(度，弳)）

(2) $f_e = \dfrac{P}{2}f_m$（f_e：電機頻率(Hz)、f_m：機械頻率(Hz)）

(3) $\omega_e = \dfrac{P}{2}\omega_m$（$\omega_e$：電機角速度(rad/s)、$\omega_m$：機械角速度(rad/s)）

5. 磁極及磁極繞組

(1)凸極式

　①為減少極面損失，鐵心採矽鋼疊片。

　②磁場線圈繞在磁極上。

　③磁極極面槽內裝置阻尼繞組（Damper），防止發電機有忽快忽慢的追
　　逐（Hunting）現象。

　　註 將許多阻尼棒兩端用端環短路，即形成阻尼繞組。

　④用途：中速或低速發電機。

(2)隱極式

　①∵隱極式磁極通常用於高速旋轉，

　　∴為減低風阻及離心力，槽採用平行槽或輻射狀槽。

　　註 ◯ 平行槽：只能有兩個磁極，因為槽後鐵質太少，無法抵制離心力效應。
　　　　◯ 輻射狀槽：四個磁極以上多採此種。

　②轉部磁場用 125V 或 250V 電路供應的直流激磁。

　③用途：高速發電機。

9-2 同步發電機之分類及構造

1. 依相數分類

機種	特性及用途
單相交流發電機	只能產生一正弦波之電源。
三相交流發電機	將單向交流發電機中之單組線圈改為三個互成 120°電機角的線圈,可產生三個正弦波之電源。

2. 依旋轉(構造)分類

機種	用途
旋轉電樞式(轉電式)	低電壓中小型機
旋轉磁場式(轉磁式)	高電壓大電流適用
旋轉感應鐵心式(感應器式)	高頻率電源適用

3. 依原動機分類

機種	特性及用途
水輪式發電機	轉速低、直徑大、轉軸長度短、凸極型、磁極數多
汽輪式發電機	轉速高、直徑小、轉軸長度長、圓柱型、磁極數少
引擎驅動式發電機	緊急供電用

4.依磁場激磁方式分類

機種	用途
直流激磁機式	以直流發電機為激磁機
交流激磁機式	交流發電機發電，再整流以激磁
複激磁機式	由多台激磁機合作，大容量同步機適用
自激式	不用激磁機，本身發電後整流來激磁

5.依機種分類

機種	放置方式	轉子直徑	轉子長度	磁極	轉速	極數
汽輪式發電機	橫軸	小	長	隱極式	高速	較少
水輪式發電機	直軸	大	短	凸極式	低速	較多

6.散熱方式

方式		用途及特性
空氣冷卻式	自冷式	小型機適用
	他冷式	大型機適用⇒ 保持乾淨
氫氣冷卻式		冷卻效果大，高速大容量氣輪機適用
水冷式		水輪機定子使用此方式，轉子採用空氣冷卻式
油冷式		定子不因水份而鏽蝕

7.交流同步發電機與直流發電機的比較

比較項目	交流同步發電機	直流發電機
電樞內部應電勢	正弦波	正弦波
輸出端電壓	正弦波	脈動直流電
換向片	不需要	需要
電刷或滑環	需要	需要
輸出電壓形式	有效值	平均值
電流路徑數 a	1	偶數
電樞繞組接線法	開路繞組	閉路繞組
構造	旋轉磁場式	旋轉電樞式
缺點	電壓有諧波	電刷易產生火花
激磁方式	直流激磁	直流激磁

9-3　同步發電機之特性

1.同步發電機的電樞反應

(1)定義：當同步電機的三相交流電流流過電樞繞組時，產生的旋轉磁場，即稱為電樞磁場 ϕ_a，會干擾主磁場 ϕ_f，且視電樞電流的功率因數（電樞電流的相位）而使主磁場減弱、增強或產生畸變。

(2)因素：

① 負載率 m_L：即與負載電流（電樞電流）大小有關，電樞反應與負載成正比。

② 負載性質 PF：即與電樞電流的相位有關。

(3)相數關係：

① 單相交流發電機的電樞反應：交變磁場,磁場大小會改變⇒脈動性質。

② 三相交流發電機的電樞反應：旋轉磁場,磁場大小不改變⇒恆定性質。

(4)電樞反應的分類說明：

分類	說明	圖示
電樞電流 純電阻性	①I_a與E_p同相，PF = 1。 ②ϕ_a與ϕ_f正交磁橫軸。 ③應電勢高次諧波↑。	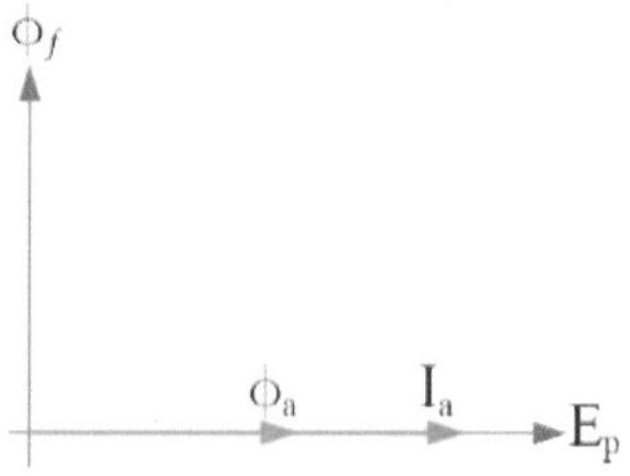
電樞電流 純電感性	①I_a滯後$E_p90°$，PF = 0 滯後。 ②ϕ_a與ϕ_f反相，去磁直軸。 ③有效磁通↓，應電勢↓。	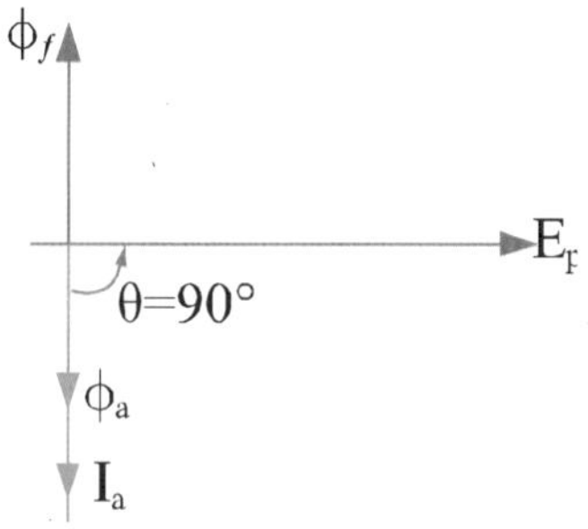
電樞電流 純電容性	①I_a超前$E_p90°$，PF = 0 超前。 ②ϕ_a與ϕ_f同相，加磁直軸。 ③有效磁通↑，應電勢↑。	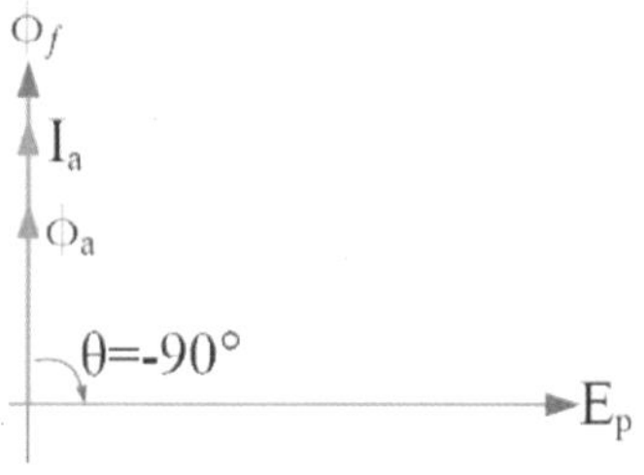
電樞電流 電感性	①I_a滯後$E_p\theta$，PF < 1滯後。 ②ϕ_a分解成正交磁ϕ_{ac}與去磁ϕ_{ad}。 ③應電勢↓，高次諧波↑。	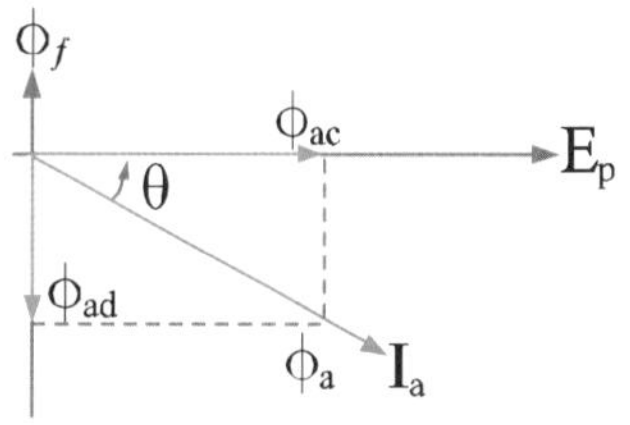
電樞電流 電容性	①I_a超前$E_p\theta$，PF < 1 超前。 ②ϕ_a分解成正交磁ϕ_{ac}與加磁ϕ_{aa}。 ③應電勢↑，高次諧波↑。	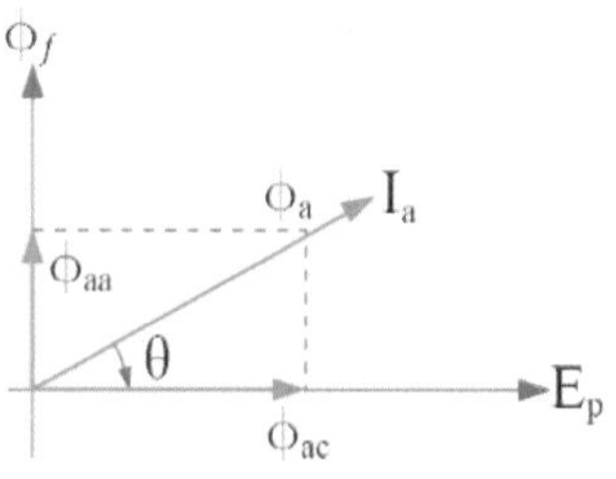

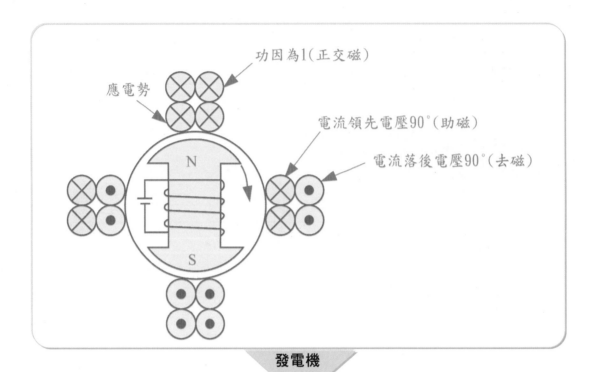

發電機

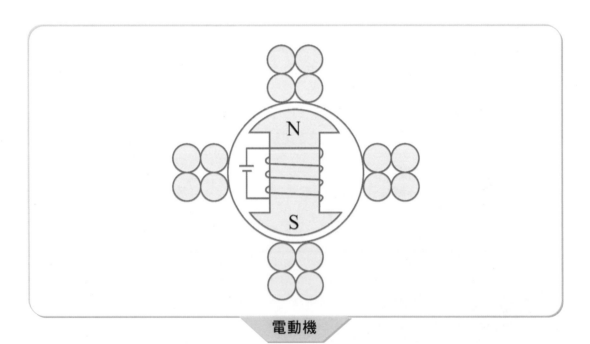

電動機

(5)電樞反應的影響比較：

感應電勢與負載電流的關係	負載	電樞反應效應	電樞反應的結果			應電勢不變，激磁電流變化
			感應電勢	前極尖	後極尖	
同相位	純電阻性	正交磁效應 間接去磁效應	主磁場扭曲變形 非正弦波(高次諧波↑)	磁通↓	磁通↑	增加
電流滯後電壓 90° 電機角	純電感性	直接去磁效應	去磁使有效磁通↓ 應電勢↓	磁通皆↓		增加
電流超前電壓 90° 電機角	純電容性	加磁效應	加磁使有效磁通↑ 應電勢↑	磁通皆↑		減少

(6)同步機與直流機電樞反應的比較：

　　①同步機：與電樞電流相位有關（負載特性）。

　　②直流機：與電刷位置有關。

2.等效電路之電樞漏磁電抗、同步電抗、同步阻抗、相量圖及電壓調整率

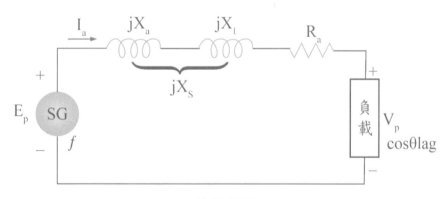

等效電路

(1) 漏磁電抗、同步電抗、同步阻抗

①　電樞電阻R_a：含集膚效應的電樞交流有效電阻。

②　電樞漏磁電抗X_ℓ：電樞電流所產生的磁通，大部分為電樞反應磁通，僅小部分漏磁通與電樞導體交鏈，而不與主磁場相作用，致電樞導體產生漏磁電抗。

　註 A. 電樞槽愈深愈狹，每槽導線匝數愈多，則電樞漏磁電抗愈大。

　　 B. 電樞漏磁通：槽內漏磁通、齒端漏磁通、線圈端漏磁通三種。

　　 C. 電機漏磁電抗的大小：高壓>低壓、高頻>低頻、窄深槽>寬淺槽、半閉口槽>開口槽、有樞槽電樞>平滑槽電樞。

　　 D. 樞槽內電樞導體加倍，漏磁電抗增加四倍。

③　電樞反應電抗X_a：電樞電流產生的電樞反應磁場，致電樞導體產生與主磁場交鏈之電抗。

④　同步電抗X_s：電樞反應電抗X_a與電樞漏磁電抗X_ℓ之和。

$$X_s = X_a + X_\ell$$

⑤　同步阻抗Z_s：同步電抗X_s與電樞電阻R_a之相量和。

$$\overline{Z_s} = R_a + jX_s，Z_s = \sqrt{R_a^2 + X_s^2}$$

（落後功因負載⇒壓升；超前功因負載⇒壓降）

　註 A. 良好電機，其電樞電阻壓降，遠比同步電抗壓降小⇒ $R_a \ll X_s$。

　　 B. 由 A.得知，$\overline{Z_s} = R_a + jX_s \fallingdotseq jX_s$。

　　 C. 由 B.得知，交流發電機的同步阻抗幾近於同步電抗⇒同步電抗對於輸出電壓的大小有很大的影響。

(2) 相量圖

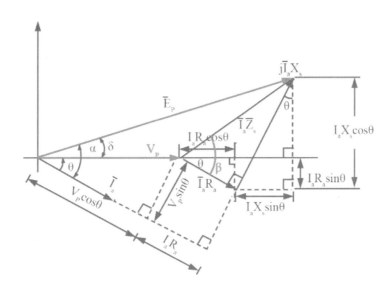

① E_p：每相應電勢、V_p：每相電樞電壓、I_a：每相電樞電流。

符號	名稱	意義
θ	功因角	V_p 與 I_a 的相位角
α	內相角	E_p 與 I_a 的相位角
δ	負載(轉矩)角	E_p 與 V_p 的相位角

② $E_p = \sqrt{(V_p \cos \theta + I_a R_a)^2 + (V_p \sin \theta \pm I_a X_s)^2}$

（功因滯後為＋、功因超前為－）

③ $\delta = \tan^{-1} \dfrac{I_a X_s \cos \theta - I_a R_a \sin \theta}{V_p + I_a R_a \cos \theta + I_a X_s \sin \theta}$

④ $I_a X_s \cos \theta = E_p \sin \delta \Rightarrow I_a \cos \theta = \dfrac{E_p \sin \delta}{X_s}$

$\therefore P = V_p I_a \cos \theta = \dfrac{V_p E_p}{X_s} \sin \delta$（$\delta$ 一般約 $20°$）

　　非凸極式交流發電機之輸出功率與負載角之正弦函數成正比。
　　$\delta = 90°$ 時，為臨界功率角，輸出功率為最大極限值。

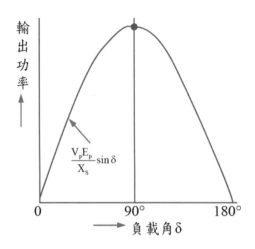

輸出功率與負載角δ之關係

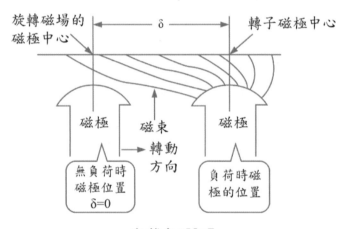

負載角δ說明

(3) 電壓調整率

$$\varepsilon = VR\% = \frac{V_{NL} - V_{FL}}{V_{FL}} \times 100\% = \frac{E_p - V_p}{V_p} \times 100\%$$

① 在交流發電機中，負載變化時，其端電壓發生變化的原因有三：

A. 電樞電阻壓降 $I_a R_a$。

B. 電樞漏磁電抗壓降 $I_a X_\ell$。

C. 電樞反應所產生之電抗壓降 $I_a X_a$。

②不同功率因數時增加負載之效應：

A. $\cos \theta = 1$ ⇒負載端電壓與電流同相，電樞反應最小，電壓調整率最佳。

$$\Rightarrow E_p = \sqrt{(V_p + I_a R_a)^2 + (I_a X_s)^2} \text{，負載增加，端電壓下降，} E_p \text{大。}$$

B. $0 < \cos \theta < 1$ 且功因滯後 ⇒因電樞反應有使磁場減弱之趨勢，所以端電壓下降更甚。

$$\Rightarrow E_p = \sqrt{(V_p \cos \theta + I_a R_a)^2 + (V_p \sin \theta + I_a X_s)^2} \text{，}$$

負載增加，端電壓下降，E_p 中。

C. $0 < \cos \theta < 1$ 且功因超前 ⇒因電樞反應有使磁場增強之趨勢，所以端電壓提升。

$$\Rightarrow E_p = \sqrt{(V_p \cos \theta + I_a R_a)^2 + (V_p \sin \theta - I_a X_s)^2} \text{，}$$

負載增加，端電壓上升，E_p 小。

③整理：

A. $\cos \theta \leq 1$滯後：$0° \leq \theta < 90°$，$\cos \theta$及$\sin \theta$均為正，

$E_p > V_p \Rightarrow \varepsilon > 0$(正值，$\theta \uparrow \varepsilon \uparrow$)

B. $\cos \theta < 1$超前：$-90° < \theta < 0°$，$\cos \theta$為正，$\sin \theta$為負，$E_p < V_p \Rightarrow$
$\varepsilon \leq 0$(負值，$\theta \uparrow \varepsilon \downarrow$)

④交流發電機必須採用自動電壓調整器，且比直流機更為重要的原因：

A. 交流發電機不能採用複激，低功因且滯後時，電壓降落很大，無法補償。

B. 由於功因及負載變化所導致電壓變動，較直流電機為大，因交流發電機除電樞電抗壓降外，尚需加上電樞反應所產生之影響。

C. 交流發電機常用於長途輸電系統，輸電線及變壓器之電阻電抗，又導致額外之電壓下降，以致端電壓隨負載變化極大。

⑤同步阻抗是由開路試驗與短路試驗測得而知，由於短路試驗時皆為去磁效應，故短路電流較實際值小，而同步阻抗較實際值大，由此方法計算出的電壓調整率較實際值大，故稱為悲觀法或同步阻抗法。

牛刀小試

4. 有一台 100kVA、1100V 三相同步發電機，經各種試驗得下面數據：

(1)電阻測量：線端間加 6V 直流電壓時，其電流為 10A。

(2)無載飽和曲線實驗：激磁電流為 12.5A 時，線間電壓為 420V。

(3)短路特性試驗：激磁電流為 12.5A 時，線電流為額定電流。

設此發電機為 Y 接，且繞組等效電阻為直流電阻之 1.5 倍，求：功因為 0.8 滯後時之電壓調整率。

---

3. 同步發電機之特性曲線的比較：E_p：感應電勢、V_p：輸出端電壓、I_f：激磁電流、I_ℓ：負載電流、I_s：短路電流、θ：功因角

特性曲線圖	曲線名稱	描述關係 (X-Y)	定值	曲線說明
	無載飽和曲線 (O.C.C.)	I_f-V_p	無載且同步轉速 n 運轉	(1)圖示中O′M曲線。 (2)開路試驗求得。 (3)激磁電流較小⇒一直線。 (4)激磁電流增加⇒一曲線。(∵鐵心未飽和)
	三相短路曲線 (S.C.C.)	I_f-I_s	短路且同步轉速 n 運轉	(1)圖示中OS曲線。 (2)短路試驗求得。 (3)短路時電流落後電壓，電樞反應為去磁，鐵心不易飽和⇒一直線；⇒同步電抗隨鐵心飽和程度而不同。

特性曲線圖	曲線名稱	描述關係 (X-Y)	定值	曲線說明
	外部特性曲線	I_ℓ-V_p	I_f、n、θ	(1)輸出端電壓隨負載電流而不同。 (2)與功因有關： 　① C_1⇒功因滯後，電樞反應去磁作用，端電壓隨負載電流增加而降低，下垂曲線。 　② C_2⇒功因=1，端電壓隨負載增加而降低，故降低程度較小。 　③ C_3⇒功因超前，電樞反應加磁作用，端電壓隨負載電流增加而上升，上升曲線。
	激磁特性曲線	I_ℓ-I_f	V_p、n、θ	(1)功因滯後、功因=1皆有去磁作用⇒I_f需增大以維持輸出端電壓為定值，故I_f隨負載增大而增加。 (2)功因超前電樞反應為加磁作用⇒I_f需減少以維持輸出端電壓為定值，故I_f隨負載增大而降低。

4.同步發電機之特性曲線的定義比較

特性曲線名稱	特性曲線別稱	定義說明
無載飽和曲線	飽和特性曲線、開路曲線	同步發電機在無載時，轉子以同步轉速運轉所得無載端電壓V_p與激磁電流I_f間的關係曲線。
三相短路曲線	短路曲線	將發電機電樞輸出端用安培表短路時，描述電樞短路電流I_s與激磁電流I_f間的關係曲線。
外部特性曲線	負載特性曲線	當同步發電機以同步速率運轉時，在維持額定激磁電流I_f及負載功率 P 不變的條件下，變更負載時描述負載端電壓V_p與負載電流I_ℓ間的關係曲線。
激磁特性曲線	磁場調整特性曲線	當發電機以同步轉速運轉時，以無載負載端電壓V_p不變為前提下，變更恆定功率因數$\cos\theta$的負載時所需激磁電流I_f與負載電流I_ℓ間的關係曲線。

5.同步發電機的試驗比較

試驗法	過程說明
開路試驗	同步機以同步轉速運轉，記錄激磁電流與端電壓的關係，用以得到無載飽和曲線。又可測量無載旋轉損失、摩擦損、風損、鐵損。
短路試驗	同步機以同步轉速運轉，記錄激磁電流與電樞電流的關係，用以得到三相短路曲線。
負載特性試驗	轉速為同步轉速，調整激磁電流或負載，以測量負載電壓、電流及功率。
電樞電阻測量	電樞加上直流電，測量直流電阻，以計算電樞電阻，與感應電動機的定子電阻測量相同。

6.短路比、自激磁、短路電流

(1)短路比與同步阻抗

　①百分率同步阻抗：取同步阻抗Z_s於額定電流之壓降與相電壓之比。

$$Z_s\% = \frac{I_n Z_s}{V_n} \times 100\%$$

　②短路比：

$$K_s = \frac{\text{無載時所產生額定電壓所帶之激磁電流}}{\text{短路時所產生額定電壓所帶之激磁電流}}\text{，或}$$

$$K_s = \frac{1}{\text{百分率同步阻抗}} = \frac{1}{Z_s\%}$$

　③說明：

　　A. K_s↑、Z_s↓、電樞反應↓、空氣隙↑⇒鐵機械(機械損)，電壓較穩定。

　　B. K_s↓、Z_s↑、電樞反應↑、空氣隙↓⇒銅機械，電壓欠穩定。

　　C. 水輪式發電機的$K_s \doteqdot 0.9{\sim}1.2$，汽輪式發電機的$K_s \doteqdot 0.6{\sim}1.0$。

(2)自激磁

　①無激磁運轉之同步發電機，若輸出長距離的輸電線接以電容性負載，因發電機之剩磁存在，有 90° 進相充電電流通過電樞繞組且引起加磁電樞反應，使電壓增加且充電電流增大；而增大的充電電流使電壓更加提高，如此循環，稱為同步發電機的「自激現象」。

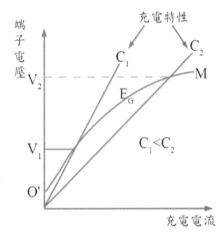

　②與直流串激發電機相似。

　③O′M為飽和特性曲線。

　④C_1、C_2為輸電線之充電特性曲線；C_1電容量小，可使端子電壓升至V_1；C_2電容量較大，可使端子電壓升至較大V_2。

　⑤輸電線電容量 C 之大小，可引起較額定電壓為高，且危害線路及機器絕緣之電壓。

(3) 減少自激現象

①使用電樞反應小，而短路比大的發電機。

②使剩磁為極小。

③並聯數部發電機，各機分擔線路充電電流，可使各發電機電樞反應減小。

④於受電端加裝同步調相機，並用於欠激磁運轉，從輸電線取用遲相電流，以中和充電電流，使自激現象減少。

(4) 短路電流

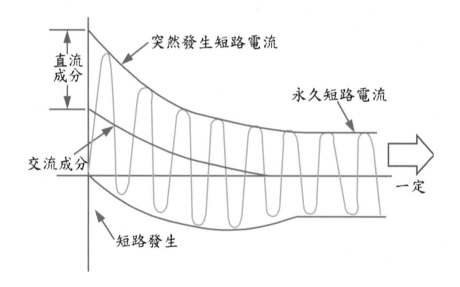

①同步發電機運轉時發生短路，短路電流I_s等於額定電流乘以短路比$(I_s = I_n K_s)$。

②因為輸出端短路，電路中只剩下電樞繞組阻抗，故I_s不大。

③又因電樞繞組電抗遠大於電阻，致I_s滯後E_p90°，產生去磁作用，磁通量減少，E_p降低，故I_s不大，約為額定電流的 0.6~1.2 倍。

④發生短路的最初零點幾秒鐘，只有電樞漏磁電抗X_ℓ在限制短路電流。

⑤線路短路瞬間，為電樞反應欲產生去磁作用之際，由於磁場繞組的自感作用，電樞反應無法建立，磁場繞組會有額外的激磁電流，以反抗磁通量減少，但磁通量並沒有立即減少，因此突然發生短路電流的幾週正弦波稱為「暫態短路電流」。經數週後，自感應電勢消失，則產生電感性電樞反應使磁通減少，發電機之應電勢降低，短路電流亦降低，為永久性短路電流，如同短路試驗時之發電機短路電流特性。

> ## 牛刀小試
>
> **5.** 有一三相同步交流發電機在無載下以額定電壓，額定轉速運轉，突然將三相短路，則瞬間短路電流為額定電流的 8 倍，永久性短路電流為額定電流的 1.25 倍，若忽略電樞電阻，求：(1)發電機之百分比電樞漏磁電抗；(2)發電機之百分比同步電抗。

7.額定輸出、耗損及效率

(1)同步發電機的輸出主要受本身運轉時之溫度上升限制。

(2)同步發電機之損失與直流機之損失大致相同：

①鐵損：電樞鐵心中之磁滯損及渦流損所構成。

②機械損：電機旋轉時，所造成之損失，包括：軸承、電刷之摩擦損失、風阻損失等。

③銅損：電樞導體通過電流時所造成之損失，與負載電流之平方成正比，且包括集膚作用結果所引起電阻增加之損失。

④激磁損失：激磁電流流過磁場線圈之電阻所造成的損失。

⑤雜散損失：除上述四項外，其他無法測得的損失，如介質損失及磁通變型所引起的鐵損。

(3)同步發電機效率之計算與變壓器、直流發電機相同：

　　輸出為$\sqrt{3}VI$、功因為$\cos\theta$、所有損失和為P_ℓ，則三相發電機之效率η為：

$$\eta = \frac{P_o}{P_o + P_\ell} \times 100\% = \frac{\sqrt{3}VI\cos\theta}{\sqrt{3}VI\cos\theta + P_\ell} \times 100\%$$

牛刀小試

6. 有一 12 極，2.2kV，500kVA，每分鐘 600 轉，功率因數為 0.8 之發電機，其負載效率為 90%，求：發電機之損失。

9-4　同步發電機之並聯運用

1. 並聯運用的理由
   (1)使系統效率提高。　　　(2)使預備容量減少。
   (3)維修方便。　　　　　　(4)提高供電可靠度。
   (5)合乎經濟效益。

2. 並聯運用的條件
   (1)角速度不可忽快忽慢，才不致使發電機的輸出電壓大小、相位、頻率有所變動。
   (2)頻率需相同（平均一致的角速度）。
   (3)應電勢的波形需相同（電壓大小、時相需相同）。
   (4)相序需相同（相序不同絕對不可並聯運用）。
   (5)適當下垂速率的負載特性曲線（避免產生掠奪負載效應）。
   　①下垂速率：負載曲線可使發電機負載增加時，轉速下降，造成感應電勢落後，產生整步電流，使輸出功率減少，使負載分配不致變動。
   　②斜率$S = \dfrac{P}{f} \Rightarrow P = S(f_0 - f_s)$
   　　P ：發電機之輸出功率
   　　f_0：發電機之無載頻率

f_s：系統之運轉頻率

S　：曲線之斜率，單位為(kW/Hz)或(MW/Hz)

③負載特性曲線與負載變動的關係：

速率-負載特性曲線	負載減小時	負載加大時
較下垂(S.R.較大)	分擔減少較少	分擔增加較少
較平坦(S.R.較小)	分擔減少較多	分擔增加較多

3.並聯程序

　(1)使用伏特計,即臨發電機之磁場電流必須被調至使其端電壓和運轉系統的線電壓相同。

　(2)相臨發電機之相序必須和運轉系統之相序做比較。

　(3)相臨發電機之頻率要調至比運轉系統的頻率稍微高一點的頻率。

　(4)一旦頻率已經非常接近了,兩系統中的電壓對彼此的相位變化會非常慢。當觀察此相位變化,且相角是相等的時候,把連接兩個系統的開關關上。

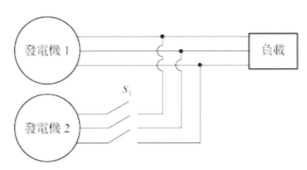

4.整步:同步發電機於並聯使用時,處於平衡狀態,任何使用發電機於並聯中發生失步,將恆為其產生反應所阻止,使之不至於失去同步。

5.整步電流I_o:當其中一台發電機欲脫離同步時,則在兩同步發電機間會產生一循環電流,此電流將使滯後發電機加速,使超前發電機減速,使兩台發電機保持穩定的同步狀態,則此電流稱之為「整步電流」。

$$I_o = \frac{E_A - E_B}{Z_{SA} \pm Z_{SB}}$$

6.並聯運用之方法

(1)相序測定

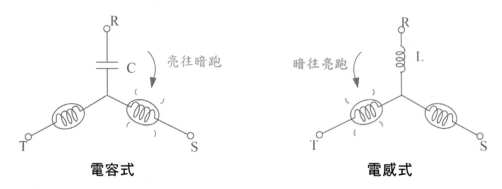

電容式   電感式

(2)整步法

分類	說明	圖示
三暗法	兩台同步機同步時，三燈全暗	
三明法	兩台同步機同步時，三燈全亮	
二明一滅法 （旋轉燈法）	最常用的方法	

情況	相序	頻率	電壓大小	時相(相位)	三燈現象	可並聯與否
①	同	一致	相等	一致	二明一滅 (同步)	可
②	同	一致	稍異	稍異	二明一暗 (整步)	可
③	同	稍異	相等	不定	三燈輪流 明滅	不可
④	同	稍異	稍異	不定	三燈輪流 明暗	不可
⑤	不同	一致	相等	一致	三燈皆滅	不可
⑥	不同	一致	稍異	稍異	三燈皆暗	不可

註 二明一滅法：當兩機同步(A 相同A′、B 相同B′、C 相同C′)，AB′相兩端及 BA′相兩端所接的燈因不同相而有電位差，故兩燈皆會亮。CC′因接同相位而等電位，故燈不亮。

(3)同步變壓器法：用於單相測定，無法測定相序。

(4)同步儀：用於單相測定，無法測定相序。

7.負載分配

(1)直流發電機並聯運轉，增加磁場激磁之直流電機組會多分擔一些負載。

(2)交流同步發電機增減磁場激磁可控制端電壓及虛功率分配,增減轉子轉速可控制頻率及有效功率之分配。

(3)同步發電機單獨運轉時，有效功率及虛功率由負載決定供應的大小；當發電機接至無限匯流排，其頻率及電壓為固定；若增減磁場激磁之交流發電機組，僅有電勢差及無效橫流產生，可控制虛功率之分配；增減轉子轉速，會改變原動機之速率負載特性曲線，可控制有效功率之分配。

(4)有效功率分配：欲增加輸出有效電力之發電機,應電勢需較端電壓領先一個 δ 負載角，即增加其原動機之轉速（增加原動機之速率-負載特性曲線），若要使系統頻率不變，另一發電機也要適度調整。

①原動機吸取功率增加時，轉速會降低，同步發電機轉速與電源頻率有關，故同步發電機之輸出功率與頻率有關。

⇒有效功率與電源頻率，隨轉速成比例變動。

②已知全體的總功率

$P_T = P_A + P_B$ 且 $P_B > P_A$。

③若調整原動機 A 使轉速增加，則系統的頻率增加，且 $P'_T = P'_A + P'_B$。

④若調整原動機 B 使轉速下降，則系統的頻率下降，且 $P''_T = P''_A + P''_B$。

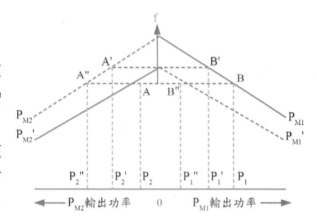

(5) 無效功率分配：調整激磁電流 I_f 可改變無效功率 Q_L 的分配，$Q_L \propto I_f$。

牛刀小試

7. 兩部發電機並聯運轉共同供應負載，發電機 A 之無載頻率為 61.5Hz，而斜率為 $S_{PA} = 1MW/Hz$，發電機 B 之無載頻率為 61.0Hz，而斜率 $S_{PB} = 1MW/Hz$，此兩部發電機在 0.8 落後功率因數下供應 2.5MW 之總有效功率，所形成系統之頻率-有效功率如圖所示，求：

(1) 此系統運轉頻率及兩部發電機分別供應多少有效功率？

(2) 假設此電力系統中另外加入負載 1MW，則新的系統頻率為多少？且兩部機各供應多少有效功率？

(3) 同(2)，若將發電機 B 之原動機調整使其頻率上升 0.5Hz，則新系統頻率及發電機供應之有效功率各為多少？

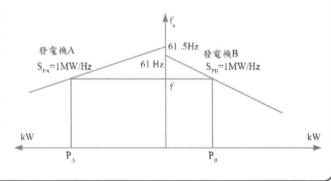

7.同步發電機的並聯控制

(1)負載分配應與容量成正比，而與等效內阻成反比。

控制項目	改變
原動機速度	系統頻率改變，負載有效功率分配
發電機激磁	感應電勢大小、負載無效功率分配

(2)發電機並聯運轉時，負載端電壓、負載電流、負載功率因數、負載電源頻率皆未改變；各發電機的輸出電源頻率與輸出電壓大小皆相同，且負載分配應合理。

8.追逐現象：

(1)定義：並聯運轉中之發電機，若負載突然發生變動時，於此瞬間負載角 δ 應隨之改變，但由於轉部之慣性及場繞組與磁極面鐵塊的制動作用，轉子無法立即固定在與新負載相對應之新負載角下運轉，致轉子轉速徘徊在同步轉速上下，負載角 δ 呈連續來回擺動，而發出異聲，電樞產生非定幅正弦波形的應電勢，此不安定的現象，稱為「追逐現象」。

(2)原因：

①負載急遽變動時。

②原動機的速率調整不良或過於靈敏。

③驅動發電機之原動機轉矩有脈動現象。

(3)防止方法

①調整調速器之緩衝壺，使其不因負載變動而過份靈敏。

②在旋轉磁極之極面上，裝置短路的阻尼繞組。

③設計足夠的轉動慣量或加大飛輪效應。

④設計具高電樞反應的電機。

9-5 交流同步發電機特性實驗及並聯運用

1. 無載試驗

(1)目的：了解同步發電機的無載特性。

(2)原理：

① 無載感應電勢 E_o 與磁通量 ϕ 成正比，所以 I_F 愈大，ϕ 愈大，E_o 也愈大。

② 當磁路接近飽和時，I_F 再增加，ϕ 增加非常有限，E_o 不再與 I_F 成正比，所以開路特性曲線也稱為無載飽和特性曲線。

(3)方法：

① 發電機以額定轉速運轉，輸出端開路不接負載，將磁場繞組的激磁電流由 0 逐漸增加，測量開路端電壓 V_o（即無載感應電勢 E_o）對激磁電流 I_F 大小的關係，即可得到開路特性曲線（OCC）。

② 接線如圖

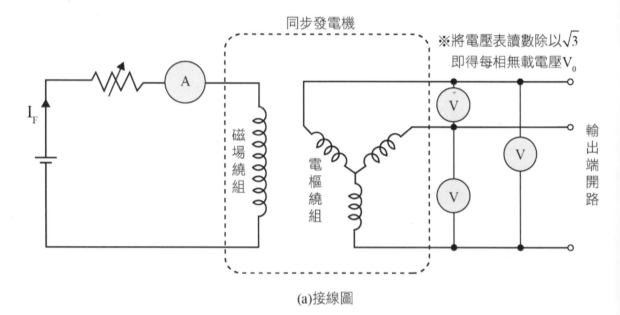

(a)接線圖

(4)結果：

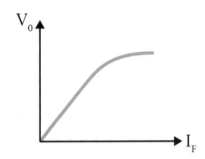

2.短路試驗

(1)目的：了解同步發電機的短路特性。

(2)原理：

　①輸出端短路，電路中只剩下電樞繞組的阻抗。

　②電樞繞組的電抗 X_s 遠大於電阻 R_A，所以 I_s 滯後感應電勢 E 約 90。如此電樞反應產生去磁作用，磁極磁通不易飽和。

　③整個短路試驗中，I_F 愈大，ϕ 愈大，E 愈大，I_s 也愈大，沒有飽和問題，所以 I_s 與 I_F 成正比，短路特性曲線是一條直線。

(3)方法：

　①發電機以額定轉速運轉，將輸出端經電流表予以短接，磁場繞組的激磁電流由 0 逐漸增加，電流表所測量的短路電樞電流 I_s 對激磁電流 I_F 大小的關係曲線，即為短路特性曲線（SCC）。

　②接線如圖

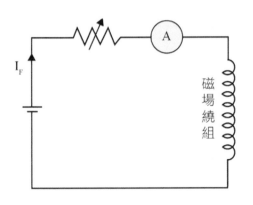
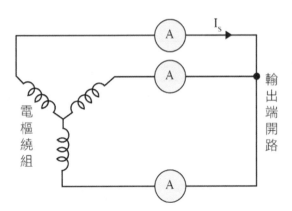

(4)結果

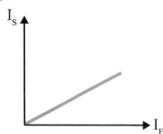

3.負載試驗

(1)目的：了解同步發電機的負載特性。

(2)原理：

① 外部特性曲線

　　A.同步發電機在額定轉速及一定的激磁電流下，端電壓 V 對負載電流 $I_L(I_L = I_a)$ 關係的特性曲線，也稱為負載特性曲線。

　　B.因負載性質的不同，發電機所表現的外部特性也不相同。

② 激磁特性曲線

　　A.在額定轉速及負載功因不變下，要維持端電壓不變，激磁電流 I_F 與負載電流 I_L 的關係曲線，稱為激磁特性曲線。

　　B.電容性負載的負載愈大時，為了降低電樞反應加磁作用引起的電壓昇，須減少激磁電流 I_F。

(3)方法：

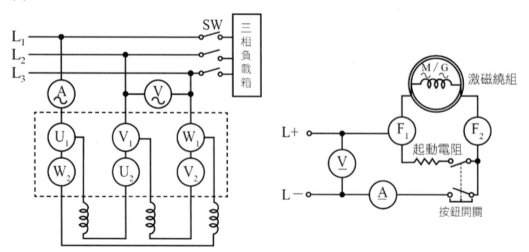

(4)結果：

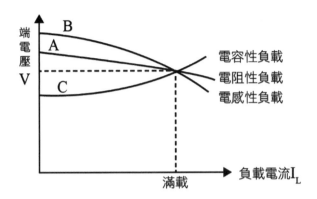

同步發電機的外部特性曲線

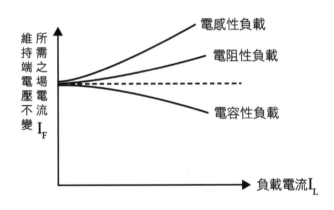

同步發電機的激磁特性曲線

4.並聯運用條件

(1)角速度不可忽快忽慢，才不致使發電機的輸出電壓大小、相位、頻率有所變動。

(2)頻率需相同（平均一致的角速度）。

(3)應電勢的波形需相同（電壓大小、時相需相同）。

(4)相序需相同（相序不同絕對不可並聯運用）。

(5)適當下垂速率的負載特性曲線（避免產生掠奪負載效應）。

5.並聯條件不符合時的情況

　(1)電壓大小不同：產生無效環流，增加損耗，使機組過熱，進而破壞絕緣。

　(2)電壓相位不同：相位滯後的發電機會減輕輸出有效功率，相位超前的發

　　　電機會增加輸出有效功率，最後兩部機相位趨於一致。

　(3)電壓頻率不同：

　　　①在電壓不同的時間差時，會產生無效環流在兩部機間流通，若頻率

　　　　差太大有可能產生極大環流使繞組燒損。

　　　②在相位不同的時間差時，會產生整步電流在兩部機間流通，若太頻

　　　　繁有可能使發電機失步而無法繼續運轉。

　(4)波形不同：產生高次諧波無效環流，增加電樞銅損，使發電機過熱或燒損

6.並聯運用方法：最常用二明一滅法

情況	相序	頻率	電壓大小	相位	現象
1	相同	相同	相同	相同	二明一滅
2	相同	相同	不同	稍異	二明一暗
3	相同	不同	相同	不定	三燈輪流明滅
4	相同	不同	不同	不定	三燈輪流明暗
5	不同	相同	相同	相同	全滅
6	不同	相同	不同	稍異	全暗

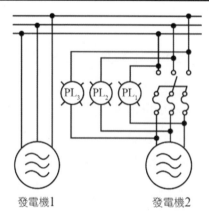

　　　　發電機1　　　　　　　　發電機2

牛刀小試

(　　) **8.** 同步發電機電樞反應的結果和影響程度隨　(A)負載之大小而定　(B)負載之性質而定　(C)負載之大小及性質而定　(D)與負載無關。

(　　) **9.** 同步電機之電樞反應和電樞電流間的關係，下列敘述何者最正確？　(A)電樞電流的大小決定電樞反應的強弱，而相位決定電樞反應之性質　(B)電樞電流的大小決定電樞反應的性質，而相位決定電樞反應之強弱　(C)電樞電流的大小及相位均僅決定電樞反應之性質　(D)電樞電流的大小及相位均僅決定電樞反應之強弱。

(　　) **10.** 交流發電機中，電樞導體的感應電勢之數值小於端電壓，是發生在負載的　(A)功率因數越前時　(B)功率因數滯後時　(C)功率因數為 1 時　(D)以上皆非。

(　　) **11.** 同步發電機的等效電路中，電樞反應可以視為是一種　(A)電阻　(B)電抗　(C)阻抗　(D)漏磁。

(　　) **12.** 同步發電機於欠激時，向電路供給　(A)同相位之電流　(B)超前相位之電流　(C)落後相位之電流　(D)以上皆有可能。

(　　) **13.** 同步發電機連接不同特性負載時，電壓調整率會隨負載而產生變化，當同步發電機之電壓調整率為負值時，同步發電機所連接負載為何？　(A)純電阻性負載　(B)電容性負載　(C)純電感性負載　(D)電感性負載。

(　　) **14.** 輸電線路因具有什麼特性，所以同步發電機有自激現象產生？　(A)電阻性　(B)電感性　(C)電容性　(D)以上皆非。

(　) **15.** 下列何種做法無法用來減少自激現象？　(A)使用阻尼繞組 (B)使用短路比大的發電機　(C)使剩磁極少　(D)線路末端加裝變壓器。

(　) **16.** 同步發電機於負載變動時，欲維持其電壓之穩定，在滯後功因之負載增大時，應　(A)並聯電抗器　(B)增強場激　(C)減弱場激　(D)提高轉速。

(　) **17.** 功率因數為 1 時，若負載電流增加，而為維持端電壓固定，則交流同步發電機之激磁電流應如何改變？　(A)增加　(B)減少　(C)不變　(D)先減少再增加。

(　) **18.** 交流同步發電機在額定電壓而發生短路故障的一瞬間，其電流將甚大，這是因為　(A)電樞電阻太大　(B)電樞漏磁電抗太大　(C)電樞反應尚未建立　(D)電樞反應太大的緣故。

(　) **19.** 執行同步發電機無載特性試驗時，最不需要下列哪一項儀器設備？　(A)DC 安培計　(B)轉速計　(C)瓦特計　(D)AC 安培計。

(　) **20.** 將同步發電機之三個端子經電流表短接，在額定轉速下，求得激磁電與電樞短路電的關係曲線，此曲線稱為　(A)短路特性曲線　(B)無載飽和特性曲線　(C)V 形特性曲線　(D)激磁特性曲線。

(　) **21.** 有關三相同步發電機之負載特性試驗操作，下列敘述何者正確？　(A)轉速為同步轉速，電樞繞組短路，調整激磁電流，以量測其電樞電流　(B)轉速為零，電樞繞組開路，調整激磁電流，以量測電樞端電壓　(C)轉速為同步轉速，調整激磁電流或負載，以量測負載電壓、電流及功率　(D)轉速為零，調整激磁電流及負載，以量測負載電壓、電流及功率。

（　）**22.** 同步發電機之容量與策動原動機之容量，分別以下列何者為單位？　(A)kW、kW　(B)kW、kVA　(C)kVA、kW　(D)kVA、kVA。

（　）**23.** 同步發電機的開路試驗，其目的為何？
(A)量測磁場電流與發電機短路電流的關是
(B)量測磁場電流與發電機輸出電流的關是
(C)量測磁場電流與發電機輸出電壓的關是
(D)量測發電機的負載特性。

（　）**24.** 同步發電機並聯運用，將使得　(A)輸出容量提高，但效率降低　(B)輸出容量和效率皆提高　(C)輸出容量和效率皆降低　(D)輸出容量降低，但效率提高。

（　）**25.** 同步發電機並聯運用的特點，下列敘述何者錯誤？
(A)系統的效率提高　　　(B)增加供電可靠度
(C)方便進行維修　　　　(D)預備發電機的容量增大。

（　）**26.** 以台灣電力公司的電力系統而言，其發電機是　(A)各機獨立成為一系統　(B)兩機並聯運用　(C)數十部並聯運用　(D)以上皆非。

（　）**27.** 下列何者不是三相同步發電機並聯運轉所應具備之條件？
(A)容量相等　　　　　　(B)頻率相等
(C)電壓波形及電壓值相同　(D)相位。

（　）**28.** 兩台單相發電機並聯運用，下列何者無關？　(A)相位　(B)頻率　(C)相序　(D)電壓。

( ) **29.** 兩部並聯運轉的同步發電機,若其中一部發電機之原動機暫時增快,則下列敘述何者為正確? (A)兩機均將燒毀 (B)恆為其所生之反應所反對,而不致失步 (C)兩機與原來一樣,一點反應也沒有 (D)兩機間將有循環電流長時間的流通於機組中,但不致燒毀。

( ) **30.** 如右圖所示,L_1、L_2、L_3 三燈泡用以檢測兩部同步發電機是否同步,若兩機相序相同、頻率相同、相位相同、電壓大小稍異,則

(A)L_1 與 L_2 亮,L_3 暗

(B)L_1 與 L_2 亮,L_3 滅

(C)L_1 與 L_3 亮,L_2 滅

(D)L_1 與 L_3 亮,L_2 暗。

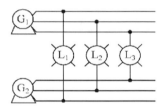

( ) **31.** 以同步儀測試新併機與匯流排的關係,若兩者之電壓相位和頻率皆相同,則儀表上的指針將

(A)順時鐘方向旋轉　　　(B)逆時鐘方向旋轉

(C)順時鐘方向偏轉一角度　(D)向上指示為零。

( ) **32.** 欲改變並聯運轉之同步發電機之無效功率分配應如何?

(A)改變負載之無效功率　(B)改變原動機之轉速特

(C)改變原動機之輸入　　(D)改變磁場電流。

歷屆試題

( )　**1.** 有一台 40kVA、220V、60Hz、Y 接三相同步發電機，開路試驗之數據為：線電壓 220V 時，場電流為 2.75A；線電壓 195V 時，場電流為 2.2A。短路試驗之數據為：電樞電流 118A 時，場電流為 2.2A；電樞電流 105A 時，場電流為 1.96A。則發電機之百分率同步阻抗值為何？　(A)61%　(B)71%　(C)81%　(D)91%。

( )　**2.** 下列何者不是同步發電機之並聯運轉條件？　(A)感應電勢相等　(B)相位角相等　(C)相序相同　(D)極數相等。

( )　**3.** 有關三相同步發電機之負載特性試驗操作，下列敘述何者正確？　(A)轉速為同步轉速，電樞繞組短路，調整激磁電流，以量測其電樞電流　(B)轉速為零，電樞繞組開路，調整激磁電流，以量測電樞端電壓　(C)轉速為同步轉速，調整激磁電流或負載，以量測負載電壓、電流及功率　(D)轉速為零，調整激磁電流及負載，以量測負載電壓、電流及功率。

( )　**4.** 同步發電機的開路試驗，其目的為何？　(A)量測磁場電流與發電機短路電流的關係　(B)量測磁場電流與發電機輸出電流的關係　(C)量測磁場電流與發電機短路電壓的關係　(D)量測發電機的負載特性。

( )　**5.** 如圖所示為一三相同步發電機接不同性質負載下的外部特性曲線，則發電機接何種負載其電壓調整率最好？

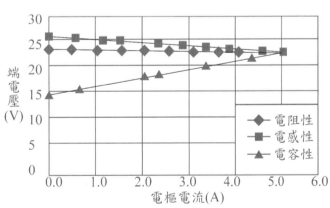

(A)電阻性，即功率因數為 1 時　(B)電感性，即滯後功率因數時　(C)電容性，即超前功率因數時　(D)條件不足，無法判斷。

(　)　**6.** 有一部三相 Y 接同步發電機，額定線電壓為 220V，若開路特性試驗得：端電壓E_a = 220V，激磁電流I_f = 0.92A；短路特性試驗得：短路電流I_a = 10.50A，I_f = 0.92A，則發電機每相的同步阻抗為多少？　(A)7.0Ω　(B)10.0Ω　(C)12.1Ω　(D)20.9Ω。

(　)　**7.** 有 A、B 兩部三相 Y 接同步發電機作並聯運轉，若 A 機無載線電壓為$230\sqrt{3}$V，每相同步電抗為 3Ω；B 機無載線電壓為$220\sqrt{3}$V，每相同步電抗為 2Ω，若兩發電機內電阻不計，則其內部無效環流為多少？　(A)1A　(B)1.5A　(C)2A　(D)2.5A。

(　)　**8.** 同步發電機的電樞繞組原為短節距繞組，若不改變線圈匝數，且改採全節距繞組方式，則其特點為何？　(A)可以改善感應電勢的波形　(B)感應電勢較高　(C)可節省末端連接線　(D)導體間互感較小。

(　)　**9.** 有一台三相、四極、Y 接的同步發電，電樞繞組每相匝數為 50 匝，每極磁通量為 0.02 韋伯，轉速為 1500rpm，若感應電勢為正弦波，則每相感應電勢有效值為何？　(A)200V　(B)222V　(C)240V　(D)384V。

(　)　**10.** 三相同步發電機的負載為純電容性時，下列關於電樞反應的敘述何者正確？　(A)會有直軸反應產生正交磁效應，會升高感應電勢，電壓調整率為正值　(B)會有交軸反應產生去磁效應，會降低感應電勢，電壓調整率為正值　(C)會有直軸反應產生加磁效應，會升高應電勢，電壓調整率為負值　(D)會有交軸反應產生去磁效應，會降低感應電勢，電壓調整率為負值。

(　)　**11.** 火力發電廠的發電機組，主要是採用下列何種電機？　(A)感應機　(B)同步機　(C)直流機　(D)步進電機。

(　)　**12.** 同步發電機連接不同特性負載時，電壓調整率會隨負載而產生變化，當同步發電機之電壓調整率為負值時，同步發電機所連接負載為何？　(A)純電阻性負載　(B)電容性負載　(C)純電感性負載　(D)電感性負載。

10-1 同步電動機之構造及原理

1.構造

(1)兩極同步電動機

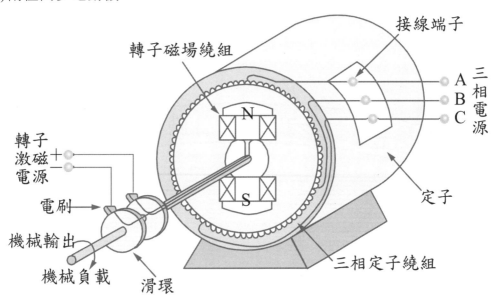

① 以同步轉速運轉，不能以非同步轉速運轉。

② 與轉磁式同步發電機相同，分定子與轉子。

③ 三相電樞繞組繞於定子上，定子極數與轉子極數相同，繞法與同步發電機或感應電動機相同。

④ 同步發電機可不改變結構，直接作為同步電動機。

(2)定部：定部槽中置有單相或三相電樞繞組，加入交流電源以產生同步速率的旋轉磁場。

(3)轉部：

①轉部槽中繞有磁場繞組，加入直流電源可產生主磁極，主磁極數需設計與定子電樞繞組極數相同。

　🔖 同步電動機之轉子需用直流激磁，大部分同步電動機均在輸出軸另一端接小型激磁機，以供應直流激磁電流；亦有將交流電源利用整流子整流穩壓後供應此激磁電流。

②因凸極型轉子除了有電磁轉矩外，尚有磁阻轉矩；而隱極型轉子只有電磁轉矩，故除特殊高速電機外，一般為凸極型轉子。

(4)阻尼繞組：

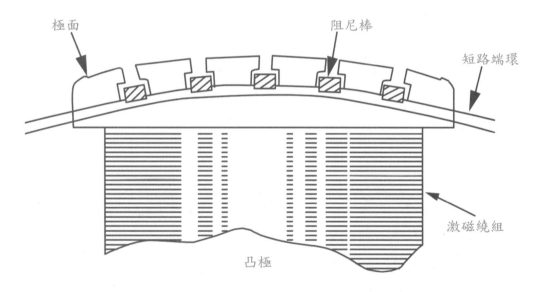

A. 轉部除激磁繞組外，尚有滑環、短路棒，此短路棒稱為「阻尼繞組」或「鼠籠式繞組」。

B. 阻尼繞組置於極面槽內，與轉軸平行，兩邊用端環短路。

C. 功能：起動時幫助起動，同步運轉時無作用，負載急遽變化時防止運轉中的追逐現象。

2.原理

(1)通入三相交流電源

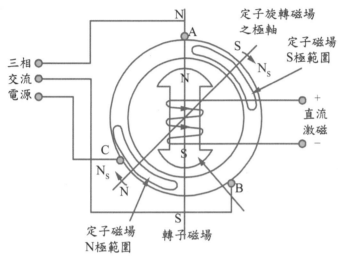

① 定部電樞繞組通入三相交流電源,產生強度不變的旋轉磁場,以同步轉速 $n_s = \frac{120f}{P}$ 旋轉。

② 若轉部是靜止的,除裝有阻尼繞阻的同步機外,則此電動機無法起動⇒同步電動機不能自行起動,因轉部轉矩為零。

(2)通入直流電源

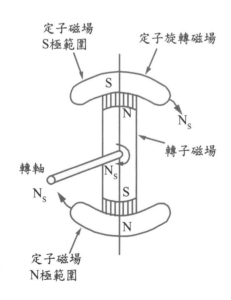

① 轉部在未加負載的情況下通入直流電源,使磁極激磁產生固定磁極與定部的旋轉磁場互相吸引鎖住,形成電磁轉矩,使轉子隨定子旋轉磁場牽引以同步旋轉,相角差為零。

② 轉子若不依同步轉速隨定部旋轉,轉子會失去轉矩而逐漸停下來。

📍 同步電動加上負載後的情況：

① 電動機轉速減慢，而反電勢↓，電樞電流↑($I_a = \dfrac{V_t - E}{R_a}$)以便產生較大的轉矩帶動負載。

② 同步電動機仍以同步轉速運轉，因此加上負載後，轉子轉速瞬間減慢⇒轉子磁極與定子旋轉磁場之相角差較無載時滯後一角度δ，稱為「負載角」或「轉矩角」。

③ 轉子磁極與其相對應的定子導體間之位移角β，隨負載增加而加大。位移角β為機械角，換算成電機角即為轉矩角δ⇒ $\delta = \dfrac{P_{(極數)}}{2} \cdot \beta$

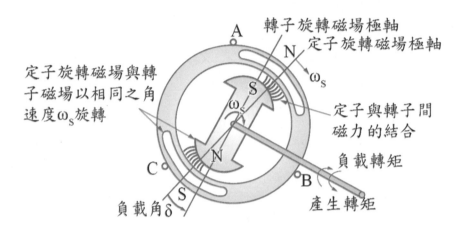

加上負載後轉子磁極滯後定子旋轉磁場δ

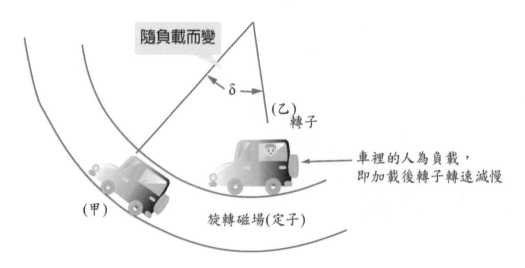

雖有相位差，但仍以相同速度(同步)運轉

3. 特色

　(1) 可藉調整其激磁電流大小，以改善供電系統的功率因數 $\cos\theta$。

　(2) 恆以同步轉速 $n_s = \dfrac{120f}{P}$ 運轉。

　(3) 當運轉於 $\cos\theta = 1$ 時，效率高於其它同量的電動機。

4. 缺點

　(1) 無法自行起動。

　(2) 需有兩套電源（AC、DC）。

　(3) 需有阻尼繞阻以防止追逐作用。

5. 同步電動機與感應電動機之比較

項目	同步電動機	感應電動機
定部	三相電樞繞組	三相電樞繞組
轉部	永久磁鐵(激磁繞組)	鼠籠式短路繞組
氣隙	寬	窄
速率	同步轉速 $n_s = \dfrac{120f}{P}$	轉子轉速 $n_r = (1-S) \times n_s < n_s$
轉矩	與負載角 δ 成正比	與電壓平方成正比
效率	大	小
起動	無法自行起動	可自行起動
功率因數	可調整	無法調整
特點	價格貴	堅固耐用、價格便宜
電源數	兩個（定部交流、轉部直流）	一個（三相交流電源）

牛刀小試

1. 一部 20 極，600V，60Hz 三相 Y 接同步電動機，在無載時，轉部比同步位置落後 0.5°，求：轉部離開同步位置之電機角。

10-2 同步電動機之等效電路及特性

1.同步電動機之等效電路、向量圖、輸出功率及輸出轉矩

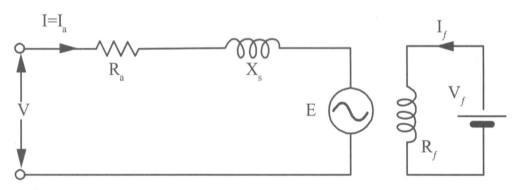

①$X_s = X_a + X_\ell$、$I = I_a$
②X_s：同步電抗、X_a：電樞反應電抗、X_ℓ：電樞漏磁電抗。

每相等效電路圖

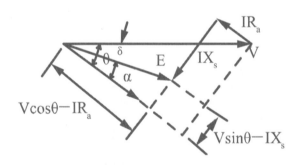

電樞電流滯後之向量圖

(1)電樞反電勢$\overline{E} = \overline{V} - \overline{I}(R_a + jX_s) = \sqrt{(V\cos\theta - IR_a)^2 + (V\sin\theta \mp IX_s)^2}$

　註 ①＋：功因超前⇒ $E > V$；②－：功因滯後⇒ $E < V$。

(2)輸入負載電流$\overline{I} =$ 每相電樞電流$\overline{I}_a = \dfrac{\overline{V} - \overline{E}}{R_a + jX_s}$

(3) 同步電動機的各種角度：

符號	名稱	意義	公式
θ	功因角	V與I_a的相位角	$\theta = \alpha + \delta$
α	內相角	E與I_a的相位角	$\angle \tan^{-1} \dfrac{V \sin\theta \mp IX_s}{V \cos\theta - IR_a}$
δ	負載(轉矩)角	E與V的相位角	$\angle \tan^{-1} \dfrac{IX_s \cos\theta - IR_a \sin\theta}{V - IR_a \cos\theta - IX_s \sin\theta}$

(4) 每一相輸出有效功率P_o（內生機械功率P_m）

①公式推導：

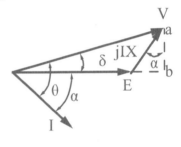

$$ab = IX \cos\alpha = V \sin\delta$$

$$\Rightarrow I \cos\alpha = \frac{V \sin\delta}{X} \Rightarrow P = \frac{EV}{X} \sin\delta$$

② $P_o = P_m = \dfrac{E_p V_p}{X_s} \sin\delta (\text{W}/相)$

(5) 每一相輸出轉矩T_o（電磁轉矩T_m）

① $T_o = T_m = \dfrac{P_o}{\omega_s}$（Nt-m/相）

　📍　○ $\omega_s = 2\pi \cdot \dfrac{n_s}{60}$ (rad/s)　　　○ n_r：轉子轉速(rpm)

②負載增加，δ 增加，$T_o \propto P_o \propto \sin\delta$亦增加，$\delta = 90°$時，為「臨界功率角」$\Rightarrow P_{o(max)}$、$T_{o(max)}$

　⇒ 此時若負載再增加，δ 亦再增大，但轉矩反而減少，致同步電動機載不動，此現象稱為「脫出同步」，而$T_{o(max)}$亦稱為「脫出轉矩」或「崩潰轉矩」。

③ δ 一般約 20°，可安定運轉的 δ 約 0°~70°。

牛刀小試

2. 有一 380V，50HP，三相 Y 接之同步電動機，每相電樞電阻 0.3Ω，同步電抗 0.4Ω，求：在額定負載，功率因數為 0.8 超前及效率為 0.885 時之(1)每相反電勢；(2)反電勢與電流間之間的夾角。若功率因數為 0.8 滯後及效率為 0.885 時之(3)每相反電勢；(4)反電勢與電流間之間的夾角。

3. 有一台 Y 接三相圓柱型轉子同步電動機為 6 極、220V、60Hz，若同步電抗為 10Ω，電樞電阻可以不計，當每相反電勢為 120V，且轉部比同步位置落後機械角 20°，求：(1)輸出功率；(2)輸出轉矩。

2.同步電動機之特性

(1)負載特性：電源端電壓及激磁電流不變時，增加負載，功率因數亦隨之改變。

① 正常激磁（正激）

A. $n_r = n_s$。

B. Load ↑、電樞電流I_{a3} ↑、θ_3愈滯後、滯後功率因數$\ll 1$。

C. I_a ↑、E ↑⇒ E與V之間的轉矩角δ↑。

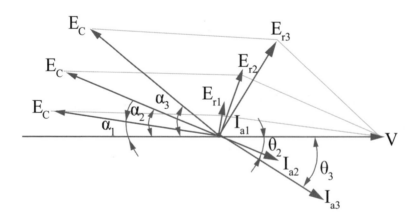

②欠激

A. $n_r = n_s$。

B. Load↑、電樞電流I_{a3}↑、θ_3往超前移、滯後功因愈改善→1。

C. I_a↑、E↑⇒ E與V之間的轉矩角δ↑。

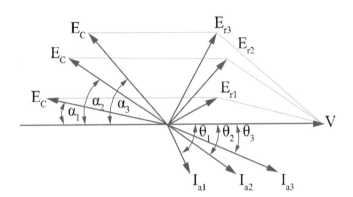

③過激

A. $n_r = n_s$。

B. Load↑、電樞電流I_{a3}↑、θ_3往滯後移、超前功因愈改善→1。

C. I_a↑、E↑⇒ E與V之間的轉矩角δ↑。

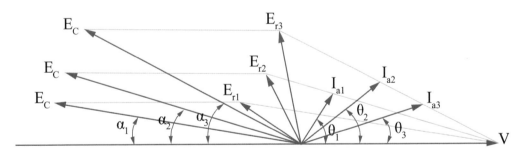

(2)激磁特性：V 型特性曲線

①定義：

A. 外施電壓及負載不變時，若改變其激磁電流，可改善電樞電流及相位（功率因數）。

B. 在負載一定時，電樞電流I_a與激磁電流I_f之關係曲線，略成 V 型，故稱 V 曲線。

②圖示說明：

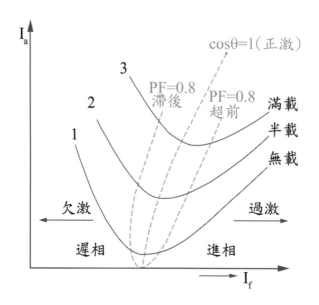

A. 曲線 1、2、3 分別代表無載、半載、滿載。

B. 極低激磁$I_f \downarrow \Rightarrow I_a \uparrow$、遲相（滯後 lagging）。

C. 激磁電流(I_f)漸增$\Rightarrow I_a \downarrow$直至最小值。

D. 激磁電流(I_f)繼續增加$\Rightarrow I_a \uparrow$、進相（超前 leading）。

③結論：

A. I_f漸增：欠激→ 過激。

B. I_f漸增至I_a為最小值：正常激磁(正激)，$\cos \theta = 1$最大。

C. 激磁＜正激：欠激，I_a滯後 ⇔激磁＞正激：過激，I_a超前。

D. 點線為 V 曲線之最小I_a的軌跡，在此點線上$\cos \theta = 1$。

E. 至過激時：I_a持續增大，$\cos \theta$再變小且超前。

(3) 激磁特性：倒 V 型特性曲線（cos θ-I_f 關係曲線）

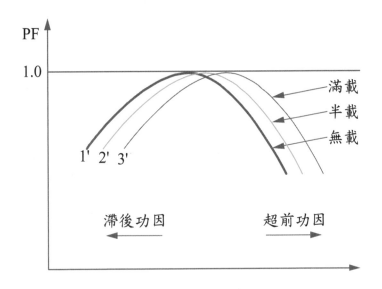

① 1′、2′、3′表示各對 1、2、3 之功率因數變化曲線，稱為「倒 V 曲線」。

② 由 V 型曲線得知，某一負載之 V 型曲線其電功率為定值，$P = VI \cos θ = VI_{\cos θ=1}$，因此曲線上任一點之功率因數：

$$\cos θ = \frac{I_{\cos θ=1}}{I} = \frac{\text{V 型曲線谷底電流}}{\text{任一點之電樞電流}}$$

(4) 電樞反應：與同步發電機相反

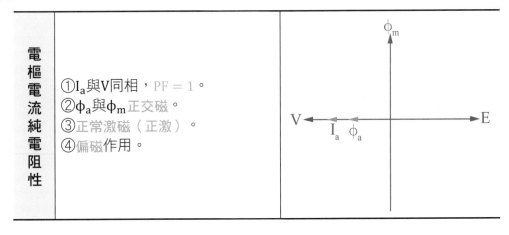

| 電樞電流純電阻性 | ① I_a 與 V 同相，$PF = 1$。
② $φ_a$ 與 $φ_m$ 正交磁。
③ 正常激磁（正激）。
④ 偏磁作用。 | |

電樞電流純電感性	①I_a滯後V90°，PF = 0 滯後。 ②ϕ_a與ϕ_m同相，加磁。 ③增加主磁通的磁化效應。	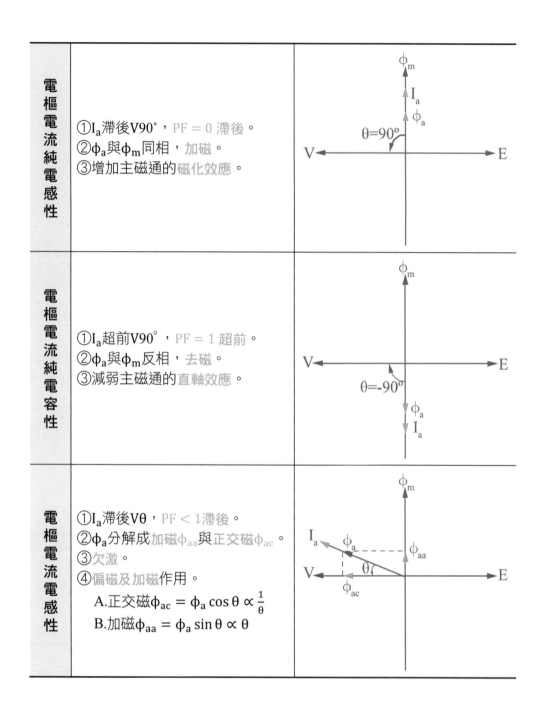
電樞電流純電容性	①I_a超前V90°，PF = 1 超前。 ②ϕ_a與ϕ_m反相，去磁。 ③減弱主磁通的直軸效應。	
電樞電流電感性	①I_a滯後Vθ，PF < 1滯後。 ②ϕ_a分解成加磁ϕ_{aa}與正交磁ϕ_{ac}。 ③欠激。 ④偏磁及加磁作用。 　A.正交磁$\phi_{ac} = \phi_a \cos\theta \propto \dfrac{1}{\theta}$ 　B.加磁$\phi_{aa} = \phi_a \sin\theta \propto \theta$	

| 電樞電流電容性 | ①I_a超前Vθ，PF < 1 超前。
②ϕ_a分解成去磁ϕ_{ad}與正交磁ϕ_{ac}。
③過激。
④偏磁及去磁作用。
　A.正交磁$\phi_{ac} = \phi_a \cos\theta \propto \dfrac{1}{\theta}$
　B.去磁$\phi_{ad} = \phi_a \sin\theta \propto \theta$ | 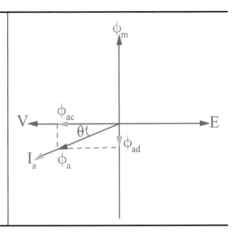 |

10-3　同步電動機之起動法

1. 同步電動機無法自行起動：

   同步電動機在靜止時，起動轉矩為零，因此欲起動同步電動機必須：

   (1) 藉外力或別的作用先將同步電動機轉子轉到接近同步轉速。

   (2) 加直流激磁使轉部達到同步轉速。

2. 同步電動機的起動方法：

   (1) 感應起動法：又稱「自動起動法」。利用轉部的阻尼繞組，藉感應電動機之原理，使轉部轉動，然後再藉轉部直流激磁所發生之同步化轉矩引入同步。

   🔔 由轉部轉動後，再藉由直流激磁，而非起動時就加直流激磁。

   (2) 輔助起動法：

   ① 在同步電動機軸上耦合一直流電動機：先將直流發電機作為電動機以起動同步電動機，一旦接近同步速率時，將激磁電流送入同步電動機，而使電動機得以整步。

   ② 以裝於同一軸上之感應電動機起動（他機帶動起動）：此種感應電動機必須比起動之電動機有較少之極數（最好少 2 極），因而有較高的

同步速率（↑$n_s = \frac{120f}{P↓}$），先將同步電動機升高至同步速率以上。將交流電流及直流電流同時加入電樞及磁場繞組中藉以引入轉矩，使同步電動機轉子達到同步速率。

③超同步電動機起動法：定部與轉部皆可以自由轉動，故需雙重軸承起動，定部繞組接上交流電，因阻尼繞組作用，定部以反方向起動運轉，當轉速接近同步轉速時，再將轉部激磁，使定部進入同步轉速運轉，此時定部逐漸制動，轉部則沿正方向逐漸進入同步轉速運轉。

3. 起動時應注意事項：

(1)當轉子開始轉動直到接近同步轉速時，磁場繞組上將感應一高壓，此高壓很可能破壞轉子之絕緣，故需在同步電動機轉子接近同步轉速後，才可使轉子繞組通入直流電。

(2)在無載或輕載的情況下，接近同步轉速時，加入直流電源，轉速並未改變，此乃轉子本身已進入同步，其同步轉矩來自磁阻轉矩。

10-4　同步電動機之運用

1. 同步電動機的優點：

(1)在一定的頻率下，有一定的轉速（速率不變）。

(2)功率因數可由激磁電流加以調整，可在 P.F.=1 時運轉。

(3)可變為進相負載。

(4)低轉速時，效率較感應機高。

(5)空氣隙大，機械故障少。

2. 同步電動機的缺點：

(1)起動轉矩小，本身沒有起動轉矩。

(2)起動電流大。

(3)起動操作複雜。

(4) 轉部為直流激磁，需另備直流電源。

(5) 負載突然增加或減小時，容易發生追逐現象。

(6) 價格昂貴。

3. 同步電動機之運用

　(1) 擔任機械負載：因效率高，所以適用在需要固定轉速的任何負載中，如：抽水機、粉碎機、研磨機、鼓風機、船舶推進機等。

　(2) 同步調相機：

　　① 專攻改善供電系統的功率因數，當線路系統的功率因數改善後，可以減少線路損失、線路壓降，增加系統容量。

　　② 通常安裝於輸電系統之一次變電所，變電所之主變壓器通常作成三繞組變壓器，把同步調相機接於第三繞組，其功用為：

　　　A. 改善輸電系統之穩定度。

　　　B. 改善系統之功率因數，減少線路電流、減少線路壓降，使電壓調整率良好。

　(3) 調整線路電壓：若因發電機之電壓變動或線路上之壓降變動而致受電端電壓發生變動時，可變更其受電端之同步電動機之直流場激，使受電端電壓保持一定。當受電端負載增加時，應將同步電動機之直流激磁增加，反之減弱，如此可保持受電端電壓於一定。

　(4) 小型同步電動機可作為計時驅動器用：用於需速率恆定，及需與頻率相同步之器械，如：唱盤、計時器、計數器、交流電鐘之驅動器。常採用不需有直流激磁的磁阻電動機、磁滯電動機。

10-5 交流同步電動機特性實驗

1. 目的：

(1) 學習同步電動機的起動方法。

(2) 了解同步電動機的激磁特性。

(3) 同步電動機負載變化時的特性變化。

2. 原理：

(1) 同步電動機的構造與同步發電機相同，且無法自行起動。

(2) 定子有電樞繞組，通入交流電可產生旋轉磁場；轉子有磁場繞組，通入直流電可產生磁極。

(3) 為防止追逐現象及產生轉矩，在轉子上會裝設阻尼繞組。

(4) 起動時，轉子激磁繞組先不加直流激磁，而以外加電阻器短路，以避免送電瞬間破壞激磁繞組的絕緣。

(5) 當接近固定轉速 $N_s = \dfrac{120f}{P}$ 時，轉子激磁繞組再通上直流電激磁，形成固定極性的磁極，並與定子產生吸引力，以保持同步轉速。

(6) 保持輸入功率，改變場電流時，其電樞電流亦會改變，其特性曲線稱為激磁特性曲線。

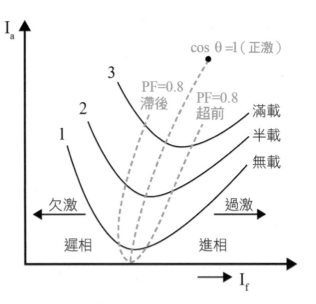

3.方法：

(1)起動接線如下，調整激磁電壓，按下按鈕開關，再起動三相 220V 電源，
當電動機接近同步轉速後，切掉開關，使電動機達到同步轉速。

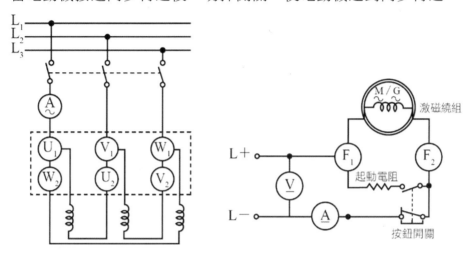

(2)激磁特性接線如下，調整激磁電流，按下按鈕開關，再起動三相 220V
電源，當電動機接近同步轉速後，切掉開關，使電動機達到同步轉速。
之後逐漸調整激磁電流，並量測其電樞電流 I_a 及功率因數。

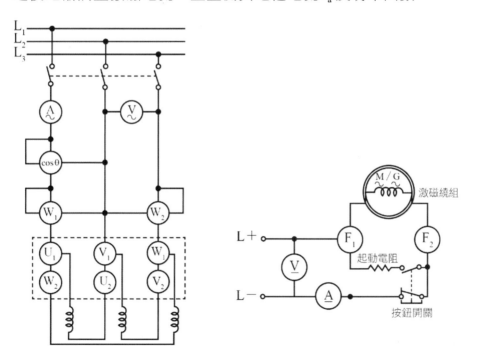

牛刀小試

( ) **4.** 三相同步電動機與三相感應電動機相互比較，下列敘述何者正確？ (A)二者之構造完全一樣 (B)同步機之定子有旋轉磁場產生，而感應機則無 (C)同步機之轉子必須用直流來激磁，但感應機之轉子則無須直流激磁 (D)二者之轉子速率，均為同步速率。

( ) **5.** 同步電動機正常運轉之轉子轉速與旋轉磁場之轉速的大小關係為 (A)轉子轉速較快 (B)旋轉磁場之轉速較快 (C)兩者相等 (D)不一定。

( ) **6.** 同步電動機，當過激磁時，該機對線路產生之現象是 (A)吸取進相電流 (B)吸取進相電壓 (C)吸取遲相電流 (D)吸取遲相電壓。

( ) **7.** 額定下運轉之同步電動機，其轉速和 (A)負載成反比 (B)負載無關 (C)電壓成正比 (D)電壓平方成正比。

( ) **8.** 下列哪一種電動機的轉速不受電源電壓控制？ (A)同步電動機 (B)單相感應電動機 (C)三相感應電動機 (D)直流電動機。

( ) **9.** 三相同步電動機的激磁電流增加，則穩態時轉速 (A)提高 (B)降低 (C)不變 (D)先提高後降低。

( ) **10.** 有一台小型同步電動機，接單相 110V、60Hz 電源時，轉速為 3600rpm，若電源電壓因故降為 100V 時，其轉速將 (A)減慢 (B)增快 (C)不變 (D)不一定。

( ) **11.** 下列何者為三相同步電動機轉速控制的主要方法？ (A)調整電源頻率 (B)調整激磁電流量 (C)轉子的繞組插入可變電阻 (D)變更轉差率。

(　) **12.** 同步電動機設置阻尼繞組之目的為　(A)增加轉軸之追逐現象　(B)防止過大起動電流　(C)預防雷電之衝擊　(D)幫助起動。

(　) **13.** 開始起動之同步電動機，其轉部　(A)可加直流電源　(B)不可加直流電源　(C)可加交流電源　(D)應同時加交流及直流電源。

(　) **14.** 同步電動機起動實驗時，轉子線圈最好如何？　(A)先短路　(B)加直流激磁　(C)加交流激磁　(D)降低匝數。

(　) **15.** 下列有關三相同步電動機起動之敘述，何者正確？　(A)串接起動電阻起動　(B)降低電源電壓起動　(C)利用阻尼繞阻之感應起動　(D)直接送入場電流起動。

(　) **16.** 電動機本身無法自行起動的是　(A)同步電動機　(B)推斥式電動機　(C)直流電動機　(D)三相感應電動機。

(　) **17.** 低起動轉矩的同步電動機，以阻尼繞組及短路磁場繞組的方式來起動，稱為自動起動法，此法在起動時磁場繞組必須如何處置最恰當？　(A)將磁場繞組直接短路　(B)將磁場繞組經一串聯電阻後短路　(C)將磁場繞組開路　(D)將磁場繞組加入直流激磁。

(　) **18.** 調整同步電動機直流激磁電流，可調整其　(A)轉速　(B)旋轉方向　(C)端電壓　(D)輸入虛功。

(　) **19.** 下列電動機中，何者在運轉時功率因數最佳？　(A)單相感應電動機　(B)三相感應電動機　(C)同步電動機　(D)單相串激電動機。

（　） **20.** 下列哪種電動機常常被用來改善發電廠或工廠電力系統的功率因數？

(A)單相感應電動機　　　(B)繞線式感應電動機

(C)三相感應電動機　　　(D)同步電動機。

（　） **21.** 同步電動機因為可以控制其激磁電流以進行無效功率之調節，故其又可稱為？

(A)迴轉電感器　　　　　(B)迴轉整流器

(C)迴轉電阻器　　　　　(D)迴轉電容器。

（　） **22.** 同步電動機並聯於輸電線路上，若使其欠激，則有下列何種功能？

(A)可防止同步發電機的自激發電現象

(B)可防止同步發電機的追逐現象

(C)可防止同步發電機的過載現象

(D)可防止同步發電機的飛脫現象。

（　） **23.** 關於三相同步電動機的特性，下列敘述何者正確？

(A)機械負載轉矩在額定範圍增加，而其轉速會降低

(B)機械負載轉矩在額定範圍增加，而其轉速維持不變

(C)激磁電流在額定範圍增加，而其轉速會昇高

(D)激磁電流在額定範圍增加，而其轉速會降低。

歷屆試題

(　)　**1.** 一部額定為 50Hz，12 極之三相同步電動機，若在額定頻率下運轉，則其轉軸轉速為多少？
(A)1200rpm
(B)1000rpm
(C)600rpm
(D)500rpm。

(　)　**2.** 下列有關三相同步電動機起動之敘述，何者正確？
(A)串接起動電阻起動
(B)降低電源電壓起動
(C)利用阻尼繞組之感應起動
(D)直接送入場電流起動。

(　)　**3.** 同步電動機起動實驗時，轉子線圈最好如何？
(A)先短路
(B)加直流激磁
(C)加交流激磁
(D)降低匝數。

(　)　**4.** 有關三相同步電動機的特性，下列敘述何者正確？
(A)機械負載轉矩在額定範圍增加，而其轉速會降低
(B)機械負載轉矩在額定範圍增加，而其轉速維持不變
(C)激磁電流在額定範圍增加，而其轉速會昇高
(D)激磁電流在額定範圍增加，而其轉速會降低。

(　　)　**5.** 下列何者為三相同步電動機轉速控制的主要方法？
(A)調整電源頻率
(B)調整機磁電流量
(C)轉子的繞組插入可變電阻
(D)變更轉差率。

(　　)　**6.** 如圖所示為一三相同步電動機的倒 V 型特性曲線，若在功率因數為 1 時，保持激磁電流不變，此時將電動機的負載增加，則下列敘述何者正確？

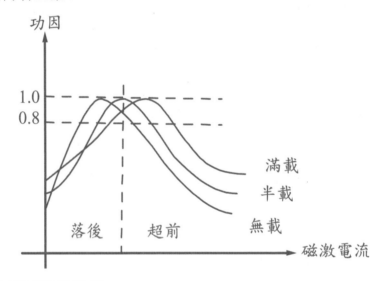

(A)功率因數變超前
(B)功率因數變滯後
(C)功率因數不變
(D)功率因數可能變超前或變滯後。

(　　) **7.** 下列有關同步電動機的敘述，何者正確？
(A)欠激時電樞電流超前端電壓
(B)過激時電動機相當於一電感性負載
(C)V 型曲線中各曲線最低點時電動機之功率因數為滯後
(D)V 型曲線為電樞電流與激磁電流的關係。

(　　) **8.** 同步電動機在固定負載下，調整直流激磁電流的主要目的為何？
(A)調整功率因數
(B)調整轉矩
(C)調整轉差率
(D)調整頻率。

(　　) **9.** 關於三相圓柱型轉子之同步電動機的輸出功率，設 δ 為負載角，下列敘述何者錯誤？
(A)輸出功率與 $\cos\delta$ 成正比
(B)輸出功率與線端電壓成正比
(C)輸出功率與線感應電勢成正比
(D)輸出功率與同步電抗成反比。

(　　) **10.** 由同步電動機之 V 型曲線可知，在同步電動機之外加電壓及負載固定不變下，激磁電流由小變大，此時同步電動機之敘述何者正確？
(A)功率因數之變化先增後減
(B)同步電動機之負載特性從電容性、電阻性變化到電感性
(C)電樞電流之變化先增後減
(D)同步電動機之激磁特性變化從過激磁狀態、正常激磁狀態到欠激磁狀態。

第11章 特殊電機

11-1 步進電動機

1. 步進電動機的概論

用於列表機之紙帶驅動（用於電腦週邊設備，如：列表機、掃描器、數值控制工具機）

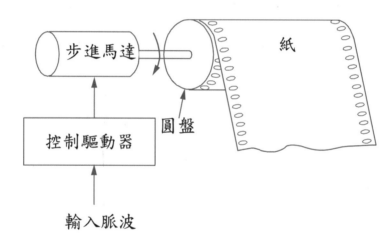

(1) 步進電動機（步階馬達）介紹：

① 每當接受一電氣脈波信號時，就以一定的角度作正確的步進轉動，其轉動角度與輸入脈衝信號個數成正比例，故連續性加以脈衝時，電動機的轉動速度即與脈衝頻率成正比例，如此可正確得到數位-類比(D/A)之轉換。

② 每輸入一脈衝步進角度有 1.5°、1.8°、2.0°、2.5°、5°、7.5° 或 15°、30° 等，而使每轉一圈其步進數為 240、200、180、48 等，甚至有高達 400 步進數者（步進角度 0.9°）。

(3)特性：

　①可作定速、定位控制。

　②可作正逆轉控制。

　③用數位控制系統，且一般採用開回路控制。

　④無累進位置誤差。

　⑤轉矩隨轉速增大而降低。

　⑥脈波信號愈大、轉矩愈大、轉速成正比於頻率，與電壓大小無關。

　⑦無外加脈波信號、轉子不動。

　⑧步進角度極小，約 0.9° 或 1.8°。

(4)步進電動機之控制電路

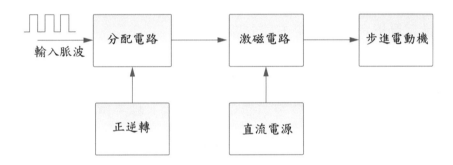

(5)相關說明

　①扭矩現象：當步進電動機停止轉動時，將不易使步進電動機轉動的一種現象。

　②相數：是指步進電動機連接到電源的繞組數。

　③步進角度縮小的方法：

　　A. 增加定子極數。

　　B. 增加轉子凸極數。

　　C. 採用 1-2 相激磁（半步進方式）。

　④步進角計算：$\theta = \dfrac{360°}{mN}$，(m：相數、N：轉子凸極數)

　　⑤定子繞組方式：

　　　A.單線繞組：一磁極僅一條漆包線繞成。

　　　B.雙線繞組：一磁極以兩條漆包線繞成，接成極性相反，不易產生
　　　　剩磁而產生制動作用使轉矩降低。

　　⑥失速：若頻率增加，而脈波數不變，只是讓步進電動機更快轉到設
　　　定的角度位置，但角度大小不變。一個脈波數若可以使電動機轉動
　　　5°，n 個脈波數便可以使電動機轉動 n × 5°。當馬達轉子的旋轉速度
　　　無法跟上定子激磁速度時，造成馬達轉子停止轉動稱為失速。各種
　　　馬達都有發生失速的可能，在一般馬達應用上，發生失速時往往會
　　　造成繞組線圈燒毀，不過步進馬達失速時只會靜止，線圈雖然仍在
　　　激磁中，但由於是脈波訊號，因此不會燒毀線圈。

(6) 步進電動機角度與激磁方式的關係

　　①一相激磁：每一時間只有一個線圈受激磁。轉子震動較為劇烈，轉
　　　矩較小。

　　②二相激磁：每一時間有兩個線圈受激磁。轉子震動較小，且減少震
　　　動發生，又轉矩較大。

　　③一、二相激磁：一相激磁與二相激磁互相輪流。步進角度較小，且
　　　減少震動發生。

　　📍 一相激磁與二相激磁其步進角相同，但一、二相激磁方式僅為一相或二相激
　　　　磁方式的 1/2。

(7) 步進電動機的轉矩-轉速特性曲線

　　T_{max}：最大起動轉矩

　　T_L：負載轉矩

　　f_S：無載時最大起動頻率

　　f_R：無載時最大連續響應頻率

　　f_{LS}：有載時的最大起動頻率

　　f_{LR}：有載時的最大連續響應頻率

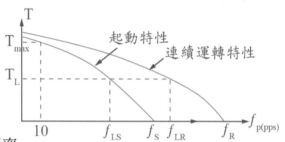

2. 步進電動機的分類

(1)永久磁鐵式（PM,permanent magnet type）：PM 式步進馬達的定子有 4 個（4 相）凸極線圈；轉子是 2 極的永久磁鐵製成，其特性為線圈無激磁時，由於轉子本身具磁性，故仍能產生保持轉矩。鋁鎳鈷系（alnico）磁鐵轉子之步進角較大，為 45°或 90°，而陶鐵系（ferrite）磁鐵因可多極磁化故步進角較小，為 7.5°及 15°。

① 定子齒數$N_s = q \cdot P$，（q：相數、P：極數）

② $\dfrac{\dfrac{360°}{N_s}}{\dfrac{360°}{N_r}} = \square + \theta$（其中□內必定為整數，而其餘數為θ，即每步的角度）

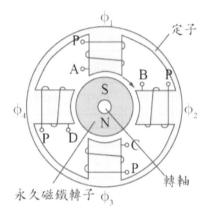

PM 型步進電動機截面

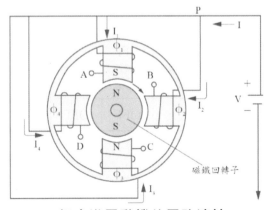

4 相步進電動機的電路連接

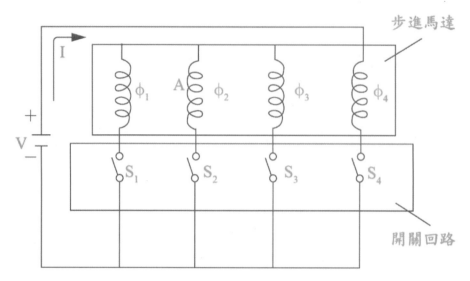

4 相步進電動機的基本電路

③激磁相及步進數之關係：

步進數	激磁線圈	S_1	S_2	S_3	S_4	回轉角度	
1	ϕ_1	ON	OFF	OFF	OFF	90°	一回轉
2	ϕ_2	OFF	ON	OFF	OFF	180°	
3	ϕ_3	OFF	OFF	ON	OFF	270°	
4	ϕ_4	OFF	OFF	OFF	ON	360°	
5	ϕ_1	ON	OFF	OFF	OFF	450°	二回轉
6	ϕ_2	OFF	ON	OFF	OFF	540°	
7	ϕ_3	OFF	OFF	ON	OFF	630°	
8	ϕ_4	OFF	OFF	OFF	ON	720°	
9	ϕ_1	ON	OFF	OFF	OFF	810°	

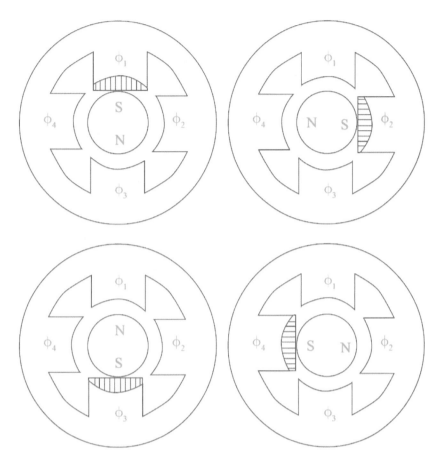

相激磁回轉情形

(2) 可變磁阻式（VR, variable reluctance type）：

VR 式步進馬達的轉子是以高導磁材料加工製成，利用定子線圈產生吸引力使轉子轉動，因此當線圈未激磁時無法保持轉矩，VR 式步進馬達可以提供較大的轉矩，步進角一般均為 15°。

① 每齒所對應之角度差 $\theta = \dfrac{360°}{N_s} - \dfrac{360°}{N_r}$（度/每步），（$N_s$：定子齒數、

N_r：轉子齒數）

② 每一轉走 N 步 $\Rightarrow N = \dfrac{360°}{\theta}$（步/每轉）

③ VR 型步進電動機動作原理：

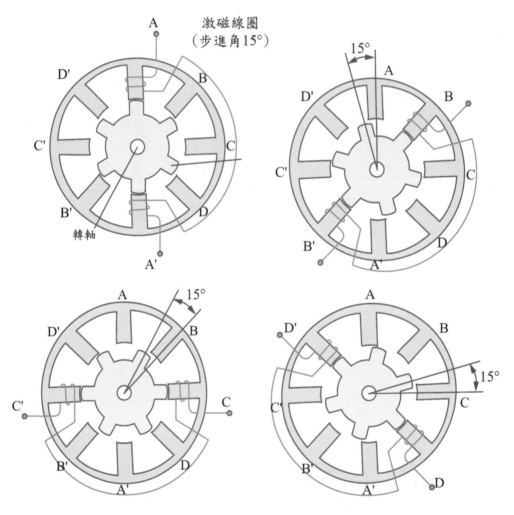

A. 激磁相由 A 切換至 B，電動機將逆時針轉動 15°。

B. 切換至 C 相激磁時，電動機再逆時針轉動 15°。

C. 在由 D 相激磁時，電動機再逆時針轉動 15°。

∴A→B→C→D→A→B→C→D→A 逆時針一直轉下去。

D.如果激磁線圈由 A 切換至 D，則順時針轉動 15°。

E. N $= \frac{360°}{15°} =$ 24(步/每轉) ⇒每轉需 24 步進之電動機，此即為 VR 型。

🔵 補充

① 多重堆疊可變磁阻式。

　　A.每一轉走 N 步⇒ N = n · T(步/每轉)，(n：相數、T：定子每相齒數 =轉子每相齒數)

　　B.每一步轉θ度⇒ θ $= \frac{360°}{N}$ (度/每步)

② 單堆疊可變磁阻式：轉子不是磁極，是普通鐵塊

　　A.定子齒數 $N_s = q \cdot P$，(q：相數、P：極數)

　　B.轉子齒數 $N_r = N_s \pm mP$，(m：一般取(−1))

　　C.每一步轉θ度⇒ θ $= \frac{360°}{N_r} - \frac{360°}{N_s}$ (度/每步)

　　D.每一轉走 N 步⇒ N $= \frac{360°}{\theta}$ (步/每轉)

(3)混合型（hybride type）：混合型步進馬達在結構上，是在轉子外圍設置許多齒輪狀之凸出電極，同時在其軸向亦裝置永久磁鐵，具備了 PM 式與 VR 式兩者的高精確度與高轉矩的特性，步進角較小，一般介於 1.8°~3.6°。

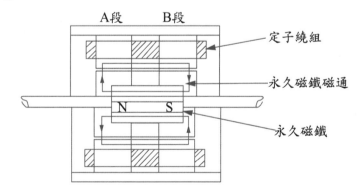

混合型步進電動機之構造

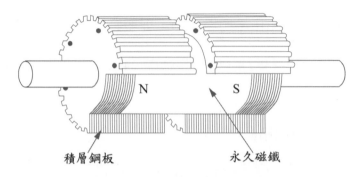

混合型步進電動機轉子構造

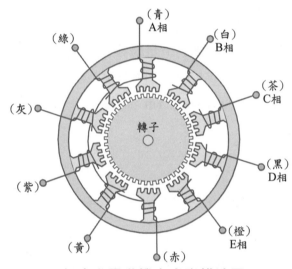

5 相步進電動機之實際構造圖

牛刀小試

1. 有一三相可變磁阻式步進電動機,轉速為 450rpm,步進角為 15°,求:(1)轉子齒數;(2)控制脈衝之頻率(PPS, pulse per second,每秒輸入的脈波次數)。

11-2　伺服電動機

1. 伺服馬達：依照輸入信號操作機械負載的馬達，控制機械位置的閉迴路控制系統。

2. 伺服馬達的要求：

   (1) 起動轉矩大⇒靜止時（零轉速）加速快。

   (2) 轉子慣性小⇒可瞬間停止。

   (3) 摩擦小⇒可瞬間起動（避免膠著現象）。

   (4) 能正反轉⇒用於機械控制。

   (5) 時間常數 $\tau = \dfrac{L}{R}$ 小⇒暫態響應時間短，能快速響應。

3. 直流伺服電動機：

   (1) 構造：與直流分激式或他激式電動機類似。

   ① 細長轉子、圓盤式電樞⇒減少轉子慣性。

   ② 斜槽、無槽的平滑式電樞繞組⇒避免膠著現象。

   (2) 控制方法：

   ① 電樞控制式：基本控制方式，如圖 11-1(a)(b)。

   起動轉矩大、響應快，具有再生制動，故制動速度快，電樞電流要比磁場激磁電流大，故需要大容量控制器，避免電樞反應採用高飽和磁極，以產生較大的控制電流作為電樞電流的控制信號。

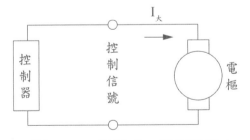

圖 11-1(a)樞控式，控制電流大

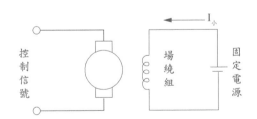

圖 11-1(b)樞控式，場繞組損失小

②磁場控制式：如圖 11-2(a)(b)。

電樞發熱量大而效率低，磁場線圈電感大又受磁滯影響，且無再生制動，故響應較差，僅需控制磁場電流，故僅需小容量控制器，是場控式的優點。由於電樞繞組按固定電源，不論電動機正轉、逆轉或停止狀態，電樞持續有電流流通，而電樞電流往往比場電流大，所以損失大。

圖 11-2(a)場控式，控制電流小　　　**圖 11-2(b)場控式，電樞損失大**

③分裂磁場串激式：串激磁場具有兩相同的繞組，兩串激磁場方向相反，故磁場為兩串激磁場之差，響應最快。

4. 交流二相伺服電動機：如圖 11-3 所示，為二相伺服電動機構造，類似單相的分相式感應電動機又稱平衡馬達，定子有激磁繞組與控制繞組，兩繞組位置相差 90° 電機角，轉子為高電阻的鼠籠式轉子，以避免單相運轉，尚可改善轉矩與速率特性。二相伺服馬達之起動轉矩較一般分相感應電動機為大。

(1) 轉相控制：由兩繞組間的電流超前或滯後控制。

(2) 轉矩控制：由兩繞組間的電流大小或相位差控制。

(3) 控制方法：

①電壓控制：簡單但易受雜音干擾。

②相位控制：缺點為繞組上經常需加額定電壓，電力消耗大，溫度較高，但消耗功率較大，需注意散熱。優點為不易受電源雜訊的干擾。

③電壓相位混合控制：取以上兩者的優點，最常使用。

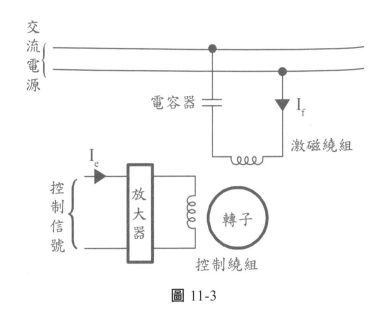

圖 11-3

5.二相伺服電動機之原理，如圖 11-4 所示。

6.一般 AC 分相電動機和伺服電動機之轉矩對轉速之關係，如圖 11-5 所示。

7.在各種控制電壓下，AC 伺服電動機之轉矩對速率之關係，如圖 11-6 所示。

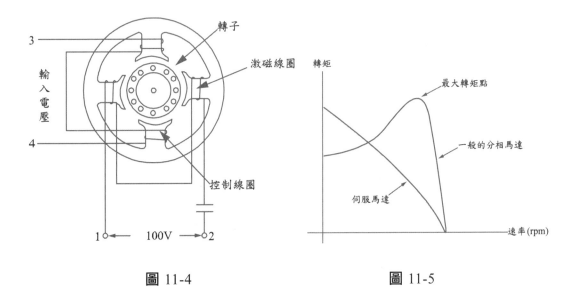

圖 11-4　　　　　　　　　　　圖 11-5

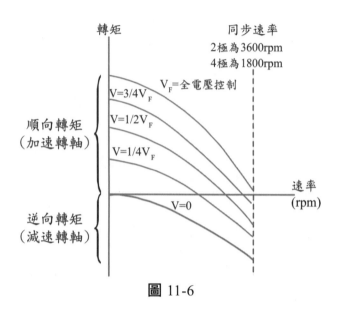

圖 11-6

8. 直流與交流伺服電動機的比較

類型	說明	適用
直流	電刷需保養、摩擦較大、但效率高	大功率
交流	構造簡單、但轉子電阻大而效率低	小功率

11-3　直流無刷電動機

直流無刷電動機是將電樞繞組（2 相、3 相或 4 相）置於定子，轉子直接使用永久磁鐵（不是使用磁場繞組）產生磁場。為永磁式同步馬達，但具有轉子位置感測裝置（如：光學尺）及變頻器，以決定電樞繞組之激磁，可使定子產生之磁場與轉子之磁場保持垂直，具有如同直流馬達般之轉矩產生性能。

戴森空氣倍增器：新機種的電風扇完全顛覆傳統的設計原理，因為沒有扇葉，利用高科技無刷直流數位馬達電風扇（無刷馬達），搭配渦輪增壓與噴射技術，產生導入與牽引的氣流，形成環狀風，讓風變得更平穩，不需要拆卸清潔，不需擔心安全問題。

1. 優點：較直流電動機的轉動慣量小、不會產生雜訊、壽命長、不需經常維修。
2. 用途：磁碟機、音響設備、機械手臂等定位或定速控制。
3. 檢測轉子位置感測裝置：霍爾元件、磁阻元件、光遮斷器等。

11-4　線性電動機

1. 利用電磁效應，直接產生直線方向的驅動力，其起動推力大，能得到大的加速及減速（制動）。
2. 將傳統的鼠籠式感應電動機切開，拉成直線狀，即為線性電動機。拉成直線的轉子稱為二次側，而其定子稱為一次側。
3. 將一次側通以多相平衡電流，產生移動磁場，使一次側與二次側間產生相對運動的推力，形式有：移動一次側型、移動二次側型。
4. 相關公式：
   (1) 線性電動機產生的同步速率 $V_s = 2\tau f(m/s)$，（τ：極距、f：頻率）。
      由公式得知，同步速率與極數無關，故其一次側的極數可以不為偶數。
   (2) 轉差率 $S = \dfrac{V_s - V}{V_s} \times 100\%$，$V = V_s(1 - S)$，（$V$：轉子速率）。
   (3) 對物體的推力 $F = \dfrac{P_M}{V} = \dfrac{(1-S)P_g}{(1-S)V_s} = \dfrac{P_g}{V_s}$

5. 缺點：

(1) 一、二次側間隙大，所需的磁化電流大，功率因數低。

(2) 具有終端效應，引起電阻損失，效率低。

> **註** 終端效應：如圖 11-7 所示，二次部分導體上發生的渦流路徑情況，為一封
> 閉且長方形路徑。此渦流只有在一次磁場範圍內會產生作用力，由於一次鐵
> 心之寬度的限制，對於移動磁場之方向，渦流的分佈變為不對稱，尤其在機
> 器之兩端更為顯著。渦流分佈不對稱就會造成推力不均勻，此現象稱為終端
> 效應。

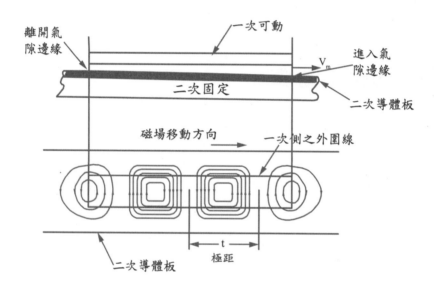

圖 11-7

6. 二次導體板感應電流路徑圖及終端效應，如圖 11-7 所示。

7. 用途：低速時可應用於輸送帶、窗簾、布幕、自動門的拉動工作；高速時
   可應用於磁浮列車、發射體（高速砲）。最熱門發展項目是為交通工具。

8.線性電動機由感應機發展而來，如圖 11-8 所示。

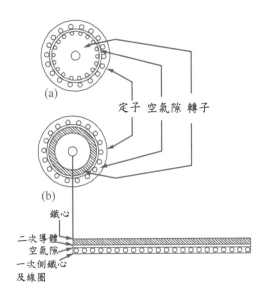

定子　空氣隙　轉子

鐵心
二次導體
空氣隙
一次側鐵心
及線圈

圖 11-8

9.兩側式線性感應電動機，如圖 11-9 所示。

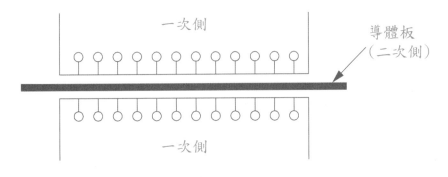

一次側

導體板
（二次側）

一次側

圖 11-9

10. 線性感應電動機與迴轉型感應電動機之推力與速率之比較，如圖 11-10 所示。

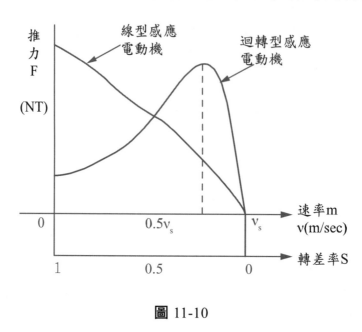

圖 11-10

11. 線性電動機作為運輸工具，如圖 11-11 所示。

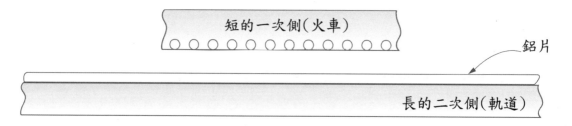

圖 11-11

牛刀小試

2. 有一極距τ = 5cm之線性感應電動機，以頻率f = 50Hz 激磁，其移動速度V = 2m/sec時，求：轉差率。

11-5　特殊電機

1.步進馬達及驅動

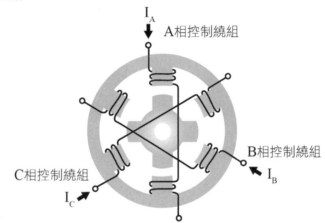

(1)步進馬達是一部使用脈波信號控制的電動機,非常適利用數位電路或電腦來控制,依轉子的形式,分為可變磁阻型(VR 型)、永久磁鐵型(PM型)及混合型三種。

(2)可變磁阻型(VR 型)

①轉子由軟鋼加工成齒輪狀,定子鐵心有數個控制繞組,各組控制繞組所接受的脈波信號有時間差,可形成順時針旋轉、逆時針旋轉 2 種可能。

②由脈波信號對控制繞組的激磁順序決定其轉向。

③一個脈波信號可以讓轉子轉動的角度,稱為步進角 $\theta = \dfrac{360°}{mN}$ 。

④轉速與脈波信號的頻率成正比: $f = \dfrac{nN}{60}$ 。

符號	θ	m	N	n	f
名稱	步進角	定子繞組相數	轉子齒輪數	轉速	每相脈波信號的頻率

⑤轉子順時針方向旋轉

　　A. t_1 時間，A 相繞組有電流通過，其所生的磁通吸引轉子到圖(b)位置。

　　B. t_2 時間，B 相繞組有電流通過，其所生的磁通吸引轉子上最靠近 B 相的齒輪 2、4 到圖(c)位置。

　　C. t_3 時間，C 相繞組有電流通過，其所生的磁通吸引轉子上最靠近 C 相的齒輪 1、3 到圖 23-2(d)位置。

　　D. 如此一來，轉子將順時針方向旋轉，直到脈波信號停止，轉子即停止。

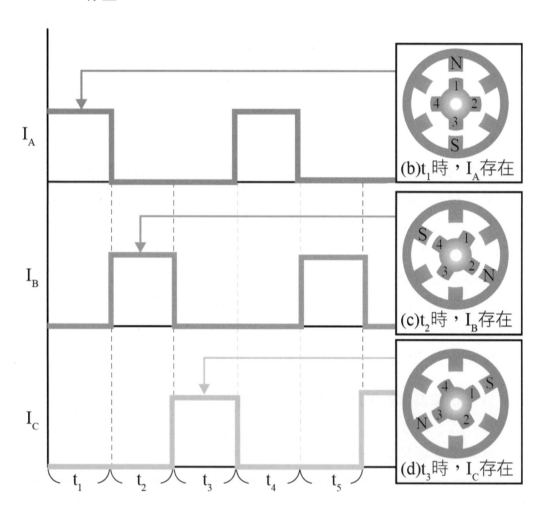

(b)t_1時，I_A存在

(c)t_2時，I_B存在

(d)t_3時，I_C存在

⑥轉子逆時針方向旋轉

　A. t_1 時間，A 相繞組有電流通過，其所生的磁通吸引轉子到圖(b)位置。

　B. t_2 時間，C 相繞組有電流通過，其所生的磁通吸引轉子到圖(c)位置。

　C. t_3 時間，B 相繞組有電流通過，其所生的磁通吸引轉子到圖(d)位置。

　D.如此一來，轉子形成逆時針方向旋轉。

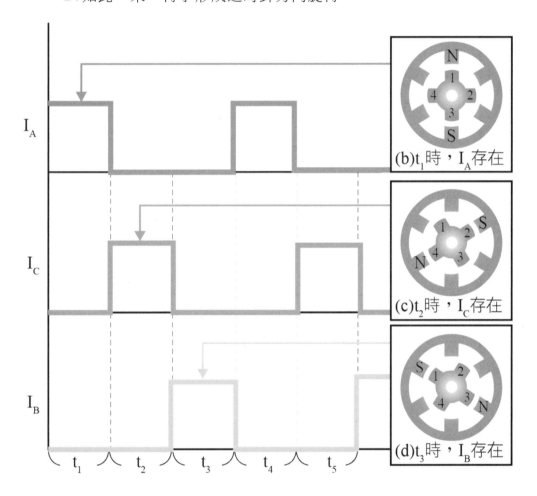

⑦激磁方式

　A.有一相激磁、二相激磁及一、二相激磁方式。

　B.一相激磁：如上圖，隨時只有一個控制繞組有激磁。缺點：轉矩。

　C.二相激磁：隨時有二個控制繞組有激磁，如下圖(a)所示，是步進電動機較常應用的方式。

D. 一、二相激磁，是一相激磁和二相激磁交互組合的激磁方式，如
下圖(b)所示。

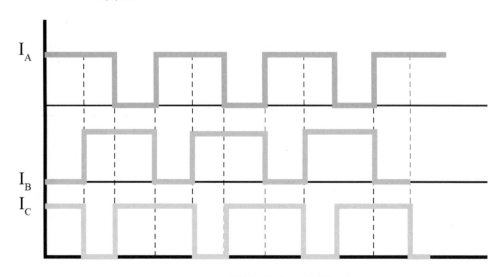

(a)三相繞組的二相激磁

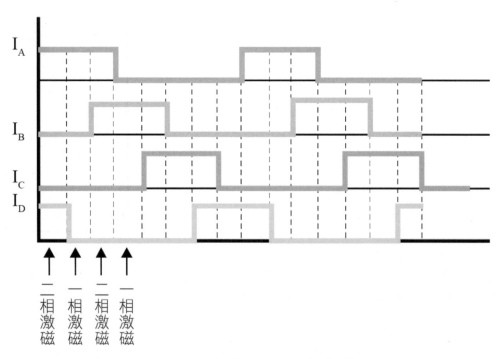

二相激磁　一相激磁　二相激磁　一相激磁

(b)四相繞組一、二相激磁

(3) 永久磁鐵型（PM 型）

　　① 轉子使用永久磁鐵，定子仍然有控制繞組。

　　② 控制繞組接受脈波信號生出磁通吸引轉子的永久磁鐵，使轉子正轉
　　　 或反轉。

　　③ 步進角 $\theta = \dfrac{360°}{mP}$，P 為磁極數。

　　④ 定子控制繞組無激磁時，由於永久磁鐵對電動機的外力有抗拒作
　　　 用，轉子比較不會受負載牽動。

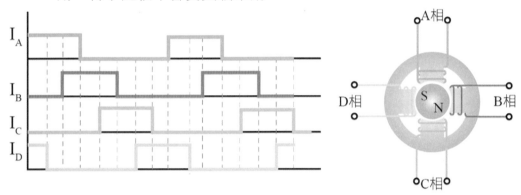

(4) 混合型

　　① 有 PM 型的永久磁鐵和 VR 型的軟鋼混合做成的齒輪狀轉子，兼具
　　　 PM 型和 VR 型的優點，轉矩大、步進角小、精確度高，是目前最廣
　　　 為使用的機種。

　　② 轉子偏轉的角度誤差不會累積，轉子必定針對下一個磁場而轉動，
　　　 不會將之前的誤差延續下來。

　　③ 能以脈波信號精確控制其轉速、轉動角度或轉動圈數，其控制方式
　　　 只要使用開迴路控制，不須要複雜的閉迴路控制。

2. 感應電動機變頻驅動

(1) 三相感應電動機原理：三相感應電動機的定子由外加電壓產生旋轉磁場
　　時，轉子因轉差速度切割產生電壓，進而於繞組中產生電流及磁場。如
　　此，轉子與定子之互相作用產生轉矩令轉子運轉。

(2)轉差率：

　　①轉差率：$S = \dfrac{N_s - N_r}{N_s}$，感應電動機的轉速 N_r 與同步轉速 N_s 的比值。

　　②轉子轉速：$N_r = (1-S)N_s = (1-S)\dfrac{120f}{P}$，轉子速度 N_r 永遠小於同步轉速 N_s。

　　③轉子頻率：$f_r = Sf$，轉子頻率小於電源頻率 f。

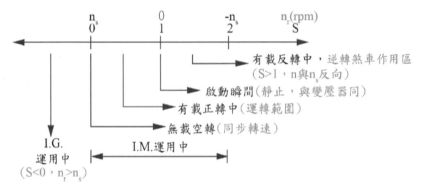

(3)三相感應電動機的變頻驅動：

　　①三相感應電動機的轉速控制方法：

　　　A. 對定子部分的控制：改變電源頻率、改變極數、改變電源電壓。

　　　B. 對轉子部分的控制：在轉子外加電阻、在轉子外加電壓、多部機串並聯運用。

　　②關係式：

　　　A. $N_r = (1-S)\dfrac{120f}{P} \propto f$：轉速與頻率成正比。

　　　B. $V = 4.44KNf\phi$：電壓 V 不變，頻率 f 增加時，磁通 ϕ 會減少，轉矩也會減少。當頻率 f 增加時，轉速增加，電壓也會成比例增加，以保持磁通與轉矩一定。

　　③應用：變頻式冷氣，利用變頻方式使壓縮機隨著溫度的高低而改變轉速，以達到溫度高時冷度轉強，溫度低時冷度轉弱的效果。

3. 伺服電動機：能接受控制信號，執行快轉、慢轉、正轉、反轉、急停及急轉等動作的電動機，有直流伺服電動機和交流伺服電動機兩類。

(1)特性：
　　①起動轉矩大。　　　　　② 轉子慣性小。
　　③能正反轉控制。　　　　④ 散熱良好。
(2)直流伺服電動機：

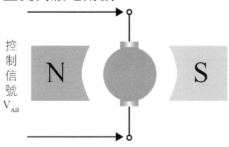

　　①類似直流他激式電動機。
　　②定子多採用永久磁鐵式，電樞繞組在轉子，電樞鐵心製成斜槽或無
　　　　線槽的平滑式。
　　③直流伺服電動機的控制方式：電樞繞組接控制信號 V_{AB}，V_{AB} 極性可
　　　　能為正、負或 0，而導致電動機可能正轉、反轉或停止。
　　④轉速由控制信號的大小決定，輸出轉矩大致與控制信號的電壓值成
　　　　正比。
　　⑤特性：
　　　　A.隨時會將電動機的表現結果檢測出來，並且將此結果與目標值作
　　　　　　比較，不斷地修正，使結果與目標值的誤差愈來愈小。
　　　　B.控制性佳、控制裝置便宜。
　　　　C.有電刷磨損、火花與電刷粉末汙染的缺點。
(3)交流伺服電動機：
　　①有二相伺服電動機、同步電動機與感應電動機等多種型式，二相伺
　　　　服電動機現在已很少使用了，而以同步電動機或感應電動機為主。
　　②伺服電動機的動作主要是由整個控制系統控制操作，而交流伺服電
　　　　動機的控制系統要比直流伺服電動機者來得複雜，如下圖所示，目
　　　　標值與反饋信號在控制器中進行分析運算，而得一控制信號，控制

信號還要經脈波寬度調變（PWM）電路，再控制由電晶體組成的變頻器，使電動機的轉向、轉速或位置達到要求。

③沒有電刷裝置，無電刷耗損問題，保養容易，較能適應惡劣環境，加上半導體技術、電子電路技術、控制技術的發展，整個交流伺服控制系統成本降低，所以交流伺服控制系統的接受度比直流伺服控制系統高。

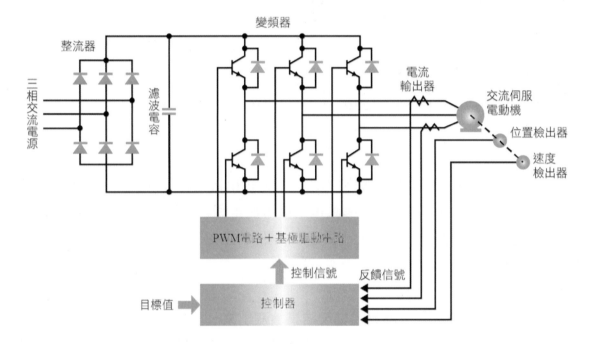

4.直流無刷馬達含輪轂及驅動

(1)構造：

①電樞繞組置於定子，轉子直接使用永久磁鐵，不使用電刷。

②依電樞繞組相數分類，可分為二相、三相及五相等，其中以三相無刷電動機較為常見。

③三相無刷電動機定子的三個電樞繞組位置各相差 120°電機角，其結構和同步電動機類似。但直流無刷電動機轉子使用永久磁鐵，且定子電樞繞組接直流電（但也不是一成不變的直流電）。

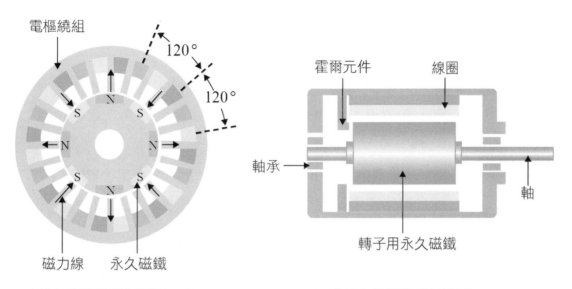

電樞繞組　120°　120°　N　S　S　N　N　S　S　N

磁力線　永久磁鐵

霍爾元件　線圈

軸承　轉子用永久磁鐵　軸

直流無刷電動機剖面圖(三相)　　　　直流無刷電動機結構圖

(2) 特性

①比其他種類電動機效率高。　② 具有高性能效果。

③可以正逆轉控制。　　　　　　④ 適用於輕薄短小化的設計。

5. 線性馬達及驅動

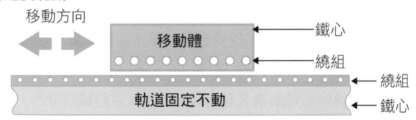

移動方向　鐵心　移動體　繞組　繞組　軌道固定不動　鐵心

(1) 線性馬達：可以直線運動的電動機，是將傳統旋轉式電動機的轉子和定子展開成直線狀，使轉子直接以直線運動。

(2) 依依動作原理可分為：

①線性感應電動機：小型者是採用電壓控制（以電壓的高低控制轉速的快慢），大型者是以頻率控制（以頻率的高低控制轉速的快慢）。

②線性直流電動機：採用伺服控制。

③線性步進電動機：利用脈波頻率來控制轉速。

④線性同步電動機：採用變頻器控制。

牛刀小試

(　　) **3.** 步進馬達若停止連續脈衝之供應，則下列敘述何者正確？　(A)轉子將繼續轉動　(B)轉子將急速停止，且保持於固定位置，其效果如同煞車　(C)轉子將回歸至原先之起動位置　(D)轉子將逆向轉動。

(　　) **4.** 關於步進電動機，下列敘述何者錯誤？　(A)可正、逆轉　(B)可直接作開迴路控制　(C)會產生累積誤差　(D)轉動的角度和輸入的脈波數成正比。

(　　) **5.** 步進電動機不適合使用於下列何種控制？　(A)工具機的定位控制　(B)繪圖機的控制　(C)電動汽車的控制　(D)印字機的控制。

(　　) **6.** 能夠直線運動的電動機是　(A)線性電動機　(B)伺服電動機　(C)步進電動機　(D)磁滯電動機。

(　　) **7.** 下列何者可以改變步進電動機的步進角？　(A)改變輸入信號的脈波數　(B)改變輸入信號的電壓值　(C)改變輸入信號的電流值　(D)改變齒輪狀轉子的齒輪數（凸極數）或定子控制繞組的相數。

(　　) **8.** 下列何種電動機其起動轉矩大，高速時轉矩變小，並具有容易控制之優點，極適合高速運輸之驅動，如磁浮火車及自動門之拉動等？　(A)線性電動機　(B)交流感應電動機　(C)同步電動機　(D)直流伺服電動機。

(　　) **9.** 適用於印表機、磁碟機、NC 工具機的電動機為　(A)伺服電動機　(B)同步電動機　(C)步進電動機　(D)感應電動機。

(　　) **10.** 48 步進的步進馬達，每步進的轉動角度為　(A)7.5　(B)15　(C)12　(D)18。

(　) **11.** 線性感應電動機中的反作用板,是我們一般所熟知的感應電動機的哪一部分的切斷直線展開？　(A)鼠籠式轉子部分　(B)定子三相繞組部分　(C)定子鐵心部分　(D)鼠籠式感應電動機的定子與轉子繞組部分。

(　) **12.** 線性感應電動機之一、二次側間隙比旋轉類者　(A)大　(B)小　(C)相同　(D)以上均可。

(　) **13.** 步進電動機採用下列何種激磁方式,將使得每激磁一次,轉子僅轉動半個步進角？　(A)一相激磁　(B)二相激磁　(C)一、二相激磁　(D)欠相激磁。

(　) **14.** 下列何者可以用來控制線性脈波電動機之轉速？　(A)改變輸入脈波電壓大小　(B)改變輸入脈波頻率　(C)改變輸入脈波相位　(D)改變輸入脈波功率。

(　) **15.** 步進電動機是將哪一種電動機改良,使其工作於脈動電壓信號的電動機？　(A)直流分激電動機　(B)同步電動機　(C)交流分相電動機　(D)直流複激電動機。

(　) **16.** 下列何種電動機最適合作定位控制？　(A)線性電動機　(B)電磁耦合式電動機　(C)步進電動機　(D)磁滯電動機。

(　) **17.** 下列何種電動機可用開迴路控制方式來進行精密的定位控制？　(A)步進電動機　(B)直流伺服電動機　(C)蔽極式單相感應電動機　(D)單相推斥交流電動機。

(　) **18.** 能接受控制信號,執行快轉、慢轉、正轉、反轉、急停、急轉等動作的電動機,稱為　(A)感應電動機　(B)伺服電動機　(C)直流串激電動機　(D)線性電動機。

(　) **19.** 有關直流伺服電動機,下列敘述何者錯誤?

(A)多數直流伺服電動機的定子是採用永久磁鐵式

(B)直流伺服電動機的電樞繞組在轉子

(C)直流伺服電動機常用來作為位置控制

(D)直流伺服控制系統多採開迴路控制系統。

(　) **20.** 下列有關交流二相伺服馬達之敘述,何者為錯誤?

(A)二相伺服馬達之起動轉矩較一般分相感應電動機為大

(B)以電壓控制方式,控制二相伺服馬達的控制電路較其他
方法複雜,且不易受雜訊干擾

(C)以相位控制方式,控制二相伺服馬達之優點是不受電源
雜訊的干擾

(D)以相位控制方式,控制二相伺服馬達之缺點為繞組上經
常須加額定電壓,電力消耗大,溫度較高,須注意散熱。

(　) **21.** 伺服電動機必須具備的特點為

(A)起動轉矩小　　　　(B)轉子慣性大

(C)可正反轉　　　　　(D)時間常數大。

(　) **22.** 直流無刷電動機的構造與下列何種電動機比較類似?

(A)串激電動機　　　　(B)分激電動機

(C)感應電動機　　　　(D)同步電動機。

歷屆試題

( )　**1.** 下列有關直流無刷電動機的敘述，何者錯誤？
　　　(A)不需要利用碳刷，可避免火花問題
　　　(B)以電子電路取代傳統換向部分
　　　(C)壽命長，不需經常維護
　　　(D)轉矩與電樞電流的平方成正比。

( )　**2.** 相同容量下，若以保養容易、高效率、體積小等因素為主要考量時，則下列電動機何者最適宜？
　　　(A)直流分激電動機
　　　(B)直流串激電動機
　　　(C)直流無刷電動機
　　　(D)感應電動機。

( )　**3.** 下列何者不是步進電動機之特性？
　　　(A)旋轉總角度與輸入脈波總數成正比
　　　(B)轉速與輸入脈波頻率成正比
　　　(C)靜止時有較高之保持轉矩
　　　(D)需要碳刷，不易維護。

( )　**4.** 下列何者可以用來控制線性脈波電動機之轉速？
　　　(A)改變輸入脈波電壓大小
　　　(B)改變輸入脈波頻率
　　　(C)改變輸入脈波相位
　　　(D)改變輸入脈波功率。

(　　) **1.** 有甲、乙及丙三個截面積及磁路長度都一樣的環形鐵心材料，其中相對導磁係數分別為 $\mu_{r,甲}$=3000、$\mu_{r,乙}$=4000 及 $\mu_{r,丙}$=5000。若三個鐵心材料都施加一樣大小的磁動勢，在未飽和情形下，何者的磁通量最大？

(A)甲鐵心　　　(B)乙鐵心　　　(C)丙鐵心　　　(D)三者一樣大。

(　　) **2.** 某 8 極直流發電機，當電樞繞成單分疊繞，其感應電勢為 200V、電樞電流為 150A。在電樞導體數固定下，若改成雙分波繞，則感應電勢及電樞電流分別為何？

(A)50V、600A　　　　　　(B)100V、300A

(C)300V、100A　　　　　　(D)400V、75A。

(　　) **3.** 有 A、B 兩部直流分激發電機作並聯供電一負載，A 機之電樞電阻為 0.1Ω、磁場電阻為 110Ω、無載感應電勢為 235.5V；B 機之電樞電阻為 0.05Ω、磁場電阻為 220Ω、無載感應電勢為 227.4V，則並聯端電壓在 220V 時之負載功率為何？

(A)40kW　　　(B)48kW　　　(C)60kW　　　(D)66kW。

(　　) **4.** 下列直流發電機，在正常轉速下，何者在無載時不能成功建立感應電勢？

(A)串激式　　　(B)分激式　　　(C)他(外)激式　　　(D)複激式。

（　）**5.** 某一直流電機在轉速 600rpm 時，其渦流損為 400W，假設將轉速升高且磁通量增加為原來的 1.1 倍，此時的渦流損若為 1936W，則此時直流電機的轉速為何？
(A)900rpm
(B)1200rpm
(C)1800rpm
(D)2400rpm。

（　）**6.** 某一直流分激發電機之電樞電阻為 0.05Ω，轉速為 1500rpm，端電壓為 240V，電樞電流為 200A。今改為電動機使用，若端電壓不變，電樞電流變為原來的一半，則電動機的轉矩約為何？
(A)$\dfrac{400 牛頓-米}{\pi}$
(B)$\dfrac{500 牛頓-米}{\pi}$
(C)$\dfrac{600 牛頓-米}{\pi}$
(D)$\dfrac{1000 牛頓-米}{\pi}$。

（　）**7.** 有一額定容量為 1200kVA 之單相變壓器，滿載時銅損為 100kW，鐵損為 25kW，若此變壓器最大效率為 0.9，則在最大效率下之負載功率因數為何？
(A)0.85
(B)0.80
(C)0.75
(D)0.70。

（　）**8.** 某單相變壓器，若二次側的滿載電壓為 220V，且電壓調整率為 5%，則二次側的無載電壓為何？
(A)231V
(B)213V
(C)123V
(D)77V。

（　）**9.** 如圖所示之理想變壓器電路，若變壓器匝數比 $N_1 : N_2 = 1 : 3$，則電壓 V_L 為何？
(A)720V
(B)600V
(C)480V
(D)360V。

( ) **10.** 有 A 及 B 兩台額定電壓相等的變壓器,A 之額定容量為 160kVA,其百分率阻抗為 6%;B 之額定容量為 240kVA,其百分率阻抗為 3%,且兩變壓器之等效電阻與等效電抗之比值相等。若將兩變壓器並聯運轉供應 300kVA 的負載,則變壓器 A 及 B 的分配負載量 S_A 及 S_B 分別為何?
(A)S_A=65kVA,S_B=235kVA
(B)S_A=75kVA,S_B=225kVA
(C)S_A=100kVA,S_B=200kVA
(D)S_A=105kVA,S_B=195kVA。

( ) **11.** 有一部三相 6 極、380V、60Hz 之感應電動機,在滿載運轉條件下,若轉子轉速為 1140rpm,滿載轉子銅損為 300W,機械損為 200W,則該電動機之軸端輸出功率為何?
(A)5500W (B)5800W
(C)6000W (D)6500W。

( ) **12.** 有一部三相 12 極、220V、60Hz、10 馬力之感應電動機,在滿載運轉條件下,已知其機械損為 140W,滿載轉子銅損為 400W,則該電動機之滿載轉子轉速為何?
(A)450rpm (B)500rpm
(C)530rpm (D)570rpm。

( ) **13.** 下列有關三相繞線式感應電動機轉子繞組外加電阻之敘述,何者正確?
(A)外加電阻越大,效率越高
(B)外加電阻越大,起動電流越大
(C)改變外加電阻可以改變轉速
(D)改變外加電阻可以提高最大轉矩。

（　　） **14.** 下列有關分相式單相感應電動機定子主繞組與輔助繞組之敘述，何者正確？

(A)主繞組匝數較少，線徑較細

(B)為避免輔助繞組於運轉時燒毀，因此其匝數較多，線徑較粗

(C)輔助繞組因其匝數較多，故置於線槽底部

(D)輔助繞組之電流相位超前主繞組電流相位。

（　　） **15.** 電容起動式單相感應電動機的輔助繞組與電容器串聯後，再與離心開關串聯，其主要目的為何？

(A)提高起動電流　　　　　　　(B)提高起動轉矩

(C)提高運轉速度　　　　　　　(D)防止主繞組燒毀。

（　　） **16.** 下列有關三相同步發電機無載飽和特性曲線之敘述，何者正確？

(A)為發電機在飽和激磁電流下，轉速與輸出端短路電流之關係曲線

(B)為發電機在飽和激磁電流下，轉速與輸出端開路電壓之關係曲線

(C)為發電機在額定轉速下，激磁電流與輸出端短路電流之關係曲線

(D)為發電機在額定轉速下，激磁電流與輸出端開路電壓之關係曲線。

（　　） **17.** 有一部三相 4 極、$220\sqrt{3}$ V、60Hz、Y 接之隱極式同步發電機，其每相同步電抗為 10Ω，電樞電阻可忽略。若發電機在額定電壓下供應一負載，並得知每相感應電勢為 260V，功率角為 30°，則此時發電機之三相輸出功率為何？

(A)8580W　　　　　　　　　　(B)14280W

(C)14861W　　　　　　　　　　(D)25669W。

(　) **18.** 一部三相同步電動機之軸端連接一固定機械負載且運轉於欠激
磁下，此時將激磁電流由小至大改變，則有關此同步電動機電樞
電流及功率因數之反應，下列敘述何者正確？
(A)電樞電流將由大變小，達到最低值時再變大；功率因數將由
超前變為滯後
(B)電樞電流將由小變大，達到最高值時再變小；功率因數將由
滯後變為超前
(C)電樞電流將由大變小，達到最低值時再變大；功率因數將由
滯後變為超前
(D)電樞電流將由小變大，達到最高值時再變小；功率因數將由
超前變為滯後。

(　) **19.** 一部三相 12 極、2203V、60Hz、Y 接之同步電動機，其每相同步
電抗為 5Ω，電樞電阻可忽略。若此同步電動機外加額定電壓，
並調整其激磁電流讓電樞電流與相電壓同相位，此時測得電樞電
流為 44A，則電動機電樞之每相反電勢為何？
(A) $200\sqrt{2}$ V　　　　　　　　(B) $220\sqrt{2}$ V
(C) $240\sqrt{2}$ V　　　　　　　　(D) $260\sqrt{2}$ V。

(　) **20.** 有一可變磁阻型步進電動機，其定子繞組為三相激磁，若轉子之
步進角度為 7.5°，則轉子齒數為何？
(A)32　　　　　(B)24　　　　　(C)16　　　　　(D)8。

109 年　統測試題

(　) **1.** 某一口字形導磁鐵芯繞有 700 匝線圈，鐵芯導磁係數為 2×10^{-3} 亨利/米(H/m)，截面積為 300cm^2，磁路平均長度為 120cm。在無漏磁且無磁飽和條件下，若磁路要產生 0.021 韋伯之磁通，則線圈電流應為何？

(A)0.4A　　　　(B)0.6A　　　　(C)0.8A　　　　(D)1.0A。

(　) **2.** 有一台 6 極直流發電機，電樞繞組採用雙分疊繞，電樞總導體數為 1200 根，若此發電機在每秒轉速為 25 轉時，測得無載感應電勢為 300V，則每極磁通應為何？

(A)0.08 韋伯　　　　　　　(B)0.06 韋伯

(C)0.04 韋伯　　　　　　　(D)0.02 韋伯。

(　) **3.** 有關直流發電機鐵芯損失之敘述，下列何者錯誤？

(A)轉速越高，鐵芯損失越大

(B)鐵芯磁通密度越低，鐵芯損失越小

(C)鐵芯疊片厚度越大，鐵芯損失越大

(D)電樞繞組匝數越少，鐵芯損失越小。

(　) **4.** 有一台分激式(並激式)直流發電機，電樞電阻為 0.5Ω，分激場電阻為 25Ω。此發電機的負載為 5Ω 及消耗功率為 2kW，若忽略電刷壓降，則發電機之感應電勢為何？

(A)108V　　　　(B)110V　　　　(C)112V　　　　(D)114V。

(　) **5.** 一台 250V、100kW 之他激式直流電動機，電樞電阻為 0.25Ω。此電動機於半載時測得電樞電流為 200A 及轉速為 1000rpm，在固定激磁下，若電刷壓降與電樞反應忽略不計，則無載轉速應為何？

(A)1250rpm　　　(B)1500rpm　　　(C)1750rpm　　　(D)2000rpm。

(　) **6.** 有關直流電動機電樞反應之敘述，下列何者錯誤？
　　　 (A)電樞繞組有電流通過時才會產生電樞反應
　　　 (B)電樞反應會造成磁中性面順著旋轉方向偏移
　　　 (C)電樞反應所產生的磁場方向與主磁場成垂直
　　　 (D)電樞反應會造成換向困難。

(　) **7.** 有關單相變壓器短路試驗之敘述，下列何者錯誤？
　　　 (A)可量測變壓器之滿載銅損
　　　 (B)試驗時鐵損可忽略不計
　　　 (C)由電壓表、電流表及瓦特表所量得之數據，可推算變壓器之
　　　　　 等效阻抗
　　　 (D)試驗時低壓側繞組短路，然後高壓側繞組電壓慢慢增加至額
　　　　　 定值。

(　) **8.** 有一台高壓側設有分接頭之單相變壓器，其額定電壓為
　　　 6600V/220V，當高壓側置於 6600V 分接頭且接上電源後，測得
　　　 低壓側電壓為 230V。此時若要將低壓側電壓調整為 220V，則高
　　　 壓側分接頭應置於何處？
　　　 (A)7200V　　　 (B)6900V　　　 (C)6600V　　　 (D)6300V。

(　) **9.** 某工廠有兩台相同之單相變壓器，其額定為 60Hz、200kVA、
　　　 11400V/220V，採用 V-V 接線方式供應功率因數為 0.866 落後之
　　　 三相平衡負載，在額定運轉下此 V-V 變壓器組所供應之總實功率
　　　 約為何？
　　　 (A)400kW　　　 (B)350kW　　　 (C)300kW　　　 (D)250kW。

(　) **10.** 有一變流比為 450A/5A 之比流器，其一次側基本貫穿匝數為 1
　　　 匝。現將一次側貫穿匝數調整為 3 匝，若比流器二次側電流為
　　　 3A，則一次側電流應為何？
　　　 (A)90A　　　 (B)120A　　　 (C)150A　　　 (D)270A。

（　）**11.** 某 4 極、220V、60Hz 之三相感應電動機，若滿載時的轉速為
1692rpm，則半載時之轉速約為何？
(A)1584rpm　　　　　　　　　(B)1638rpm
(C)1746rpm　　　　　　　　　(D)1800rpm。

（　）**12.** 一台 6 極、220V、60Hz 之三相感應電動機，其滿載時輸出轉矩
為 20 牛頓-米，若頻率及轉差率維持不變，電源電壓變動±10%，
則輸出轉矩的變動範圍約為何？
(A)14.2～22.0 牛頓-米　　　　(B)16.2～24.2 牛頓-米
(C)18.0～26.0 牛頓-米　　　　(D)24.2～26.0 牛頓-米。

（　）**13.** 有關三相感應電動機特性之敘述，下列何者正確？
(A)在起動瞬間轉子電流頻率大於定子電流頻率
(B)轉子電抗隨著轉速增加而變大
(C)最大轉矩與轉子電阻成正比
(D)轉子旋轉磁場速度等於定子旋轉磁場速度。

（　）**14.** 有關單相分相式感應電動機運轉繞組與起動繞組之敘述，下列何
者正確？
(A)運轉繞組線徑粗、匝數少，起動繞組線徑細、匝數多
(B)運轉繞組具有高電阻、低電感的特性，起動繞組具有低電阻、
高電感的特性
(C)運轉繞組與起動繞組在空間上互成 120 度電機角
(D)僅需調換運轉繞組或起動繞組兩端之接線，即可改變感應電
動機的旋轉方向。

（　）**15.** 額定輸出為 10MVA、10kV 之三相 Y 接同步發電機，其同步阻抗
為 8Ω/相，則同步發電機之短路比約為何？
(A)0.8　　　　　(B)1.05　　　　　(C)1.25　　　　　(D)1.45。

(　) **16.** 某三相 4 極、Y 接之同步發電機,每極磁通量為 0.01 韋伯,每相電樞繞組之導體數為 200 根,同步轉速為 1800rpm,若電樞繞組之每相感應電勢有效值為 240V,則繞組因數約為何?
(A)0.95　　　　(B)0.9　　　　(C)0.85　　　　(D)0.8。

(　) **17.** 同步發電機運轉於負載變動時,若要維持負載端電壓不變,當負載為甲時,隨負載電流增加,必需減弱激磁電流;當負載為乙時,隨負載電流增加,必需增強激磁電流,則下列何者較符合上述同步發電機的運轉情況?
(A)甲為純電阻性負載、乙為電感性負載
(B)甲為純電阻性負載、乙為電容性負載
(C)甲為電容性負載、乙為電感性負載
(D)甲為電感性負載、乙為電容性負載。

(　) **18.** 同步電動機穩態運轉於半載時,其速度調整率為何?
(A)0%　　　　(B)50%　　　　(C)100%　　　　(D)200%。

(　) **19.** 下列何種方法無法改變單相感應電動機的運轉轉速?
(A)改變起動電容值　　　　(B)改變電源頻率
(C)改變磁極數　　　　　　(D)改變電源電壓。

(　) **20.** 某同步發電機之電樞線圈,若分別採用 $\frac{4}{5}$、$\frac{6}{7}$、$\frac{7}{9}$ 及 $\frac{9}{12}$ 之短節距,則何者節距因數最大?
(A)$\frac{4}{5}$　　　　(B)$\frac{6}{7}$　　　　(C)$\frac{7}{9}$　　　　(D)$\frac{9}{12}$。

110 年　統測試題

(　　) **1.** 如圖(一)(a)所示之繞有 120 匝線圈之鐵心，鐵心內之磁通波形如圖(一)(b)所示，則線圈兩端的感應電勢 (e_{ind})波形為何？

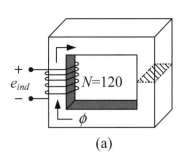

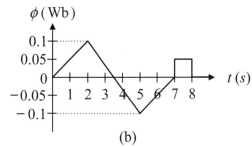

(a)　　　　　　　　　　　　　　(b)

圖(一)

(A)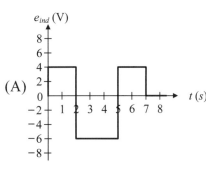

(B)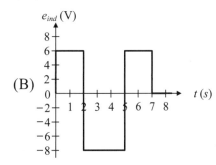

(C)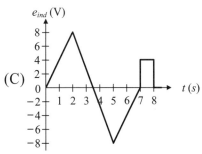

(D)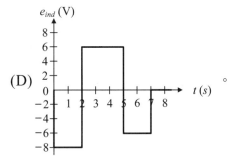

(　　)　**2.** 一鐵心繞有 200 匝(T)的線圈，其平均磁路長度為 31.7 公分、有效截面積為 10 平方公分、相對導磁係數為 5000，鐵心的結構中有一長度為 3.14 公釐之氣隙，該氣隙有效截面積與鐵心相同，在無漏磁通且鐵心未飽和下，若要在氣隙中產生 0.2 Wb / m^2 之磁通密度，則下列敘述何者正確？

(A)氣隙的磁阻為 2.5×10^4 AT / Wb

(B)磁路的總磁阻為 5.5×10^6 AT / Wb

(C)所需的激磁源磁動勢為 400 AT

(D)氣隙的磁場強度為 1.6×10^5 AT / m。

(　　)　**3.** 一部四極直流發電機，電樞總導體數為 400 根，每極磁通量為 0.06Wb，若發電機以轉速為 1500rpm 的原動機帶動，則下列敘述何者正確？

(A)若電樞繞組採雙層雙分（duplex）波繞，則每根導體之感應電勢為 3V

(B)若電樞繞組採雙層雙分疊繞，則電機產生的感應電勢為 200V

(C)若電樞繞組採單層單分（simplex）波繞，則電機產生的感應電勢為 1200V

(D)若每根導體之額定電流為 5A，當電樞繞組採單層單分疊繞，則電機的額定功率為 10kW。

( ) **4.** 一部電樞電阻為 $0.5\,\Omega$ 之分激式直流發電機,在固定轉速 1800 rpm 的原動機帶動下,所測得的無載特性曲線如圖(二)所示,則下列敘述何者正確?

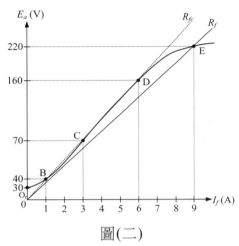

圖(二)

(A)臨界場電阻值 R_{fc} 為 $30\,\Omega$

(B)調整場電阻值 $R_f < R_{fc}$,當 $I_f = 9\,A$ 時,所產生的感應電勢 E_a 為 250V

(C)$I_f = 9\,A$ 時,實際場電阻值 R_f 約為 $15\,\Omega$

(D)當電機輸出端短路時,其穩態短路電流為 240A。

( ) **5.** 一部八極、額定負載 2 kW、端電壓 125 V、電樞繞組有 64 個線圈採雙分疊繞之他(外)激式直流發電機,每個線圈有 25 匝,電刷總壓降為 2 V,原動機以 2400 rpm 轉速帶動此電機於額定負載下運轉,若磁通未飽和並忽略電樞反應,且電樞要產生 130 V 的感應電勢,則下列敘述何者正確? (A)每極磁通量為 0.01 Wb (B)線圈每匝電阻為 0.03 Ω (C)每條並聯路徑之電流為 0.5 A (D)額定負載下電機轉軸上所產生之感應反轉矩約為 5.52 N‑m。

( ) **6.** 如圖(三)所示之線性電機,是由電壓為 V_B 之蓄電池與一有效長度為 ℓ 之導體,透過開關 S 連接置於一對平滑無摩擦的軌道上,沿著軌道佈有進入紙面的均勻磁場,若 V_B=100V、迴路電阻 R = 0.25 Ω、磁通密度 B = 0.5 Wb / m^2、 ℓ =1m,則在 S 閉合瞬間,導體所受的力之大小和方向為何?

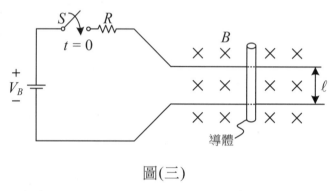

圖(三)

(A)100 N,向右　　　　　　　(B)150 N,向左

(C)200 N,向右　　　　　　　(D)250 N,向左。

( ) **7.** 一部電源電壓 150 V 之串激式直流電動機,電樞和串激場繞組之電阻分別為 0.2 Ω 和 0.1 Ω,滿載電樞電流和轉速分別為 50 A 和 1000 rpm,旋轉損和雜散負載損共 200 W,在串激磁場未飽和情況下,若電源電壓及輸出轉矩不變,利用電樞電阻控制法將轉速控制為滿載轉速之 0.8 倍,則下列敘述何者正確?　(A)於串激場繞組串聯一 0.25 Ω 的電阻可滿足控速的要求　(B)轉速改變前電動機之內生(電磁)功率為 3750 W　(C)轉速改變後電動機之內生(電磁)功率為 4750 W　(D)轉速改變前、後電動機之運轉效率相差 18 %。

(　) **8.** 如圖(四)所示之變壓器電路，下列敘述何者正確？（$\cos 53° = 0.6$，$\sin 37° = 0.6$）

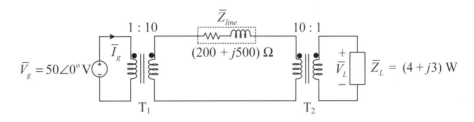

圖(四)

(A) $\overline{V}_L = 25\angle -16° \text{ V}$　　　　　(B) $\overline{I}_g = 0.5\angle -53° \text{ A}$

(C) $\overline{Z}_{line}$ 消耗 100 W 功率　　　(D) $\overline{V}_g$ 輸出 200 W 功率。

(　) **9.** 一部額定容量 10 kVA、400 V / 100 V、60 Hz 之變壓器，負載功率因數為 0.8 落後，當輸出功率為 6 kW 時可得 96%的最大操作效率，下列敘述何者正確？

(A)變壓器的鐵損為 250W

(B)最大操作效率時之負載電流為 100A

(C)一次側額定電流為 50A

(D)變壓器的銅損為 222W。

(　) **10.** 一部單相雙繞組變壓器改接成一部 2200V/2000V 自耦變壓器，供給 2000V、功率因數為 0.8 落後、352kW 之負載，則下列敘述何者正確？

(A)固有容量為 44kVA

(B)直接傳導容量為 340kVA

(C)容量為雙繞組變壓器的 5 倍

(D)共用繞組上之電流 20A。

(　　) **11.** 一部 50hp、440V、16 極、60Hz 的三相感應電動機，在額定負載下轉速為 405rpm，下列敘述何者錯誤？
(A)同步轉速為 450rpm
(B)轉子頻率為 0.1Hz
(C)滿載轉差率為 0.1
(D)定子旋轉磁場轉速為 450rpm。

(　　) **12.** 一部 8 極、50hp、220V、60Hz 三相感應電動機在 Δ 接起動時線電流為 240A，起動轉矩為 120N-m，若改為使用 Y-Δ 起動，則當 Y 接起動時，下列敘述何者錯誤？
(A)相電壓為 $\dfrac{220}{\sqrt{3}}$ V
(B)起動轉矩為 $\dfrac{120}{\sqrt{3}}$ N-m
(C)相電流為 80A
(D)同步轉速為 900rpm。

(　　) **13.** 一部三相 220 V、4 極、50 Hz 繞線式轉子感應電動機，其滿載轉速為 1350 rpm，轉子電阻為 1.0 Ω，在電壓與轉矩不變情形下，若串接 1.0 Ω 電阻於轉子繞組，則其轉速為何？
(A)1200 rpm
(B)1350 rpm
(C)1500 rpm
(D)1800 rpm。

(　　) **14.** 一部 12 極、400 V、60 Hz 的三相感應電動機，功率因數為 0.9 落後，線電流為 $\dfrac{60}{\sqrt{3}}$ A，轉差率為 0.025，效率為 80％，定子銅損與鐵損之和為 1600 W，下列敘述何者錯誤？
(A)轉子轉速為 585 rpm
(B)轉子銅損為 500W
(C)同步轉速為 600 rpm
(D)機械損失為 1000 W。

(　　) **15.** 一部 1 hp、110 V、60 Hz 永久電容式單相感應電動機，其主繞組阻抗 Z_m 為 $4+j3\,\Omega$，輔助繞組阻抗 Z_s 為 $6+j10\,\Omega$，若串接電容容抗為 18Ω，下列關於輔助繞組電流之敘述何者正確？

(A)領先主繞組電流 90 度　　　　(B)落後主繞組電流 90 度

(C)領先主繞組電流 53 度　　　　(D)落後主繞組電流 53 度。

(　　) **16.** 一部三相同步發電機，採全節距集中繞組方式，每極最大磁通量為 0.1 Wb，每相每極電樞繞組為 100 匝，轉速為 1200 rpm，若電樞繞組每相感應電勢之平均值為 1600 V，則下列何者正確？

(A)頻率為 50 Hz　　　　(B)極數為 4 極

(C)頻率為 60 Hz　　　　(D)極數為 8 極。

(　　) **17.** 一部三相 8 極、220V、60 Hz 雙層短節距分佈繞組之同步發電機，其每相每極電樞繞組為 1 匝，槽距角度為 60°電機角，節距因數為 $\dfrac{\sqrt{3}}{2}$，則下列何者錯誤？

(A)總槽數為 24　　　　(B)節距為 $\dfrac{2}{3}$

(C)同步轉速為 900 rpm　　　　(D)繞組因數為 0.95。

( ) **18.** 一部三相 20 kVA、200 V、60 Hz、Y 接同步發電機,在未發生磁飽和情形下,開路測試時線電壓為 200 V,場激磁電流 I_{f1} 為 3.3 A;短路測試時電樞電流為 $\dfrac{100}{\sqrt{3}}$ A,場激磁電流為 I_{f2},其短路比為 1.5,則下列何者正確?

(A)$I_{f2}=2.2$ A,每相同步阻抗為 $\dfrac{4}{3}$ Ω

(B)$I_{f2}=4.95$ A,每相同步阻抗為 $\dfrac{4}{3}$ Ω

(C)$I_{f2}=2.2$ A,每相同步阻抗為 $\dfrac{2}{3}$ Ω

(D)$I_{f2}=4.95$ A,每相同步阻抗為 $\dfrac{2}{3}$ Ω。

( ) **19.** 一部三相 8 極、220 V、60 Hz、Y 接同步電動機,在外加電壓和負載不變條件下運轉,調節場激磁電流,功率因數為 1.0 時,場激磁電流為 15 A,電樞電流為 40 A,當場激磁電流增加為 20 A 時,其功率因數為 $\dfrac{8}{9}$,則下列敘述何者正確?

(A)電樞電流為 35.5 A 且超前相電壓
(B)電樞電流為 35.5 A 且落後相電壓
(C)電樞電流為 45 A 且超前相電壓
(D)電樞電流為 45 A 且落後相電壓。

( ) **20.** 一部四相可變磁阻型步進電動機採用一相激磁,每相每秒加 300 個脈波,若轉子運轉在 300 rpm,則齒數為何?
(A)30　　　　　　　　　　(B)40
(C)60　　　　　　　　　　(D)80。

(　) **1.** 一台5 kVA、220V / 110 V之單相變壓器,若一次側之激磁電流為 1 A及鐵損電流為0.6 A,則此變壓器之磁化電流為何? (A)0.6 A　(B)0.8 A　(C)1.2 A　(D)1.6 A。

(　) **2.** 有關直流發電機鐵心之渦流損失,下列敘述何者正確? (A)因為發電機輸出是直流電,所以沒有鐵心渦流損失 (B)鐵心會因渦流損失之存在而發熱 (C)鐵心渦流損失與轉速無關 (D) 鐵心渦流損失與負載電流平方成正比。

(　) **3.** 有關直流發電機之外部特性曲線,下列敘述何者正確? (A)轉速固定之下,描述電樞感應電勢與磁場電流之關係曲線 (B)負載固定之下,描述端電壓與轉速之關係曲線 (C)負載與磁場電流固定之下,描述電樞感應電勢與轉速之關係曲線 (D)轉速與磁場電流固定之下,描述端電壓與負載電流之關係曲線。

(　) **4.** 如圖(一)所示之鐵心磁滯迴線,其中垂直軸代表磁通密度(B),水平軸代表磁場強度(H),下列敘述何者正確? (A)a點代表最大剩磁 (B)b點代表鐵心工作所需最小磁通密度 (C)c點代表矯頑磁力 (D)abcdefa各點所圍成的面積愈大代表磁滯損失愈小。

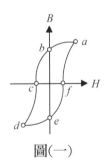

圖(一)

(　) **5.** 有關幾種電動機之起動法:(甲)分激式直流電動機之起動電阻起動、(乙)三相鼠籠式感應電動機之Y - Δ起動、(丙)單相感應電動機之電容起動、(丁)三相同步電動機之阻尼繞組起動,下列敘述何者錯誤? (A)(甲)、(乙)兩種起動法係用以降低起動電流 (B)(丙)、(丁)兩種起動法係因單繞組單相感應電動機與三相同步電動

機無法自行起動　(C)(丁)種起動法在起動過程中，電樞繞組應加入直流電源　(D)(乙)種之Y‐Δ起動法亦可改用串聯電抗起動。

(　　) **6.** 有關直流無刷電動機運轉，下列敘述何者正確？　(A)以電刷與換向片執行機械式換向　(B)運轉時電刷與換向片間會有磨耗、火花及電氣雜訊等問題　(C)直接利用直流電源加到電樞繞組驅動　(D)可以使用霍爾元件作為轉子磁極位置的檢出。

(　　) **7.** 步進角度為1.8°之步進電動機，若以每秒2000步之速度旋轉，則其角速度約為何？　(A)31.4 rad/s　(B)62.8 rad/s　(C)200 rad/s　(D)3600 rad/s。

(　　) **8.** 非晶質鐵心變壓器（Amorphous Metal Transformer, AMT）採用非晶質合金材料，關於其鐵心材料與傳統矽鋼片材料之比較，下列敘述何者正確？　(A)非晶質鐵心材料厚度較矽鋼厚　(B)非晶質鐵心材料硬度較矽鋼低　(C)非晶質鐵心材料抗拉力強度較矽鋼小　(D)非晶質鐵心材料可大幅降低無載損失。

(　　) **9.** 一台200 V直流串激式電動機，額定轉速為1000 rpm，電樞電阻為0.5 Ω，串激場電阻為0.5 Ω，滿載時電源電流為10 A，若電刷壓降與電樞反應皆忽略不計，則在外加額定電壓且滿載時之電樞反電勢為何？　(A)185 V　(B)190 V　(C)195 V　(D)200 V。

(　　) **10.** 一台定子12極、構造全長為3.6 m的線性感應電動機，加上 6 Hz 電源時，若轉差率為0.1，則動子之移動速率為何？
(A)0.32 m/s　(B)3.24 m/s　(C)21.63 m/s　(D)43.25 m/s。

(　　) **11.** 一台200 V之他（外）激式直流電動機，電樞電阻為0.5 Ω。此電動機於滿載時電樞電流為10 A及轉速為1000 rpm，在固定激磁下，若電刷壓降與電樞反應皆忽略不計，則在外加額定電壓且滿載時電樞電磁功率（內生機械功率）為何？　(A)1500 W　(B)1650 W　(C)1950 W　(D)2000 W。

( ) **12.** 大雄任職於某一製造廠，負責一台分激式直流發電機之運轉與維護，已知該發電機之感應電勢為250 V，電樞電阻為0.03 Ω。因為業務擴展之需，公司需要增購一台同型式之發電機與既有發電機進行並聯運轉，共同承擔500 A之負載電流。大雄已從市場找到感應電勢為260 V之發電機，若分激場電流、電刷壓降與電樞反應皆忽略不計，大雄規劃兩台發電機可以平分負載電流，則新購發電機之電樞電阻，下列何者可以合乎需求？ (A)0.03 Ω (B)0.05 Ω (C)0.07 Ω (D)0.09 Ω。

( ) **13.** 一台串激式直流發電機，已知電樞電阻為0.25 Ω，串激場繞組電阻為0.3 Ω。此發電機於運轉中外接一電阻為6.0 Ω之負載，測得串激場繞組銅損為750 W，若電刷壓降與電樞反應皆忽略不計，則發電機之電樞感應電勢為何？
(A)327.5 V (B)318.5 V (C)309.5 V (D)300.0 V。

( ) **14.** 有一鐵心磁路上繞有線圈N為200匝，如圖(二)所示，ϕ為均勻分布於磁路之磁通，磁路中有一氣隙，其長度l_g為2.0mm。假設鐵心磁路之導磁特性為理想，線圈無漏磁，並忽略氣隙之邊緣效應，且空氣之導磁係數為1.25×10^{-6} H/m。若外加之線圈電流I為5A，則磁路之磁通密度為何？

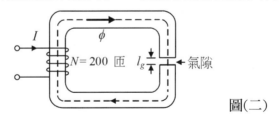

圖(二)

(A)0.325 T (B)0.625 T (C)0.925 T (D)1.225 T。

( ) **15.** 有關三相感應電動機以定子為參考之定子旋轉磁場轉速與轉子旋轉磁場轉速，下列敘述何者正確？ (A)兩者不相等，隨電源頻率而變 (B)兩者相等，隨電源頻率而變 (C)兩者不相等，隨負載而變 (D)兩者相等，隨負載而變。

( ) **16.** 分相式單相感應電動機,當轉子靜止時,僅主繞組通入單相交流電源,下列敘述何者正確? (A)定子產生單旋轉磁場,轉子靜止 (B)定子產生單旋轉磁場,轉子起動運轉 (C)定子產生雙旋轉磁場,轉子靜止 (D)定子產生雙旋轉磁場,轉子起動運轉。

( ) **17.** 一台6極、$277\sqrt{3}$ V、60 Hz、50 hp三相感應電動機,在滿載及功率因數為0.85的情況下,定子線電流為60 A,其效率約為何? (A)88.0% (B)86.5% (C)85.1% (D)82.5%。

( ) **18.** 一台6極、220 V、60 Hz、15 hp三相感應電動機,滿載轉差率S為5%,若同步角速度為Ω_s、滿載轉速為n_r,則下列何者正確? (A)$\Omega_s = 120\pi$ rad/s、$n_r = 1200$ rpm (B)$\Omega_s = 120\pi$ rad/s、$n_r = 1140$ rpm (C)$\Omega_s = 40\pi$ rad/s、$n_r = 1200$ rpm (D)$\Omega_s = 40\pi$ rad/s、$n_r = 1140$ rpm。

( ) **19.** 一台Y接220 V、60 Hz、10 hp三相感應電動機,滿載轉速為1710 rpm,若極數為P、滿載轉差率為S,則下列何者正確? (A)P = 6、S = 5 % (B)P = 6、S = 4 % (C)P = 4、S = 5 % (D)P = 4、S = 4 %。

( ) **20.** 一台4極、240 V、60 Hz三相同步電動機,在額定狀態下運轉,電動機的輸入線電流為75 A,功率因數為0.88滯後,若效率為0.9,則其輸出轉矩約為何? (A)75.7 N-m (B)131.1 N-m (C)188.4 N-m (D)24692 N-m。

( ) **21.** 單相電源串接三極交流開關TRIAC(Tri-electrode Alternating Current Switch, TRIAC)電路之後,再供電給小型單相感應電動機,可使電動機無段變速操作,下列敘述何者正確? (A)TRIAC的觸發角越大,輸出頻率越高,電動機轉速越快 (B)TRIAC的觸發角越小,輸出頻率越高,電動機轉速越快 (C)TRIAC的觸發角越大,輸出電壓有效值越高,電動機轉速越快 (D)TRIAC的觸發角越小,輸出電壓有效值越高,電動機轉速越快。

(　) **22.** 一台100 kVA、2000 V / 200 V之單相變壓器，若變壓器以其額定作為基準值之等效阻抗標么值為0.02，則此變壓器一次側等效阻抗為何？　(A)0.4 Ω　(B)0.8 Ω　(C)4.0 Ω　(D)8.0 Ω。

(　) **23.** 一部三相變壓器由三台減極性之單相變壓器組成，且於此三相變壓器的一次側外接正相序三相電源，若三相變壓器一次側線電壓之相位角落後二次側線電壓之相位角30°，則下列接法何者正確？　(A)Y - Y　(B)Y - △　(C)△ - △　(D)△ - Y。

(　) **24.** 一台3/4 hp、110 V、60 Hz單相電容起動式感應電動機，主繞組的阻抗為(3.3+j4.4)Ω，輔助繞組的阻抗為(8+j3)Ω，欲使主繞組電流與輔助繞組電流相差90°相位角，則起動電容器之容量應為何？

（ $\tan^{-1}\dfrac{4}{3} \approx 53°$，$\tan^{-1}\dfrac{3}{4} \approx 37°$ ）

(A)$\dfrac{1}{980\pi}$F　(B)$\dfrac{1}{1080\pi}$F　(C)$\dfrac{1}{1180\pi}$F　(D)$\dfrac{1}{1280\pi}$F。

(　) **25.** 一台短並聯複激式直流發電機，其電樞電阻為0.2 Ω，串激場電阻為0.02 Ω，分激場電阻為50 Ω。當發電機外接負載運轉時，已知其電樞感應電勢為261 V，分激場電壓為250 V，若電刷壓降與電樞反應皆忽略不計，則負載消耗之功率為何？　(A)12.45 kW　(B)12.05 kW　(C)11.65 kW　(D)11.25 kW。

(　) **26.** 一台12極他（外）激式直流發電機，其電樞繞組為單分疊繞，共有600根導體，且已知發電機之每極磁通為0.021 Wb。當發電機工作於每秒轉速為25轉，外接15 Ω之負載，並消耗6 kW之功率，此時發電機之電壓調整率為何？　(A)11%　(B)9%　(C)7%　(D)5%。

(　) **27.** 甲、乙兩台三相同步發電機，容量皆為1000 kVA，其轉速-負載關係皆為下垂直線，甲機單獨使用時，無載時頻率為60 Hz，滿載時降為59 Hz；乙機單獨使用時，無載時頻率為60 Hz，滿載

時降為59.5 Hz。若兩機並聯運用，供應1200 kW功率因數為1的負載，則系統的頻率為何？　(A)59.2 Hz　(B)59.4 Hz　(C)59.6 Hz　(D)59.8 Hz。

(　　) **28.** 一台10 kVA、400 V/200 V之變壓器，換算於二次側之等效電阻為0.08 Ω及等效電抗為0.08 Ω，當滿載且負載功率因數為0.8滯後時，其電壓調整率約為何？　(A)1 %　(B)1.8 %　(C)2 %　(D)2.8 %。

(　　) **29.** 如圖(三)所示之三相感應電動機每相近似等效電路，若最大電磁轉矩產生時的轉差率為S_{Tmax}，則下列何者正確？

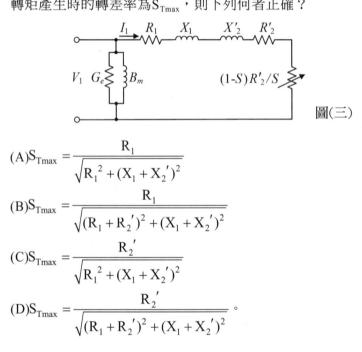

圖(三)

(A)$S_{Tmax} = \dfrac{R_1}{\sqrt{R_1{}^2 + (X_1 + X_2{}')^2}}$

(B)$S_{Tmax} = \dfrac{R_1}{\sqrt{(R_1 + R_2{}')^2 + (X_1 + X_2{}')^2}}$

(C)$S_{Tmax} = \dfrac{R_2{}'}{\sqrt{R_1{}^2 + (X_1 + X_2{}')^2}}$

(D)$S_{Tmax} = \dfrac{R_2{}'}{\sqrt{(R_1 + R_2{}')^2 + (X_1 + X_2{}')^2}}$。

(　　) **30.** 一台200 V直流分（並）激式電動機，電樞電阻為0.5 Ω，分激場電阻為100 Ω，額定轉速為2000 rpm，額定電流為30 A，電刷壓降與電樞反應皆忽略不計，若要維持電動機的輸出轉矩不變，並利用電樞電阻控速法將轉速控制為額定轉速之2/3倍，則於額定電壓與電流時，電樞繞組應串聯之電阻約為何？　(A)1.1 Ω　(B)2.2 Ω　(C)3.3 Ω　(D)4.4 Ω。

( ) **31.** 一台500 kVA、22.8 kV / 11.4 kV之單相變壓器，已知一次側繞組之電阻為4 Ω及漏磁電抗為8 Ω，二次側繞組之電阻為1 Ω及漏磁電抗為2 Ω，若忽略變壓器之激磁迴路，則此變壓器一次側之等效阻抗約為何？　(A)8.2 Ω　(B)16.5 Ω　(C)17.9 Ω　(D)24.3 Ω。

( ) **32.** 如圖(四)所示之110 V / 220 V電容起動式單相感應電動機極性測試接線，M_1、M_2與M_3、M_4分別為兩個行駛（主）繞組之端子，S_1、S_2為起動繞組之端子，起動繞組與行駛繞組空間上彼此互隔90°電機角，SW為離心開關，C為起動電容，V_1與V_2為指針式直流電壓表，則於按下按鈕開關（PB）後，觀察導通瞬間之電壓表指針變動，下列敘述何者正確？

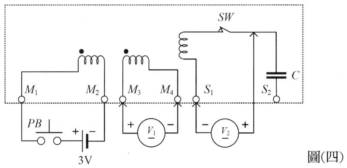

圖(四)

(A)V_1順時針偏轉一下後回到0V　(B)V_1順時針偏轉至3V之後靜止
(C)V_1逆時針偏轉一下後回到0V　(D)V_1不偏轉。

( ) **33.** 單相變壓器以交流法做極性測試時，AC電源接於高壓側，下列接線何者正確？

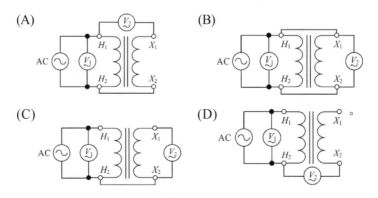

( ) **34.** 三相同步電動機於正常操作範圍下,若輸入電壓與輸出功率固定時,則下列敘述何者正確? (A)激磁電流由最小量增加時,電樞電流先增加後減少 (B)激磁電流由最小量增加時,功率因數先減少後增加 (C)激磁電流不足時,電樞電流相位越前輸入電壓 (D)電樞反電勢相位總是滯後輸入電壓。

( ) **35.** 一台2極、12槽三相感應電動機之定子採雙層分佈繞線,線圈節距為5/6,若A相第1個線圈之兩邊分別標示為1與101,第2個線圈之兩邊分別標示為2與102,1在第1槽上層,2在第2槽上層,以此類推其他各線圈之標示及位置,則下列何者錯誤? (A)A相之第3個與第4個線圈分別位於第7槽與第8槽上層 (B)B相之第1個與第2個線圈分別位於第5槽與第6槽上層 (C)C相之第1個與第2個線圈分別位於第9槽與第10槽上層 (D)A相之101與102線圈邊分別位於第7槽與第8槽下層。

( ) **36.** 直流分(並)激式發電機實驗時,若不 將發電機之兩輸出端子持續短路,則下列現象何者較為可能發生? (A) 發生巨大短路電流而把電樞繞組燒毀 (B) 輸出之短路電流會把磁場繞組燒毀 (C) 若不靠實驗機台之回授電流使原動機停止,則會造成電樞繞組燒毀 (D) 輸出電壓、電流立即減少,自動形成短路保護功能。

( ) **37.** 如圖(五)所示同步電動機之凸極轉子具有激磁繞組(F_1、F_2為激磁繞組之端子)與阻尼繞組,PF為功率因數表,當同步電動機做負載特性實驗時,下列敘述何者正確?

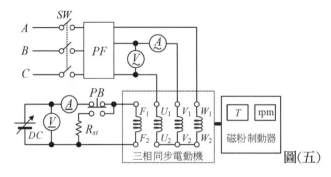

圖(五)

(A)起動同步電動機時須按下按鈕開關（PB），以避免阻尼繞組感應電壓過高　(B)當轉速達75%的同步轉速時，放開按鈕開關（PB），轉子激磁繞組由直流電源（DC）激磁　(C)改變激磁電流，記錄電樞電流與功率因數之變化　(D)將同步電動機之磁粉制動器設為定轉矩模式。

(　) **38.** 如圖(六)所示做交流同步發電機SG₂與SG₁並聯前之同步檢測，若L₁、L₂、L₃三個燈泡皆熄滅，表示兩發電機為：

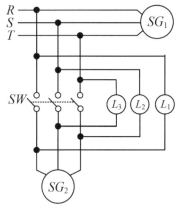

圖(六)

(A)相序相同，頻率相同，電壓大小相同，相位相同
(B)相序相同，頻率稍異，電壓大小稍異，相位稍異
(C)相序不同，頻率相同，電壓大小相同，相位相同
(D)相序不同，頻率相同，電壓大小稍異，相位稍異。

(　) **39.** 有關他（外）激式直流電動機轉速控制，單獨控制電樞電壓或磁場電流時，下列敘述何者錯誤？　(A)以電樞電壓控制法控制速度，常作為低於額定轉速（基準轉速）之控制　(B)電樞電壓速度控制法可得定轉矩之控制特性　(C)磁場速度控制法可得定功率之控制特性　(D)以磁場控制法控制速度，當場電流變大時轉速增加。

(　　) **40.** 一台4極、21槽之直流電機,每槽置放2個線圈邊,線圈採單分、雙層、前進疊繞、短節距方式繞製,下列敘述何者錯誤? 　(A)前節距Y_f = 5槽 　(B)換向片距Y_c = 1槽（片） 　(C)後節距Y_b = 5槽 　(D)線圈節距Y_s ≈ 171.4°電機角。

(　　) **41.** 有關直流電機,下列敘述何者正確? 　(A)直流電動機之電刷與換向片功能為提供電樞AC電流 　(B)電樞鐵心採絕緣薄鋼片疊置而成,可減少磁滯損失 　(C)電動機之機殼不可通過磁通,以防干擾 　(D)電樞鐵心矽鋼片含矽之目的為減少渦流損失。

(　　) **42.** 有關變壓器短路試驗,下列敘述何者正確? 　(A)可量測變壓器之激磁導納 　(B)一般於變壓器之高壓側短路,低壓側加入額定電壓 　(C)一般於變壓器之低壓側短路,高壓側加入額定電流 　(D)可量測變壓器之磁滯損失與渦流損失。

(　　) **43.** 如圖(七)所示之三相感應電動機以Y接做堵住實驗,若電壓表顯示30 V,電流表顯示15 A,瓦特表W_1顯示390 W,W_2顯示0 W,則下列何者正確?

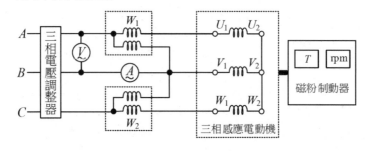

圖(七)

(A)磁粉制動器為定轉速模式 　(B)額定電流為15 A,鐵損為390 W 　(C)堵住時之功率因數約為0.5滯後 　(D)每相之短路阻抗約為2 Ω。

(　　) **44.** 有關預防感電事故發生之作法,下列敘述何者錯誤? 　(A)在分路裝設漏電斷路器（ELCB） 　(B)用電設備非帶電體之金屬外殼不需接地 　(C)電線走火時不可用泡沫滅火器滅火 　(D)預防跨步電壓觸電應遠離電線掉落之落電處或導線接地點。

(　　) **45.** 如圖(八)所示三相感應電動機定子繞組為Y接，電源相序為A-B-C，
若此接線使電動機反轉，則下列何種接線使電動機正轉？

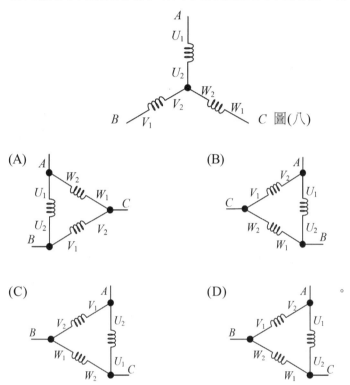

圖(八)

(　　) **46.** 如圖(九)所示，其中F₁、F₂為激磁繞組之端子。進行三相同步發電
機之開路與短路測試，下列敘述何者正確？

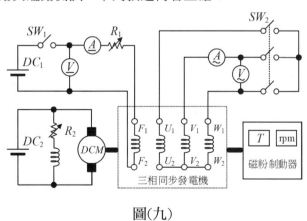

圖(九)

(A)起動發電機前，將R_1調至最小值，SW_1不可閉合　(B)起動發電機前，將電阻R_2調至最小值　(C)作短路測試時，SW_2短路，將磁粉制動器設為定轉矩模式　(D)作開路測試時，SW_2開路，開路特性曲線近似一直線。

(　)　**47.** 二具相同規格之150 kVA單相變壓器，作V-V連接時，其可供應三相平衡負載之最大容量為何？　(A)300 kVA　(B)278.4 kVA　(C)259.8 kVA　(D)173.2 kVA。

(　)　**48.** 有關現今一般電動機之應用，下列敘述何者正確？　(A)磁浮火車之驅動原理與直流線性電動機相似　(B)直流無刷電動機多數為轉磁式三相電動機　(C)直流電動機之磁場繞組一般設置於轉子　(D)工業機器手臂所使用之驅動電動機為單相感應電動機。

▲ 閱讀下文，回答第 49-50 題

一台 2 極三相同步發電機，短節距分佈電樞繞組，電樞槽數 S 為 12 槽，相鄰兩槽間的電機角度以 α 表示、任一線圈的兩線圈邊相隔 5 槽，其電機角度以 βπ 表示，節距因數以 K_p 表示，分佈因數以 K_d 表示，繞組因數以 K_w 表示，每相感應電勢有效值以 E_{rms} 表示。

(　)　**49.** 三相同步發電機短節距分佈電樞繞組之參數，下列何者正確？　(A)α=15°　(B)α=60°　(C)βπ=120°　(D)βπ=150°。

(　)　**50.** 三相同步發電機，每相電樞串聯匝數為42匝，每極磁通量為0.025韋伯（Wb），轉速為3600rpm，下列何者正確？
（cos53° ≈ 0.601、sin37° ≈ 0.601、sin75° ≈ 0.966、sin30° ≈ 0.5、sin15° ≈ 0.2588）　(A)K_p ≈ 0.956　(B)K_d ≈ 0.866　(C)K_w ≈ 0.966　(D)E_{rms} ≈ 261V。

112年 統測試題

( ) 1. 單相感應電動機的分類不包含下列何者？ (A)分相式電動機 (B)電感式電動機 (C)電容式電動機 (D)蔽極式電動機。

( ) 2. 下列何者不是磁通密度之單位？ (A)韋伯/平方公尺（Wb/m^2） (B)特斯拉（Tesla） (C)高斯（Gauss） (D)馬克士威爾（Maxwell）。

( ) 3. 一部分激式直流發電機，額定電壓為200V，電樞電阻為0.2Ω，分激場繞組電阻為100Ω。此發電機於正常工作下，測得其效率為80%，且輸入功率為14.5kW，則電樞與分激場繞組之銅損合計約為何？ (A)672.8W (B)720W (C)1120W (D)2900W。

( ) 4. 一部他激式直流發電機於正常運轉下，當激磁電流與轉速保持不變，測得其端電壓（V_t）與負載電流（I_L）曲線為線性關係如圖所示。若電刷壓降與電樞反應忽略不計，當發電機外接負載電阻為10.75Ω時，負載電流為何？
(A)30A
(B)29A
(C)28A
(D)27A。

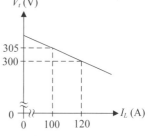

( ) 5. 一部額定為20kW、200V之他激式直流發電機，電樞電阻為0.5Ω。假設發電機在正常工作下，其激磁特性位於線性區，已知滿載時之激磁電流為5A。若發電機之轉速不變，將負載從滿載改為半載，且端電壓維持在額定值，電刷壓降與電樞反應忽略不計，則所需之激磁電流為何？ (A)2.5A (B)3.5A (C)4.5A (D)5.0A。

（　　）　**6.** 在正常運轉下，關於複激式直流發電機特性，下列敘述何者正確？
(A)可在串激場串聯一可變電阻來改變激磁特性
(B)可在分激場並聯一可變電阻來改變激磁特性
(C)欠複激式特性在滿載時之電壓調整率為負值
(D)欲得到差複激式特性，必須使串激場與分激場之磁通方向
相反。

（　　）　**7.** 關於一部2極直流電機之電樞反應，下列敘述何者正確？
(A)電樞反應與負載電流大小無關
(B)加裝補償繞組可改善電樞反應
(C)將電樞鐵心改為薄片疊製，可降低電樞反應
(D)電樞反應會使磁中性面偏移90°機械角。

（　　）　**8.** 一部額定電壓為300V之串激式直流電動機，電樞電阻為0.3Ω，
串激場電阻為0.2Ω。當電動機工作於額定條件下，其激磁特
性位於線性區，若電刷壓降與電樞反應忽略不計，已知轉速
為1500rpm，電樞電流為100A，輸出轉矩為200N-m。當輸
出轉矩降為50N-m時，其電動機之轉速為何？　(A)6000rpm
(B)5100rpm　(C)4200rpm　(D)3300rpm。

（　　）　**9.** 一部直流電動機外加額定電壓下，於起動瞬間，下列敘述何者正
確？　(A)起動電流大小與負載無關　(B)有載時之起動電流較大
(C)起動電流大小與電樞電阻無關　(D)無載時之起動電流較大。

（　　）　**10.** 一部長並聯複激式直流電動機額定電壓為200V，電樞電阻為
0.2Ω，串激場電阻為0.3Ω，分激場電阻為20Ω。當電動機運轉
於額定時，測得輸入電流為90A，角速度為200rad/s，若電刷壓
降與電樞反應忽略不計，則所產生之電磁轉矩為何？
(A)57N-m　　　　　　　　(B)64N-m
(C)70N-m　　　　　　　　(D)82N-m。

( ) **11.** 如圖為變壓器等效電路圖,其鐵損可用電路中哪個元件參數來表示?

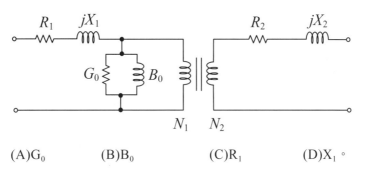

(A)G_0 (B)B_0 (C)R_1 (D)X_1。

( ) **12.** 單相變壓器規格為100kVA、10kV/100V,阻抗標么值為4%,以高壓側額定值為基準值時,其等效阻抗與阻抗標么值各約為何? (A)10Ω、0.04% (B)20Ω、4% (C)30Ω、0.04% (D)40Ω、4%。

( ) **13.** 三相變壓器規格為200kVA、22.8kV/220V、△-△接,滿載時鐵損為3kW,若變壓器在0.75載時產生最大效率,則其半載時之鐵損約為何? (A)3kW (B)2.66kW (C)1.33kW (D)0.66kW。

( ) **14.** 有三部單相變壓器,規格均為100kVA、220V/110V,接成△-Y接線來供應三相電力,下列敘述何者錯誤? (A)供電容量為300kVA (B)低壓側線電壓約為190V (C)高壓側滿載線電流約為787A (D)低壓側滿載線電流約為1574A。

( ) **15.** 一部單相變壓器規格為100kVA、22.8kV/220V,做開路實驗時電壓表量測值為220V、電流表量測值為10A、功率表量測值為1100W,若繞組銅損忽略不計,則下列敘述何者錯誤? (A)鐵損為1100W (B)低壓側等效激磁電導為$\frac{1}{44}$西門子 (C)磁化電流約為8.7A (D)無載功率因數為0.3。

（　）**16.** 一部三相變壓器規格為1000kVA、22.8kV/220V、Δ-Y接，則高壓側比流器（CT）規格應如何選擇較適合？　(A)30A/5A (B)20A/5A　(C)10A/5A　(D)5A/5A。

（　）**17.** 工廠中有一部220V、60Hz、95kW之三相感應電動機，其額定運轉下測得之功率因數為0.8落後，效率為95%，若裝設一組總無效功率為42.1kVAR之Δ接電容器，則改善後的功率因數約為何？（$\cos\theta\approx0.9$，則$\sin\theta\approx0.44$；$\cos\theta\approx0.95$，則$\sin\theta\approx0.31$）
(A)0.9落後　　　　　　　　　(B)0.9超前
(C)0.95落後　　　　　　　　(D)0.95超前。

（　）**18.** 一部三相4極、20kW、200V、60Hz之感應電動機，運轉於額定負載時，其轉速為1710rpm，若機械損忽略不計，則轉差率與轉子銅損各約為何？
(A)5.6%、2.1kW　　　　　　(B)5.0%、1.05kW
(C)7.2%、1.05kW　　　　　 (D)5.0%、2.1kW。

（　）**19.** 一部三相6極、60Hz之感應電動機，運轉於額定負載時測得轉速為1150rpm，此時轉子每相感應電勢為10V、每相電阻為5Ω及每相電抗為0.5Ω，則轉子每相起動電流約為何？　(A)5.8A (B)10.5A　(C)18.5A　(D)26.4A。

（　）**20.** 一部三相4極、60Hz之感應電動機，運轉於額定負載時測得轉速為1710rpm，若轉子起動瞬間每相感應電勢為200V、每相電阻為2Ω及每相電抗為4Ω，則額定負載時轉子每相電流約為何？
(A)5A　(B)4A　(C)3A　(D)2A。

▲閱讀下文，回答第 21-23 題
某工程師查閱一部三相繞線式感應電動機使用說明，得知轉子電阻 R_2 為 3Ω 時，最大轉矩時之轉差率為 20%，最大轉矩為滿載轉矩之 250%。

( ) **21.** 此電動機利用轉子外加電阻進行轉速控制，當負載不變時，將轉子外加電阻增加，下列敘述何者正確？　(A)轉速降低，轉差率變大　(B)轉速增加，轉差率變大　(C)轉速增加，轉差率變小　(D)轉速不變，轉差率不變。

( ) **22.** 若負載不變且轉子外加電阻為3Ω時，則最大轉矩與滿載轉矩之比值為何？　(A)500%　(B)250%　(C)150%　(D)50%。

( ) **23.** 若負載不變且轉子外加電阻為3Ω時，則電動機產生最大轉矩時之轉差率約為何？　(A)10%　(B)20%　(C)40%　(D)80%。

( ) **24.** 一部$\frac{1}{3}$馬力、120V、60Hz之電容起動式單相感應電動機，其運轉繞組阻抗為4+j3Ω，起動繞組阻抗為6+j2Ω，欲使起動繞組電流與運轉繞組電流相差90°電機角，則起動用電容器之容抗值與電容值各約為何？（$\cos36.9° ≈0.8$，$\sin36.9° ≈0.6$；$\cos53.1° ≈0.6$，$\sin53.1° ≈0.8$）　(A)5Ω、530μF　(B)10Ω、265μF　(C)22Ω、120μF　(D)24Ω、110μF。

( ) **25.** 關於一部三相4極、60Hz之轉磁式交流同步發電機之敘述，下列組合何者正確？
甲：欲產生三相弦波感應電勢，三相電樞繞組裝置在空間上須互隔150°電機角。
乙：此機可用轉速為1800rpm之汽輪式原動機來帶動。
丙：此機適合採用極數少、轉軸長度短、輻射槽之凸極式轉子來設計。
丁：為抑制轉軸的追逐現象，可在轉子磁極極面裝置阻尼繞組。
(A)甲乙　(B)甲丙　(C)丙丁　(D)乙丁。

( ) **26.** 一部三相4極、60Hz、Y接線、定子為96槽、採雙層分佈繞之轉磁式同步發電機，其每極之最大磁通量為0.01韋伯，電樞繞組每相有400根導體，若設計第1個電樞線圈的兩邊導體各置於第1號和

第19號線槽，關於此機的電樞繞組之敘述，下列組合何者正確？
（$\sin 67.5° \approx 0.92$，$\sin 3.75° \approx 0.065$）

甲：此機電樞繞組所產生的感應電勢約為採全節距繞之1.12倍。

乙：此機的分佈因數約為0.96。

丙：此機每相繞組所產生的感應電勢有效值約為470V。

丁：設計線圈跨距為12槽，可消除感應電勢之第三次諧波。

(A)甲乙　(B)乙丙　(C)丙丁　(D)甲丁。

(　) **27.** 關於三相轉磁式Y接線交流同步發電機的電樞反應，若ϕ_A為電樞磁通、ϕ_f為主磁極磁通、I_A為電樞電流、E為感應電勢、PF為負載功率因數，則下列敘述何者正確？　(A)電樞反應起因於ϕ_A的產生導致ϕ_f增強、減弱或畸變的效應　(B)當$0 < PF < 1$落後時，I_A會產生正交磁和加磁電樞反應，使E增加且畸變　(C)當$0 < PF < 1$超前時，I_A會產生去磁和正交磁電樞反應，使E減少且畸變　(D)當$PF = 0$落後時，ϕ_A與ϕ_f同相，I_A會產生正交磁和去磁電樞反應。

(　) **28.** 一部三相2極、60Hz、220V、$22\sqrt{3}$ kVA、Y接線之隱極（圓柱）式同步發電機，開路實驗時場激磁電流為3.6A，測得端電壓等於額定電壓，短路實驗時場激磁電流為3A，測得短路電樞電流等於額定電流，其同步阻抗標么值約為何？　(A)0.5標么　(B)0.63標么　(C)0.72標么　(D)0.83標么。

(　) **29.** 一部三相隱極式交流同步電動機，當電源電壓及轉軸負載不變、且電樞繞組電阻與磁飽和忽略不計，若I_A為電樞電流、E為電樞反電勢、δ為轉矩角、PF為功率因數，當調整場激磁電流I_f由零漸增，下列敘述何者錯誤？　(A)激磁狀態由欠激磁變為正常激磁再變為過激磁　(B)I_A的值先漸增再漸減，PF的值先漸減再漸增，在正常激磁時I_A最大且PF最小　(C)電樞反應由包含加磁和正交磁效應變為正交磁效應再變為正交磁和去磁效應　(D)隨著I_f增加，E隨之增加，而δ隨之減少。

( ) **30.** 一部三相4極、$220\sqrt{3}$ V、60Hz、Y接線之隱極式交流同步電動機，在額定狀態下運轉時，測得電樞電流為10A、功率因數為0.8落後、效率為0.9，其輸出轉矩約為何？ (A)10.2N-m (B)15.2N-m (C)19.2N-m (D)25.2N-m。

( ) **31.** 關於步進電動機之敘述，下列組合何者正確？
甲：混合型步進電動機利用轉子表層永久磁鐵和定子磁極相互吸引來產生驅動轉矩。
乙：控制輸入脈波信號的頻率可控制轉速，而改變繞組激磁順序可改變轉向。
丙：永久磁鐵型步進電動機利用定、轉子間的磁阻變化來產生驅動轉矩。
丁：一部轉子齒數為30齒之四相可變磁阻步進電動機，若採1-2相激磁，則其步進角為1.5°，欲操作於50rpm轉速，其輸入脈波信號的頻率為200Hz。
(A)甲乙 (B)乙丁 (C)丙丁 (D)甲丙。

( ) **32.** 關於伺服電動機之敘述，下列組合何者正確？
甲：須具備起動轉矩大、轉子慣性小、線性的轉矩-轉速特性和散熱好等特性。
乙：永磁式直流伺服機通常以磁場控制法來控制轉矩。
丙：同步型伺服機之驅動器通常是由頻率可調之三相變頻器（inverter）電路所構成。
丁：交流伺服機通常採開迴路做位置與速度控制。
(A)甲乙 (B)乙丙 (C)甲丙 (D)乙丁。

( ) **33.** 電動汽車產業鏈中，常使用變頻器（inverter）驅動下列何種電動機來提供動力來源？ (A)差複激式直流電動機 (B)三相永磁式同步電動機 (C)單相感應電動機 (D)步進電動機。

（　　）**34.** 一部2極、12槽、12換向片之全節距、雙層、單分前進疊繞永磁式直流電動機，其後節距Y_b及前節距Y_f的大小，下列何者正確？
(A)Y_b=3槽、Y_f=4槽　(B)Y_b=5槽、Y_f=6槽　(C)Y_b=6槽、Y_f=5槽　(D)Y_b=6槽、Y_f=7槽。

（　　）**35.** 一部直流外激式發電機做無載特性實驗，調整激磁電流為80mA時，無載感應電勢為112V；將激磁電流調整至100mA時，無載感應電勢為135V，若磁路未飽和，再將激磁電流調降回80mA時，則其無載感應電勢大小，下列實驗數據何者較為合理？
(A)82V～90V　(B)92V～100V　(C)112V～120V　(D)142V～150V。

（　　）**36.** 關於直流電動機的負載（轉速與轉矩）特性實驗，下列敘述何者正確？　(A)電力制動控制器置於定轉矩模式，電源加額定電壓　(B)電力制動控制器置於定轉速模式，電源加額定電流　(C)電力制動控制器置於定轉矩模式，電源加額定電流　(D)電力制動控制器置於定轉速模式，電源加額定電壓。

（　　）**37.** 下列何者為效果最佳之電氣火災用滅火器？　(A)潤滑液滅火器　(B)泡沫滅火器　(C)水滅火器　(D)二氧化碳滅火器。

（　　）**38.** 一部80kVA、10kV/220V之單相變壓器，若開路及短路實驗數據如表所示，則該變壓器產生最高效率時之負載大小為何？（$\sqrt{10} \approx 3.16$）

實驗項目 ＼ 儀表讀值	交流電壓表	交流電流表	瓦特表
開路實驗	220V	7A	1000W
短路實驗	500V	8A	1600W

(A)40kVA　(B)53kVA　(C)63kVA　(D)80kVA。

（　　）**39.** 如圖所示為單相自耦變壓器電路，求直接傳導容量及共用（並聯）繞組電流的大小各為何？
(A)4kVA、20A
(B)4kVA、80A
(C)16kVA、20A
(D)16kVA、80A。

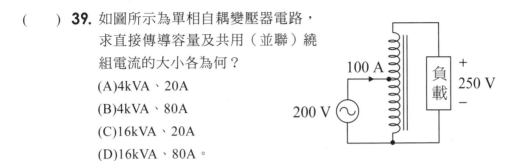

▲閱讀下文，回答第 40-41 題

一部三相低壓變壓器依據適當之規格設計及製作，才能被安全的運用，該變壓器銘牌上所記載的相關規格如表所示。

（　　）**40.** 變壓器的額定容量約為何？　(A)16.7kVA　(B)28.8kVA
(C)50kVA　(D)100kVA。

三相低壓變壓器 減極性、油浸自冷式、內鐵型、連續額定、屋外用			
額定容量	? kVA	頻率	60Hz
一次側額定線電壓 H.V.	220V	二次側額定相及線電壓 X.V.	2 2 0 、380V
一次側額定線電流 H.A.	131A	二次側額定線電流X.A.	? A
線圈溫升65℃、周溫40℃、相數3P			

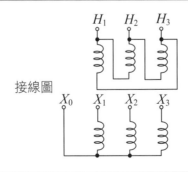

接線圖

(　　) **41.** 變壓器的二次側額定線電流約為何？　(A)44A　(B)76A　(C)131A　(D)227A。

(　　) **42.** 將電池E、開關S、指針式
直流電壓表 (V)、感應
電動機三相繞組A、B及
C接成如圖所示之極性實
驗電路，則於開關S閉合

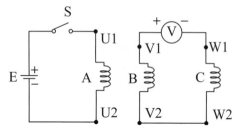

（ON）瞬間，下列何者正確？　(A)電壓表指針不偏轉　(B)電
壓表指針順向偏轉　(C)電壓表指針逆向偏轉一下後回到0V位置
(D)電壓表指針順向偏轉一下後回到0V位置。

(　　) **43.** 如圖所示為永久電容式單相感應電動機之四種接線，若兩繞組有
相同線徑及匝數，當甲接線為正轉，則下列何者正確？

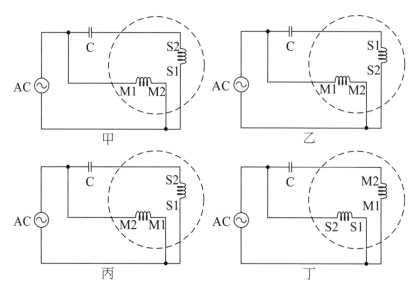

(A)乙正轉，丙正轉　(B)乙正轉，丙反轉　(C)丙反轉，丁反轉
(D)丙反轉，丁正轉。

( ) **44.** 如圖所示為AC110V/220V之雙電壓單相感應電動機，L1、N、L2
為110V/220V電源端點，若電源為110V時，端點1、3、5接L1，
端點2、4、6接N，可使電動機正轉，則當電源為220V時，下列
接線與對應之轉向何者正確？

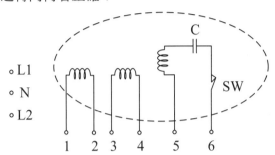

(A)端點1、5接L1，端點2、3相接，端點4、6接L2，正轉　(B)端
點1接L1，端點2、3、5相接，端點4、6接L2，反轉　(C)端點1、5
接L2，端點2、3相接，端點4、6接L1，正轉　(D)端點1接L2，端
點2、3、5相接，端點4、6接L1，正轉。

( ) **45.** 一部36槽雙層疊繞之三相4極感應電動機定子繞組接線與定子槽編
號如圖(a)與如圖(b)所示，36個線圈之線頭編號為1～36，線尾編
號為101～136，下列敘述何者正確？

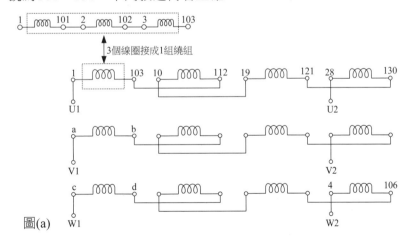

圖(a)

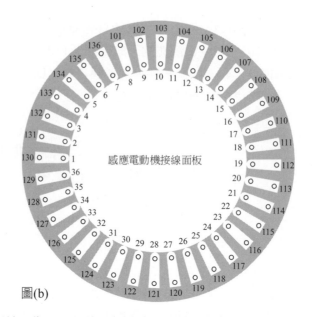

圖(b)

(A)線圈節距為7/9且a與b之編號分別為7與109　(B)線圈節距為7/9且a與b之編號分別為13與115　(C)線圈節距為8/9且c與d之編號分別為7與109　(D)線圈節距為8/9且c與d之編號分別為13與115。

(　　) **46.** 如圖所示為兩部三相同步發電機SG1與SG2之並聯操作，永磁式直流電動機DCM1與DCM2分別為SG1與SG2之原動機，下列敘述何者錯誤？

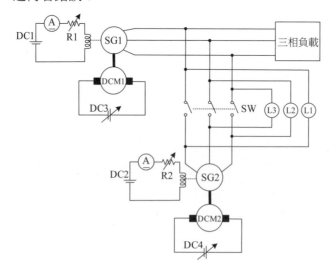

(A)逐漸增高DC4之電壓值使SG2達同步轉速,降低R2之電阻值使SG2電壓略高於SG1　(B)逐漸增高DC4之電壓值並降低DC3之電壓值,可增加SG2之有效功率並降低SG1之有效功率　(C)若SG2要與SG1並聯時,當燈泡L1與L2明亮而燈泡L3熄滅時可將SW閉合　(D)逐漸減少R2之電阻值並增加R1之電阻值,可增加SG2之無效功率並降低SG1之無效功率。

( )　**47.** 如圖所示為三相感應電動機負載實驗結果,橫軸P為機械輸出功率,下列敘述何者正確?　(A)曲線1為轉子轉速,曲線2為效率　(B)曲線3為功率因數,曲線4為定子電流　(C)曲線2為功率因數,曲線3為效率　(D)曲線3為轉子轉速,曲線4為定子電流。

( )　**48.** 如圖所示為三相同步電動機(SM)實驗接線,F1與F2為轉子激磁繞組之滑環端點,若三相A、B及C電源電壓保持固定,則下列敘述何者正確?

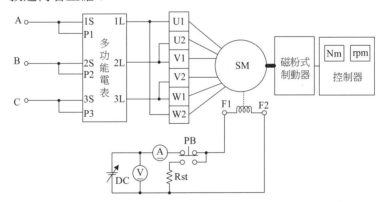

(A)在固定DC電壓時,逐漸增大磁粉式制動器轉矩,原本為1之功率因數會逐漸降為小於1落後　(B)在固定制動器轉矩時,逐漸降低DC電壓,原本小於1落後之功率因數會逐漸上升為1,再下降為小於1超前　(C)在固定激磁電流時,改變制動器轉矩,記錄電樞電流與功率因數之變化為V形曲線實驗　(D)在固定制動器轉矩時,改變激磁電流,記錄電樞電流與功率因數之變化為負載特性實驗。

( ) **49.** 如圖所示為交流電動機（M）之變頻驅動電路，下列敘述何者
正確？

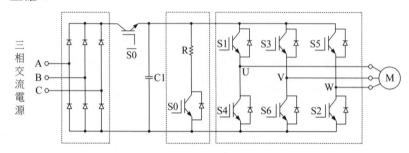

(A)變流器U、V及W之輸出為電壓固定但頻率可變之交流電，電動
機定子磁場維持定值　(B)電動機之轉速超過同步轉速時，開關$\overline{S0}$
截止，開關S0導通，電阻器R會消耗電能　(C)當電動機之轉速超
過命令值時，電動機開始發電，電能送回三相交流電源　(D)此變
頻驅動電路系統，若要改變電動機之旋轉方向，必須再加裝一個
三銅片鼓形開關或三刀雙投開關。

( ) **50.** 如圖所示為兩相雙繞組永久磁鐵（PM）型步進電動機，使用5V
直流電源手動測試兩相雙繞組，下列敘述何者正確？

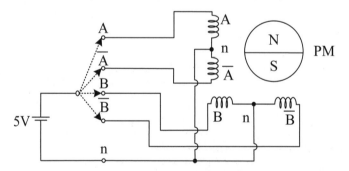

(A)若依A、$\overline{A}$、B、$\overline{B}$之順序各碰觸通電一次，此步進電動機旋
轉一步進角　(B)若依A、B、$\overline{A}$、$\overline{B}$之順序各碰觸通電一次，此步
進電動機旋轉一步進角　(C)若依A、B、$\overline{A}$、$\overline{B}$之順序各碰觸通電
一次，此步進電動機旋轉一圈　(D)若依A、$\overline{A}$、B、$\overline{B}$之順序各
碰觸通電一次，此步進電動機旋轉一圈。

解答與解析

第1章　電工機械基本概念

牛刀小試

P.7　**1.** ∵ 直流發電機

$$\therefore I_L = \frac{P_o}{V_L} = \frac{2 \times 10^3}{100} = 2 \times 10 = 20A$$

2. ∵ 三相發電機

$$\therefore I = \frac{S}{\sqrt{3}V} = \frac{100 \times 10^3}{\sqrt{3} \times 550} = 104.9 \cong 105A$$

註　$\sqrt{3} \cong 1.732$；$\sqrt{2} \cong 1.414$（此平方根常出現，請牢記！）

P.9　**3.** (1) ∵ ① 此題求作用力大小及方向，表示「所求變數」為大姆指方向(導體受力方向)，所以，應用原理為「佛來銘左手定則」，公式為 $F = B \cdot \ell \cdot I \cdot \sin\theta$。

② θ：電流方向與磁力線方向之夾角。由圖意得知，電流方向(I)↑與磁力線(B)方向→互相垂直，故，θ=90°。

$\therefore \ell = 1m$，$I = 5A$，$B = 0.5wb/m^2$ 代入公式，得：

$F = B \cdot \ell \cdot I \cdot \sin\theta = 0.5 \times 1 \times 5 \times \sin 90° = 0.5 \times 1 \times 5 \times 1 = 2.5(NT)$

(2) 伸出左手的食指和中指，大姆指先收起，食指(磁力線)方向→，中指(電流)方向↑，再將所求變數的大姆指伸出，就可以發現，大姆指是指向紙面。故，導體受力方向為迎入紙面。

P.13　**4.** (1) ∵ ① 此題求應電勢大小及 a、b 兩端之極性，表示「所求變數」為中指方向(導體應電勢極性)，所以，應用原理為「佛來銘右手定則」，公式為 $E_{av} = B \cdot \ell \cdot v \cdot \sin\theta$。

② θ：導體運動方向與磁力線方向之夾角(圖中的×表示磁力線方向垂直射入紙面)。伸出右手的大姆指與食指，大姆指導體運動(v)方向→，與垂直射入紙面的食指磁力線(B)方向互相垂

直夾 $\theta_1=90°$；再伸出中指的電流(I)方向↑，與食指磁力線方向互相垂直夾 $\theta_2=90°$。由圖示可以知道，電流是延著一傾斜且與一平面夾 30°的導體流動，所以，應將原電流方向↑順時針轉 60°為↗；而導體運動方向→也順時針轉 60°為↘。故，修正後的 θ_1，為大姆指導體運動方向↘，與食指磁力線方向夾— $\theta_1'=90°+60°=150°$。

∴ $\ell=1m$，$B=0.5wb/m^2$，$v=10m/s$ 代入公式，得：

$$E_{av}=B\cdot\ell\cdot v\cdot\sin\theta_1'$$
$$=0.5\times1\times10\times\sin150°$$
$$=0.5\times1\times10\times\sin30°$$
$$=2.5(V)$$

(2)伸出右手的大姆指和食指，中指先收起，大姆指(導體運動)方向↘(原→順時針轉 60°)，食指(磁力線)方向垂直射入紙面(方向不變)，再將所求變數的中指伸出，就可以發現，中指的方向↗。故，a 點流入為負，b 點流出為正。

∴正確地表示：$E_{av}=E_{ab}=-2.5(V)$

P.18　**5.** (C)。F 耐溫等級為 155℃。

6. (C)。H 耐溫為 180℃。

7. (D)。三用電表可以量測電阻、電流、電壓，但是無法量測電感值。

8. (C)。台灣用電頻率為 60Hz。

9. (A)。電工機械的原理是電磁效應。

歷屆試題

P.23　**1.** (A)。右手開掌定則：姆指電流方向、四指磁場方向、掌心導體受力正方向。

2. (A)。佛萊明右手定則又稱為發電機定則。

3. (A)。穿過線圈的磁通發生變化為法拉第感應定律。

4. (D)。$F=B\ell I\sin\theta=0.5\times0.8\times30\times\sin30°≒6NT$

5. (B)。Input 電能→Output 機械能。

第2章　直流電機原理、構造、一般性質

牛刀小試

P.29

1. (1) $\because$ P=2 極，Z=10 根，ϕ=0.5wb，n=1500rpm，因單(m=1)疊繞 a=mp=1×2=2 條

$$\therefore E_{av} = \frac{PZ}{60a} \cdot \phi \cdot n = \frac{2 \times 10}{60 \times 2} \times 0.5 \times 1500 = 125(V)$$

(2) $\because$ 由應電勢 E_{av} 的調整條件可以知道：

$$E_{av} \propto P \propto Z \propto \phi \propto n \propto \frac{1}{a}$$

$$\therefore E_{av} \propto n， \frac{未知}{已知} = \frac{E'_{av}}{E_{av}} = \frac{n'}{n}，設 E'_{av} = 200V$$

$$n' = n \times \frac{E'_{av}}{E_{av}} = 1500 \times \frac{200}{125} = 2400rpm$$

2. $\because N_2 = 2.2N_1$，$\phi_2 = 0.5\phi_1$

$\therefore$ 比值公式：$\dfrac{E_2}{E_1} = \dfrac{K\phi_2 n_2}{K\phi_1 n_1} = \dfrac{K \times 0.5\phi_1 \times 2.2n_1}{K\phi_1 n_1} = 0.5 \times 2.2 = 1.1$(倍)

或可表示為：$E_2 = 1.1E_1$

P.34

3. $\because$ P=4 極，Z=360 根，I_a=50A，ϕ=0.04wb，a=4 條

$$\therefore T_m = \frac{PZ}{2\pi a} \cdot \phi \cdot I_a = \frac{4 \times 360}{2\pi \times 4} \times 0.04 \times 50 = \frac{360}{\pi}(NT \cdot m)$$

P.40

4. $\because$ 分激場繞組電阻>電樞繞組電阻>串激場繞組電阻

$\therefore$ (1)R_{34}；(2)R_{12}；(3)R_{56}。

P.43

5. (**B**)。電樞薄矽鋼片應與轉軸垂直，而與磁力線方向平行疊積，使磁力線流通。

6. (A)。閉口槽使主磁極與槽、齒之間的磁阻相近且較小。故磁通分佈均勻，但無法放置電樞繞組。

7. (D)。減少主磁極極面與電樞間，因轉動時槽齒之磁阻變化所引起的震動及電磁噪音。

8. (D)。鼓型繞組兩線圈邊的跨距約為一個極距，故無法適用於不同磁極數之電機。

P.46 **9. (B)** **10. (C)**

11. (A)。換向器表面會固定電刷，所以，雲母片的高度會略低於換向器約 1~1.5mm，否則會導致電刷與換向器接觸不良妨礙整流，但也不可太低，否則易積碳。

P.52 **12.** ∵ 槽數(S)=線圈組數(N_A)=換向片數(C)

$$= \frac{電樞總線圈的邊數(Z_N)}{2} = \frac{電樞總導體數 Z_A}{2 \times 線圈匝數 N} = \frac{電樞總導體數 Z_A}{每槽線圈元件數}$$

∴〈方法一〉4×36=144 槽=144 只換向片數。

〈方法二〉每槽 2 個線圈元件，共 2×36×4=288 個線圈元件，

即 $\frac{電樞總線圈的邊數(Z_N)}{2} = \frac{288}{2} - 144$ 組(匝)線圈=144

只換向片數。

〈方法三〉$\frac{電樞總導體數 Z_A}{2 \times 線圈匝數 N} = \frac{4 \times 36 \times 2}{2 \times 1} = 144$ 槽=144

只換向片數。

📍註 電樞繞組置於電樞槽，所以，一個電樞槽有 2 根線圈元件，即 1 匝。

〈方法四〉$\frac{電樞總導體數 Z_A}{每槽線圈元件數} = \frac{4 \times 36 \times 2}{2 \times 1} = 144$ 槽=144

只換向片數。

P.55　**13.** (1)疊繞 a=mp=2×4=8(條)

∵①電樞總導體數(Z_A)＝每極電樞總導體數(Z_p)×極數(P)＝
電樞總線圈的導體數(Z_N)×線圈匝數(N)

②槽數(S)=線圈組數(N_A)=換向片數(C)

$$=\frac{電樞總線圈的邊數(Z_N)}{2}=\frac{電樞總導體數Z_A}{2×線圈匝數N}$$

$$=\frac{電樞總導體數Z_A}{每槽線圈元件數}$$

(2)電樞總導體數 Z_A=每條導體數×總電流路徑數

=Z×a=60×8=480(根)

(3)線圈元件數 $Z_N=\dfrac{Z_A}{N}=\dfrac{480}{4}=120$(個)

(4)圈組數 $N_A=\dfrac{Z_N}{2}=\dfrac{120}{2}=60$(組)

綜合(2)(3)(4)所述：一組繞組由 4 匝線圈組成，電樞共有 60 組線圈、共 60×4=240 匝、共 240×2=480 根導體。

(5)槽數 S=N_A=60(槽)

(6)換向片數 C=S=N_A=60(片)

(7)重入數 D=(C,m)=(60,2)=2(次)

(8)電刷數 B=P=4(個)

(9)後節距 $Y_b=Y_S=\dfrac{S}{P}-k=\dfrac{60}{4}=15$(槽)

(10)前節距 $Y_f=Y_b-m=15-2=13$(槽)

(11)換向片節距 $Y_C=\pm m=\pm 2$(片)

(12)50%均壓線數 $N_{eq}=\dfrac{\dfrac{線圈組數}{P}}{2}$ ×均壓線%連接數

$$=\dfrac{\dfrac{60}{4}}{2}×50\%$$

$$=30×0.5=15(條)$$

P.62 **14.** ∵P=4 極，a=2m=2×1=2 條，Z=360 根，$I_a = 100A$，$\alpha = 15^\circ$

(1) $F_{A/P} = \dfrac{F_A}{P} = \dfrac{Z}{2P} \times \dfrac{I_a}{a} = \dfrac{360}{2\times 4} \times \dfrac{100}{2} = 2250(AT)$

(2) $F_{D/P} = \dfrac{z}{360^\circ} \times 2\alpha \times \dfrac{1}{2} \times \dfrac{I_a}{a} = \dfrac{P\alpha}{180^\circ} \times F_{A/P} = \dfrac{4\times 15^\circ}{180^\circ} \times 2250$

$\quad\quad = 750(AT)$

(3) $F_{C/P} = \dfrac{Z}{360^\circ} \times \beta \times \dfrac{1}{2} \times \dfrac{I_a}{a} = F_{A/P} - F_{D/P} = 2250 - 750$

$\quad\quad = 1500(AT)$

P.64 **15.** 直流發電機換向磁極之極性，應順旋轉方向與主磁極同極性，故，C 的極性為 n(NsSn)。

P.67 **16.** (1)依電樞順時針旋轉得知，左側 F_1 運動方向向上，右側 F_2 運動方向向下；磁力線方向為向右(N→S)。

(2)由佛來銘右手定則，判知電樞導體 A_1 流入⊗，A_2 流出⊙。

(3)補償繞組導體的電流與電樞導體大小相同、方向相反。故，C_1 流出⊙，C_2 流入⊗。

(4)直流發電機換向磁極之極性，應順旋轉方向與主磁極同極性，故主磁極 N 順時針依序為 NsSn。

(5)依(4)所判定之極性，再依螺旋定則得知電流方向(9 流入、10 流出；5 流入、6 流出；8 流入、7 流出；3 流入、4 流出)。

(6)順電流方向將各繞組連接成分激發電機(電刷 B1、B2 與電樞導體、換向磁極串聯；換向磁極與主磁極(分激場繞組)、負載並聯)。

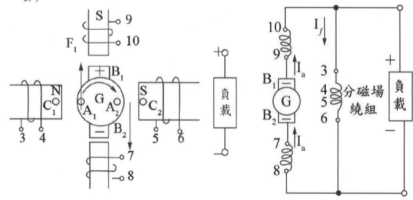

歷屆試題

P.68　**1. (B)**　　**2. (D)**

3. (B)。發電機的輸入功率為機械功率，輸出功率為電功率(額定容量)。

4. (C)。補償繞組需與電樞繞組串聯，且電流大小相同，方向相反。

5. (C)。$E=K\phi n,\dfrac{E_2}{E_1}=\dfrac{K\times0.8\phi\times2.5n}{K\phi n}=2$ 倍

6. (D)。抵消電樞反應的方法：(1)補償繞組法(湯姆生雷恩法)；(2)中間極法(換向磁極法)；(3)極尖高飽和法(增加極尖磁阻，使該處易飽和，減少電樞反應)；(4)愣德爾磁極法；(5)移刷法(移動電刷至新磁極中性面，目的僅在改善換向)。

7. (C)。多出的線圈不能接換向片，若略去多出的線圈不製成，卻造成機械不平衡。所以將多出之線圈放置槽內,而不與換向器連接，僅作填充但無作用，稱之「虛設線圈」或「強制繞組」。

8. (B)。$T=K\phi I_a$，$50=K\phi\times50$，
∴$K\phi=1$，$T_2=(K\phi)_2\times I_{a2}=(1\times0.5)\times100=50NT\cdot m$

9. (A)。碳質電刷適用於高電壓、小容量及低速電機。

10. (D)。(1)電樞磁通與主磁極磁通正交；(2)電樞反應導致綜合有效主磁極磁通 ϕ_f 減少；(3)發電機應電勢下降($E_{av}=K\phi_f n$)；(4)電動機轉矩減少($T_m=K\phi_f I_a$)；(5)電動機轉速增加($N=\dfrac{E_{av}}{K\cdot\phi_f}$)

第3章　直流發電機之分類、特性及運用

牛刀小試

P.78

1. (1)圖中無載飽和特性曲線直線線段 $\overline{CD}$ 的斜率即為臨界場電阻 R_{fC}。

$$\therefore R_{fC} = \frac{v_D - V_C}{I_{fD} - I_{fC}} = \frac{150 - 60}{4 - 2} = 45(\Omega)$$

(2) $E_a = 210(V)$

(3)實際場電阻即為由原點通過 E 點的直線斜率：

$$R_f = \frac{v_E}{I_{fE}} = \frac{210}{6} = 35(\Omega)$$

(4)當 $I_f = 0A$ 時所對應的感應電勢即為剩磁應電勢 E_r，

$$\therefore E_r = 20(V)$$

P.81

2. (B)　　　　**3.** (D)　　　　**4.** (D)

5. (D)。∵電壓調整率為負值是指負電壓，並不是指大小，所以電壓調整率為 0 仍為最小，故選(D)。

P.84

6. (1)∵ $\varepsilon = \frac{V_{NL} - V_{FL}}{V_{FL}} \times 100\% \Rightarrow 0.05 = \frac{V_{NL} - 100}{100} \Rightarrow V_{NL} = 105V = E_G$

(2)∵ $E_G = V_t + I_a R_a + V_b$ (忽略不計)

$$I_a = \frac{E_G - V_L}{R_a} = \frac{105 - 100}{0.05} = 100(A)$$

P.86　**7.** (1)應電勢不相等：

$I_{L1} + I_{L2} = I_L = 5000 \cdots \cdots ①$

$\because E_1 - I_{L1}R_{a1} = E_2 - I_{L2}R_{a2}$

$\therefore 600 - I_{L1} \times 0.02 = 610 - I_{L2} \times 0.02 \cdots \cdots ②$

將①和②解聯立方程式得：$I_{L1} = 2250(A)$，$I_{L2} = 2750(A)$

$\therefore V_t = 600 - (2250 \times 0.02) = 610 - (2750 \times 0.02) = 555(V)$

(2)$P_1 = V_t I_{L1} = 555 \times 2250 = 1249 \times 10^3 (W)$

$P_2 = V_t I_{L2} = 555 \times 2750 = 1526 \times 10^3 (W)$

P.87　**8.** (1)$\because \dfrac{P_1}{P_2} = \dfrac{I_{L1}}{I_{L2}} = \dfrac{R_{S2}}{R_{S1}}$

$\therefore \dfrac{150K}{100K} = \dfrac{R_B}{0.005}$

$\Rightarrow R_B = 1.5 \times 0.005 = 0.0075(\Omega)$

(2)＜步驟一＞

$I_{L1} + I_{L2} = I_L = 400(A) \cdots \cdots ①$

$\because I_{L1}R_{S1} = I_{L2}R_{S2}$

$\therefore I_{LA} \times 0.005 = I_{LB} \times 0.0075 \cdots \cdots ②$

將①和②解聯立方程式得：$I_{LA} = 240(A)$，$I_{LB} = 160(A)$

＜步驟二＞

$\dfrac{V_t - 240}{160 - 0} = \dfrac{250 - 240}{\dfrac{100kW}{250} - 0} \Rightarrow V_t = 244(V)$

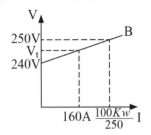

$\therefore P_A = I_{LA} \times V_t = 240 \times 244 = 58.56k(W)$

$P_B = I_{LB} \times V_t = 160 \times 244 = 39.40k(W)$

P.92　**9. (C)**。提高分流器電阻值可使欠複激變為過複激。

10. (C)。積複激發電機端電壓最為恆定。

11. (D)。差複激發電機。

12. (A)。甲：過複激，乙：平複激，丙：欠複激，丁：差複激。

13. (C)。$I_f - I_a$ 為電樞特性曲線。

14. (D)。$E\text{-}I_a$ 為內部特性曲線。

P.93 **15. (D)**。$VR_\% = \dfrac{V_{NL} - V_{FL}}{V_{FL}} \times 100\% = \dfrac{120 - 100}{100} = 20\%$ 。

16. (D)。$VR_\% = \dfrac{V_{NL} - V_{FL}}{V_{FL}} \times 100\% = \dfrac{300 - 240}{240} \times 100\% = 25\%$ 。

17. (D)。平複激式發電機的電壓調整率為零。

18. (A)。無剩磁，感應電勢為 0。

19. (B)。直流他激式發電機可用於需要恆定電壓的場合。

20. (A)。$E = k\phi n$ ，$\dfrac{E_1}{E_2} = \dfrac{n_1}{n_2} \Rightarrow \dfrac{110}{E_2} = \dfrac{1200}{2400} \Rightarrow E_2 = 220V$ 。

21. (A)。磁場電路與電樞電路各自獨立，為他激式。

22. (D)。斜形槽可減少噪音。

23. (B)。僅有(B)可能無法建立電壓，其餘皆可建立。

P.94 **24. (C)**。臨界場電阻值高於場電阻值時可以建立電壓。

25. (D)。電壓極性由運轉方向，磁場繞組繞線方向、剩磁方向決定。

26. (D)。$I_A = I_L + I_F = \dfrac{2.2k}{110} + 1.4 = 21.4A$ ∴電流表應選 0～200A

27. (A)。將電樞反向運轉，則電壓無法建立。

28. (D)。串激發電機端電壓會隨負載增加而增加。

歷屆試題

P.95 **1. (B)**。無載特性曲線係為飽和特性、磁化特性。因有磁滯及剩磁，故磁化曲線的下降曲線在上升曲線之上。

2. (D)。$E_{G1} = V_{L1} + I_a R_a = 200 + (2 \times 0.2) = 200.4(V)$

∵E 與轉速 n 成正比，∴$E_{G2} = 200.4 \times 1.2 = 240.48(V)$

∴$V_{L2} = E_{G2} - I_a R_a = 240.48 - (2 \times 0.2) = 240.08(V)$

3. (D)。①發電機的磁極中，須有足夠的剩磁。②在一定的轉速下，場電阻＜臨界場電阻。③在一定的場電阻下，速率＞臨界速率。④發電機轉動時，由剩磁產生之應電勢，必須與繞組兩端應電勢同向。⑤電刷位置須正確，且與換向片接觸良好。

4. (A)。$E_G = V_t + I_a(R_a + R_s) = 200 + \dfrac{4K}{200} \times (0.4 + 0.2) = 212(V)$

5. (C)。Y 軸：電樞感應電勢(E)；X 軸：激磁電流(I_f)

6. (D)。Y 軸：負載端電壓(V_t)；X 軸：負載電流(I_L)。外激式發電機(I_L)＝電樞電流(I_a)

P.96

7. (C)。$E_G = K \cdot \emptyset_m \cdot n \Rightarrow \because E_G$、K 固定，$\therefore \emptyset_m$ 和 n 成反比

8. (A)。$\varepsilon = VR\% = \dfrac{V_{NL} - V_{FL}}{V_{FL}} \times 100\% \Rightarrow 0.05 = \dfrac{V_{NL} - 250}{250}$

$\Rightarrow V_{NL} = 262.5(V)$

9. (A)。$P = VI \Rightarrow 55k = 110 \times I \Rightarrow I = \dfrac{55k}{110} = 500(A)$

10. (A)。

(1)$E_G = V_t + I_a R_a \Rightarrow 100 = V_t + 40 \times 0.1 \Rightarrow V_t = 100 - 4 = 96(V)$

(2)$I_a = I_L + I_f \Rightarrow 40 = I_L + 2 \Rightarrow I_L = 40 - 2 = 38(A)$

$I_f = \dfrac{V_t}{R_f} = \dfrac{96}{48} = 2(A)$

(3)內生機械功率 $P_m = E_G \cdot I_a = 100 \times 40 = 4kW$

(4)$I_L = \dfrac{P_O}{V_t} \Rightarrow 38 = \dfrac{P_O}{96} \Rightarrow$ 輸出功率 $P_o = 38 \times 96 = 3648(W)$

11. (C)。$\because$ 應電勢不等時：

$I_{L1} + I_{L2} = I_L = 100(A) \cdots\cdots$①

$E_1 - I_{L1} R_{a1} = E_2 - I_{L2} R_{a2}$

$\Rightarrow 100 - I_{L1} \times 0.04 = 98 - I_{L2} \times 0.05 \cdots\cdots$②

將①和②解聯立方程式得：$I_{L1} = 77.888(A)$，$I_{L2} = 22.222(A)$

$\therefore V_L = 100 - (77.888 \times 0.04) = 98 - (22.222 \times 0.05) = 96.89(V)$

12. **(A)**。依分激場繞組與串激場繞組產生之磁通作用方向可分為：

(1)差複激式電機：分激場繞組與串激場繞組磁通方向相反，如圖 3-6 所示。

(2)積複激式電機：分激場繞組與串激場繞組磁通方向相同，如圖 3-7 所示。

P.97 **13.** **(A)**。

$(1)E_G=V_t+I_a(R_a+R_s)\Rightarrow120=V_t+100(0.1+0.02)$

$\Rightarrow V_t=120-12=108(V)$

$(2)I_a=I_S=I_L=\dfrac{P_o}{v_t}\Rightarrow100=\dfrac{P_o}{108}\Rightarrow P_o=100\times108=10800(W)$

14. **(D)**。

$(1)I_a=I_L+I_f=50+1=51(A)$

$①\ I_L=\dfrac{P_o}{V_t}=\dfrac{5000}{100}=50(A)$

$②\ I_f=\dfrac{V_t}{R_f}=\dfrac{100}{100}=1(A)$

$(2)\ E_G=V_t+I_aR_a\Rightarrow120=100+\left(51\times R_a\right)$

$\Rightarrow R_a=\dfrac{120-100}{51}=0.39\Omega$

15. **(B)**。

$(1)\ I_a=I_S=I_L=\dfrac{P_o}{V_t}=\dfrac{2200}{220}=10(A)$

$(2)E_G=V_t+I_a(R_a+R_s)=220+10(0.3+0.5)=228(V)$

16. **(C)**。

(1)並聯電壓相等：$V_L=I_{fa}R_{fa}=I_{fb}R_{fb}\Rightarrow200=I_{fa}\times50=I_{fb}\times40$

$\therefore I_{fa}=4(A)$；$I_{fb}=5(A)$

$(2)V_{La}=E_{aa}-I_{aa}R_{aa}\Rightarrow200=220-I_{aa}\times0.1\Rightarrow I_{aa}=200(A)$

$V_{Lb}=E_{ab}-I_{ab}R_{ab}\Rightarrow200=220-I_{ab}\times0.2\Rightarrow I_{ab}=100(A)$

(3)負載總輸出功率：(考慮分激場，如圖所示，根據 K.C.L.算出 I_L)

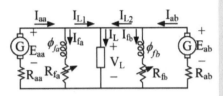

① $I_{L1} = I_{aa} - I_{fa} = 200 - 4 = 196(A)$

$I_{L2} = I_{ab} - I_{fb} = 100 - 5 = 95(A)$

$I_L = I_{L1} + I_{L2} = 196 + 95 = 291(A)$

② $I_L = \dfrac{P_o}{V_L} \Rightarrow 291 = \dfrac{P_o}{200}$

⇒輸出功率 $P_o = 200 \times 291 = 58.2k(W)$

第4章　直流電動機之分類、特性及運用

牛刀小試

P.100 **1.** (1)發電機時：

電動勢 $E_G = V_t + I_a R_a = 115 + (50 \times 0.2) = 125(V)$

轉速 $n = \dfrac{E_G}{K\phi} = \dfrac{V_t + I_a R_a}{\dfrac{PZ}{60a}\phi} = \dfrac{125}{\dfrac{4 \times 664}{60 \times (1 \times 4)} \times 0.02} = 565(rpm)$

(2)電動機時：

反電勢 $E_m = V_t - I_a R_a = 115 - (50 \times 0.2) = 105(V)$

轉速 $n = \dfrac{E_m}{K\phi} = \dfrac{V_t - I_a R_a}{\dfrac{PZ}{60a}\phi} = \dfrac{105}{\dfrac{4 \times 664}{60 \times (1 \times 4)} \times 0.02} = 475(rpm)$

P.109 **2.** (1)①滿載時：$E_M = V_t - I_a R_a = 100 - (50 \times 0.06) = 97(V)$

②無載時：∵ $I_a = 0$

∴ $E_{MO} = V_t - I_a R_a = 100 - (0 \times 0.06) = 100(V)$

③∵ $E = K\phi n \Rightarrow E \propto n$。∴ $\dfrac{n_{NL}}{n_{FL}} = \dfrac{E_{MO}}{E_M} \Rightarrow \dfrac{n_{NL}}{1780} = \dfrac{100}{97}$

$\Rightarrow n_{NL} = \dfrac{100}{97} \times 1780 \Rightarrow n_{NL} = 1835(rpm)$

$(2)\,SR\% = \dfrac{n_{NL} - n_{FL}}{n_{FL}} \times 100\% = \dfrac{1835-1780}{1780} \times 100\% = 3.09\%$

3. $P_m = \omega T = 2\pi\dfrac{n}{60} \times T = 2\pi \times \dfrac{1200}{60} \times 20 = 800\pi(W)$

$P_m = E_M \cdot I_a \Rightarrow 800\pi = E_M \times 10 \Rightarrow E_M = 250(V)$

P.114

4. (1)啟動瞬間：

$$E_M = V_t - I_a R_a - V_b = 0 \Rightarrow I_{as} = \dfrac{V_t - V_b}{R_a} = 20I_L \cdots\cdots①$$

(2)電樞串聯啟動電阻時：$I_{as} = \dfrac{V_t - V_b}{R_a + R_x} \le 2I_L \cdots\cdots②$

(3)$\dfrac{①}{②} \Rightarrow \dfrac{R_a + R_x}{R_a} \le 10 \Rightarrow R_x \ge 9R_a$

P.120

5. $(1)E_M = V_t - I_a(R_a + R_s) = 100 - 40 \times (0.2+0.3) = 80(V)$

$\because E_M = K \cdot \phi_m \cdot n \Rightarrow E_m \propto n \Rightarrow \dfrac{E'_M}{E_M} = \dfrac{n'}{n} \Rightarrow \dfrac{E'_M}{80} = \dfrac{400}{640}$

$\Rightarrow E_M = \dfrac{400}{640} \times 80 = 50(V)$

(2)$\because$ 轉矩不變

$\therefore I_a$ 不變$=40(A)$

$E_M = V_t - I_a(R_a + R's) \Rightarrow 50 = 100 - 40 \times (0.2 + R's)$

$\Rightarrow R's = \dfrac{100-50}{40} - 0.2 = 1.25 - 0.2 = 1.05\,\Omega$

6. $(1)I_a = I_L - I_f = I_L - \dfrac{V_t}{R_f} = 60 - \dfrac{200}{100} = 60 - 2 = 58(A)$

$(2)E_M = V_t - I_a R_a = 200 - (58 \times 0.2) = 188.4(V)$

(3)$\because$ 速率減半 $\therefore \dfrac{n'}{n} = \dfrac{1}{2}$

$\because E_M = K \cdot \phi_m \cdot n \quad \therefore E_M \propto n \Rightarrow \dfrac{E'_M}{E_M} = \dfrac{n'}{n} \Rightarrow \dfrac{E'_M}{188.4} = \dfrac{1}{2}$

$\Rightarrow E'_M = \dfrac{1}{2} \times 188.4 = 94.2(V)$

(4)$\because$ 轉矩不變

$$\therefore I_a \text{不變} = 58(A)$$

$$E_M = V_t - I_a(R_a + R_x) \Rightarrow 94.2 = 200 - 58 \times (0.2 + R_x)$$

$$\Rightarrow R_x = \frac{200 - 94.2}{58} - 0.2 = 1.82 - 0.2 = 1.62\,\Omega$$

P.124　**7.** A-4、B-1、C-5、D-5

8. (1)∵改變場電流方向∴場繞組接③及④。

(2)鼓型開關中水平方向第二組接點③及④可改變電流方向，故可繪出二圖。

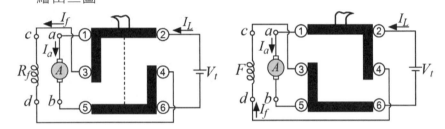

P.129　**9. (A)**。線路電流減少表示電動機的機械負載減少。

10. (D)。甲：差複激。乙：分激。丙：積複激。丁：串激。

P.130　**11. (B)**。他激式可以算是定速電動機。

12. (A)。場變阻器電阻值增加時，其轉速將加快。

13. (B)。場電流增加時，其轉速將減慢。

14. (A)。電樞反應使得電動機之磁通量ϕ減少，轉速就會加快。

15. (D)。直流分激電動機可以調速。

16. (C)。失磁時轉速會失控，所以失磁保護設備可以防止轉速飛脫。

17. (A)。磁場電阻控制法具有定馬力運轉特性；電樞電阻控制法具有定轉矩運轉特性。

18. (C)。電樞電阻轉速控制法效率最差，較少使用。

19. (C)。空載時激磁電流太小，容易引起超速，因此不可於空載時啟動。

P.131　**20. (D)**。電源極性調換不影響旋轉方向。

21. (D)。串激式可用於交流電源。

22. (C)。電源極性調換不影響旋轉方向。

23. (A)。若電樞繞組的極性相同,在電動機作用時的電樞電流方向,恰與發電機作用時的方向相反,而轉向正好相同。

24. (C)。直流積複激電動機的特性介於分激電動機與串激電動機之間。

25. (B)。要改變轉向,可以改變電樞繞組極性。

26. (D)。差複激式。

27. (A)。將分流器置於電阻值最大處,串激場繞組所生的磁力線較多,起動轉矩較大。

28. (A)。串激式不可使用皮帶與負載連接。

歷屆試題

P.132

1. (D)。$I_f = \dfrac{V_t}{R_f} = \dfrac{180}{180} = 1(A)$, $I_a = I_L - I_f = 21 - 1 = 20(A)$

(1)$E_M = V_t - I_a R_a = 180 - (20 \times 0.5) = 170(V)$

(2)$P_m = \omega T \Rightarrow E_M I_a = \omega T \Rightarrow T = \dfrac{E_M I_a}{\omega} = \dfrac{170 \times 20}{170} = 20(N-m)$

2. (A)。

(1)直流分激式、複激式電動機控速的方法:

　①電樞電壓控速法

　②電樞電阻控速法

　③場磁通控速法

(2)直流串激式電動機控速的方法:

　①磁場電阻控速法⇒定馬力控速法

　②電樞串聯電阻控速法⇒定轉矩控速法

　③串並聯控速法⇒電動車、電氣列車等控制

3. **(A)**。

(1) $E_{M1} = V_t - I_a(R_a + R_{s1}) = 200 - 80 \times (0.2 + 0.3) = 160(V)$

(2) $\because E_M = K \cdot \phi_m \cdot n \therefore n \propto E_M \Rightarrow n \propto E_M \Rightarrow \dfrac{n_2}{n_1} = \dfrac{E_{M2}}{E_{M1}}$

$\Rightarrow \dfrac{400}{640} = \dfrac{E_{M2}}{160} \Rightarrow E_{M2} = \dfrac{400}{640} \times 160 = 100(V)$

(3) $E_{M2} = V_t - I_a(R_a + R_{s2})$

$\Rightarrow R_{s2} = \dfrac{V_t - E_{M2}}{I_a} - R_a = \dfrac{200 - 100}{80} - 0.2 = 1.05(\Omega)$

4. **(C)**。

(1) $I_f = \dfrac{V_t}{R_f} = \dfrac{200}{200} = 1(A)$

$E_M = 179.2 I_f = 179.2 \times 1 = 179.2(V)$

(2) $E_M = V_t - I_a R_a - V_b \Rightarrow I_a = \dfrac{V_t - V_b - E_M}{R_a} = \dfrac{200 - 1 - 179.2}{0.2} = 99(A)$

(3) $I_L = I_a + I_f = 99 + 1 = 100(A)$

P.133　**5.** **(B)**。 $n = \dfrac{V_t - I_a R_a - V_b}{K\phi_f}$

(1)無載時： $I_a = 0 \Rightarrow n = \dfrac{V_t - V_b}{K\phi_f}$ 。

(2)負載增加時： ϕ_f 不隨負載變動， $(V_t - I_a R_a - V_b)$ 微降

　　⇒ 轉速約不變

　　⇒定速電動機，故速率調整率 SR%為正值且很小。

　　⇒軌跡：下降直線。

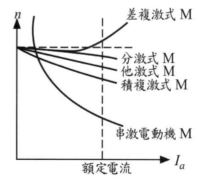

6. (C)。

D.C.M.	用途
外激式	適用於調速範圍廣，又易於精密定速： ①華德黎翁納德控速系統之電動機。 ②大型壓縮機、升降機、工具機。
分激式	①定速特性的場合：車床、印刷機、鼓風機、刨床。 ②調變速率的場合：多速鼓風機。
串激式	需高啟動轉矩、高速之負載：電動車、起重機、吸塵器、果汁機。
積複激式	①大啟動轉矩又不宜過於變速之負載：升降機、電梯。 ②大啟動轉矩又不會在輕載時有飛脫危險之負載：工作母機、汽車雨刷機。 ③突然施以重載之場合：滾壓機、鑿孔機、沖床。
差複激式	使用於速率不變之處，除實驗室外很少應用。

7. (B)。

(1)啟動時，即啟動瞬間：

$n=0$、$E_M=K\phi n=0$。

$\Rightarrow E_M=V_t-I_aR_a-V_b=0 \Rightarrow V_t=I_{as}(R_a+R_x)+V_b$

$\therefore R_x=\dfrac{V_t-V_b}{I_{as}}-R_a$

(2)$P=VI \Rightarrow 1\times746=100\times I \Rightarrow I=7.46(A)$

啟動電流為滿載之 200%

$\Rightarrow I_{as}=200\%I=2\times7.46=14.92(A)$

(3)$R_x=\dfrac{100}{14.92}-1=6.7-1=5.7\,\Omega$

8. (D)。 $T = K \phi I_a$

(1) $\phi = \phi_s$

(2)小負載(鐵心未飽和)：$\because \phi_s \propto I_a$ $\therefore T \propto K \cdot I_a^2 \Rightarrow T \propto I_a^2$

$\Rightarrow$軌跡：拋物線，啟動轉矩大，可重載啟動。

(3)大負載(鐵心已飽和)：$\because \phi_s$ 為飽和定值，ϕ_s 與 I_a 無關

$\therefore T \propto K \cdot I_a \Rightarrow T \propto I_a \Rightarrow$軌跡：上升直線。

P.134

9. (C)。 $n = \dfrac{V_t - I_a R_a - V_b}{K \phi f}$

(1)無載時：$I_a = 0 \Rightarrow n = \dfrac{V_t - V_b}{K \phi f}$。

(2)負載增加時：ϕ_f 不隨負載變動，

$(V_t - I_a R_a - V_b)$ 微降

$\Rightarrow$ 轉速約不變

$\Rightarrow$定速電動機，故速率調整率

SR%為正值且很小。

$\Rightarrow$軌跡：下降直線。

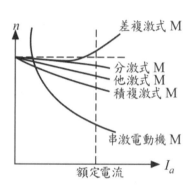

10. (A)。

項目	說明
原理	佛來銘左手定則得知電動機轉向，決定磁場(ϕ)方向以及電樞電流(I_a)方向。
改變轉向因素	(1)反接電樞繞組：改變磁場(ϕ)方向$\Rightarrow$分激、串激、複激。 (2)反接場繞組：改變電樞電流(I_a)方向$\Rightarrow$分激、串激。 (3)反接電樞繞組、場繞組：轉向不變，因磁場(ϕ)和電樞電流(I_a)均反向。 (4)改變電源電壓極性： 　　①自激式因磁場(ϕ)和電樞電流(I_a)均反向，故轉向不變。 　　②他激式僅改變電樞電流(I_a)方向，故轉向改變。

11. **(B)**。$T = K\phi I_a$

(1)$\phi = \phi_s$

(2)小負載(鐵心未飽和)：$\because \phi_s \propto I_a$

$\therefore T \propto K \cdot I_a^2 \Rightarrow T \propto I_a^2$

$\Rightarrow$軌跡：拋物線，啟動轉矩大，可重載啟動。

(3)大負載(鐵心已飽和)：$\because \phi_s$為飽和定值，ϕ_s與I_a無關

$\therefore T \propto K \cdot I_a \Rightarrow T \propto I_a \Rightarrow$軌跡：上升直線。

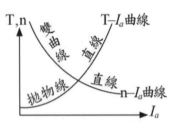

P.135 12. **(B)**。

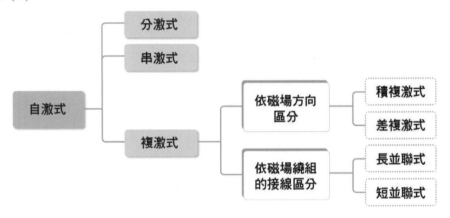

13. **(B)**。

(1)分激場串聯可調電阻 R_{fh}

$$R_{fh}\uparrow \text{、} I_f\downarrow \text{、} \phi_f\downarrow \text{、} n\uparrow = \frac{E_M}{K\phi_f \downarrow} \Rightarrow n \propto R_{fh}$$

(2)串激場並聯可調電阻 R_{sh}

$$R_{sh}\uparrow \text{、} I_s\uparrow \text{、} \phi_s\uparrow \text{、} n\downarrow = \frac{E_M}{K\phi_s \uparrow} \Rightarrow n \propto \frac{1}{R_{sh}}$$

14. **(B)**。$E_M = V_t - I_a R_a = 110 - (7.5 \times 0.08) = 109.4(V)$

15. **(C)**。直流電動機的自律性(負載變動時對轉矩及轉速的影響，V、ϕ 保持不變)

(1)負載加重時：n↓、E_m↓⇒I_a↑⇒T↑⇒以應付負載的增加，直到轉矩足以負擔新的負擔為止，維持穩定運轉。

(2)負載減輕時：n↑、E_m↑⇒I_a↓⇒T↓⇒以應付負載的減輕，直到產生新的轉矩為止，n、T、I_a維持定值穩定運轉。

16. (D)。

(1)啟動瞬間，電動機轉速 n=0，反電勢 E_M=Kϕn=0。

(2)電樞電流 $I_a = \dfrac{V_t - E_M}{R_a} \fallingdotseq \dfrac{V_t}{R_a}$ ⇒ R_a 很小，使電樞電流 I_a 很大

⇒ 電動機有燒毀之虞。

P.136　**17. (D)**。

(1)啟動時，即啟動瞬間：n=0、E_M=Kϕn=0。

⇒$E_M=V_t-I_aR_a-V_o=0$⇒$V_t=I_{as}(R_a+R_x)+V_b$

∴ $R_x = \dfrac{V_t - V_b}{I_{as}} - R_a$

(2)$P=VI$⇒$5000=100\times I$⇒$I=50(A)$

啟動電流為滿載之 2.5 倍⇒$I_{as}=2.5I=2.5\times50=125(A)$

(3) $R_x = \dfrac{100}{125} - 0.08 = 0.8 - 0.08 = 0.72\Omega$

18. (D)。

(1)$E_M=V_t-I_a(R_a+R_s)=100-40\times(0.2+0.3)=80(V)$

∴ $E_M = K\cdot\phi_m\cdot n \Rightarrow E_M \propto n \Rightarrow \dfrac{E'_M}{E_M} = \dfrac{n'}{n} \Rightarrow \dfrac{E'_M}{80} = \dfrac{400}{640}$

⇒ $E'_M = \dfrac{400}{640}\times 80 = 50(V)$

(2)∵ 轉矩不變∴I_a不變=40(A)

$E_M=V_t-I_a(R_a+R'_s)$⇒$50=100-40\times(0.2+R'_s)$

⇒$R'_s=\dfrac{100-50}{40}-0.2=1.25-0.2=1.05\,\Omega$

19. (B)。$T = K \phi I_a$

(1)$\phi = \phi_s$

(2)小負載(鐵心未飽和)：$\because \phi_s \propto I_a \quad \therefore T \propto K \cdot I_a^2 \Rightarrow T \propto I_a^2$

⇒軌跡：拋物線，啟動轉矩大，可重載啟動。

$\therefore$ 由上述得知，直流串激電動機於輕載時，啟動轉矩和電樞電流呈平方正比，故最大。

20. (A)。

(1)$I_f = \dfrac{V_t}{R_f} = \dfrac{200}{100} = 2(A)$

$E_M = 85 I_f = 85 \times 2 = 170(V)$

(2)$E_M = V_t - I_a R_a \Rightarrow I_a = \dfrac{V_t - E_M}{R_a} = \dfrac{200 - 170}{0.3} = 100(A)$

(3)$I_L = I_a + I_f = 100 + 2 = 102(A)$

第5章　直流電機之耗損與效率

牛刀小試

P.140

1. (1)設：500rpm 時之磁滯損為 P_h，渦流損 P_e

⇒鐵損 $P_i = P_e + P_h = 180 \cdots\cdots$①

(2)$P_e = K_e n^2 t^2 B_m^2 G \Rightarrow P_e \propto n^2$

$P_h = K_h n B_m^2 G \Rightarrow P_h \propto n$

⇒得 750rpm 時之鐵損 $P_i = P_e\left(\dfrac{750}{500}\right)^2 + P_h\left(\dfrac{750}{500}\right) = 300 \cdots\cdots$②

(3)解①、②⇒$P_e = 40(W)$、$P_h = 140(W)$

P.142　**2.** (1)定值損：

①分激場繞組銅損 $P_f = \dfrac{V_t^2}{R_f} = \dfrac{120^2}{40} = 360(W)$

②鐵損和機械損

⇒旋轉損失 P_S=鐵損 P_i＋機械損 P_M=870(W)

(2)電樞電流 $I_a = I_L + I_f = \dfrac{P_o}{V_L} + \dfrac{V_L}{R_f} = \dfrac{15 \times 10^3}{120} + \dfrac{120}{40} = 128(A)$

(3)變動損：P_c=電樞繞組銅損 P_a

$= I_a^2 R_a = 128^2 \times 0.08 = 1310.72(W)$

(4)滿載(m_L=1)效率 $\eta_L = \dfrac{m_L P_o}{m_L P_0 + (P_s + P_f) + m_L^2 P_c} \times 100\%$

$$= \dfrac{15 \times 10^3}{\left(15 \times 10^3\right) + (870 + 360) + 1310.72} \times 100\%$$

$$= 85.5\%$$

P.143　**3.** (1)$\triangle t = t_2 - t_1 = 60 - 20 = 40℃$

(2)∵度每上升 10℃ 時，其絕緣電阻約降低為原來的一半

$$\therefore R_2 = R_1 \times \left(\dfrac{1}{2}\right)^{\frac{\Delta t}{10}} = 400M \times \left(\dfrac{1}{2}\right)^{\frac{40}{10}} = 400M \times \left(\dfrac{1}{2}\right)^4 = 25M(\Omega)$$

歷屆試題

P.144　**1. (B)**。半載 $\left(m_L = \dfrac{1}{2}\right)$ 效率 $\eta_L = \dfrac{m_L P_o}{m_L P_o + P_S + m_L^2 P_c} \times 100\%$

$$\Rightarrow 0.8 = \dfrac{\dfrac{1}{2} \times 2k}{\left(\dfrac{1}{2} \times 2k\right) + 0.2k + \left[\left(\dfrac{1}{2}\right)^2 \times P_c\right]}$$

$\Rightarrow P_c = 200(W)$

2. **(D)**。$\eta = \dfrac{P_o}{P_{in}} \Rightarrow P_o = P_{in} - P_{loss}$; $P_{in} = P_o + P_{loss}$

3. **(D)**。

(1)定值損(與負載大小無關)：鐵損、機械損、分激場繞組或外激場繞組銅損(受 V_t 影響)；以鐵損為主。

註 串激電動機無定值損失。

(2)變動損(與負載大小有關，$I_a^2 R_a$)：除分激場繞組損失外之所有電氣損失，以及雜散負載損失；以電氣銅損為主。

(3)鐵損：包含渦流損、磁滯損(鐵心損失 P_i=渦流損 P_e+磁滯損 P_h)。

(4)機械損失：包含軸成摩擦、電刷摩擦、風阻損。

4. **(C)**。

(1)渦流損 $P_e = K_e n^2 t^2 B_m^2 G$ 或 $P_e = K_e f^2 t^2 B_m^2 G$

(2)磁滯損 $P_h = K_h n B_m^x G$ 或 $P_h = K_h f B_m^x G$

(3)由公式得知：矽鋼片 $\Rightarrow$ 減少磁滯損；薄片疊製 $\Rightarrow$ 減少渦流損

5. **(D)**。

(1)設：500rpm 時之磁滯損為 P_h，渦流損 P_e

$\Rightarrow$ 鐵損$P_i = P_e + P_h = 200$……①

(2) $P_e = K_e n^2 t^2 B_m^2 G \Rightarrow P_e \propto n^2 \Rightarrow$ 渦流損與轉速平方成正比

$P_h = K_h n B_m^x G \Rightarrow P_h \propto n \Rightarrow$ 磁滯損與轉速成正比

$\Rightarrow$ 得 1000rpm 時之鐵損 $P_i = P_e(\dfrac{1000}{500})^2 + P_h(\dfrac{1000}{500}) = 500$……②

(3)解①、②$\Rightarrow P_e = 50(W)$、$P_h = 150(W)$

6. **(C)**。$\because$ 題意為發電機

$\therefore$ 以輸出功率 P_o 為基準：

$\eta = \dfrac{P_o}{P_o + P_{loss}} \times 100\% = \dfrac{3k}{3k + 1k} \times 100\% = 75\%$

第6章　變壓器

牛刀小試

P.151

1. $\because \dfrac{V_1}{V_2} = \dfrac{E_1}{E_2} = \dfrac{N_1}{N_2} = a$ ；$S_1 = S_2 \Rightarrow E_1 I_1 = E_2 I_2$ ；$V_1 \doteqdot E_1$，$V_2 \doteqdot E_2$

$\therefore$ (1) $V_2 = \dfrac{V_1}{a} = \dfrac{220}{\dfrac{800}{40}} = 11(V)$

(2) $S_2 = E_2 I_2 = V_2 I_2 = 11 \times 4 = 44(VA)$

P.153

2. 匝數比 $a = \dfrac{V_1}{V_2} = \dfrac{4400}{220} = 20$

(1) $R_{e1} = R_1 + a^2 R_2 = 3 + (20^2 \times 0.01) = 7(\Omega)$

(2) $X_{e1} = X_1 + a^2 X_2 = 5 + (20^2 \times 0.025) = 15(\Omega)$

(3) $Z_{e1} = \sqrt{R_{e1}^2 + X_{e1}^2} = \sqrt{7^2 + 15^2} = 16.55(\Omega)$

P.154

3. (1) $VA_{base} = V_{base} \times I_{base} \Rightarrow I_{base} = \dfrac{VA_{base}}{V_{base}} = \dfrac{10 \times 10^6}{79.7 \times 10^3} = 125.47(A)$

$Z_{base} = \dfrac{V_{base}^2}{VA_{base}} = \dfrac{\left(79.7 \times 10^3\right)^2}{10 \times 10^6} = 635.2(\Omega)$

(2) $X_{pu} = \dfrac{x_e}{z_{base}} \Rightarrow X_e = X_{pu} Z_{base} = 0.2 \times 635.2 = 127.04(\Omega)$

P.160

4. (1) ① $S = V_1 I_1 \Rightarrow I_1 = \dfrac{s}{v_1} = \dfrac{6 \times 10^3}{3000} = 2(A)$

② $p = \dfrac{I_1 R_1}{v_1} \times 100\% = \dfrac{2 \times 75}{3000} \times 100\% = 5\%$

$q = \dfrac{I_1 x_1}{v_1} \times 100\% = \dfrac{2 \times 45}{3000} \times 100\% = 3\%$

③ $\varepsilon\% = p\cos\theta \pm q\sin\theta = (5\%\times0.8)-(3\%\times0.6) = 2.2\%$

📍 註 ①$\cos\theta = 0.8$，$\sin\theta = 0.6$

②題意表示功因為越前，故$p\cos\theta - q\sin\theta$

(2)$\varepsilon\%_{max} = \sqrt{p^2+q^2} = \sqrt{(\frac{2\times75}{3000})^2+(\frac{2\times45}{3000})^2} = 5.83\%$

(3)$\cos\theta = \frac{p}{\sqrt{p^2+q^2}} = \frac{5\%}{5.83\%} = 0.86$

P.161

5. (1)①$N'_1 = (1-10\%)N_1 = 0.9N_1$

②$a' = \frac{N'_1}{N_2} = \frac{0.9N_1}{N_2} = 0.9a = 0.9\times2 = 1.8$

③$a' = \frac{V_1}{V'_2} \Rightarrow 1.8 = \frac{200}{V'_2} \Rightarrow V'_2 = \frac{200}{1.8} = 111.11(V)$

(2)①$N'_2 = (1-10\%)N_2 = 0.9N_2$

②$a' = \frac{N_1}{N'_2} = \frac{N_1}{0.9N_2} = \frac{1}{0.9}a = \frac{2}{0.9}$

③$a' = \frac{V_1}{V'_2} \Rightarrow \frac{2}{0.9} = \frac{200}{V'_2} \Rightarrow V'_2 = 200\times\frac{0.9}{2} = 90(V)$

P.162

6. (1)二次電流為 500A 時：$P_i+P_c = 1640\cdots\cdots$①

(2)二次電流為 300A 時：　∵銅損與電流(負載)大小成平方正比

∴$P'_c = (\frac{300}{500})^2P_c = 0.36P_c$　$P_i+0.36P_c = 1000\cdots\cdots$②

(3)①－②$\Rightarrow (1-0.36)P_c = 640 \Rightarrow P_c = \frac{640}{0.64} = 1000(W)$

(4)$P_c=1000(W)$代入①或②得：$P_i = 640(W)$

P.163

7. $\eta_L = \frac{m_LS\cos\theta}{m_LS\cos\theta+P_i+m_L^2P_c}\times100\%$

$= \frac{\frac{1}{2}\times10\times10^3\times0.8}{(\frac{1}{2}\times10\times10^3\times0.8)+120+[(\frac{1}{2})^2\times320]}\times100\% = 95.2\%$

P.168

8. (1)①$a = \frac{15}{2} = 7.5$

②$V_{L1} = \sqrt{3}V_{P1} \Rightarrow V_{P1} = \frac{V_{L1}}{\sqrt{3}} = \frac{1500}{\sqrt{3}} = 866(V)$

③$a = \frac{N_1}{N_2} = \frac{V_{L1}}{V_{L2}} = \frac{V_{P1}}{V_{P2}} = \frac{I_{P2}}{I_{p1}} = \frac{I_{L2}}{I_{L1}} \Rightarrow V_{L2} = \frac{V_{L1}}{a} = \frac{1500}{7.5} =$

$200(V)$；$V_{P2} = \frac{V_{P1}}{a} = \frac{866}{7.5} = 115.5(V)$

$$④S_{Y-Y} = \sqrt{3}V_L I_L \Rightarrow I_{L1} = \frac{S_{Y-Y}}{\sqrt{3}V_{L1}} = \frac{3\times5\times10^3}{\sqrt{3}\times1500} = 5.77(A)$$

$$(2)I_{L2} = aI_{L1} = 7.5 \times 5.77 = 43.3(A)$$

P.171 **9.** $(1)a = \frac{20}{1} = 20$

$$(2)S_{\Delta-\Delta} = \sqrt{3}V_L I_L \Rightarrow I_{L2} = \frac{S_{\Delta-\Delta}}{\sqrt{3}V_{L2}} = \frac{30\times10^3}{\sqrt{3}\times100} = 173.2(A)$$

$$(3)a = \frac{N_1}{N_2} = \frac{V_{L1}}{V_{L2}} = \frac{V_{P1}}{V_{P2}} = \frac{I_{P2}}{I_{p1}} = \frac{I_{L2}}{I_{L1}} \Rightarrow I_{L1} = \frac{I_{L2}}{a} = \frac{173.2}{20} = 8.66(A)$$

P.173 **10.** a-c，e-d，b-f。

P.176 **11.** $\frac{a}{\sqrt{3}} = \frac{N_1}{\sqrt{3}N_2} = \frac{V_{L1}}{V_{L2}} = \frac{V_{P1}}{\sqrt{3}V_{P2}} = \frac{I_{P2}}{\sqrt{3}I_{p1}} = \frac{I_{L2}}{I_{L1}}$

$$V_{L1} = V_{L2} \times \frac{a}{\sqrt{3}} = 250 \times \frac{10}{\sqrt{3}} = \frac{2.5}{\sqrt{3}}k(V)$$

$$S_{\Delta-Y} = \sqrt{3}V_L I_L \Rightarrow I_{L1} = \frac{S_{\Delta-Y}}{\sqrt{3}V_{L1}} = \frac{75k}{\sqrt{3}\times\frac{2.5}{\sqrt{3}}k} = 30(A)$$

P.182 **12.** $(1)S_L = \frac{P}{\cos\theta} \times 需量因數 = \frac{170k}{0.6} \times 0.6 = 170kVA$

$$(2)S_{V-V} = \sqrt{3}V_L I_L = \sqrt{3}V_P I_P$$

$$= \sqrt{3} \times 一具單相變壓器之額定容量 = S_L$$

(3)一具單相變壓器之額定容量 $= \frac{S_L}{\sqrt{3}} = \frac{170k}{\sqrt{3}} \doteqdot 100kVA$

註 需量因數$(F_D) = \frac{最高負載}{設備容量}$，負載因數$(F_L) = \frac{平均負載}{最高負載}$

P.185 **13.** (1)①負載總容量$S_L = \frac{P_L}{\cos\theta} = \frac{20M}{0.8} = 25MVA$

②設容量基值$S_b = 15MVA$

$$Z_A'\% = Z_A\% \times \frac{S_b(新容量基值)}{S_{A(A變壓器原容量基值)}} = 7.5\% \times \frac{15M}{15M} = 7.5\%$$

$$Z_B'\% = Z_B\% \times \frac{S_b(新容量基值)}{S_{B(B變壓器原容量基值)}} = 9\% \times \frac{15M}{30M} = 4.5\%$$

③$S_A = S_L \times \frac{Z_B'\%}{Z_A'\%+Z_B'\%} = 25M \times \frac{4.5}{7.5+4.5} = 9.375MVA$

$$S_A + S_B = S_L$$

$$\Rightarrow S_B = S_L - S_A = 25M - 9.375M = 15.625MVA$$

(2)〈算法一〉

　①總負載電流$I_L = \frac{S_L}{V_2} = \frac{25M}{10k} = 2500(A)$

　②$I_A = I_L \times \frac{Z_B}{Z_A + Z_B} = I_L \times \frac{Z_B'\%}{Z_A'\% + Z_B'\%}$

　　$= 2500 \times \frac{4.5}{7.5 + 4.5} = 2500 \times \frac{4.5}{12} = 937.5(A)$

　　$I_A + I_B = I_L \Rightarrow I_B = I_L - I_A = 2500 - 937.5 = 1562.5(A)$

〈算法二〉

　①$I_A = \frac{S_A}{V_2} = \frac{9375k}{10k} = 937.5(A)$

　②$I_B = \frac{S_B}{V_2} = \frac{15625k}{10k} = 1562.5(A)$

(3)$\frac{S_A}{S_B} = \frac{Z'_B\%}{Z'_A\%} = \frac{4.5}{7.5} = \frac{3}{5} \Rightarrow Z_A > Z_B$

　$\therefore S_{Lmax} = S_A + \left(\frac{Z_A}{Z_B}\right) \times S_A = 15M + (\frac{7.5}{4.5}) \times 15M = 15M + 25M$

　$= 40MVA$

P.194 **14.** (1)$I_a = \frac{I_R}{n} = \frac{60}{\frac{100}{5}} = \frac{60}{20} = 3(A)$

(2)電流表Ⓐ之讀數$= \sqrt{3}I_a = 3\sqrt{3}(A)$

P.198 **15.** (1)$\theta = 0°$時，最高輸出電壓 $V_0 = V_1\left(1 + \frac{1}{a}\cos\theta\right)$

　$= 11.4k \times \left[1 + \left(\frac{\frac{1}{1000}}{100} \times \cos0°\right)\right] = 11.4k \times \left(1 + \frac{100}{1000}\right) = 12.54kV$

(2)$\theta = 180°$時，最低輸出電壓 $V_0 = V_1\left(1 + \frac{1}{a}\cos\theta\right)$

　$= 11.4k \times \left[1 + \left(\frac{\frac{1}{1000}}{100} \times \cos180°\right)\right] = 11.4k \times \left(1 - \frac{100}{1000}\right) = 10.26kV$

P.220 16. **(C)**。減極性會使伏特表偏向正值；加極性變壓器會使伏特表偏向負值。

17. **(D)**。不包含互換法。

18. **(B)**。變壓器甲和變壓器乙的一次側上、下端反接，且二次側上、下端也反接，伏特計指示為 0，表示兩變壓器極性相同。

19. **(A)**。直流法用直流電源。

P.221 20. **(C)**。Δ 連接時，線電流為相電流之 $\sqrt{3}$ 倍。

21. **(A)**。線電壓為相電壓的 $\sqrt{3}$ 倍。

22. **(A)**。阻抗壓降百分率也要相等。

23. **(D)**。三相並聯時，應多注意電壓的相位和相序。

24. **(B)**。二次側為 Δ 接，$R_\phi = \dfrac{3}{2}R = \dfrac{3}{2} \times 2 = 3$。

25. **(D)**。堵住試驗是感應電動機的試驗。

26. **(C)**。變壓器所有低壓側線端接至高阻計的 G 端。

27. **(C)**。變壓器之開路試驗可求鐵損及激磁部分的等效電路（激磁電導、激磁電納）；短路試驗可求銅損及一、二次側的等效電路（等效電阻、等效電抗）。

P.222 28. **(B)**。開路試驗，低壓側接電源及儀表，高壓側開路。

29. **(B)**。鐵損由開路試驗求得。

30. **(C)**。開路實驗用於量測鐵損，短路實驗用於量測銅損。

31. **(A)**。短路試驗時，一次側所加的電壓約為額定電壓的 5%。

32. **(D)**。短路試驗時高壓端加額定電流。

33. **(A)**。短路實驗，低壓側短路。

34. **(A)**。變壓器的短路試驗是低壓側短路，在高壓側輸入額定電流，可量測銅損及求得等效阻抗。

35. **(B)**。(A)無法視為功率放大器。(C)無法改變輸入電壓之頻率。(D)鐵損與負載無關。

P.225 **36.** (**A**)。多出傳導容量，所以容量增加。

37. (**A**)。$S_A = S\left(1 + \dfrac{V_c}{V_D}\right) = 150 \times \left(1 + \dfrac{1500}{500}\right) = 600\text{kVA}$ ，

$I_1 = \dfrac{600000}{2000} = 300\text{A}$ ， $I_2 = \dfrac{600000}{1500} = 400\text{A}$ 。

38. (**B**)。自耦變壓器之繞組須以高壓端標準進行絕緣處理。

39. (**D**)。$3000 = S\left(1 + \dfrac{25}{75}\right)$ ， $S = 2250\text{VA}$ ，

傳導容量 $S_T = 3000 - 2250 = 750\text{VA}$ 。

40. (**A**)。輸出容量一樣，自耦變壓器較節省導線材料。

41. (**C**)。$S_A = \left(1 + \dfrac{2400}{240}\right) \times 50 = 550\text{kVA}$ 。

42. (**B**)。體積小，成本低，但效率較普通變壓器高。

P.226 **43.** (**C**)。自耦變壓器可製作成升壓型或降壓型，所以二次側電壓不一定比一次側電壓低。

44. (**A**)。$\dfrac{2400 + 240}{240} = 11$ ， $11 \times 50 = 550\text{kVA}$ 。

45. (**A**)。輸入電壓及輸出電壓之比愈小，輸出容量愈大。

46. (**C**)。電壓比低算是缺點。

47. (**B**)。(A)繞組的熱傳導率要高。(C)三繞組變壓器是例外。(D)繞組的導電率要高。

48. (**C**)

49. (**A**)。$V_{out} = 110 - 10 = 100\text{V}$ 。

50. (**D**)。$a = \dfrac{110}{11} = 10$ ， $S' = 1\text{k} \times (1 + 10) = 11\text{kVA}$ 。

歷屆試題

P.227

1. (C)。

(1)一次側電流$I_1 = \dfrac{S}{V_1} = \dfrac{5 \times 10^3}{200} = 25(A)$

(2)一次側短路側得銅損$P_c = I_1^2 R_{eq1} = 25^2 \times 1 = 625(W)$

(3)發生最大效率時的定值損=變動損$\Rightarrow P_i = P_c (= I_a^2 R)$

　∵負載量$m_L \propto I_a^2$ ∴$P_i = m_L^2 P_c = (0.8)^2 \times 625 = 400(W)$

　$\Rightarrow P_{loss} = P_i + P_c = 2P_i = 2 \times 400 = 800(W)$。

2. (C)。有載損失：

(1)定義：主要損失為銅損，為電流通過繞阻所造成的損失，又可稱為「變動損失」。

(2)公式說明

① P_{c1}：一次側繞組的銅損，P_{c2}：二次側繞組的銅損。

② $P_c = P_{c1} + P_{c2} = I_1^2 R_1 + I_2^2 R_2 = I_1^2 R_{e1} = I_2^2 R_{e2}$

③ 銅損與電流(負載)大小成平方正比。

3. (B)。

(1)鐵損P_i =定值損，故全日無論多少負載量都會消耗$\Rightarrow \times 24$。

(2)$P_i = \dfrac{kWH}{Hr} = \dfrac{12k}{24} = 0.5kW = 500(W)$

4. (A)

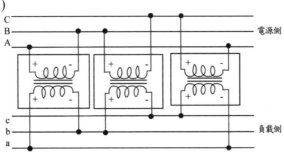

P.228

5. (D)。$Q = VI \sin \theta = \dfrac{141.4}{\sqrt{2}} \times \dfrac{7.07}{\sqrt{2}} \times \sin 30° = 250(VAR)$

6. **(B)**。 $S_A = S_原 \times \left(1 + \dfrac{共同}{非共同}\right) \Rightarrow 30k = S_原 \times \left(1 + \dfrac{100}{(300-100)}\right)$

$\Rightarrow S_原 = 30k \times \dfrac{2}{3} = 20k(VA)$

7. **(C)**。變壓器的開路實驗：

(1)目的：測量固定鐵損。

(2)方法：將高壓側開路，低壓側加額定電壓(儀表放置低壓側)。

(3)可得：低壓側 G_o(激磁電導)、B_o(激磁電納)。

8. **(A)**。

(1)定值損=變動損$\Rightarrow P_i = P_c (= I_a^2 R) \Rightarrow P_{loss} = P_i + P_c = 2P_i$

∵ 負載量$m_L \propto I_a^2$ ∴ $P_i = m_L^2 P_c$

$\Rightarrow$ 發生最大效率時的負載率$m_L = \sqrt{\dfrac{P_i}{P_c}} = \sqrt{\dfrac{75}{300}} = \dfrac{1}{2}$

(2)$\eta_{max} = \dfrac{m_L S \cos\theta}{m_L S \cos\theta + 2P_i} \times 100\%$

$= \dfrac{\frac{1}{2} \times 20k \times 1}{(\frac{1}{2} \times 20k \times 1)+(2 \times 0.075k)} \times 100\% = 98.5\%$

📌 在$\dfrac{1}{2}$載時的銅損=鐵損= $m_L^2 P_c = (\dfrac{1}{2})^2 \times 300 = 75(W)$

9. **(B)**。

(1)$S_{V-V} = \sqrt{3} \times$ 一具單相變壓器之額定容量

$= \sqrt{3} \times 10k(VA) = 10\sqrt{3}k(VA)$

(2)$P = S \cos\theta = 10\sqrt{3} \times 0.577 = 10k(W)$

10. **(D)**。變壓器的試驗衝擊電壓試驗、溫升試驗、開路試驗、短路試驗。

11. **(A)**。

(1)高壓側等值阻抗$Z_{eq1} = \dfrac{伏特表讀值}{安培表讀值} = \dfrac{V_{sc}}{I_{sc}} = \dfrac{80}{20} = 4(\Omega)$

(2)高壓側等值電阻$R_{eq1} = \dfrac{瓦特表讀值}{安培表讀值的平方} = \dfrac{600}{20^2} = 1.5(\Omega)$

(3)高壓側等值電抗$X_{eq1} = \sqrt{4^2 - 1.5^2} = 3.7(\Omega)$

(4)因在高壓側加額定電流做短路試驗，故所得之數據皆為高壓側之值，若欲得低壓側之值，可按轉換公式換算得之 ⇒ 低壓側等值電抗$X_{eq2} = \frac{X_{eq1}}{a^2} = \frac{3.7}{(\frac{2400}{240})^2} = 0.037(\Omega)$

12. (B)。

(1)$S_A = S_{原} \times \left(1 + \frac{共同}{非共同}\right) = 10k \times \left(1 + \frac{240}{(2640-240)}\right)$
$= 10k \times \frac{11}{10} = 11k(VA)$

(2)高壓側電流$I = \frac{S_A}{V_1} = \frac{11k}{2640} = 4.17(A)$

(3)低壓側電流$I = \frac{S_A}{V_2} = \frac{11k}{240} = 45.83(A)$

P.229　**13. (D)**。

(1)利用繞組通以交流電產生磁通來轉移能量。

(2)變壓器是將交流電能轉換成交流電能，若接上直流電源可能會燒毀。

14. (B)。變壓器是將交流電能轉換成交流電能，若接上直流電源可能會燒毀。

15. (B)。

(1)無載時，流過 N_1 的電流 I_1 稱為無載電流 I_o，其值約為 N_1 額定電流的 3~5%。

(2)I_o 產生 ϕ 通過 N_1、N_2 產生 E_1、E_2，但有一小部分離開鐵心，只和 N_1、空氣隙、油箱完成迴路，稱之為「一次漏磁通ϕ_1」。在電路上以一次漏磁電感抗 jX_1 表示。

(3)θ：無載功因角。

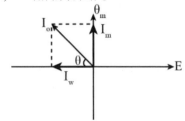

16. **(C)**。$\eta_d = \dfrac{m_L S_d \cos\theta \times t}{(m_L S_d \cos\theta \times t) + (P_i \times 24) + (m_L^2 P_c \times t)} \times 100\%$

$$= \dfrac{1 \times 10k \times 1 \times 12}{(1 \times 10k \times 1 \times 12) + (0.1k \times 24) + \left[(1)^2 \times 0.4k \times 12\right]} \times 100\%$$

$$= 94.3\%$$

17. **(A)**。

(1) $a = \dfrac{V_1}{V_2} \Rightarrow V_2 = \dfrac{V_1}{a} = \dfrac{100}{\dfrac{1}{2}} = 200(V)$

(2) ∵為減極性變壓器∴$V = V_2 - V_1 = 200 - 100 = 100(V)$

　　📍若為加極性∵$V > V_1$∴$V = V_2 + V_1 = 200 + 100 = 300(V)$

P.230　18. **(B)**。

(1)K 閉合瞬間⇒正轉：減極性、反轉：加極性。

(2)K 閉合一段時間打開⇒正轉：加極性、反轉：減極性。

19. **(C)**。變壓器的短路試驗：

(1)目的：測量滿載銅損。

(2)方法：將低壓側短路，高壓側加額定電流(儀表放置高壓側)。

(3)可得：高壓側 R_{eq}、X_{eq}。

20. **(B)**。電流轉換：

(1)$S_1 = S_2 \Rightarrow E_1 I_1 = E_2 I_2$

(2)$\dfrac{E_1}{E_2} = \dfrac{I_2}{I_1} = a$(匝數比)

21. **(B)**。台灣電路系統電源電壓頻率為 60Hz。

22. **(A)**。最大效率：

$\eta_{max} = \dfrac{m_L S \cos\theta}{m_L S \cos\theta + 2P_i} \times 100\%$

(1)定值損(鐵損 P_i)＝變動損(銅損 P_c)

　　$\Rightarrow P_i = P_c (= I_a^2 R) \Rightarrow P_{loss} = P_i + P_c = 2P_i$。

(2)∵負載量$m_L \propto I_a^2$　∴$P_i = m_L^2 P_c$

　　⇒ 發生最大效率時的負載率$m_L = \sqrt{\dfrac{P_i}{P_c}}$

(3)一般電力變壓器：重載者，最大效率設計在滿載附近。

　一般配電變壓器：最大效率設計在$\dfrac{3}{4}$或$\dfrac{1}{2}$額定負載者。

第7章　三相感應電動機

牛刀小試

P.236

1. $\dfrac{E'}{E} = \dfrac{4.44 \times f' \times \phi'_m \times N}{4.44 \times f \times \phi_m \times N} \Rightarrow \dfrac{220}{220} = \dfrac{60 \times \phi'_m}{50 \times \phi_m}$

　$\Rightarrow 60 \times \phi'_m = 50 \times \phi_m \Rightarrow \dfrac{\phi'_m}{\phi_m} = \dfrac{50}{60} = 0.833$倍

P.241

2. (1)∵$f = 60Hz$，$n_r = 1140rpm$，一般感應機滿載轉差率為 3~5% 之間，故$n_s = 1200rpm$

　$\therefore P = \dfrac{120f}{n_s} = \dfrac{120 \times 60}{1200} = 6$(極)

(2)$S = \dfrac{n_s - n_r}{n_s} \times 100\% = \dfrac{1200-1140}{1200} \times 100\% = 5\%$

(3)$f_r = S \cdot f = 0.05 \times 60 = 3$(Hz)

(4)轉部旋轉磁場→定部之速率(同步速率)：$n_s = 1200$(rpm)

(5)①$n_r = (1-S)n_s = (1-10\%)1200 = 1080$(rpm)

　②轉部旋轉磁場→轉部之速率(轉差)：

　　$n_s - n_r = Sn_s \Rightarrow 1200 - 1080 = 10\% \times 1200 = 120$(rpm)

　③定部旋轉磁場→轉部之速率(轉差)：

　　$n_s - n_r = Sn_s \Rightarrow 1200 - 1080 = 10\% \times 1200 = 120$(rpm)

④定子磁場對轉子磁場 ⇒ 同步 ⇒相對轉速=0

⑤定部旋轉磁場→定部之速率(同步速率)：$n_s = 1200(rpm)$

P.245

3. (1)$P_1 = \sqrt{3}V_1 I_1 \cos\theta = \sqrt{3} \times 480 \times 60 \times 0.85 = 42.4k(W)$

$P_2 = P_g = P_1 - P_{c1} - P_i = 42.4k - 2k - 1.8k = 38.6k(W)$

(2)$P_{o2} = P_2 - P_{c2} = 38.6k - 0.7k = 37.9k(W)$

(3)$P_o = P_{o2} - P_m = 37.9k - 0.6k = 37.3k(W)$

(4)$\eta = \dfrac{\text{軸輸出功率}}{\text{三相定子輸入功率}} \times 100\% = \dfrac{37.3k}{42.4k} \times 100\% = 88\%$

P.251

4. (1)$n_s = \dfrac{120f}{P} = \dfrac{120 \times 60}{6} = 1200(rpm)$

(2)$S_{T_{max}} = \dfrac{n_s - n_{r(T_{max})}}{n_s} = \dfrac{1200 - 1100}{1200} = \dfrac{1}{12}$

(3)$S_{T_{max}} = \dfrac{R'_2}{X'_2} \Rightarrow \dfrac{1}{12} = \dfrac{0.04}{X'_2} \Rightarrow X'_2 = 0.04 \times 12 = 0.48(\Omega)$

5. (1)$S_{T_{max}} = \dfrac{R'_2}{\sqrt{R_1^2 + (X_1 + X'_2)^2}} = \dfrac{0.08}{\sqrt{0.08^2 + 0.6^2}} = 0.132 = 13.2\%$

(2)$T_{max} = 3 \times \dfrac{1}{\omega_s} \cdot \dfrac{0.5V_1^2}{R_1 + \sqrt{R_1^2 + (X_1 + X'_2)^2}}$

$= 3 \times \dfrac{P}{4\pi f} \cdot \dfrac{0.5V_1^2}{R_1 + \sqrt{R_1^2 + (X_1 + X'_2)^2}}$

$= \dfrac{3 \times 6}{4\pi \times 60} \times \dfrac{0.5 \times \left(\frac{220}{\sqrt{3}}\right)^2}{0.08 + \sqrt{0.08^2 + 0.6^2}}$

$= 281(Nt \cdot m)$

🔖 註 轉部為 Y 接 $\Rightarrow V_L = \sqrt{3}V_P$

6. (1)轉差率 S=1 時之轉矩稱為啟動轉矩。

(2)$\dfrac{R'_2 2}{S_1} = \dfrac{R'_2 + r}{S_2} \Rightarrow \dfrac{1}{0.02} = \dfrac{1 + r}{1} \Rightarrow 0.02(1 + r) = 1 \Rightarrow r = 49(\Omega)$

P.265

7. **(C)**。縮短空氣隙，磁阻減少，磁化電流減少，激磁電流、線電流減少，損失減少，功率因數、效率提高。

8. (D)。起動瞬間與二次側短路的變壓器相似。

9. (A)。銅損與電流平方成正比，鐵損與電壓平方成正比。因為感應電動機起動時，起動電流與轉子感應電勢均非常大，所以造成此時轉子銅損與鐵損最大。

10. (C)。感應電動機起動時的功因較正常運轉時小。

11. (A)。$P = \sqrt{3}VI\cos\theta(三相) = VI\cos\theta(單相) = VI(直流電動機)$，當 P 不變，I 有增加現象，有可能是 V 下降。

12. (B)。在正常運轉範圍內，負載增加，轉矩增大，轉速降低，轉差率變大。

13. (C)。因輸出功率增加，才造成感應電動機轉速減慢，轉差率增加。

14. (D)。最大轉矩與轉子電阻無。

15. (A)。電源電壓加大，輸出轉矩變大，轉速增快。

P.266 **16. (B)**。負載增加，輸出轉矩增大，轉速減慢。

17. (B)。上層繞組：電阻大，電感小下層繞組：電阻小，電感大。

18. (A)。正常運轉中感應電動機負載增加時，轉速變慢，轉差率變大。

19. (D)。繞線式感應電動機能有效作速率控制。

20. (D)。三相繞線式感應電動機可利用串聯電阻器來改變其轉速。

21. (C)。繞線式轉子感應電動機的起動控制，主要是採用轉子串接電阻的方法，轉子電阻愈大，不但起動電流較小，所生的起動轉矩會更大。

22. (D)。並聯 Y 接－串聯△接。

P.267 **23. (B)**。$T \propto V^2 \Rightarrow T' = (0.9V)^2 = 0.81V^2 = 0.81T$，100%-81%=19%。

24. (B)。$n = (1-S)n_s = (1-S)\dfrac{120f}{P}$ ∴頻率 f↑則轉速 n↑。

25. (D)。Y－△ 降壓法主要為降低起動電流。

26. (B)。電流比等於 1。

歷屆試題

P.268

1. (B)。

(1)1 馬力 $= \dfrac{3}{4}$ kW

(2)2 馬力 $= \dfrac{3}{4}$ kW $\times 2 = \dfrac{3}{2} = 1.5$k(W)

2. (A)。

(1)度=千瓦×小時$= 50 \times 5 = 250$ 度

(2)每度 3 元$\Rightarrow 250 \times 3 = 750$ 元

3. (C)。

(1)$n_s = \dfrac{120f}{P} \Rightarrow$ 電源頻率 $f = \dfrac{P \cdot n_s}{120} = \dfrac{6 \times 1200}{120} = 60$(rpm)

(2)轉子頻率$f_r = S \cdot f = 5\% \times 60 = 0.05 \times 60 = 3$(Hz)

4. (D)。感應電動機因沒有電樞反應現象，故其電刷並不用移至適當的磁中性面。

5. (A)。

(1)$n_s = \dfrac{120f}{P} = \dfrac{120 \times 60}{6} = 1200$(rpm)；

$n_r = (1 - S)n_s = (1 - 0.05) \times 1200 = 1140$(rpm)

(2)$T_e = \dfrac{P_{02}}{\omega_r} = \dfrac{1}{\omega_r} \cdot P_{02} = \dfrac{1}{\frac{2\pi \cdot n_r}{60}} \cdot P_{o2}$

$\Rightarrow 30 = \dfrac{1}{\frac{2\pi \times 1140}{60}} \cdot P_{o2} \Rightarrow P_{o2} = 30 \times \dfrac{2\pi \times 1140}{60} = 3581.4$(W)

(3)$P_{o2} = (1 - S)P_g \Rightarrow P_g = \dfrac{P_{o2}}{1 - S} = \dfrac{3581.4}{1 - 0.05} = 3770$(W)

(4)$P_{c2} = SP_g = 0.05 \times 3770 = 188.5$(W)，故選 200(W)

P.269

6. (B)。$\dfrac{R'_2}{S_1} = \dfrac{R'_2 + r}{S_2} \Rightarrow \dfrac{R'_2}{0.05} = \dfrac{R'_2 + 2.5}{0.075} \Rightarrow R'_2 = 5(\Omega)$

7. **(D)**。$n_s = \frac{120f}{P} = \frac{120 \times 60}{6} = 1200(\text{rpm})$

8. **(C)**。
   (1)三相輸入總功率 $P_{in} = \sqrt{3}V_1I_1\cos\theta = \sqrt{3} \times 200 \times 30 \times 0.8 = 8313.84(\text{W})$
   (2)$\eta = \frac{P_o}{P_{in}} = \frac{10 \times 746}{8313.84} = 89.71\%$

9. **(A)**。
   (1)啟動時，S=1，三相轉子銅損功率$P_{c2} = 3 \times I_{2r}^2R_2 = SP_g \Rightarrow P_{c2}$最大
   (2)轉子運轉時：$S = \frac{轉子運轉時應電勢}{轉子靜止時應電勢} = \frac{E'_{2r}}{E_{2r}} \Rightarrow$啟動時，S=1，$E'_{2r}$最大
   (3)鐵損中P_e：磁滯損P_h=1：4，故$P_i \div P_h \Rightarrow P_i \propto V^2 \propto \frac{1}{f}$，與負載變化無關。
   (4)由(3)得知，鐵損與電壓平方成正比，E'_{2r}最大，所以鐵損也最大。

10. **(D)**。頻率增加則轉速增大($N_r \propto f$)，在一般商用電源因頻率為固定，故若以變頻法改變轉速時，則需一套變頻設備，甚為昂貴，但控制速率圓滑且寬廣，為無段變速，效果佳，在船艦中另備一套電源專供電動機用，則適合此變頻法。

11. **(D)**。Y 接於轉軸的滑環上，轉子電阻大，啟動時可經電刷自外部加接電阻，藉以限制啟動電流，增大啟動轉矩；正常運轉時，可改變外加接電阻大小，控制運轉速度。

P.270 12. **(A)**。由電磁轉矩$T_e = \frac{P_g}{\omega_s}$得知：
   (1)T_{max}發生在轉子輸入功率P_g最大時。
   (2)$P_g = I'^2_2 \cdot \frac{R'_2}{S} \Rightarrow P_g$消耗在電阻$\frac{R'_2}{S} \Rightarrow T_{max}$發生於消耗在此電阻$\frac{R'_2}{S}$之功率最大時。
   (3)根據最大功率轉移定理得知
   $$R_L = Z_{th} \Rightarrow \frac{R'_2}{S} = R_1 + j(X_1 + X'_2)$$

(4) $\left|\dfrac{R'_2}{S}\right| = \sqrt{R_1^2 + (X_1 + X'_2)^2}$

$\Rightarrow S_{T_{max}} = \dfrac{R'_2}{\sqrt{R_1^2+(X_1+X'_2)^2}} \div \dfrac{R'_2}{X'_2} \div 0.2{\sim}0.3$

13. (B)。$n_r = (1 - S) \times n_s = (1 - S) \times \dfrac{120f}{P}$(rpm)

14. (A)。$n_r = (1 - S) \times n_s = (1 - S) \times \dfrac{120f}{P}$

$= (1 - 5\%) \times \dfrac{120\times50}{6}$ =(1-0.05)$\times$ 1000=950(rpm)

15. (B)。頻率增加則轉速增大($N_r \propto f$)，在一般商用電源因頻率為固定，故若以變頻法改變轉速時，則需一套變頻設備，甚為昂貴，但控制速率圓滑且寬廣，為無段變速，效果佳，在船艦中另備一套電源專供電動機用，則適合此變頻法。

第8章　單相感應電動機

牛刀小試

P.277

1. 正轉磁場$n_s = \dfrac{120f}{P} = \dfrac{120\times60}{4} = 1800$(rpm)

反轉磁場$-n_s = -1800$(rpm)

(1)轉子對正轉旋轉磁場之轉差率$S_{正} = \dfrac{n_s-n_r}{n_s} = \dfrac{1800-1710}{1800} = 0.05$

(2)轉子對反轉旋轉磁場之轉差率

$S_{反} = \dfrac{n_s-(-n_r)}{n_s} = \dfrac{n_s+n_r}{n_s} = 2 - \dfrac{n_s-n_r}{n_s} = 2 - S_{正} = 2 - 0.05 = 1.95$

P.281

2. (1)$X_C = \dfrac{X_A X_M + R_A R_M}{X_M} = \dfrac{(3.5\times3.7)+(9.5\times4.5)}{3.7} = 15.05(\Omega)$

(2)$X_C = \dfrac{1}{\omega C_s} \Rightarrow 15.05 = \dfrac{1}{377\times C_s} \Rightarrow C_s = 177\mu(F)$

P.296

3. (D)。電容器應串聯於輔助繞組。

4. **(B)**。運轉繞組使用線徑較粗的銅線，且置於定子線槽的內層，電阻值小，電感抗值大。起動繞組使用線徑較細的銅線，且置於定子線槽的外層，電阻值大，電感抗值小。

5. **(B)**。分相式電動機的運轉繞組使用線徑較粗的銅線繞在定子線槽的內層，電阻小而電感抗大。

6. **(B)**。單相感應電動機是由起動繞組與運轉繞組生成的旋轉磁場決定轉向，在電動機起動前，若是將起動繞組（或是運轉繞組）兩線端反接，會產生反向的旋轉磁場，轉向會相反。但因起動繞組和運轉繞組是並聯在一起，若是將電源兩線端反接，等於是將起動繞組和運轉繞組線端同時反接，結果轉向仍然不變。

7. **(C)**。單相感應電動機必須藉由輔助電路幫忙，才能起動運轉。

8. **(C)**。為雙旋轉磁場。

9. **(B)**。起動繞組應裝置於定子。

P.297 **10.** **(A)**。單相感應電動機轉部鼠籠式。

11. **(D)**。起動瞬間，轉差率 S＝1。

12. **(A)**。正轉轉矩較反轉轉矩大。

13. **(A)**。單相感應電動機不像三相感應電動機能生成大小不變的旋轉磁場，其磁場是一種交變磁場，忽大忽小，傳送的轉矩是脈動性（只是交換頻率快，所以感受不到），三相感應電動機的轉矩是穩定轉矩。

14. **(C)**。台電營業規則第 35 條規定：220V 器具，電動機以 3HP，其他以 30 瓩為限。但無三相電源或其他特殊原因(如窗型冷氣機)，220V 電動機得放寬至 5HP。

15. **(D)**。起動線圈電阻大，匝數少。

16. **(D)**。起動繞組置於定子線槽的外層。

17. **(C)**。75%。

18. **(C)**。啟動問題，所以應為起動線圈開路。

19. **(D)**。雙值電容式起動和運轉特性最佳。

P.298 **20.** **(C)**。永久電容式起動轉矩較小。

21. **(B)**。此為電容起動式電動機。

22. **(B)**。起動電容值較大。

23. **(B)**。電容起動式特性最接近兩相感應電動機。

24. **(C)**。因電容器之損失使轉矩降低，所以起動轉矩比一般分相式小。

25. **(B)**。蔽極式效率最低。

26. **(C)**。除了(C)，其他作法轉向不變。

27. **(A)**。旋轉方向保持不變。

歷屆試題

P.299

1. **(C)**。電容啟動式單相電動機之用途：高啟動轉矩之電冰箱、除濕機、空調機或冰箱之壓縮機。

2. **(C)**。兩極電動機，當單相定子繞組通入單相交流電源，則產生電流 i 於繞組，設 $i = I_m \cos \omega t$，則此電流 i 所產生之磁勢為 $ki \cos \theta$(θ 為由線圈軸量得磁勢之空間角)，即：$H_\theta = ki \cos \theta = kI_m \cos \theta \cos \omega t$
   $\because \cos \alpha \cos \beta = \frac{1}{2} \cos(\alpha - \beta) + \frac{1}{2} \cos(\alpha + \beta)$
   $\therefore H_\theta = \frac{kI_m}{2} [\cos(\theta - \omega t) + \cos(\theta + \omega t)]$
   $= \frac{H_m}{2} \cos(\theta - \omega t) + \frac{H_m}{2} \cos(\theta + \omega t) = H_a + H_b$

3. **(B)**。將啟動電容 C_s 與離心開關串聯後，接於啟動繞組中，再與行駛繞組並聯，使啟動時啟動繞組電流 I_A 越前行駛繞組電流 I_M 約 90°。

4. **(A)**。單相感應電動機如需反轉，啟動時，僅將行駛繞組或啟動繞組之一接點相反接於電源。

5. **(D)**。蔽極式感應電動機：
   (1)優點：構造簡單、價格低廉、不易發生故障。
   (2)缺點：運轉噪音大、啟動轉矩小、功率因數低、效率差。
   (3)用途：小型電風扇、吹風機、吊扇、魚缸水過濾器。

6. (B)。單相分相式感應電動機主繞組：

繞組名稱	行駛繞組	啟動繞組
位於定子	內側	外側
導線	粗	細
電阻	小	大
匝數	多	少
電感	大	小
電流落後電壓	角度較大(較落後)	角度較小
備註		∵線徑細、匝數少 ∴不能久接電源，轉速達到 75%的同步轉速時需利用離心開關切離電源。

P.300 **7. (B)**。因在定部槽內行駛繞組 M(主繞組)無法自行啟動，需在定部槽外設啟動繞組(輔助繞組)，使兩繞組空間上相距 90°電機角。係利用剖相方式產生旋轉磁場以啟動運轉。

8. (B)。分相感應電動機：

繞組名稱	行駛繞組	啟動繞組
位於定子	內側	外側
導線	粗	細
電阻	小	大
匝數	多	少
電感	大	小
電流落後電壓	角度較大(較落後)	角度較小

繞組名稱	行駛繞組	啟動繞組
備註		∵線徑細、匝數少 ∴不能久接電源，轉速達到 75%的同步轉速時需利用離心開關切離電源。

9. **(D)**。將啟動電容 C_s 與離心開關串聯後，接於啟動繞組(輔助繞組)中，再與行駛繞組並聯，使啟動時啟動繞組電流 I_A 越前行駛繞組電流 I_M 約 $90°$。

10. **(D)**。雙質電容感應電動機：
   (1)構造：為獲得高啟動轉矩及良好的運轉特性：
   ① 啟動時使用高值電容值的交流電解電容器 C_s(啟動電容)，與低值電容值的油浸式紙質電容器 C_r(行駛電容)並聯⇒獲得最佳啟動特性。
   ② 待轉速達到 75%的同步轉速時，離心開關接點跳脫，將電解電容器切離電路，此時，可藉低電容值的油浸式紙質電容器與啟動繞組串聯⇒獲得最佳的運轉特性。
   (2)特性：
   ① 優點：高啟動轉矩及良好的運轉特性。
   ② 用途：需高啟動轉矩、高運轉轉矩之場合，如：冷氣機、農業用機械。

第9章　同步發電機

牛刀小試

P.301

1. $(1) n_s = \dfrac{120f}{P} = \dfrac{120 \times 60}{6} = 1200 (rpm)$

$(2) n_s = \dfrac{120f}{P} = \dfrac{120 \times 50}{6} = 1000 (rpm)$

P.303　**2.** $(1)n_s = \frac{120f}{P} = \frac{120 \times 60}{12} = 600(\text{rpm})$

$(2)\omega_s = 2\pi \cdot \frac{n_s}{60} = 2\pi \cdot \frac{600}{60} = 20\pi(\text{rad/s})$

P.311　**3.** m=3，P=12，$q = \frac{S}{mP} = \frac{144}{3 \times 12} = 4(\text{槽/極-相})$

(1)槽距$\alpha = \frac{\pi}{mq} = \frac{180°}{3 \times 4} = 15° \therefore K_d = \frac{\sin\frac{q\alpha}{2}}{q\sin\frac{\alpha}{2}} = \frac{\sin(\frac{4 \times 15°}{2})}{4 \times \sin(\frac{15°}{2})} = 0.958$

(2) β =線圈跨距對極距之比為$= \frac{\text{線圈跨距}}{\text{極距}} = \frac{10}{\frac{\text{電樞總槽數}}{\text{主磁極數}}} = \frac{10}{\frac{144}{12}} = \frac{5}{6}$

$$K_P = \sin\frac{\beta\pi}{2} = \sin(\frac{5}{6} \times \frac{\pi}{2}) = \sin\frac{150°}{2} = 0.966$$

$(3)K_w = K_p K_d = 0.966 \times 0.958 = 0.925$

$(4)E_P = 4.44K_w fN\phi_m = 4.44 \times 0.925 \times 60 \times 230 \times 0.04 = 2267(\text{V})$

$E_L = \sqrt{3}E_P = 2267\sqrt{3}(\text{V})$

P.322　**4.** (1)額定電流$I_n = I_L = I_a = \frac{100k}{\sqrt{3} \times 1100} = 52.5(\text{A})$

(2)每相直流電阻$R_{dc} = \frac{6}{2 \times 10} = 0.3(\Omega/\text{相})$

(3)每相交流電阻$R_a = 1.5 \times 0.3 = 0.45(\Omega/\text{相})$

(4)每相同步阻抗$Z_s = \frac{\frac{420}{\sqrt{3}}}{52.5} = 4.62(\Omega/\text{相})$

(5)每相同步電抗$X_s = \sqrt{Z_s^2 - R_a^2} = \sqrt{4.62^2 - 0.45^2} = 4.6(\Omega/\text{相})$

(6)每相額定電壓$V_p = \frac{1100}{\sqrt{3}} = 635(\text{V})$

$(7)①I_a R_a = 52.5 \times 0.45 = 23.6(\text{V})；I_a X_s = 52.5 \times 4.6 = 242(\text{V})$

②功因為 0.8 滯後

$$\Rightarrow E_p = \sqrt{(V_p\cos\theta + I_a R_a)^2 + (V_p\sin\theta + I_a X_s)^2}$$

$$= \sqrt{(635 \times 0.8 + 23.6)^2 + (635 \times 0.6 + 242)^2} = 819(\text{V/相})$$

$(8)\varepsilon = \frac{E_p - V_p}{V_p} \times 100\% = \frac{819 - 635}{635} \times 100\% = 29\%$

P.327 **5.** (1)短路發生瞬間只有電樞漏磁電抗X_ℓ在限制短路電流。

$$I_s = I_n K_s = I_n \times \frac{1}{X_\ell\%}$$

$$\Rightarrow X_\ell\% = \frac{I_n}{I_s} \times 100\% = \frac{I_n}{8I_n} \times 100\% = \frac{1}{8} \times 100\% = 12.5\%$$

(2)$X_s\% = \frac{I_n}{I_s} \times 100\% = \frac{I_n}{1.25I_n} \times 100\% = 80\%$

註 短路比$K_s = \frac{1}{X_s\%} = \frac{1}{80\%} = 1.25$

P.328 **6.** $\eta = \frac{P_o}{P_o + P_\ell} \times 100\% = \frac{\sqrt{3}VI\cos\theta}{\sqrt{3}VI\cos\theta + P_\ell} \times 100\% = \frac{S\cos\theta}{S\cos\theta + P_\ell} \times 100\%$

$$\Rightarrow 0.9 = \frac{500 \times 10^3 \times 0.8}{500 \times 10^3 \times 0.8 + P_\ell} \Rightarrow P_\ell = 44k(W)$$

註 $S_\ell = \frac{P_\ell}{\cos\theta} = \frac{44k}{0.8} = 55k(VA)$

P.332 **7.** 依題意得知：斜率$S = \frac{P}{f} = \frac{MW}{Hz}$

(1)①$S_{PA} = \frac{P_A}{f_A} = \frac{P_A}{f_{AO} - f_s} \Rightarrow P_A = S_{PA}(f_{AO} - f_s)$

$S_{PB} = \frac{P_B}{f_B} = \frac{P_B}{f_{BO} - f_s} \Rightarrow P_B = S_{PB}(f_{BO} - f_s)$

$P_T = P_A + P_B \Rightarrow P_T = S_{PA}(f_{AO} - f_s) + S_{PB}(f_{BO} - f_s)$

$\Rightarrow 2.5M = 1M \times (61.5 - f_s) + 1M \times (61.0 - f_s)$

$\Rightarrow f_s = 60.0(Hz)$

②$P_A = S_{PA}(f_{AO} - f_s) = 1M(61.5 - 60.0) = 1.5M(W)$

$P_B = S_{PB}(f_{BO} - f_s) = 1M(61.0 - 60.0) = 1.0M(W)$

(2)①$2.5M + 1M = 1M \times (61.5 - f'_s) + 1M \times (61 - f'_s)$

$\Rightarrow f'_s = 59.5(Hz)$

②$P'_A = S_{PA}(f_{A0} - f'_s) = 1M(61.5 - 59.5) = 2M(W)$

$P'_B = S_{PB}(f_{B0} - f'_s) = 1M(61.0 - 59.5) = 1.5M(W)$

(3)①$3.5M = 1M \times (61.5 - f''_s) + 1M \times [(61.0 + 0.5) - f''_s]$

$\Rightarrow f''_s = 59.75(Hz)$

②$P''_A = P''_B = 1M(61.5 - 59.75) = 1.75M(W)$

③ 系統頻率提高至 59.75Hz，P_B供應有效功率增加，P_A則減少。

P.339 8. **(C)**。電樞反應的結果和影響程度隨負載之大小及性質而定。

9. **(A)**。電樞電流的大小決定電樞反應的強弱,而相位決定電樞反應之性質。

10. **(A)**。功率因數越前時,感應電勢之數值小於端電壓。

11. **(B)**。電樞反應可視為一種電抗。

12. **(B)**。電容性負載會使發電機之電樞反應有加磁效應,使得端電壓升高,為了維持端電壓一定,所加的激磁電流應較小,稱為欠激。當發電機處欠激狀態時,表示負載為電容性,電流相位超前電壓相位。

13. **(B)**。同步發電機接電容性負載時, V_{FL} 可能大於 V_{NL} (即感應電勢),使得電壓調整率為負值 V_{FL}。

14. **(C)**。輸電線路雖有電阻、電感和電容的性質,但其電容性質是引起同步發電機發生自激現象的主因。

P.340 15. **(A)**。阻尼繞組是為了防止追逐現象。

16. **(B)**。應增強場激。

17. **(A)**。負載電流增加,激磁電流應增加。

18. **(C)**。電樞反應尚未建立。

19. **(D)**。同步發電機無載特性試驗時,其電樞電流為 0,所以最不需要交流安培計,而 DC 安培計和瓦特計用來量測直流激磁電路的電流和功率。

20. **(A)**。為短路特性曲線。

21. **(C)**。三相同步發電機之負載特性試驗即外部特性試驗,是使同步發電機運轉於同步轉速,調整激磁電流或負載,以量測負載電壓、電流及功率。

P.341 22. **(C)**。分別以 kVA、kW 為單位。

23. **(C)**。同步發電機的開路試驗(即無載特性試驗)是在求取 $E-I_f$ 的開路特性曲線,即無載特性曲線。

24. **(B)**。並聯運用,輸出容量和效率皆會提高。

25. **(D)**。預備發電機的容量不一定會增大。

26. **(C)**。台電是數十部發電機並聯運用。

27. (**A**)。容量不需相等。

28. (**C**)。單相發電機並聯運用不需考慮相序。

P.342 29. (**B**)。轉速增快的發電機,其應電勢加大,頻率上升,造成與另一部發電機的應電勢和頻率不一致。此時,兩發電機間會有整步電流產生,驅使兩機行為一致。即轉速增快的發電機,其加大的應電勢會減小一些,上升的頻率會減小一些,另一部發電機的應電勢和頻率則增加一些,兩機行為趨向一致。

30. (**D**)。L_1 與 L_3 亮,L_2 暗。

31. (**D**)。電壓相位和頻率皆相同,則儀表上的指針向上指示為零。

32. (**D**)。以 A、B 兩發電機並聯而言,若增加 A 機的激磁場電流,減少 B 機的激磁場電流,則 A 機負擔的無效功率增加,B 機負擔的無效功率減少。

歷屆試題

P.343 1. (**B**)。
(1)開路試驗求得:無載飽和曲線(I_f-E_p),$I_{f無} = 2.75(A)$
⇒ 題意給定額定電壓 220V 三相同步發電機
(2)短路試驗求得:三相短路曲線(I_f-I_a),$I_{f短} = 1.96(A)$
⇒ 額定電流$I_n = \dfrac{S}{\sqrt{3}V} = \dfrac{40k}{\sqrt{3} \times 220} = 105(A)$

(3)$K_s = \dfrac{無載時所產生額定電壓所帶之激磁電流}{短路時所產生額定電壓所帶之激磁電流} = \dfrac{2.75}{1.96}$

(4)$K_s = \dfrac{1}{百分率同步阻抗} = \dfrac{1}{Z_s\%} \Rightarrow Z_s\% = \dfrac{1}{\frac{2.75}{1.96}} = \dfrac{1.96}{2.75}$
$= 0.713 = 71.3\%$

2. (**D**)。並聯運用的條件:
(1)角速度不可忽快忽慢,才不致使發電機的輸出電壓大小、相位、頻率有所變動。
(2)頻率需相同(平均一致的角速度)。
(3)應電勢的波形需相同(電壓大小、時相需相同)。

(4)相序需相同。

(5)適當下垂速率的負載特性曲線(避免產生掠奪負載效應)。

3. (C)。三相同步發電機：

試驗法	過程說明
開路試驗	同步機以同步轉速運轉，記錄激磁電流與端電壓的關係，用以得到無載飽和曲線。又可測量無載旋轉損失、摩擦損、風損、鐵損。
短路試驗	同步機以同步轉速運轉，記錄激磁電流與電樞電流的關係，用以得到三相短路曲線。
負載特性試驗	轉速為同步轉速，調整激磁電流或負載，以測量負載電壓、電流及功率。
電樞電阻測量	電樞加上直流電，測量直流電阻，以計算電樞電阻，與感應電動機的定子電阻測量相同。

4. (C)。三相同步發電機：

試驗法	過程說明
開路試驗	同步機以同步轉速運轉，記錄激磁電流與端電壓的關係，用以得到無載飽和曲線。又可測量無載旋轉損失、摩擦損、風損、鐵損。
短路試驗	同步機以同步轉速運轉，記錄激磁電流與電樞電流的關係，用以得到三相短路曲線。
負載特性試驗	轉速為同步轉速，調整激磁電流或負載，以測量負載電壓、電流及功率。
電樞電阻測量	電樞加上直流電，測量直流電阻，以計算電樞電阻，與感應電動機的定子電阻測量相同。

5. (A)。$\cos\theta = 1 \Rightarrow$ 負載端電壓與電流同相，電樞反應最小，電壓調整率最佳。

$\Rightarrow E_p = \sqrt{(V_p + I_aR_a)^2 + (I_aX_s)^2}$，負載增加，端電壓下降。

P.344

6. (C)。

(1)額定電流(短路電流)$I_n = I_L = I_a = 10.50(A)$

(2)每相同步阻抗

$$Z_s = \frac{\dfrac{\text{無載飽和曲線實驗(開路試驗)測得線間電壓}}{\sqrt{3}}}{\text{額定電流}} = \frac{\dfrac{220}{\sqrt{3}}}{10.50}$$

$$= 12.1(\Omega/\text{相})$$

7. (C)。$I_o = \dfrac{E_A - E_B}{Z_{SA} \pm Z_{SB}} = \dfrac{\frac{230\sqrt{3}}{\sqrt{3}} - \frac{220\sqrt{3}}{\sqrt{3}}}{3+2} = \dfrac{10}{5} = 2(A)$

8. (B)。短節距繞組為一個線圈的兩個線圈邊相隔的距離小於一個極距，故短節距繞組所產生之感應電勢較全節距繞組者為低。換句話說，感應電勢：全節距繞組＞短節距繞組。

9. (B)。

(1)$n_s = \dfrac{120f}{P} \Rightarrow 1500 = \dfrac{120 \times f}{4} \Rightarrow f = 50(Hz)$

(2)$E_{eff} = 4.44fN\phi_m = 4.44 \times 50 \times 50 \times 0.02 = 222(V)$

10. (C)。

(1)電樞電流純電容性：I_a超前$E_p 90°$，PF = 1 超前；ϕ_a與ϕ_f同相，加磁直軸；有效磁通↑，應電勢↑。

(2)$0 < \cos\theta < 1$且功因超前 $\Rightarrow$ 因電樞反應有使磁場增強之趨勢，所以端電壓提升。

$\Rightarrow E_p = \sqrt{(V_p\cos\theta + I_aR_a)^2 + (V_p\sin\theta - I_aX_s)^2}$，負載增加，端電壓上升。

(3)$\cos\theta < 1$超前：$-90° < \theta < 0°$，$\cos\theta$為正，$\sin\theta$為負，$E_p < V_p \Rightarrow \varepsilon \le 0$(負值，$\theta \uparrow \varepsilon \downarrow$)

11. (B)。

(1)依旋轉(構造)分類

機種	用途
旋轉電樞式(轉電式)	低電壓中小型機
旋轉磁場式(轉磁式)	高電壓大電流適用
旋轉感應鐵心式(感應器式)	高頻率電源適用

(2)火力發電廠發電機組大多是高電壓大電流電機，而同步發電機一般採用轉磁式，可感應更高的應電勢，並且絕緣處理也較容易。

12. (B)。

(1)$\cos\theta \le 1$滯後：$0° < \theta < 90°$，$\cos\theta$及$\sin\theta$均為正，$E_p > V_p$
$\Rightarrow \varepsilon > 0$(正值，$\theta\uparrow\varepsilon\uparrow$)

(2)$\cos\theta < 1$超前：$-90° < \theta < 0°$，$\cos\theta$為正，$\sin\theta$為負，$E_p < V_p$
$\Rightarrow \varepsilon \le 0$(負值，$\theta\uparrow\varepsilon\downarrow$)

第10章　同步電動機

牛刀小試

P.349

1. 轉矩角$\delta = \dfrac{P}{2}\cdot\beta = \dfrac{20}{2}\cdot 0.5° = 5°$

P.352

2. 每相額定電流$I = I_a = \dfrac{P_o}{\sqrt{3}V_L\cos\theta\cdot\eta} = \dfrac{50\times746}{\sqrt{3}\times380\times0.8\times0.885} = 80(A)$

每相端電壓$V = \dfrac{V_L}{\sqrt{3}} = \dfrac{380}{\sqrt{3}} = 220(V)$

$\cos\theta = 0.8 \Rightarrow \sin\theta = 0.6$

(1)$\overline{E} = \sqrt{(V\cos\theta - IR_a)^2 + (V\sin\theta \mp IX_s)^2}$(功率因數超前取+)

$= \sqrt{(220 \times 0.8 - 80 \times 0.3)^2 + (220 \times 0.6 + 80 \times 0.4)^2}$

$= 223.6(V)$

(2)反電勢與電流間之夾角

$\alpha = \angle\tan^{-1}\dfrac{V\sin\theta \mp IX_s}{V\cos\theta - IR_a} = \angle\tan^{-1}\dfrac{132+32}{176-24} = \angle\tan^{-1}\dfrac{164}{152} = 47°$

(3)$\overline{E} = \sqrt{(V\cos\theta - IR_a)^2 + (V\sin\theta \mp IX_s)^2}$(功率因數滯後取−)

$= \sqrt{(220 \times 0.8 - 80 \times 0.3)^2 + (220 \times 0.6 - 80 \times 0.4)^2}$

$= 181.9(V)$

(4)反電勢與電流間之夾角

$\alpha = \angle\tan^{-1}\dfrac{V\sin\theta \mp IX_s}{V\cos\theta - IR_a} = \angle\tan^{-1}\dfrac{132 - 32}{176 - 24}$

$= \angle\tan^{-1}\dfrac{100}{152} = 33.4°$

【結論】功率因數超前時，反電勢 E>每相端電壓 V。

3. 每相端電壓$V = \dfrac{V_L}{\sqrt{3}} = \dfrac{220}{\sqrt{3}} = 127(V)$

轉矩角$\delta = \dfrac{P}{2} \cdot \beta = \dfrac{6}{2} \cdot 20° = 60°$

同步轉速$n_s = \dfrac{120f}{P} = \dfrac{120 \times 60}{6} = 1200(rpm)$

同步角速度$\omega_s = 2\pi \cdot \dfrac{n_s}{60} = 2\pi \cdot \dfrac{1200}{60} = 40\pi(rad/s)$

(1)$P_o = P_m = \dfrac{E_p V_p}{X_s}\sin\delta$(依題意得知電動機為 3 相)

$= \dfrac{3E_p V_p}{X_s}\sin\delta = \dfrac{3 \times 120 \times 127}{10} \times \sin 60° = 3960(W)$

(2)$T_o = T_m = \dfrac{P_o}{\omega_s} = \dfrac{3960}{40\pi} = \dfrac{99}{\pi}(Nt \cdot m)$

P.362

4. (C)。定子構造均相同，皆能產生旋轉磁場。轉子構造不同，同步機轉子有磁場繞組，須用直流電來激磁；感應機轉子之繞組自行短路，利用感應原理而生電。同步機的轉速為同步轉速$n_s = \dfrac{120f}{P}$；感應機的轉速會低於同步轉速。

5. **(C)**。兩者相等。

6. **(A)**。同步電動機過激，取入進相電流，產生交磁與去磁作用，反電勢小於端電壓。

7. **(B)**。轉速和負載無關。

8. **(A)**。同步電動機轉速固定。

9. **(C)**。同步電動機轉速不變。

10. **(C)**。因頻率不變，所以轉速不變。

11. **(A)**。$n_s = \dfrac{120f}{P}$，調整電源頻率 f 可以改變轉速。

P.363　12. **(D)**。阻尼繞組目的為幫助起動及防止追逐現象，不是增加轉軸之追逐現象。

13. **(B)**。開始起動之同步電動機，其轉部不可加直流電源。

14. **(A)**。同步電動機起動時，轉子磁場繞組先不加直流激磁，而以放電電阻器短路，以避免送電瞬間產生高電壓以致破壞磁場繞組之絕緣。

15. **(C)**。三相同步電動機的起動方法有：(1)利用感應機原理起動，即利用阻尼繞阻之感應起動、(2)降低電源頻率起動、(3)以他機帶動起動。

16. **(A)**。同步電動機本身無法自行起動。

17. **(B)**。自動起動法在起動時磁場繞組必須將磁場繞組經一串聯電阻後短路。

18. **(D)**。調整直流激磁電流，可調整輸入虛功。

19. **(C)**。同步電動機運轉時可調整功率因數，因此功率因數可為最佳。

P.364　20. **(D)**。同步電動機。

21. **(D)**。可稱為迴轉電容器。

22. **(A)**。同步電動機處於欠激狀態，呈現電感性，可中和線路的電容性質，避免同步發電機發生自激現象。

23. **(B)**。機械負載轉矩在額定範圍增加，而其轉速維持不變。

歷屆試題

P.365

1. (D)。$n_s = \frac{120f}{P} = \frac{120 \times 50}{12} = 500(\text{rpm})$

2. (C)。感應啟動法：又稱「自動啟動法」。利用轉部的阻尼繞組，藉感應電動機之原理，使轉部轉動。

3. (A)。
(1)轉部除激磁繞組外，尚有滑環、短路棒，此短路棒稱為「阻尼繞組」或「鼠籠式繞組」。
(2)阻尼繞組置於極面槽內，與轉軸平行，兩邊用端環短路。
(3)功能：起動時幫助起動，同步運轉時無作用，負載急遽變化時防止運轉中的追逐現象。

4. (B)。三相同步電動機的特色：
(1)可藉調整其激磁電流大小，以改善供電系統的功率因數$\cos\theta$。
(2)恆以同步轉速$n_s = \frac{120f}{P}$運轉。
(3)當運轉於$\cos\theta = 1$時，效率高於其它同量的電動機。

P.366

5. (A)。$n_s = \frac{120f}{P}$，$n_s \propto f \propto \frac{1}{P}$

6. (B)。
(1)如圖所示，一固定激磁電流對應半載時的$\cos\theta = 1$。
(2)負載增加、激磁電流保持不變時，將滿載的倒 V 頂點往左邊 0.8 落後移動。

P.367

7. (D)。
(1)外施電壓及負載不變時，若改變其激磁電流，可改善電樞電流及相位(功率因數)。
(2)在負載一定時，電樞電流I_a與激磁電流I_f之關係曲線，略成 V 型，故稱 V 曲線。

8. **(A)**。
(1)外施電壓及負載不變時，若改變其激磁電流，可改善電樞電流及相位(功率因數)。
(2)在負載一定時，電樞電流I_a與激磁電流I_f之關係曲線，略成 V 型，故稱 V 曲線。

9. **(A)**。
(1)$P_o = P_m = \dfrac{E_p V_p}{X_s} \sin \delta$(W/相)；(2)$T_o = T_m = \dfrac{P_o}{\omega_s}$；(3)$T_o \propto P_o \propto \sin \delta$

10. **(A)**。(A)功率因數先增後減。(B)負載特性從電感性、電阻性變化到電容性。(C)電樞電流I_a先減少後增加。(D)激磁特性變化從欠激磁狀態、正常激磁狀態變化到過激磁狀態。

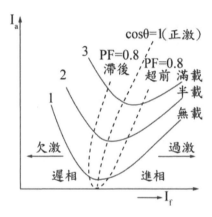

第11章　特殊電機

牛刀小試

P.376

1. (1)①每一轉走 N 步$\Rightarrow N = \dfrac{360°}{\theta} = \dfrac{360°}{15°} = 24$(步/每轉)

②每一轉走 N 步$\Rightarrow N = n \cdot T \Rightarrow T = \dfrac{N}{n} = \dfrac{24}{3} = 8$(齒)

(2)〈算法一〉：

①$n_P = n \times \dfrac{360°}{\theta} = 450$(轉/分)$\times \dfrac{360°}{15°}$(步進數 pulse/轉)

$= 10800$(pulse/min)

② $f_p = \dfrac{n_P}{60} = \dfrac{10800}{60} = 180$(pulse/sec) = 180PPS

〈算法二〉：

每分鐘轉速 $n = (每分鐘步數) \times \dfrac{\theta}{360°} = (60 \times f) \times \dfrac{\theta}{360°}$

$\Rightarrow 450 = 60 \times f \times \dfrac{15°}{360°} \Rightarrow f = 180 \text{PPS}$

P.384

2. (1)同步速率 $\mathcal{V}_s = 2\tau f = 2 \times (5 \times 10^{-2}) \times 50 = 5 (\text{m/s})$

(2)轉差率 $S = \dfrac{\mathcal{V}_s - \mathcal{V}}{\mathcal{V}_s} \times 100\% = \dfrac{5-2}{5} = 0.6 = 60\%$

P.394

3. (B)。轉子將急速停止，且保持於固定位置，其效果如同煞車。

4. (C)。不會產生累積誤差。

5. (C)。除了(C)之外需要準確的位置控制，適合採用步進電動機。

6. (A)。線性電動機能直線運動。

7. (D)。步進角 $\theta = \dfrac{360°}{mN}$，m 為定子控制繞組的相數，N 為轉子凸極數。

8. (A)。線性電動機。

9. (C)。步進電動機可以接受電腦輸出的數位信號，進行機器的位置控制。

10. (A)。$360° \div 48 = 7.5°$。

P.395

11. (A)。鼠籠式轉子部分切斷直線展開。

12. (A)。一、二次側間隙比旋轉類者大。

13. (C)。步進電動機之一、二相激磁又稱為半步激磁，採用一相和二相輪流激磁，每一步進角等於基本步進角的 $\dfrac{1}{2}$。

14. (B)。改變輸入脈波頻率可控制轉速。

15. (B)。將同步電動機改良。

16. (C)。能作定位控制的電動機有步進電動機、伺服電動機等。

17. (A)。步進電動機可進行精密的定位控制。

18. (B)。此為伺服電動機。

P.396

19. (D)。直流伺服控制系統多採閉迴路控制系統(close-loop control system)。

20. **(B)**。電壓控制方式比相位控制方式的控制電路來得簡單。

21. **(C)**。伺服電動機具備起動轉矩大、轉子慣性小、可以正反轉、時間常數 $\tau = \dfrac{L}{R}$ 小等特點。

22. **(D)**。與同步電動機類似。

歷屆試題

P.397

1. **(D)**。(1)直流串激電動機的轉矩與電樞電流平方成正比。(2)直流無刷電動機的優點：較直流電動機的轉動慣量小、不會產生雜訊、壽命長、不需經常維修。

2. **(C)**。直流無刷電動機的優點：較直流電動機的轉動慣量小、不會產生雜訊、壽命長、不需需經常維修。

3. **(D)**。(1)可作定速、定位控制；(2)可作正逆轉控制；(3)用數位控制系統，且一般採用開回路控制；(4)無累進位置誤差；(5)轉矩隨轉速增大而降低；(6)脈波信號愈大、轉矩愈大、轉速成正比於頻率，與電壓大小無關；(7)無外加脈波信號、轉子不動；(8)步進角度極小，約 $0.9°$ 或 $1.8°$。

4. **(B)**。線性電動機產生的同步速率 $V_s = 2\tau f(m/s)$，(τ：極距、f：頻率)。由公式得知，同步速率與極數無關，故其一次側的極數可以不為偶數。

第12章 近年試題

108年 統測試題

P.398 **1. (C)**。
磁通 $\phi = AB = AH\mu \propto \mu$ ，故選(C)。

2. (D)。
單分疊繞 $a = m \times p = 1 \times 8 = 8$ ，雙分波繞 $a = 2m = 2 \times 2 = 4$ ，
$E_a \propto \dfrac{1}{a} \propto \dfrac{1}{I}$ ， $E_a' = 200 \times \dfrac{8}{4} = 400V$ ， $I' = 150 \times \dfrac{4}{8} = 75A$ ，故選(D)。

3. (D)。
$$\begin{cases} I_{f1} = \dfrac{220}{110} = 2A \\ I_{f2} = \dfrac{220}{220} = 1A \end{cases}, \begin{cases} I_{a1} = \dfrac{235.5 - 220}{0.1} = 155A \\ I_{a2} = \dfrac{227.4 - 220}{0.05} = 148A \end{cases}, \begin{cases} I_{L1} = 155 - 2 = 153A \\ I_{L2} = 148 - 1 = 147A \end{cases},$$
$P_L = 220 \times (153 + 147) \div 1000 = 66kW$ ，故選(D)。

4. (A)。串激式，故選(A)。

P.399 **5. (B)**。
渦流損 $P_e \propto N^2 B_m^2$ ， $1936 = 400 \times (\dfrac{N}{600})^2 \times 1.1^2$ ， $N = 1200rpm$ ，
故選(B)。

6. (B)。

電動機 $V_L = 240 = E_a + \left(200 \times \dfrac{1}{2}\right) \times 0.05$ ， $E_a = 235V$ ，

$T = \dfrac{P}{\omega} = \dfrac{235 \times \left(200 \times \dfrac{1}{2}\right)}{2\pi \times \dfrac{1500}{60}} = \dfrac{470}{\pi}(N-m)$ ，故選最相近之(B)。

7. (C)。半載時效率最大，此時銅損 $= 100 \times \left(\dfrac{1}{2}\right)^2 = 25kW$ ，鐵損

$= 25kW$ ， $0.9 = \dfrac{\dfrac{1}{2} \times 1200 \times \cos\theta}{\dfrac{1}{2} \times 1200 \times \cos\theta + 25 + 25}$ ， $\cos\theta = 0.75$ ，故選(C)。

8. (A)。

$V.R.\% = \dfrac{V_{無載} - V_{滿載}}{V_{滿載}} \times 100\%$ ， $5\% = \dfrac{V_{無載} - 220}{220} \times 100\%$ ，

$V_{無載} = 231V$ ，故選(A)。

9. (A)。

$V_L' = 480 \times \dfrac{\left(\dfrac{1}{3}\right)^2 \times 90}{10 + \left(\dfrac{1}{3}\right)^2 \times 90} = 240V$ ， $V_L = 240 \times \dfrac{3}{1} = 720V$ ，故選(A)。

P.400　**10. (B)**。

$\dfrac{S_A}{S_B} = \dfrac{160 \times 3\%}{240 \times 6\%} = \dfrac{1}{3}$ ， $S_A = 300k \times \dfrac{1}{1+3} = 75kVA$ ，

$S_B = 300 \times \dfrac{3}{1+3} = 225kVA$ ，故選(B)。

11. (A)。

$$N_s = \frac{120 \times 60}{6} = 1200 \text{rpm} \text{，} S = \frac{1200 - 1140}{1200} = 0.05 \text{，}$$

$$P_m = \frac{1-S}{S} \times P_{c1} = \frac{1-0.05}{0.05} \times 300 = 5700 \text{W} \text{，}$$

$$P_o = P_m - P_{c2} = 5700 - 200 = 5500 \text{W} \text{，故選(A)。}$$

12. (D)。

$$P_{in} = 10 \times 746 + 140 + 400 = 8000 \text{W} \text{，} S = \frac{400}{8000} = 0.05 \text{，}$$

$$N_r = (1 - 0.05) \times \frac{120 \times 60}{12} = 570 \text{rpm} \text{，故選(D)。}$$

13. (C)。(A)外加電阻越大，銅損越大，效率越低。(B)外加電阻越大，起動電流越小。(D)最大轉矩不變。故選(C)。

P.401 **14. (D)**。(A)主繞組匝數多，線徑粗。(B)(C)輔助繞組匝數少，線徑細。故選(D)。

15. (B)。目的為提高起動轉矩，改善功率因數，故選(B)。

16. (D)。無載飽和特性曲線為發電機在額定轉速下，激磁電流與輸出端開路電壓之關係曲線，故選(D)。

17. (A)。 $P_o = \frac{3V_p E_p}{X_s} \sin\delta = \frac{3 \times 220 \times 260}{10} \times \sin 30° = 8580 \text{W}$ ，故選(A)。

P.402 **18. (C)**。電樞電流將由大變小，達到最低值時再變大；功率因數將由滯後變為超前，故選(C)。

19. (B)。

$$V_p = \frac{220\sqrt{3}}{\sqrt{3}} = 220V \text{ ，}$$

$$E_p = \sqrt{\left(V_p\cos\theta - I_aR_a\right)^2 + \left(V_p\sin\theta - I_aX_s\right)^2}$$

$$= \sqrt{\left(220\times1-0\right)^2 + \left(220\times0-44\times5\right)^2} = 220\sqrt{2}V \text{ ，故選(B)。}$$

20. (C)。 $m = \dfrac{360}{7.5\times3} = 16$ ，故選(C)。

109 年　統測試題

P.403　**1. (B)**。

$$\phi = AB \text{ ，} B = \frac{0.021}{300\times10^{-4}} \text{ ，}$$

$$I = \frac{HL}{N} = \frac{BL}{N\mu} = \frac{\dfrac{0.021}{300\times10^{-4}}\times120\times10^{-2}}{700\times2\times10^{-3}} = 0.6A \text{ ，故選(B)。}$$

2. (D)。

$$E_a = \frac{PZ}{60a}n\phi \text{ ，} 300 = \frac{6\times1200}{60\times(2\times6)}\times(25\times60)\times\phi \text{ ，} \phi = 0.02Wb \text{ ，}$$

故選(D)。

3. (D)。與匝數無關，故選(D)。

4. (C)。

$$I_L = \sqrt{\frac{2000}{5}} = 20A \text{ ，} V_L = \frac{2000}{20} = 100V \text{ ，} I_f = \frac{100}{25} = 4A \text{ ，}$$

$$E_a = V_L + I_aR_a = 100 + (20+4)\times0.5 = 112V \text{ ，故選(C)。}$$

5. (A)。

$$n = \frac{E_a}{k\phi} = \frac{V_t - I_a R_a}{k\phi} \propto \left(V_t - I_a R_a\right)，$$

$$n = 1000 \times \frac{250}{250 - 200 \times 0.25} = 1250\text{rpm}，故選(A)。$$

P.404 **6. (B)**。

(B)電樞反應會造成磁中性面逆著旋轉方向偏移，故選(B)。

7. (D)。

(D)高壓側繞組電流慢慢增加至額定值，故選(D)。

8. (B)。

$$V_H = \frac{230}{220} \times 6600 = 6900\text{V}，故選(B)。$$

9. (C)。

$$P = (S_1 + S_2) \times \cos\theta \times 86.6\% = (200 + 200) \times 0.866 \times 86.6\% = 300\text{kW}，$$

故選(C)。

10. (A)。

$$I_1 N_1 = I_2 N_2，\quad \frac{450}{5} \times 1 = \frac{I}{3} \times 3，\quad I = 90\text{A}，故選(A)。$$

P.405 **11. (C)**。

$$N_s = \frac{120f}{P} = \frac{120 \times 60}{4} = 1800\text{rpm}，$$

$$半載轉速 = 1800 - \left[(1800 - 1692) \times \frac{50\%}{100\%}\right] = 1746\text{rpm}，故選(C)。$$

12. (B)。

$$T \propto V^2，\quad 20 \times 0.9^2 \le T \le 20 \times 1.1^2，\quad 16.2 \le T \le 24.2，故選(B)。$$

13. (D)。
(A)轉子頻率等於定子頻率。
(B)轉子電抗隨著轉速增加而減少。
(C)最大轉矩與轉子電阻無關。
故選(D)。

14. (D)。
(A)運轉繞組線徑粗、匝數多，起動繞組線徑細、匝數少。
(B)運轉繞組具有低電阻、高電感的特性，起動繞組具有高電阻、低電感的特性。
(C)互成 90 度電機角。
故選(D)。

15. (C)。
$Z = 8\Omega$，$Z_b = \dfrac{V^2}{S} = \dfrac{(10k)^2}{10M} = 10\Omega$，$K_s = \dfrac{1}{8/10} = 1.25$，
故選(C)。

16. (B)。
$E_{rms} = 4.44K_w Nf\phi_m$，$240 = 4.44 \times K_w \times 200 \times \dfrac{1800}{60} \times 0.01$，$K_w = 0.9$，
故選(B)。

17. (C)。(C)甲為電容性負載、乙為電感性負載，故選(C)。

18. (A)。電動機穩態轉速自無載到最大轉矩為定值，其速率調整率為 0%，故選(A)。

19. (A)。改變起動電容值無法改變運轉轉速，故選(A)。

20. (B)。節距因數 $K_p \propto$ 短節距，故選(B)。

110 年　統測試題

P.407 1. **(B)**。

$$e_{ind} = N\frac{\Delta\phi}{\Delta t} = 120\frac{\Delta\phi}{\Delta t} ,$$

$$t = 0 \sim 2 , \quad e_{ind} = 120 \times \frac{0.1}{2} = 6$$

$$t = 2 \sim 5 , \quad e_{ind} = 120 \times \frac{-0.2}{3} = -8$$

$$t = 5 \sim 7 , \quad e_{ind} = 120 \times \frac{0.1}{2} = 6$$

$$t = 7 \sim 8 , \quad e_{ind} = 0$$

P.408 2. **(D)**。

(A) $\mathcal{R} = \dfrac{L}{\mu_0 A} = \dfrac{3.14 \times 10^{-3}}{4\pi \times 10^{-7} \times \left(10 \times 10^{-4}\right)} = 2.5 \times 10^6\,AT\,/\,Wb$

(B) $\mathcal{R} = \dfrac{L}{\mu_0 \mu_r A} = \dfrac{31.7 \times 10^{-2}}{4\pi \times 10^{-7} \times 5000 \times \left(10 \times 10^{-4}\right)} = 5 \times 10^4\,AT\,/\,Wb$

(C) $F = \phi R = BAR = 0.2 \times 10 \times 10^{-4} \times 5 \times 10^4 = 10\,AT$

(D) $F = \phi R = HL$, $\quad 0.2 \times 10 \times 10^{-4} \times 2.5 \times 10^6 = H \times 3.14 \times 10^{-3}$,

$\quad H = 1.6 \times 10^5\,AT\,/\,m$

3. **(C)**。

(A) $E = \dfrac{PZ}{60a}n\phi = \dfrac{4 \times 400}{60 \times (2 \times 2)} \times 1500 \times 0.06 = 600V$, $\quad a = 2 \times 2 = 4$,

$\dfrac{400}{4} = 100$（每條路徑的導體數），每根導體感應電勢 $= \dfrac{600}{100} = 6V$

(B) $E = \dfrac{PZ}{60a}n\phi = \dfrac{4 \times 400}{60 \times (2 \times 4)} \times 1500 \times 0.06 = 300V$

(C) $E = \dfrac{PZ}{60a}n\phi = \dfrac{4 \times 400}{60 \times (2 \times 1)} \times 1500 \times 0.06 = 1200V$

(D) $E = \dfrac{PZ}{60a} n\phi = \dfrac{4 \times 400}{60 \times (1 \times 4)} \times 1500 \times 0.06 = 600V$ ，

$I_a = aI_c = (1 \times 4) \times 5 = 20A$ ， $P = 20 \times 600 = 12kW$

P.409　**4. (A)** 。

(A) $R_{fc} = \dfrac{160 - 70}{6 - 3} = 30\Omega$

(B) $I_f = 9A$ ， $E_a = 220V$

(C) $I_f = 9A$ ， $R_f = \dfrac{220}{9} = 24.4\Omega$ ，

(D) $I_{sc} = \dfrac{30}{0.5} = 60A$

5. (B) 。

(A) $Z = 64 \times 25 \times 2 = 3200$ 根， $E = \dfrac{PZ}{60a} n\phi$ ，

$\phi = \dfrac{60aE}{PZn} = \dfrac{60 \times (2 \times 8) \times 130}{8 \times 3200 \times 2400} = 0.002Wb$

(B) $a = mp = 2 \times 8 = 16$ ， $I_a = \dfrac{2k}{125} = 16A$ ， $V = E - I_a R_a - V_b$ ，

$125 = 130 - 16 R_a - 2$ ， $R_a = 0.1875\Omega$ ，

每條路徑有 $\dfrac{64 \times 25}{16} = 100$ 匝，

$\dfrac{100r}{16} = 0.1875$ ， $r = 0.03\Omega$

(C)每條並聯路徑電流 $I = \dfrac{I_a}{a} = \dfrac{16}{16} = 1A$

(D) $T = \dfrac{130 \times 16}{2\pi \times \dfrac{2400}{60}} = 8.28N - m$

P.410　**6. (C)** 。 $F = BLI\sin\theta = 0.5 \times 1 \times \dfrac{100}{0.25} \times \sin 90° = 200N$ ，向右。

7. (D)。

(A) $E = V - I_a (R_a + R_s) = 150 - 50 \times (0.2 + 0.1) = 135V$，

$E = kn\phi \propto n$，$\dfrac{0.8n}{n} = \dfrac{E'}{135}$，$E' = 108V$，

$108 = 150 - 50 \times (0.2 + 0.1 + r)$，$r = 0.54\Omega$

(B) $P_m = EI_a = 135 \times 50 = 6750W$

(C) $P_m' = 108 \times 50 = 5400W$

(D) $\eta_1 - \eta_2 = \left(\dfrac{6750 - 200}{150 \times 50} - \dfrac{5400 - 200}{150 \times 50} \right) \times 100\% = 18\%$

P.411 **8. (A)**。

(A) $\overline{Z}_{line}' = (200 + j500) \times \dfrac{1}{10^2} = 2 + j5$，

$\overline{V}_L = 50 \times \dfrac{4 + j3}{(2 + j5) + (4 + j3)} = 50 \times \dfrac{5\angle 37°}{10\angle 53°} = 25\angle -16°V$

(B) $\overline{I}_g = \dfrac{50}{10\angle 53°} = 5\angle -53°A$

(C) $P_{line} = 5^2 \times 2 = 50W$

(D) $P_g = 50 \times 5 = 250W$

9. (D)。

(A) $96\% = \dfrac{6}{6 + 2P_i} \times 100\%$，$P_i = 0.125kW = 125W$

(B) $P = VI\cos\theta$，$I = \dfrac{P}{V\cos\theta} = \dfrac{6k}{100 \times 0.8} = 75A$

(C) 一次側額定電流 $I_1 = \dfrac{10k}{400} = 25A$

(D) $S\cos\theta \times N = P$，$10k \times 0.8N = 6k$，$N = 0.75$（0.75 載時可得最大操作效率），$P_c \times 0.75^2 = 125$，$P_c = 222W$

10. (D)。$S' = 352k \div 0.8 = 440kVA$，$440 = S\left(1 + \dfrac{2000}{200}\right)$，$S = 40kVA$

(A)固有容量為 $40kVA$

(B)直接傳導容量為 $400kVA$

(C)容量為雙繞組變壓器的 $\dfrac{440}{40} = 11$ 倍

(D)負載電流 $I_L = \dfrac{440k}{2000} = 220A$，電源電流 $I_S = \dfrac{440k}{2200} = 200A$，共用
繞組上之電流 $I = 220 - 200 = 20A$

P.412　**11. (B)**。

(A) $N_s = \dfrac{120f}{P} = \dfrac{120 \times 60}{16} = 450rpm$

(B) $f_r = Sf = 0.1 \times 60 = 6Hz$

(C) $S = \dfrac{450 - 405}{450} = 0.1$

(D) $N = N_s = 450rpm$

12. (B)。起動轉矩為 $\dfrac{120}{3} = 40N - m$

13. (A)。$N_s = \dfrac{120f}{P} = \dfrac{120 \times 50}{4} = 1500rpm$，$S = \dfrac{1500 - 1350}{1500} = 0.1$，

$\dfrac{1}{0.1} = \dfrac{1+1}{S'}$，$S' = 0.2$，$N_r = (1 - 0.2) \times 1500 = 1200rpm$

14. (D)。

(A)(C) $N_s = \dfrac{120f}{P} = \dfrac{120 \times 60}{12} = 600rpm$，

$\quad N_r = (1 - S)N_s = (1 - 0.025) \times 600 = 585rpm$

(B) $P_{i1} = \sqrt{3}V_L I_L \cos\theta = \sqrt{3} \times 400 \times \dfrac{60}{\sqrt{3}} \times 0.9 = 21600W$，

$\quad P_{i2} = 21600 - 1600 = 20000W$，

$\quad P_{c2} = SP_{i2} = 0.025 \times 20000 = 500W$

(D) $P_o = 21600 \times 0.8 = 17280W$ ，

　機械損 $P_{loss} = 20000 - 17280 - 500 = 2220W$

P.413　**15. (A)**。主繞組電流 $I_M = \dfrac{110}{4+j3} = 22\angle -37°$ ，

輔助繞組電流 $I_A = \dfrac{110}{6+j10-j18} = \dfrac{110}{10\angle -53°} = 11\angle 53°$ ，

I_A 超前 I_M 90 度。

16. (B)。$E_{av} = 4Nf\phi$ ，$1600 = 4 \times 100 \times f \times 0.1$ ，$f = 40Hz$ ，$N_s = \dfrac{120f}{P}$ ，

$1200 = \dfrac{120 \times 40}{P}$ ，$P = 4$ 。

註：$E_{rms} = 4.44Nf\phi$

17. (D)。

(A)每極每相槽數 $m = \dfrac{總槽數S}{相數q \times 極數P}$ ，總槽數$S = 1 \times 3 \times 8 = 24$

(B) $K_p = \sin\dfrac{\beta}{2} = \dfrac{\sqrt{3}}{2}$ ，$\beta = 120°$ ，短節距 $= \dfrac{120°}{180°} = \dfrac{2}{3}$

(C) $N_s = \dfrac{120f}{P} = \dfrac{120 \times 60}{8} = 900rpm$

(D) $\alpha = \dfrac{總電機角}{總槽數} = \dfrac{P \times 180°}{S} = \dfrac{8 \times 180°}{24} = 60°$ ，

$K_d = \dfrac{1}{2m\sin\dfrac{\alpha}{2}} = \dfrac{1}{2 \times 1 \times \sin\dfrac{60°}{2}} = 1$ ，

$K_w = K_p \times K_d = \dfrac{\sqrt{3}}{2} \times 1 = 0.87$

P.414　**18. (A)**。(A) $SCR = \dfrac{I_{f1}}{I_{f2}} = \dfrac{I_S}{I_{SA}}$ ，$1.5 = \dfrac{3.3}{I_{f2}} = \dfrac{I_S}{\dfrac{100}{\sqrt{3}}}$ ，$I_{f2} = 2.2A$ ，

$$I_S = \dfrac{150}{\sqrt{3}} A \quad , \quad Z_s = \dfrac{\dfrac{200}{\sqrt{3}}}{\dfrac{150}{\sqrt{3}}} = \dfrac{4}{3}\Omega$$

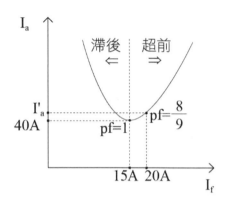

19. (C)。$I_a \propto \dfrac{1}{\cos\theta}$ ，$I_a^{'} = 40 \times \dfrac{9}{8} = 45A$

20. (C)。(C) $n = \dfrac{60f}{N}$ ，$300 = \dfrac{60 \times 300}{N}$ ，$N = 60$ 齒。

111 年　統測試題

P.415　**1. (B)**。激磁電流 $\overline{I_o} =$ 磁化電流 $\overline{I_m} +$ 鐵損電流 $\overline{I_c}$ ，

∴磁化電流 $I_m = \sqrt{1^2 - 0.6^2} = 0.8A$

2. (B)。

(A)渦流損是因電樞鐵心的磁通是交變磁通,所以鐵心也會感應電勢,整個鐵心又自成完整通路,便有電流在鐵心內流通,此

電流稱為渦流。因渦流作用在鐵心內所引起的功率耗損，稱為渦流損。

(C)鐵心渦流損失與轉速有關。

(D)鐵心渦流損失與負載電流無關。

3. (D)。外部特性曲線是轉速與磁場電流固定之下，描述端電壓與負載電流之關係曲線。

4. (C)。(A)a 點代表磁飽和。(B)b 點代表剩磁。(D) abcdefa 各點所圍成的面積愈大代表磁滯損失愈大。

5. (C)。(C) (丁)種起動法在起動過程中，電樞繞組應加入三相交流電源。

P.416　**6. (D)**。(A)(B)直流無刷電動機無電刷與換向片。
(C)須利用電子電路將直流電源加到電樞繞組驅動。

7. (B)。 $n = \dfrac{1.8 \times 2000}{360} \times 60 = 600\text{rpm}$ ， $\omega = 2\pi f = 2\pi \times \dfrac{600}{60} = 62.8\text{rad/s}$

8. (D)。(A)非晶質鐵心材料厚度較矽鋼薄。(B)非晶質鐵心材料硬度較矽鋼高。(C)非晶質鐵心材料抗拉力強度較矽鋼大。

9. (B)。 $E = V - I_a(R_a + R_s) - V_b = 200 - 10 \times (0.5+0.5) - 0 = 190V$

10. (B)。 $n_s = 2Y_p f = 2 \times \dfrac{3.6}{12} \times 6 = 3.6\text{m/s}$ ， $n_r = (1-S)n_s = (1-0.1) \times 3.6$
$= 3.24\text{m/s}$

11. (C)。 $E = V - I_a R_a = 200 - 10 \times 0.5 = 195V$ ， $P = IE = 10 \times 195 = 1950W$

P.417　**12. (C)**。 $I_1 = I_2 = 250A$ ，
$E_1 - I_1 R_1 = E_2 - I_2 R_2 \Rightarrow 250 - 250 \times 0.03 = 260 - 250R_2$ ， $R_2 = 0.07\Omega$

13. **(A)**。$I_a = \sqrt{\dfrac{750}{0.3}} = 50A$ ，

$E = V + I_a(R_a + R_s) = 50 \times 6 + 50(0.25 + 0.3) = 327.5V$

14. **(B)**。$B = \mu H = \dfrac{\mu NI}{1} = \dfrac{1.25 \times 10^{-6} \times 200 \times 5}{2 \times 10^{-3}} = 0.625T$

15. **(B)**。兩者相等，隨電源頻率而變。

P.418 16. **(C)**。定子產生雙旋轉磁場，轉子靜止。

17. **(A)**。$\eta = \dfrac{P_o}{\sqrt{3}VI\cos\theta} \times 100\% = \dfrac{50 \times 746}{\sqrt{3} \times 277\sqrt{3} \times 60 \times 0.85} \times 100\% = 88\%$

18. **(D)**。$n_r = (1-S)n_s = (1-0.05) \times \dfrac{120 \times 60}{6} = 1140rpm$ ，

$\omega_s = \dfrac{4\pi f}{P} = \dfrac{4\pi \times 60}{6} = 40\pi rad/s$

19. **(C)**。$n_s = \dfrac{120 \times 60}{P} = \dfrac{7200}{P} > 1710$ ，P<4.2 ，∴P=4 ，$n_s = 1800rpm$ ，

$S = \dfrac{1800 - 1710}{1800} \times 100\% = 5\%$

20. **(B)**。$T = \dfrac{P_o}{\omega} = \dfrac{P_o}{\dfrac{4\pi f}{P}} = \dfrac{\sqrt{3} \times 75 \times 240 \times 0.88 \times 0.9}{\dfrac{4\pi \times 60}{4}} = 131.1N-m$ 。

21. **(D)**。TRIAC 的觸發角越小，輸出電壓有效值越高，電動機轉速越快。

P.419 22. **(B)**。$Z_{base} = \dfrac{V^2}{S} = \dfrac{2000^2}{100k} = 40\Omega$ ，$Z_1 = 40 \times 0.02 = 0.8\Omega$

23. **(D)**。一、二次側相位角有差異，可能為 Δ–Y 接或 Y–Δ 接，又一次側落後二次側相位角 30°，故可確定為 Δ–Y 接。

24. **(B)**。主繞組 $\theta_R = \tan^{-1}\dfrac{4.4}{3.3} = 53°$，

輔助繞組 $\theta_s = \theta_R - 90° = -37° = \tan^{-1}\dfrac{3 - X_c}{8}$，$X_c = 9\Omega$，

$C = \dfrac{1}{2\pi f X_c} = \dfrac{1}{2\pi \times 60 \times 9} = \dfrac{1}{1080\pi} F$

25. **(A)**。

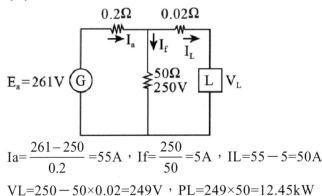

$Ia = \dfrac{261 - 250}{0.2} = 55A$，$If = \dfrac{250}{50} = 5A$，$IL = 55 - 5 = 50A$

$VL = 250 - 50 \times 0.02 = 249V$，$PL = 249 \times 50 = 12.45kW$

26. **(D)**。$a = mp = 1 \times 12 = 12$，

$E = \dfrac{PZ}{60a}\phi n = \dfrac{12 \times 600}{60 \times 12} \times 0.021 \times 25 \times 60 = 315V$，

$V = \sqrt{RP} = \sqrt{15 \times 6k} = 300V$，

$VR\% = \dfrac{V_{無載} - V_{滿載}}{V_{滿載}} \times 100\% = \dfrac{315 - 300}{300} \times 100\% = 5\%$

27. **(C)**。$\begin{cases} P_A + P_B = 1200 \\ \dfrac{P_A}{P_B} = \dfrac{60 - 59.5}{60 - 59} = 0.5 \end{cases}$，解聯立得 $P_A = 400kW$，$P_B = 800kW$，

$\dfrac{60 - f}{60 - 59} = \dfrac{400}{1000}$，$f = 59.6Hz$

P.420 28. **(D)**。$Z_{base} = \dfrac{200^2}{10k} = 4$，

$VR\% = R_{pu}\cos\theta + X_{pu}\sin\theta = \dfrac{0.08}{4} \times 0.8 + \dfrac{0.08}{4} \times 0.6 = 2.8\%$

29. (C)。$S_{Tmax} = \dfrac{R_2'}{\sqrt{R_1^2 + (X_1 + X_2')^2}}$

30. (B)。$I_f = \dfrac{200}{100} = 2A$，$I_a\ 30 - 2 = 28A$，$E = V - I_a R_a = 200 - 28 \times 0.5$

$= 186V$，$E' = \dfrac{2}{3}E = \dfrac{2}{3} \times 186 = 124V$，$28 = \dfrac{200 - 124}{0.5 + R}$，$R = 2.2\Omega$

P.421

31. (C)。$Z_1 = (4 + j8) + \left(\dfrac{22.8}{11.4}\right)^2 \times (1 + j2) = 8 + j16$，

$|Z_1| = \sqrt{8^2 + 16^2} = 17.9\Omega$

32. (A)。M1、M2 與 M3、M4 為加極性，所以按下按鈕開關（PB）後，V1 順時針偏轉一下後回到 0V。

33. (A)。選項(A)為交流法，$V_2 > V_1$為加極性，$V_2 < V_1$為減極性。

P.422

34. (D)。三相同步電動機的特性曲線如圖：

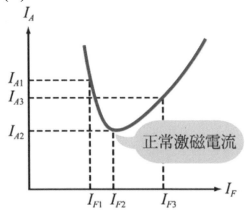

(A)激磁電流由最小量增加時，電樞電流先減少後增加。
(B)激磁電流由最小量增加時，功率因數先增加後減少。
(C)激磁電流不足時，電樞電流相位滯後輸入電壓。

35. (D)。總電機角 $\theta_{eT} = 2 \times 180 = 360°$，每槽間隔電機角 $\theta_e = \dfrac{360}{12} = 30°$，

每相間隔 $\dfrac{120}{30} = 4$ 槽。

(D)A 相之 101 與 102 線圈邊分別位於第 1 槽與第 2 槽下層。

36. (D)。直流分激式發電機的外部曲線如圖：

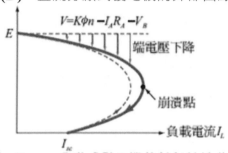

可得知輸出電壓、電流立即減少，自動形成短路保護功能。

37. (D)。

(A)起動同步電動機時須按下按鈕開關(PB)，使阻尼繞組產生感應
電壓。

(B)當轉速達 75 %的同步轉速時，放開按鈕開關(PB)，轉子磁場繞
組由直流電源(DC)激磁。

(C)改變激磁電流，記錄電樞電流與激磁電流之變化。

P.423 **38. (C)**。三燈皆滅為相序不同，頻率相同，電壓大小相同，相位相同。

39. (D)。(D)以磁場控制法控制速度，當場電流變大時轉速降低。

P.424 **40. (A)**。P=4，N_S=21，C_S=2，N_C=21，總線圈數為 21，線圈邊數為 42

(A)前節距 $Y_f = Y_b \mp m = 5 - 1 = 4$ 槽。

(B)換向片距 $Y_c = \pm m = 1$ 槽(片)。

(C)後節距 $Y_b = \dfrac{21}{4} = 5$ 槽。

(D)總電機角 $\theta_{eT} = 4 \times 180 = 720°$，每槽間隔電機角 $\theta_e = \dfrac{720}{21} = 34.29°$，

線圈節距 $Y_s = \dfrac{21}{4} = 5$槽 $= 5 \times 34.29° = 171.4°$

41. **(A)**。(B)電樞鐵心採絕緣薄鋼片疊置而成，可減少渦流損失。(C)電動機之機殼可通過磁通。(D)電樞鐵心矽鋼片含矽之目的為提高鐵的電阻率和最大磁導率。

42. **(C)**。(A)(D)可以量測變壓器的銅損、等效電阻、等效電抗。(B)(C)一般於變壓器之低壓側短路，高壓側加入額定電流。

43. **(C)**。Y 接 $V_L = \sqrt{3}V_p$ ， $I_L = I_p$ ， $V_p = \dfrac{30}{\sqrt{3}}V$ ， $I_p = 15A$ ，

$P_T = P_C = W_1 + W_2 = 390W$ ， $pf = \dfrac{390}{\sqrt{3}\times 30 \times 15} = 0.5$ ，

$Z = \dfrac{\dfrac{30}{\sqrt{3}}}{15} = 1.15\,\Omega$

(A)磁粉制動器為定轉矩模式。
(B)額定電流為 15 A，銅損為 390W。
(D)每相之短路阻抗約為 $1.15\,\Omega$。

44. **(B)**。(B)用電設備非帶電體之金屬外殼需接地。

P.425　45. **(B)**。(B)接線法可使電動機正轉。

46. **(B)**。
(A)起動發電機前，SW1 需閉合。
(C)作短路測試時，SW2 短路，磁粉制動器不能設為定轉矩模式。
(D)作開路測試時，SW2 開路，開路特性曲線非近似一直線，短路特性曲線才為一直線。

P.426　47. **(C)**。$S = \sqrt{3}\times 150k = 259.8kVA$

48. **(B)**。(A)磁浮火車之驅動原理與線性同步電動機相似。
(C)直流電動機之磁場繞組一般設置於定子。
(D)工業機器手臂所使用之驅動電動機為無刷式電動機。

49. **(D)**。$\alpha = \dfrac{總電機角}{總槽數} = \dfrac{P\times 180°}{S} = \dfrac{2\times 180°}{12} = 30°$ ， $\beta\pi = 30°\times 5 = 150°$

50. (D)。

(1) 節距因數 K_P

極距 $Y_p = \dfrac{S}{P} = \dfrac{12}{2} = 6$ ， $\beta\pi = 150°$

節距因數 $K_p = \sin\dfrac{\beta\pi}{2} = 0.966$

(2) 分佈因數 K_d

每相每極之槽數 $m = \dfrac{s}{qp} = \dfrac{12}{3\times 2} = 2$ 槽， $\alpha = 30°$

分佈因數 $K_d = \dfrac{1}{2m\sin\dfrac{\alpha}{2}} = \dfrac{1}{2\times 2\times\sin\dfrac{30°}{2}} = 0.966$

(3) 繞組因數 $K_w = K_p \times K_d = 0.966\times 0.966 = 0.933$

(4) 每相感應電勢

$E_{rms} = 4.44N\phi fK_w = 4.44\times 42\times 0.025\times 60\times 0.933 = 261V$

112年　統測試題

P.427

1. (B)。　單相感應電動機不包含電感式電動機。

2. (D)。馬克士威爾是磁通量單位。

3. (C)。 $P_o = 14500\times 0.8 = 11600kW$ ， $I_L = \dfrac{11600}{200} = 58A$ ， $I_f = \dfrac{200}{100} = 2A$ ，

$P_c = (58+2)_2\times 0.2 + 2_2\times 100 = 1120W$

4. (A)。 $\begin{cases} E = 305 + 100\times R_a \\ E = 300 + 120\times R_a \end{cases}$ ， $R_a = 0.25\Omega$ ，$E = 330V$ ，$330 = I_L\times(0.25+10.75)$ ，

$I_L = 30A$

5. **(C)**。$I=\dfrac{20k}{200}=100A$，$E=200+100\times0.5=250V$，

　　$E'=200+50\times0.5=225V$，$E\propto\phi\propto I_f$，$I_f'=\dfrac{225}{250}\times5=4.5A$

P.428 6. **(D)**。(A)在串激場串聯一可變電阻無法改變激磁特性。(B)在分激場並聯一可變電阻無法改變激磁特性。(C)欠複激式特性在滿載時之電壓調整率為正值。

7. **(B)**。(A)電樞反應與負載電流大小有關。(C)採用高磁阻極尖左右疊成，可降低電樞反應。(D)電樞反應會使磁中性面偏移一個小的機械角，但不會到 90 度。

8. **(D)**。$\left(\dfrac{I_a'}{100}\right)^2=\dfrac{50}{200}$，$I_a'=50A$，$E=300-100(0.3+0.2)=250V$，

　　$E'=300-50(0.3+0.2)=275V$，$n'=1500\times\dfrac{275}{250}\times\dfrac{100}{50}=3300rpm$

9. **(A)**。起動電流大小與負載無關。

10. **(B)**。$I_f=\dfrac{200}{20}=10A$，$I_a=90-10=80A$，$E=200-80(0.2+0.3)=160V$，

　　$T=\dfrac{P}{\omega}=\dfrac{160\times80}{200}=64N\text{-}m$

P.429 11. **(A)**。鐵損為 G_0。

12. **(D)**。$Z_{pu}=4\%=\dfrac{100k}{(10k)^2}\times Z_{e1}$，$Z==40\Omega$

13. **(A)**。鐵損為固定損失與負載大小無關，故為 3kW。

14. **(D)**。
　　(A)$S=3\times100k=300kVA$
　　(B)$VL2=\sqrt{3}\times110=190V$

(C)$IL1=\dfrac{300k}{\sqrt{3}\times220}=787A$

(D)$I_{L2}=\dfrac{300k}{\sqrt{3}\times\left(\sqrt{3}\times110\right)}=909A$

15. **(D)** 。

(A)鐵損$=1100W$。

(B)$G_{o2}=\dfrac{1100}{220^2}=\dfrac{1}{44}$

(C)鐵損電流 $I_c=\dfrac{1100}{220}=5A$，磁化電流 $I_m=\sqrt{10^2-5^2}=8.7A$

(D)$pf=\dfrac{1100}{220\times10}=0.5$

P.430 16. **(A)** 。$I_{L1}=\dfrac{1000k}{\sqrt{3}\times22.8k}=25.25A$，故選擇 30A/5A 較為適合。

17. **(C)** 。$Q=\dfrac{95k}{0.95}\times\dfrac{0.6}{0.8}=75kVAR$，$Q'=75-42.1=32.9kVAR$，

$pf=\cos\theta=\dfrac{100k}{\sqrt{\left(100k\right)^2+\left(32.9k\right)^2}}=0.95lag$

18. **(B)** 。$N_s=\dfrac{120\times60}{4}=1800rpm$，$S=\dfrac{1800-1710}{1800}=0.05$，

$P_{c2}=\dfrac{0.05}{1-0.05}\times20k=1.05kW$

19. **(C)** 。$Ns=\dfrac{120\times60}{6}=1200rpm$，$S=\dfrac{1200-1150}{1200}=\dfrac{1}{24}$，$E_{2r}=SE_2$，

$10=\dfrac{1}{24}\times E_2$，$E2=240V$，$X_{2r}=SX_2$，$0.5=\dfrac{1}{24}\times X_2$，$X_2=12\Omega$，

$I_{2s}=\dfrac{240}{\sqrt{5^2+12^2}}=18.5A$

20. (A)。$N_s = \frac{120 \times 60}{4} = 1800rpm$，$S = \frac{1800-1710}{1800} = 0.05$，

$I_2 = \frac{0.05 \times 200}{\sqrt{2^2 + (0.05 \times 4)^2}} = 5A$

P.431 **21. (A)**。$S \propto R_2$，∴轉速降低，轉差率變大。

22. (B)。最大轉矩與轉子電阻大小無關，故最大轉矩與滿載轉矩之比值為250%。

23. (C)。$S' = \frac{3+3}{3} \times 20\% = 40\%$

24. (B)。$X_c = \frac{4 \times 6}{3} + 2 = 10\Omega$，$C = \frac{10^6}{2\pi \times 60 \times 10} = 265\mu F$

25. (D)。甲：欲產生三相弦波感應電勢，三相電樞繞組裝置在空間上須互隔120度電機角。丙：轉磁式適用於高壓大容量的機種，故此機適合採用極數少、轉軸長度長之圓極式轉子來設計。

26. (B)。每組線圈數 $= \frac{96}{3 \times 4} = 8$，每槽電機角 $= \frac{4}{2} \times \frac{360°}{96} = 7.5°$，分布因數 $K_d = \frac{\sin 30°}{8\sin \frac{7.5°}{2}} = 0.96$，節距因數 $K_p = \sin \frac{135°}{2} = 0.92$，每相 $E_p = 0.92 \times 0.96 \times 4.44 \times 60 \times \frac{400}{2} \times 0.01 = 472V$

P.432 **27. (A)**。(B)當 $0<PF<1$ 落後時，I_A 會產生去磁和交磁電樞反應，使 E 場減弱且畸變。(C)當 $0<PF<1$ 超前時，I_A 會產生加磁及交磁電樞反應，使 E 增加且畸變。(D)當 $PF=0$ 時，ϕA 與 ϕf 同相，I_A 會產生正交磁反應。

28. (D)。$Z_{pu} = \frac{3}{3.6} = 0.83$

29. **(B)**。(B)I_A 的值先漸減再漸增，PF 的值先漸增再漸減，在正常激磁時 I_A 最小且 PF 最大。

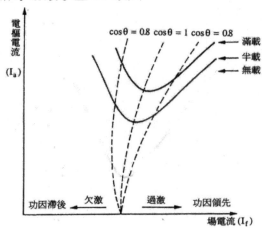

P.433 30. **(D)**。$N_s = \dfrac{120 \times 60}{4} = 1800\text{rpm}$ ，$T_o = 9.55 \times \dfrac{0.9 \times \sqrt{3} \times 220\sqrt{3} \times 10 \times 0.8}{1800}$

$= 25.2\text{N-m}$

31. **(B)**。
    甲：混合型步進電動機利用轉子內層永久磁鐵和定子磁極相互吸引來產生驅動轉矩。
    丙：永久磁鐵型步進電動機利用定、轉子間的磁極吸引力來產生驅動轉矩。
    丁：步進角 $\theta = \dfrac{360}{4 \times 30} = 3°$，半步 $= \dfrac{3°}{2} = 1.5°$，轉速 $n = \dfrac{60f}{mN}$，$50 = \dfrac{60f}{4 \times 30}$，
    $f = 100\text{Hz}$，半步 $f' = 100 \times 2 = 200\text{Hz}$

32. **(C)**。乙：永磁式直流伺服機通常以電樞控制法來控制轉矩。丁：步進電動機通常採開迴路做位置與速度控制。

33. **(B)**。常使用變頻器驅動三相永磁式同步電動機。

P.434 34. **(C)**。後節距 $Y_b = \dfrac{12}{2} = 6$ 槽

換向片節距 $Y_c = +1$　　　　前節距 $Y_f = 6-1 = 5$ 槽

35. (C)。由於磁滯現象，無載感應電勢大小約會落在 112V～120V 區間。

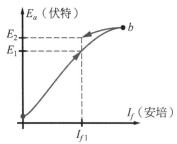

36. (A)。電力制動控制器置於定轉矩模式，電源加額定電壓。

37. (D)。電氣火災可用乾粉滅火器或二氧化碳滅火器。

38. (C)。$P=\sqrt{\dfrac{1000}{1600}}\times80k=63kVA$

P.435　**39. (C)**。$S_A=200\times100=20kVA$ ， $20k=(1+\dfrac{200}{50})\times S_{1\phi}$ ， $S_{1\phi}=4kVA$ ，

$S_d=20-4=16kVA$ ，$I_{共}=\dfrac{4k}{200}=20A$

40. (C)。$S=\sqrt{3}\,V_{L1}I_{L1}=\sqrt{3}\times220\times131=50kVA$

P.436　**41. (B)**。$I_{L2}=\dfrac{S}{\sqrt{3}V_{L2}}=\dfrac{50k}{\sqrt{3}\times380}=76A$

42. (A)。此接法，B 線圈與 C 線圈等電位，電壓表指針不偏轉。

43. (D)。乙反轉，丙反轉，丁正轉。

P.437　**44. (D)**。
(1)端點 1 接 L2，端點 2、3、5 相接，端點 4、6 接 L1 為 AC220V 正轉。
(2)端點 1 接 L2，端點 2、3、6 相接，端點 4、5 接 L1 為 AC220V 反轉。

45. (A)。

(1)如接線面板 101 在 8 之外層，故節距為 $\frac{8-1}{9}=\frac{7}{9}$

(2)a、b 之編號分別為 7 與 109。
(3)c、d 之編號分別為 13 與 115。

P.438 **46. (C)**。若 SG2 與 SG1 並聯時，當燈泡 L2、L3 明亮，而 L1 熄滅時，代表同步可並聯，才可將 SW 閉合。

P.439 **47. (C)**。曲線 1 為轉子轉速，曲線 2 為功率因數，曲線 3 為效率，曲線 4 為定子電流。

48. (A)。(A)在固定 DC 電壓時，激磁電流固定，此時逐漸增大磁粉制動器轉矩，則負載增大，故原本為 1 之功率因數會逐漸降為小於 1 的電感性，功率因數落後。

P.440 **49. (B)**。電動機之轉速超過同步轉速時，開關 SO 截止且開關 SO 道通，電阻器 R 消耗電能以達到保護作用。

50. (C)。

(1)若依 A、$\overline{A}$、B、$\overline{B}$ 之順序各碰觸通電一次，此步進電動機不會轉動。
(2)若依 A、B、$\overline{A}$、$\overline{B}$ 之順序各碰觸通電一次，此步進電動機每次轉 $\frac{1}{4}$ 圈，4 個脈波則旋轉一圈。

國家圖書館出版品預行編目(CIP)資料

(升科大四技)電工機械(含實習)完全攻略/鄭祥瑞, 程昊

編著. -- 第二版. -- 新北市：千華數位文化股份有

限公司, 2023.07

　　面；　　公分

ISBN 978-626-337-898-8(平裝)

1.CST: 電機工程

448　　　　　　　　　　112011116

[升科大四技] **電工機械(含實習) 完全攻略**

編 著 者：鄭 祥 瑞、程 昊

發 行 人：廖 雪 鳳
登 記 證：行政院新聞局局版台業字第 3388 號
出 版 者：千華數位文化股份有限公司
地址／新北市中和區中山路三段 136 巷 10 弄 17 號
電話／ (02)2228-9070　傳真／ (02)2228-9076
郵撥／第 19924628 號　千華數位文化公司帳戶
千華公職資訊網：http://www.chienhua.com.tw
千華網路書店：http://www.chienhua.com.tw/bookstore
網路客服信箱：chienhua@chienhua.com.tw

法律顧問：永然聯合法律事務所
編輯經理：甯開遠
主　　編：甯開遠
執行編輯：廖信凱
校　　對：千華資深編輯群
排版主任：陳春花
排　　版：蕭韻秀

出版日期：2023 年 7 月 20 日　　第二版／第一刷

本書如有勘誤或其他補充資料，
將刊於千華公職資訊網　http://www.chienhua.com.tw
歡迎上網下載。